水利工程建设监理论坛
优秀论文集

水利部建设与管理司
中国水利工程协会 编

黄河水利出版社
·郑州·

图书在版编目(CIP)数据

水利工程建设监理论坛优秀论文集 / 水利部建设
与管理司,中国水利工程协会 编.—郑州:黄河水利
出版社,2009.2
ISBN 978-7-80734-574-9

Ⅰ.水… Ⅱ.①水…②中… Ⅲ.水利工程-监督管理-
文集 Ⅳ.TV5-53

中国版本图书馆 CIP 数据核字(2009)第 019025 号

出　版　社:黄河水利出版社
　　　　地址:河南省郑州市顺河路黄委会综合楼十四层　　　邮政编码:450003
发行单位:黄河水利出版社
　　　　发行部电话:0371-66026940　　　　　　　　　传真:0371-66022620
　　　　E-mail: hhslcbs@126.com
承印单位:河南省瑞光印务股份有限公司
开本:787 mm×1 092 mm　1/16
印张:19.5
字数:450 千字　　　　　　　　　　　　　　　　　印数:1—1 000
版次:2009 年 2 月第 1 版　　　　　　　　　　　　印次:2009 年 2 月第 1 次印刷

定价:46.00 元

前　言

　　建设监理制是工程建设管理的一项重要制度。水利行业于 1990 年正式推行建设监理制。经过近 20 年的发展，水利工程建设监理管理体制逐步理顺，形成了行政管理与行业自律管理的有机结合。水利工程建设监理制度逐步完善，形成了以《水利工程建设监理规定》为统领的水利工程建设监理法规体系。水利工程建设监理内涵不断拓展，形成了包括水利工程施工监理、水土保持工程施工监理、机电及金属结构设备制造监理、水利工程建设环境保护监理的多专业监理体系。水利工程建设监理队伍不断壮大，现有监理单位 620 多家、总监理工程师近 6 000 名、监理工程师 33 000 多名、监理员 16 000 多名。水利工程建设监理服务水平不断提高，为水利工程建设的质量和安全提供了保障。

　　为总结近 20 年来水利工程建设监理工作的经验，提高水利工程建设监理水平，促进水利工程建设监理事业健康发展，水利部建设与管理司于 2009 年 2 月在广西南宁举办了全国水利工程建设监理论坛。本次论坛共收到论文 136 篇，从中择优选录了 64 篇汇编成册，供广大监理工作者学习、交流和借鉴。

　　由于时间仓促，本书难免有不妥和疏漏之处，敬请原谅。

编　者

2009 年 2 月

目 录

前 言

水利工程监理行业现状浅析与探讨 ……………………………………… 1

中小型水利工程监理面临的困境及对策 ………………………………… 6

黄河水利工程建设监理同体现象产生原因浅析 ………………………… 10

监理工作难点浅析与对策思考 …………………………………………… 13

水利工程建设监理市场存在问题分析及政策建议 ……………………… 18

对水利工程建设监理体制有关问题的探讨 ……………………………… 23

完善水利工程建设监理制度的思考 ……………………………………… 28

开发建设项目的水土保持监理 …………………………………………… 31

水土保持工程监理的特点与理论制度创新 ……………………………… 36

水土保持工程建设监理若干问题探析 …………………………………… 41

水土保持工程建设监理现状与对策 ……………………………………… 47

浅谈我国水利监理企业的品牌建设 ……………………………………… 52

建设监理企业核心能力系统分析 ………………………………………… 58

浅谈监理企业存在的诚信问题和解决途径 ……………………………… 63

以人为本 加强监理部凝聚力建设 ……………………………………… 67

论企业文化对监理企业发展的作用 ……………………………………… 70

建监理业绩 创江河品牌 ………………………………………………… 75

监理企业建设与发展方向选择实践 ……………………………………… 82

创建和谐的企业文化 铸造优良的品牌价值 …………………………… 87

浅议构建和谐企业的五大要素 …………………………………………… 93

浅谈工程建设监理企业的项目管理 ……………………………………… 97

浅谈如何当好总监 ………………………………………………………… 102

总监理工程师素质及监理人员的选拔和培养 …………………………… 107

论总监理工程师的基本素质 ……………………………………………… 110

大顶子山航电枢纽工程施工监理经验总结 ……………………………… 115

事前预控在监理工作中的重要作用 ……………………………………… 123

四川雅安洪一水电站监理工作体会 ……………………………………… 126

浅谈监理工作的产品以及不合格品的识别与控制 ……………………… 131

贵州北盘江光照水电站大坝碾压混凝土施工质量监理控制措施 ……… 135

水利工程监理控制环节及高面板堆石坝质量控制要点探讨 …………… 143

采用控制加载爆炸挤淤置换法技术处理软基的监理质量控制 ………… 148

广东平堤水库坝基混凝土防渗墙施工质量控制 ………………………… 155

浅谈总监理工程师做好工程质量控制的认识和要点 ······ 160

联合检查方式在质量控制中的应用 ······ 165

余家堰水库塑性混凝土防渗心墙的质量控制 ······ 168

洪一水电站引水隧洞施工质量和进度控制 ······ 172

锦屏一级水电站导流洞工程进度控制监理实践 ······ 176

穿黄工程施工监理安全控制作用的发挥与思考 ······ 181

安全监理 PDCA 循环管理在黄河标准化堤防的应用 ······ 186

泰安市东周水库安全监理实践 ······ 192

浅析锦屏一级水电站工程施工安全与文明施工监督管理 ······ 196

监理工程师在工程建设中对投资控制的探讨 ······ 201

监理工程师在水电工程建设造价控制中的作用 ······ 206

黄河沙坡头水利枢纽电站混凝土工程合同管理与投资控制浅析 ······ 210

浅谈工程项目施工阶段投资控制方法与风险规避 ······ 218

黄河防洪工程建设监理风险管理初探 ······ 223

浅谈如何做好黄河水利工程项目信息管理 ······ 227

浅谈水利工程监理工作中的档案管理 ······ 232

浅议监理会议制度 ······ 235

监理投标的实践与体会 ······ 239

论监理评标权重在解决监理行业恶性竞争中的重要作用 ······ 243

中小型病险水库除险加固工程建设监理的实践与方法 ······ 248

小型病险水库除险加固工程监理的几点认识 ······ 252

完善小型病险水库除险加固施工监理工作之我见 ······ 256

病险水库除险加固中的工期控制 ······ 260

星火水库除险加固工程监理工作实践 ······ 264

湖北长江堤防加固工程监理实践 ······ 269

大型灌区渠系工程建设监理的实践与探讨 ······ 273

如何做好农村饮水安全工程的监理工作 ······ 277

定西市安定区小流域坝系建设施工监理实践与成效 ······ 283

黄土高原淤地坝建设中存在的问题与建议 ······ 288

浅谈水土保持淤地坝工程监理质量控制 ······ 292

试述淤地坝施工监理质量控制的程序及指标体系 ······ 297

水土保持工程建设施工阶段质量控制 ······ 301

水利工程监理行业现状浅析与探讨

伍宛生[1] 章敏[2]

(1.中水淮河安徽恒信工程咨询有限公司 蚌埠 233001;

2.中水淮河规划设计研究有限公司 蚌埠 233001)

摘 要：本文通过对水利工程建设监理行业基本现状的分析，初步探讨了该行业发展存在的问题及解决的方法和途径。

关键词：水利工程 监理 现状 分析 探讨

我国自 1982 年在鲁布革水电站采用建设监理模式以来，水利工程建设监理的探索与实践已有 27 年的历程。目前，我国水利工程建设无论大中小型工程均实行了建设监理制。监理制的推行使我国的工程建设项目管理体制由传统的管理模式，开始向社会化、专业化、现代化的管理模式转变。在工程实施阶段，通过具有专业知识和实践经验的监理工程师进行规范的"四控制、两管理、一协调"，从而保证建设项目按照预期目标完成。建设监理制已成为我国工程建设的一项重要制度，纳入了法律法规的范畴。在二十余年的实践过程中，监理工作的理论、程序和法律法规得到了逐步的完善，但仍存在着一些问题，需要进一步研讨。

1 监理行业定位

1.1 人才定位

人才定位是指监理行业组成人员的知识结构和人才结构，在工程项目建设过程中为完成自己的责任和义务必须投入何种人才。我国的监理行业开始于基本建设管理改革之初，借鉴国际通行惯例——工程师模式(咨询工程师)以改革我国基本建设管理中建国以来一直实行的"指挥部"模式，用"高度专业化、高度智能化"的管理代替临时组织的"指挥部"管理，以期形成"小业主、大监理"的管理模式，改革的初衷是为了节省建设管理成本、增强建设管理水平、提高建设管理效益、保证工程建设质量。但在水利行业，由于水利工程建设本身的特殊性以及我国水利工程建设的现状，到目前为止尚未达到当时改革水利工程基本建设管理模式的初衷。虽然监理行业的人才知识结构有了长足的发展和进步，涌现了许多既懂施工又懂设计、既懂管理又懂经营的人才，但因此说监理行业是由高技术、高素质、高智能的人才所组成还太牵强，只能说目前监理行业队伍主要是由技术人员组成，这与监理行业所需要的人才水平还有相当大的差距。

1.2 角色定位

角色定位的问题实际上是监理行业在工程项目建设过程中的地位问题。监理行业开始的定位是"独立的第三方"，狭义的理解似乎可认为监理行业游离在项目法人、施工单位之外。在水利工程建设监理初期，此种定位在不同层面引起了一定程度的纷争，这种定位明显与委托和被委托的合同关系、监理单位必须按项目法人授权行事、水利工程项目建设由项目法人负总责等相悖。至 2003 年《水利工程建设项目施工监理规范》(SL 288—2003)明确"水利工程监理单位作为建设市场的一方"、"监理单位作为中介机构"，2006年《水利工程建设监理规定》(水利部令第 28 号)明确"监理单位受项目法人委托"等，基本明确了监理在工程建设中的地位，所谓"独立的第三方"的提法基本销声匿迹。

综上所述，监理行业的定位建议为技术服务型社会中介机构或技术服务型企业。

水利作为一种社会公益性行业，其主要作用是防洪、抗旱、兴利(灌溉、发电、养殖、航运)等，由于其具有关系国计民生的特点，在现实国情下，水利行业无论是工程措施还是非工程措施，投资绝大多数都是政府行为，作为水利工程建设项目的参建方之一，监理行业妄自菲薄固然不妥，但夜郎自大亦不可取。只有正确地找准自己的定位，才能有一个正确的工作理念，从而顺利地开展好监理工作。

2　监理从业人员

水利工程监理人员基本来自水利工程勘测、设计、科研教育、工程管理、施工等方面，也有不少来自当时的水行政主管部门和流域机构。国家水行政主管部门通过大量的教育、培训及考试工作，目前已有 5 万余名监理从业人员。在这些人员中，有相当一部分仍然在水利工程勘测设计、管理、科研教学等现职岗位，而在工程监理工作中，"有证不干，干活没证"、"投标一套人员、工作另有一套人员"的现象确实还一定程度的存在。

目前，监理单位开展监理工作的人员一般有以下几种组成形式：第一种是基本是自己单位的人员，极少量从社会招聘，这种情况比较少，只有少数专业从事监理行业的企业才具备这种能力；第二种是少量自己单位的人员，其余大量来自社会招聘人员，这种情况不在少数；第三种是自己单位人员与社会招聘人员基本相当的。以上三种人员组成形式中，令人担心的是第二种，第三种次之，最应推崇的是第一种。

社会招聘人员主要有以下几种形式：一是离退休人员，二是其他监理单位临时借用人员，三是其他企事业单位临时出来的人员，四是学校毕业生临时来工作的，五是其他社会人员。这种社会招聘人员在从事监理工作中，最大的问题是临时性，从而导致监理机构人员无法做到相对稳定，不易管理，很难保证监理工作质量，它对监理工作有很大的危害性，因此第二种组成形式是不可取的，但遗憾的是在行业内还相当程度地存在。

对此类问题的解决方案，一种是彻底打破新老体制人员之间的差别，即破除所谓的人员"身份"问题，这在一些真正意义上的企业化的专业监理公司比较易于操作；另一种是企业着力引进和培养人才，按国家社会保障体系的规定解决人员的后顾之忧，逐步缩小新老体制人员的收入差距。目前，国家及行业主管部门已经从源头上予以控制和引导，如实行一人多证但只能在一个单位注册的制度，对人员加强年检时的监督管理等；越来越多的项目法人在招标时设置门槛规定，监理工作过程中加强对进场人员管理等。

为更进一步使监理工作人员正规化、专业化，提出以下建议：其一是进一步加大行业监管力度，严格人员资格准入，特别要加快建立行之有效的信用管理体系；其二是水行政主管部门、项目法人等要进一步切实加强对监理工作的检查力度；其三是根据体制转型过程的人员职称评定现状，项目法人在招标文件中应将人员职称方面的"单一控制"与《水利工程建设监理人员资格管理办法》(中水协[2007]3号)的"选择控制"相一致，即变为技术职称或工作年限。

3 监理取费

水利工程建设监理取费历经了四个阶段：

(1)1992年9月，国家物价局、建设部《关于发布工程建设监理费有关规定的通知》([1992]价费字479号)规定了两种主要的计算方式：一种是按3.5万~5万元/(人·年)计算，另一种是按工程(概)预算值的取费率进行计算。该取费标准实施期间，监理行业在收入上还有一定的优势，不少勘测设计、科研院校人才都是在此阶段进入监理行业的。

(2)1998年1月，水利部《水利水电工程设计概(估)算费用构成及计算标准》(水建[1998]15号)规定：监理单位定员数取建设单位定员数的30%~50%，费用标准为5.3万~5.7万元/(人·年)，时间计算是自临时工程开工之日至竣工验收为止。此阶段的取费标准经测算，基本与92年的标准相当，但由于物价水平上涨，监理行业的实际收入水平下降。相比较水利工程其他行业，监理行业收入已无任何优势。

(3)2002年3月，《水利工程设计概(估)算编制规定》(水总[2002]116号)按1992年标准的投资额取费率计取监理费。此取费方式回到了10年前的标准，虽然在具体取费率上可能有些许宽松，但监理行业已到了无利或微利的时代，此时勘测、设计等行业的取费费用远高出监理，监理行业所有运营费用和人员成本均较10年前大幅度上扬，对监理工作的要求之高远非10年前能比，但取费回到了10年前，监理行业自此跌入了最低谷，全行业步入了苦撑经营的局面。

(4)2007年3月，国家发展和改革委员会、建设部《建设工程监理与相关服务收费管理规定》(国家发展改革委、建设部发改价格[2007]670号)发布。该规定更加科学地规范了监理行业的取费方式，使得监理取费的原则和方式与2002年1月国家发展和改革委员会、建设部发布的《工程勘察设计收费标准》(计价格[2002]10号)相一致，不同的是收费基价只有勘察、设计的65%左右。与1992年标准相比较(复杂程度以Ⅱ级为例)，水电、水库工程监理取费提高幅度为0.65%~1.61%，而水利工程监理取费提高幅度只有0.34%~0.77%，如按文件规定允许发包人下浮20%，水利工程监理取费增加的幅度为-0.12%~0.49%。该规定实施以来，通过调查了解监理行业中标企业，其监理收费几乎没有什么增加。

综上所述，监理行业取费仍然偏低。随着改革的深入，对监理工作的要求越来越高，运营费用和人员成本越来越大，监理企业微利或亏本经营已是不争的事实。与勘察、设计相比，现场监理工作更加耗人、耗时、耗力，但取费只有其65%。由此而带来的恶性循环即是高级人才不愿进入监理行业，监理工作也无法投入足够的人力，故普遍聘用低成本的社会人员，使得监理工作质量普遍不高，监理企业的声誉受到严重损害，最终使监理行业没有积累，更谈不上可持续发展。

解决水利监理行业现状的最根本、最直接的方法便是制定合理的取费标准，否则，上述问题将长期存在。

4　监理行业市场化

经过近 20 年的发展，我国水利行业监理单位已从当初的不到 100 家发展到今天的 600 余家，从业人员也从当初的不足万人发展到现在的 5 万余人。这些监理单位大多都是水行政主管部门、流域机构、科研院校、勘测设计、工程管理等单位成立的，除少数监理公司外，绝大多数均还未真正改企转制，也未从母体脱离。有的是母体的一个部门，虽然形式上属于企业，内部核算表面上是自负盈亏，但人员的经济关系、行政关系均隶属于母体；有的监理工作与母体工作兼职做，与母体是一套人马两块牌子，此种情形突出表现在科研院校、勘测设计单位。这与国家水行政主管部门推行的监理行业改革的意图差之甚远。由此带来监理单位通常规模不大、实际人力资源不够、业务范围不宽、服务质量水平难以提高、市场竞争力弱、基本依靠本单位和本地区的行政资源等便利条件获取项目并开展监理工作，远未达到水利施工行业的市场化水平。

究其原因，主要有以下几个方面：其一是行业的发展时间短、制度不够完善。国家推行建设监理制也不过十余年时间，指导监理单位走向市场、改企转制的时间更短，老的机关、事业单位的体制观念不能马上消除。其二是如上所述的监理取费偏低，监理人员在明显比其他水利行业工作艰辛的情况下收入却低得多，客观上对人们的思想造成畏难、惧怕心理，除非形势所迫，否则一般都难以对从业人员的行政、经济隶属现状作彻底改变。其三，由于现行监理单位资质对持证人员人数的规定，使得一般的监理公司若走出去都很难满足其要求。其四，市场壁垒确实偏多，水利工程目前还基本属于政府行为，水利全行业的规划、勘测、设计、施工市场化还均未全面形成，实力更弱的监理行业冲破重重壁垒走向市场更是不易。

因此，若要真正让监理行业走向市场，逐步提高企业的经营和管理水平，逐步提高企业的服务质量水平，逐步获取良好的社会信誉，真正成为市场主体，真正发挥水利工程建设参建一方的作用，我们建议：其一是国家指导。国家水行政主管部门从源头上对行业进行控制和引导。通过完善行业的相关法规，对监理单位资质等级、监理人员等作出必要整合资源方面的限定，在 180 余家甲级监理单位中有计划地培育一批正规化、专业化、实力强的监理公司，尽量避免行业的恶性竞争，形成一种良性发展的环境。另外，对监理取费要考虑水利行业关系国计民生的特点予以提高，至合理水平，以吸引和留住人才。其二是行业自律。可通过制定严格的相关制度、建立监理行业信用档案体系并切实有效实施，真正淘汰一批兼职型、实力弱的监理公司。其三是政府、水行政主管部门、项目法人应协同加大对监理工作的监督检查，切实摒弃保护壁垒、整顿行业环境，规范行业市场建设。

5　结语

虽然水利工程建设监理行业还存在着上述和其他一些问题，但监理人任劳任怨、恪尽职守，为祖国的水利事业默默奉献。我们相信，在国家及水行政主管部门的指导下，在我们自身不懈的努力下，监理行业一定会发展得更加成熟，行业环境将更加规范，一定会为水利事业作出更大的贡献。

参考文献

[1]中华人民共和国水利部. SL288—2003 水利工程建设项目施工监理规范[S]. 北京：中国水利水电出版社，2003.

中小型水利工程监理面临的困境及对策

辛有良

(青海青水工程监理咨询有限公司　西宁　810001)

摘　要： 水利工程建设监理制虽然已经实行二十几年，但至今还存在市场不规范、监理单位缺少发展动力、监理队伍总体素质与所承担的任务需求不符，对监理工作的性质认识有误区等问题，要改变这种状况，必须进一步加大监管力度，规范建设监理市场，规范监理企业内部管理，规范监理招投标工作，加快提高监理人员素质。

关键词： 水利　工程　监理

1　前言

我国的建设监理制经过近二十年的培育和发展，已经与项目法人责任制、招标投标制一齐成为建设管理体制中的一项基本制度。水利工程监理从模式引进、试验探索到逐渐成为建设市场的一方主体，监理人和监理企业经历了由小到大、由弱到强的发展过程，但是随着建设市场的进一步开放和发展，市场竞争日趋激烈，行业本身存在的问题和外部环境存在的不足不断突显，时至今日水利监理行业又面临着经济效益滑坡、队伍流失严重、企业缺乏竞争活力等新的问题。特别是在一些由地方政府投资兴建的中小型水利工程中，监理行业面临的处境更加艰难，监理企业发展缓慢，举步维艰。因此，在中小型水利工程建设中，如何进一步坚持和完善建设监理制，巩固监理队伍，提高监理企业的社会地位和经济效益，使监理行业继续健康发展壮大，名副其实地成为工程建设中"公平、公正、独立"的第三方，真正担负起"三控制，两管理，一协调"的职责，担负起全面控制工程质量、安全、环境保护等新的管理法规赋予的新使命，这是各级水行政主管部门和广大监理工作者在水利建设实践中，必须不断探索、研究和解决的重要课题。

2　目前监理行业存在的问题

2.1　对监理行业认识上的误区

自从实行建设监理制以来，相继出台的法律法规都明确阐述了工程监理的性质、地位、作用及建设单位、承包单位与监理单位之间的关系，但在目前的中小型水利工程建设市场上对监理工作的认识还普遍存在以下误区：

(1)认为工程监理只不过是一个现场管工，建设过程中可有可无，或者认为委托监理纯粹是为了走走过场，应付检查，于是很多业主随在工程开工很长时间或结束时找一个监理单位补个资料，盖个章。

(2)缺乏对监理服务质量的优劣意识，选择监理单位时不注重监理服务质量上的差别，认为只要是监理单位就能够胜任监理工作，什么资质、信誉都无关紧要。

(3)认为委托监理是找一个承担质量的责任者，出了质量问题可以为各方留一个退路，分摊一些责任，于是无论工程规模大小，投资多少，都要找一个监理单位。其实按照 2006 年 11 月 9 日颁布的《水利工程建设监理规定》(水利部令(第 28 号))，地方项目几十万元以内的工程没有必要委托监理，即使委托监理单位也很难规范地开展监理工作。

(4)有些业主缺乏合同意识，缺乏对监理地位——公正的第三方的认识，认为监理是我雇来的，叫你做什么就得做什么，于是经常有意无意干预和参与监理工作，剥夺监理的权力。或者在委托时授权不充分，形成责任是监理的，权利是业主的。

基于以上认识，影响了监理作用的正常发挥，影响了监理成效。因而在监理合同洽谈中，业主方很少考虑监理行业的特点和实际成本，不仅把监理酬金压得很低，甚至将一些业主承担的费用也要求监理单位自己解决，使本就很低的监理费开支更多。

2.2 监理市场不规范

2.2.1 执行行业管理制度不完善，监理市场门槛过低

监理是技术密集型的服务行业，对从业人员素质和监理单位的综合实力具有较高的要求，而当前建设市场的进一步开放，放松了对监理市场的监管力度，对监理人的资质审查不严，准入门槛低，尤其在小型工程建设中监理资质挂靠、业务转包等现象时有发生，皮包公司或不具备从业能力的监理企业混水摸鱼，乘机获利，而正规的监理公司却业务量减少，效益滑坡，处境尴尬。

2.2.2 监理招标缺少科学性

监理是一种服务行业，服务质量的好坏取决于企业的信誉和服务人员的素质及服务意识。因此，企业信誉(包括企业能力)和人员素质，尤其是总监素质应当是招标中重点考察的内容，而目前监理市场上的招投标项目较少，即使有也很少对总监和企业信誉进行考察，仅仅停留在对标书书面的评判上，使得监理的招投标流于形式，缺少科学性。

2.2.3 监理企业缺乏有效的自律和他律机制

各地水行政部门对监理企业一般没有年度考核考评等信誉检查体系，或者不完善，监理市场鱼龙混杂，服务质量参差不齐。

2.2.4 不能完全实行项目法人责任制

小型工程法人缺位，或者法人行为不规范，不执行工程建设法律法规，合同意识差，随意更改设计文件，过分干预监理人的正常工作等。

2.3 监理队伍总体素质与所承担的任务需求不符

在中小型项目中普遍存在监理人员素质低，难以胜任监理岗位或者不能全面、规范地开展监理业务，主要表现为高素质复合型监理人员少，尤其是综合素质较高的总监理工程师缺乏。另外，从业人员中无证人员多，形成有证的不在岗，在岗的没有证。造成这种现状的原因有以下几方面：

(1)随着监理事业的蓬勃发展，监理人员需求急增，一些不具备资质或起点较低的监理单位应运而生，很多学历较低或没有进行系统培训的人员进入这一行业。同时，由于缺乏继续教育的机会，造成监理人员没有时间学习提高，加上缺乏有效的考核淘汰机制，造成人员素质良莠不齐。

(2)监理行业经济收入比水利其他行业人员，如业主、设计、施工技术骨干等低，再加上生活条件和工作环境比较艰苦，大都长期驻守施工现场，难以吸引高素质的人才来监理单位，即使来了人心也不稳定，一有时机随时准备跳槽，监理单位往往成为跳板和培训基地。

(3)许多监理单位都聘用了一定数量的退休工程技术人员从事监理工作，这部分人尽管有丰富的工程实际经验，但多数未经系统的监理培训，没有监理证书，而且在客观上他们的体力和精力难以胜任监理工作，更无心再提高自己各方面的技能。

(4)水利工程行业的特点造成人员流动少，工作经历单一，复合型、管理经验丰富的人才缺乏，具备总监综合素质的人更少。

2.4　监理企业缺少发展动力

2.4.1　监理企业外部因素

首先，由于物价上涨，人力成本增加，监理酬金严重不足。监理酬金是监理单位赖以生存和发展的基础，监理酬金的严重不足是制约监理事业发展的首要问题，尽管2007年5月国家发展和改革委员会、建设部下发了《建设工程监理与相关服务收费管理规定》，但时至今日很多项目业主和设计单位都不执行该规定，随意压低监理酬金。其次，工程建设主体行为不规范。监理事业起步较晚，是工程建设行业的新军，应该成为工程建设中的一方行为主体，但在中小型项目中由于缺乏有效地监督管理，工程建设"三制"(即项目法人责任制、招标投标制和建设监理制)实行不完全或不彻底，项目法人缺位，监理资质挂靠，监理业务转包，或者不按规定开展监理招标投标，直接委托关系单位，或者监理招投标方法缺少科学性等问题普遍存在，皮包公司和不具备条件的监理公司违规承揽监理业务，严重影响正规、有实力的监理单位正常开展监理业务。

2.4.2　监理企业内部因素

目前，监理企业的组建形式有许多种，从隶属关系上讲，有属于设计单位的，有属于业主方的，甚至还有隶属于施工单位的；从企业性质上讲，大多为国有单位或事业单位，很少有完全自主经营的企业，监理企业的这些主管"婆婆"仅把监理部门当成传统观念中的"三产"，安排几个富余人员，挣点小钱，或给创办单位一点小补贴，而不是真想把监理企业按照现代企业制度来运作，束缚了监理企业的手脚，造成企业职工凝聚力不强，缺少主人翁意识，职工整体素质无法提高，企业发展缺少动力。

3　对策及建议

3.1　加大综合监管力度，规范建设监理市场

工程建设项目"三制"是一个相互联系的整体，实行"三制"是一个系统工程，推进和完善监理制必须与项目法人负责制和招标投标制联系起来，不能单打一。解决好监理行业的问题，着眼点必须在规范整个建设市场上下工夫，一方面要加大地方水行政部门的监管力度，严格控制申办监理企业的标准和条件，把好监理企业资质初审关，保证监理企业的质量，杜绝无资质或无能力的企业进入监理行业；另一方面要加强工程建设过程中的监督检查，随时通报或清除不具备条件、使用他人资质承揽监理业务的非专业队伍；此外，还要加强对监理企业的监督和规范化检查，建立严格、完善的考核制度和

企业信用登记体系，及时清除和淘汰那些不规范的监理企业和不称职的监理人员，保护正规监理企业的合法利益，规范建设监理市场。

3.2 规范监理企业内部管理

监理企业作为新型的高智能服务型企业，必须加强内部管理，使之产权清晰、权责明确、政企分开，管理科学，并健全决策、执行和监督体系，才能使企业成为自主经营、自负盈亏的法人实体和市场主体。因此，必须推进监理企业建立真正的现代企业制度，明确产权，建立健全内部的各项规章制度，特别是要建立一套科学有效的企业法人治理机制，使监理企业真正实现自我约束、自主经营和自我发展壮大。

3.3 规范和完善监理招标投标工作

监理招标投标应侧重于考评监理投标人的服务水平和信誉，特别是要求项目总监要接受评标专家的当面质询和评价，总监素质以及对建设项目的理解和把握应成为监理标评定中考虑的主要因素，至于监理酬金应以国家指导价为基础，上下浮动，本着不低于成本价和优质优价原则，防止盲目压价。

3.4 进一步加强"三制"的宣传教育

建设管理中的"三制"，即项目法人责任制，招标投标制和建设监理制，虽然已经实施二十多年，但宣传教育工作仍需进一步加强，要结合近年来出台的一些法规条例的宣传，要让中小型项目的法人，特别是数量庞大的基层水行政管理人员(这些人实际上充当着大量小型水利工程的法人)切实明白建设管理程序，真正了解监理行业的性质、作用和地位，扩大监理行业的影响力和认知度，同时也规范自己的行为，不过分干预监理人的工作，不随意压低监理报酬，给工程监理一个良好的工作环境。

3.5 加快提高监理人员素质

一要提高监理人员的地位和待遇，改善监理人员的工作环境，建立监理人员的各种保险制度，吸引大批有较强的专业技术能力和较高政策水平、有一定组织协调和管理能力的人才云集监理行业；二要努力培养和提高监理人员的敬业精神，用自己崇高的敬业精神和良好的职业道德博得社会和行业的尊重，树立"公正、公平、独立、科学"的监理形象和社会信誉；三要加快现有监理人员的培养，要加强监理人员的继续教育，有计划、有步骤地组织各类人员参加不同形式和不同内容的培训，尽快提高监理从业人员的整体素质。

黄河水利工程建设监理同体现象
产生原因浅析

李戈　　王昊

(河南立信工程咨询监理有限公司　郑州　450003)

摘　要： 监理同体现象在黄河水利工程建设中还普遍存在，本文系统分析了黄河水利系统建设监理制的发展及现状，监理企业的现状，浅显分析了监理同体现象产生的原因，希望能为解决监理同体现象提供一点参考。

关键词： 黄河水利　工程建设　监理同体

1　前言

20 世纪 80 年代以来，我国水利工程建设管理体制进行了重大改革，建立了以项目法人责任制、招标投标制、建设监理制为主要形式的新的建设管理体制。1998 年黄河系统推行工程建设监理制以来，建设监理制在黄河水利工程建设项目中得到了全面实施。实践证明，建设监理制促进了工程项目质量、投资、进度目标的有效实现，提高了水利工程建设投资效益，为社会经济发展做出了积极贡献，黄河水利工程建设监理单位也在实践中得到了锻炼和发展。但有关调查研究表明，由于各项法规制度处于转轨阶段，在工程建设中依然存在管理漏洞，黄河水利工程监理仍然处在初级阶段，存在的主要问题是黄河水利工程的监理市场不够规范，系统内监理同体现象大量存在，多数监理单位尚未独立于母体单位，监理单位没有自主能力。随着社会的进步，按照科学发展观的要求，加强水利工程建设监理的管理，充分研究监理同体这一现象，建立健全水利监理的运行机制，是黄河水利监理事业健康发展的必然要求。

2　黄河水利工程建设监理制的发展及现状

2.1　黄河系统监理企业概况

1998 年以后，黄河的治理是我国所有江河治理中国家投资最大的流域治理项目之一，加之我国入世以来建设领域与国际逐渐接轨，实行了"三项制度"改革，即项目法人制、招标投标制、建设监理制。在这一背景下，为了适应改革要求与建设市场需求，黄河系统的有关单位组建了水利工程建设监理单位。由于当时的局限性，这些组建的监理单位都是由事业单位注入资金成立的，当时这些单位主要担负黄河治理工程项目的监理任务。目前，黄河系统的监理企业，涉及水利水电、工民建、移民、水土保持的工程监理和招标代理、工程咨询等业务，资质等级有甲、乙、丙三个等级。

2.2　黄河系统监理企业的业务现状

　　黄河系统监理企业都是适应黄河工程建设、流域综合治理过程中建立起来的。黄河工程有其自身特点，如土石方工程量大，建筑物、构筑物结构单一，施工方法单一重复，技术含量相对较低。监理人员素质虽然不低，但是没有从事过复杂工程项目的监理工作。与此同时，由于这几年黄河工程建设任务较大，黄河系统的大多数监理企业基本在本系统开展业务工作，没有相应的走出去，所以流域外没有自己的品牌影响力和市场支撑点。实际上，黄河系统监理企业没有走出去最根本的原因还是监理企业的体制问题：没有科学的法人结构，没有科学合理的管理制度，没有现代企业的分配机制，更没有企业发展扩张的欲望。从目前调研所知，除了一两家监理公司以系统外作为监理主战场外，其他的监理企业虽然在外面有监理任务，但是这些收入不占监理公司营业收入的主体。不过从近两年监理企业收入来源的走向趋势看，监理单位已经在做好黄河市场的同时积极开拓外部市场。

3　水利工程建设监理同体的概念

　　概括、总结不同工程建设领域监理单位、被监理单位在工程建设过程中的存在形式、两者间相互关系及其产生的影响和效果，并依据工程建设"三项体制改革"的原则、目的和要求，我们得出监理同体的概念：同属一个行政主管部门(或所属事业单位)直接管理或存在经济利益关系的监理单位和施工单位同时对某一工程建设项目实施监理和施工的情况。水利工程的监理同体就是同属一个水行政主管部门(或所属事业单位)直接管理或存在经济利益关系的监理单位和施工单位同时对某一水利工程项目实施监理和施工的情况。

　　监理同体的表现形式主要是实施同一个工程建设项目的监理单位与被监理单位(包括设计、施工、设备与原材料供应单位)或同属一个管理单位，或同属于一个经营实体，或存在互相占有股份等经济关系。此外，还有一个自我监理的问题，有些投资单位成立监理公司，对自己投资的工程进行监理。一些投资公司或工程开发公司就是这样做的。这种做法虽然冠以"监理"的帽子，但实质上不是建设监理，仍属"业主管理"的范畴。由于在经济上存在互利关系，所以使监理单位难以实施有效的监理，致使监理制度形同虚设，发挥不了应有的作用。

　　从这个概念可以看出，监理同体反映出实施同一个工程建设项目的监理单位和施工单位或材料设备供应单位之间的非正常或非法关系。监理同体中的监理单位和施工单位或有一个共同的婆婆，或有共同的经济利益，两者同时实施同一个建设项目的结果是监理不能尽职尽责、秉公执法，施工单位违规施工、虚报冒领，在实施过程中造成国家利益、集体利益或者第三者利益的损失。

4　黄河水利工程监理同体产生原因分析

4.1　体制原因

　　计划经济时代，我国采用的都是自己设计自己施工自己质量检验，建成以后自己运营管理。虽然在这个过程中培养了一大批的各类人才，但是没有形成专业化、系统化、职业化，只有一次教训，没有二次经验，不利于经验的积累，即使培养成功，也没有了用武之地。随着体制改革的深入，投资、建设、施工、监理和运行的分离，原有的建设管理单位就分离并成立了施工企业、监理企业，出于建设管理的方便、快捷，于是就产生了"一条龙作业"，为"监理同体"的产生奠定了物质基础条件，这是监理同体产生的体制原因。

4.2　管理原因

在经历了1998年特大水灾之后，国家实施积极的财政政策，大幅度地增加了对黄河防洪工程基本建设的投入，为了确保黄河防洪专项资金的投资效益，黄河系统打破了过去长期计划经济体制下形成的集"修、防、建、管"于一体的"自营式"建设管理体制，全面推行了三项制度改革，逐步建立了以项目法人制、招标投标制、建设监理制三项制度为核心的建设管理体制，有力地促进了黄河水利工程基本建设工作的开展，工程建设管理水平和工程质量明显提高，取得了一定的社会效益和经济效益。但随着改革开放的深入和市场机制的不断完善，黄河系统的工程建设管理模式的薄弱环节也逐渐显现出来。在招投标方面，资质审查不严格，没有实行"回避"制度，致使同属于一个水行政主管单位的施工单位和监理单位投标同一个项目。在监理方面，尽管部分水利工程建设监理单位近期在不同程度上进行了体制改革，但就总体而言，黄河工程建设监理单位仍然存在着监理单位与被监理单位(包括设计、施工、设备与原材料供应单位)或同属一个管理单位，或同属于一个经营实体，或存在互相占有股份，或由同一个法人实体投资、占有20%以上的股份等经济关系，即"监理同体问题"、"一条龙"作业现象。监理单位自身方面，仍有部分水利工程建设监理单位存在着产权关系不清晰，法人结构不健全，管理制度不科学，分配制度不合理的现象，缺乏高素质人才和资金积累，缺乏持续发展、自我发展的内在动力和活力，缺乏抵御风险的能力，职工的积极性难以充分调动，这些问题制约了监理行业和监理单位的进一步发展，需要通过深化改革、完善管理体制和运行机制来解决。

5　结语

多年来，这些因素随着我国政治、经济体制改革的逐步深入，愈来愈不适应社会主义市场经济的要求，已经对新形势下监理工作的健康发展产生了不利影响。本文通过分析黄河系统监理同体的存在情况和形式，希望能够寻找其产生的根源和原因，进而对研究解决"监理同体"问题提供一些参考依据。

监理工作难点浅析与对策思考

张良贵

(湖南省水利电力工程建设监理咨询公司 长沙 410007)

摘 要：我国自推行工程项目建设监理制度以来，在政府部门的重视及社会各界的支持下，对提高项目工程建设管理水平及投资效益起到了积极的作用。但在监理工作发展的同时，由于受现行建设项目运行机制中某些弊端的制约，使监理制度应该取得的效果得不到充分发挥。为了使监理制度更加健康发展，认真探讨和不断完善监理制度很有必要。笔者以多年监理工作的体会，从现行建设项目运行机制中的弊端分析入手，陈述监理工作中的难点，并就克服监理工作难点的途径发表个人之见，以供主管部门完善监理制度决策时参考。

关键词：监理工作 难点 对策

推行建设监理制，是我国改革开放以来基本建设领域里的重要改革成果。它与项目法人责任制、招标投标制共同形成了建设项目的三元主体。由于三者之间以经济为纽带，以合同为依据，相互监督，相互制约，构成了建设项目组织管理体制的新模式，从而促进了我国建设项目管理水平和投资效益的提高。水利工程建设项目中的监理制度，在经历试点阶段摸索经验以后，现已进入了全面推行阶段，尤其是《水利工程建设项目施工监理规范(SL 288—2003)》(以下简称监理规范)的制定，标志着我国水利工程建设项目施工监理工作已步入了科学化、规范化的轨道，使水利工程施工监理工作迈上了新的台阶。

监理规范的出台，使监理人员的监理工作有了指南。当前监理工作中的难点问题，主要不是监理工作中的业务问题，而是现行监理环境中的某些不利因素。而这些不利因素又是现行建设项目运行过程中形成的。为了进一步促进监理制度的健康发展，更好地发挥在项目工程建设中的作用，从分析现行建设项目运行过程中的问题入手，剖析监理工作中的难点、探讨克服监理工作难点的有效途径是十分必要的。

1 当前建设项目运行中值得关注的问题

改革开放以来，我国基本建设领域建立的项目法人责任制、招标投标制、建设监理制的建设项目新式管理体制，在相关的配套制度支撑下，总体运行正常，取得的效果比较理想，并越来越受到社会的重视与关注。但在取得巨大成效的同时，随着时间的推移，一些单位和人员在经济利益的驱动下，加至受"上有政策，下有对策"的陈旧思想影响，在运行过程中出现了某些"变通"操作的偏差，不但影响了新型管理体制的运行效果，而且导致出现了监理工作的难点。笔者认为，现行建设项目运行中有如下几个主要方面的问题值得关注。

1.1　招投标中的问题

虽然招投标工作的总体运行状况比较正常，但在操作过程中的"变通"现象是不能忽视的。除了串标及围标现象以外，借用企业资质投标、变相转包、低价中标等已成为招投标工作中的突出问题。借用企业资质中标及变相转包的结果，给项目工程建设施工管理带来的负面影响，主要反映在"责、权、利"的分离，以及施工管理人员素质与投标书中承诺的素质有较大的差异。其次是出借资质企业(或原中标单位)抽取部分管理费用以后，使项目工程的实际投入有所减少。低价中标的结果，使投标单价较多地偏离工程成本单价，而追求工程利润是所有承包人的共性，在这种情况下，承包人只好通过其他手段来寻求出路。这样一来，给工程项目施工管理与监控带来的难度已是不言而喻了。

1.2　建筑企业运行机制方面的问题

建筑企业在转换经营机制的过程中，一些中、小型建筑企业已名存实亡，或成为松散的组合体。使得项目经理责任制变成了项目经理承包制。在工程建设项目个人承包经营的情况下，承包人为了追求最大的工程利润，想方设法降低工程成本是可以理解的。在这种情况下，承包人的现场施工管理机构的组成人员，往往不是从实际需要出发作安排，而是从节约经费支出的角度去考虑。使得现场施工管理人员的数量及素质，难以满足施工管理的实际需要。另一方面，由于现场施工管理人员的聘任是承包人的个人行为，如果管理人员不按照承包人的旨意去进行施工管理与质量检验，其后果也是不言而喻的。显而易见，在这种运行情况下，施工管理人员是难以按规范要求去履行自己职责的。

1.3　三元主体运行中的问题

虽然相关规范已明确了建设项目三元主体间的相互关系，即发包人(业主)与承包人是合同关系；发包人与监理人是委托与被委托关系；监理人与承包人是监理与被监理关系。在项目工程建设过程中，发包人与承包人应该是以合同条款为依据，来处理相互间的关系。但实际情况却往往不是如此，发包人凭借自己的突出地位，成为项目建设中的强者，而承包人则是事实中的弱者。在这种状况下，监理按公平、公正的原则来履行职责的难度已是可想而知了。再从发包人与监理人的关系来看，虽然合同条款对委托的职责与权限已有确定，但由于受建设项目传统管理模式的影响，发包人难以轻易放弃自己的权力，往往仅将工程质量与安全施工的监控职责交给监理。

2　现行监理工作中的难点剖析

监理规范赋予了监理人工程质量控制、工程进度控制、工程投资控制、安全施工及施工环境保护监控、合同管理、信息管理及组织协调等方面的职责。职责履行的好坏程度，极大地影响工程项目的建设效果。作为一名具有履职精神的监理人员，具有将监理工作搞好的主观意愿已是无疑的。然而，由于受客观因素的制约，使现行的监理工作存在如下几个方面的难点。

2.1　建筑企业运行机制中的问题导致监理工作的难点

建筑企业运行机制中"责、权、利"分离，以及现场施工管理机构组成人员的聘任方式，使施工管理的规范程度难以到位。突出反映在承包人的工程质量保证体系很难落实，"三检"制度流于形式。承包人的质量保证体系是确保工程项目施工质量的第一关，也是最重要的一关。如果施工员及质检员完全按照施工质量标准去履行自己的职责，承包人对他们肯定是不会满意的，其至会遭到解聘的后果，这方面的例子已不是个别现象了。在这一环节缺乏严格把关的情况下，无疑大大增加了工程质量监控关的难度。其次，施工内业资料滞后，而且难以满足规范要求的现象比较普遍。导致施工期间，监理对施工内业资料的督促、指导、审核耗费了大量的时间和精力。

2.2 发包人与承包人关系的多变性给监理工作带来的难点

由于发包人在工程项目建设过程中所处的主导地位，其行为极大地影响监理工作的开展。在施工过程中，发包人与承包人关系的多变性已是屡见不鲜了，其原因无须言明也是众所周知。按科学性开展监理工作，是对每一名监理人员的基本要求。而实际工作中，往往随着发包人与承包人关系上的变化，发包人对监理工作的要求截然不同。在这方面，笔者已是深有体会。限于篇幅，就不举例予以论证了。但一般的规律是，当发包人与承包人的关系友好时，监理工作的开展比较顺利；反之，监理工作开展的难度就会大大增加。其结果是影响了监理工作的科学性。

2.3 现行监理制度的运行模式造成监理工作的难点

"守法、诚信、公正、科学"是监理人的服务宗旨。公平、公正地开展监理工作，既是对监理人员的基本要求，也是监理人员应有的职业道德。而我国现行监理制度的运行模式是监理单位中标后，直接受发包人委托、由发包人付给报酬、为发包人服务的一种运行模式。这种运行模式的狭义解释，就是发包人花钱雇请监理人员为其服务的。这样以来，监理人的行为很大程度上受着雇主方的支配。如某一工程项目，当监理人以监理规范为准则，以合同为依据，处理发包人与承包人的纠纷时，尽管比较公平、公正，但由于不符合发包人的意愿而使其大为不满，直言不讳地说："你们是我方请来的，怎么不为我方说话呢?……。"有些监理人员由于主持公道的缘故，遭到了被发包人"赶走"的结果。若持续这种运行机制，监理人的服务宗旨又怎能去履行呢?

2.4 低价中标的结果大大增加了工程质量控制的难度

建筑企业承包工程的目的，在于获得比较理想的利润。当中标单价偏离工程的实际单价时，承包人在难以获取施工利润的情况下，往往采取如下几种对付措施：一是想方设法偷工减料，在这种人为地降低工程质量标准的情况下，不但增加了工程质量的控制难度，而且参建各方的关系往往比较紧张；二是企图通过工程变更的途径，达到调整部分工程单价的目的；三是采取拖延工期的消极办法。无论采取何种对付手段，都将增加监理工作的难度。实践已经证明，低价中标的工程项目，给施工阶段带来的负面影响已经相当明显。

3　关于克服监理工作难点的途径的思考

从前面的陈述已知，由于现行建设项目运行机制中的某些弊端，妨碍了监理制度效果的发挥。为了使建设监理制度这一新生事物能够更好地健康发展，笔者认为有必要通过如下途径来克服现行监理工作中的难点。

3.1 进一步完善工程建设招投标过程中的监督机制

多年来，我国在招投标制度建设方面取得了很大的成效，并已立法保护。虽然在招、投标过程中强调了监督环节，但由于监督机制不够完善，尤其是缺乏群众的有效监督，使一些工程项目在招投标过程中出现了偏差，不但影响招投标工作的公平性，而且给工程后续建设带来较多的负面影响。因此，完善监督机制、强化监督职能已是当务之急。招投标过程的监督机制，必须体现专职监督与群众监督的有效结合，并建立监督人员的追责制度。只有这样，才能确保招投标制度在正确的轨道上运行。

3.2　进一步规范业主在工程建设过程中的行为

由于业主处于工程项目建设过程中的主导地位，其行为对工程项目建设效果起着关键作用。实践已经证明，如果业主的行为不能受到约束，其他参建各方的工作就难以开展。虽然在相关规范中对业主的职责作过一些规定，但由于缺乏相关的约束机制而难以到位。因此，进一步规范业主行为的核心问题是建立约束机制，这是确保项目工程建设规范运作的关键环节。

3.3　改变现行监理制度的运行模式

从前面的陈述已知，监理人的现行受聘方式，使监理机构公平、公正、科学地开展监理工作受到影响，其存在的弊端已十分明显。建议主管部门在不违背《中华人民共和国招标投标法》的原则下，进一步完善监理人的受聘方式，为监理机构切实履行服务宗旨营造良好的工作环境。

3.4　加大工程质量保证体系建设力度

由于不少工程项目承包人的质量保证体系流于形式，不但大大增加了监理机构工程质量控制的难度，而且影响了工程项目的建设效果。可见，加大工程质量保证体系建设力度已是当务之急。加大工程质量保证体系建设力度的途径，除有效地约束建筑企业按规范运营以外，改变质检员的选聘方式是完善工程质量保证体系的重要途径，即对质检员由现行的承包人直接选聘，改为由发包人推荐、承包人聘任的办法，实行承包人与发包人双重管理、由监理机构考核履职情况的运行模式。为了有利于质检员认真履行质检职责，克服后顾之忧已十分必要。为此，建议由现行承包人直接计发质检员工资的方式，改由发包人根据监理机构的考核结果予以代发(其费用由发包人从承包人的工程价款中扣回)。这样，质检员既是承包人项目部的组成成员(其质检职责不变)，承包人又不能随便将其辞退。只有这样，质检员才能真正履行质检职责，承包人的"三检"制度才能真正落实到位。在质检员把好工程质量第一关的基础上，监理人员的工程质量控制环节也就比较容易到位。可见，这是确保工程项目建设质量的重要措施。

3.5　努力提高监理队伍的自身素质

尽管现行监理工作有较多的难点，但只要监理队伍自身素质得到进一步提高，将对克服难点增加主观因素。近些年来，主管部门比较重视监理队伍的业务培训，并取得了理想的效果。笔者认为，作为一名合格的监理人员，尤其是一名称职的总监，不但要具有较强的业务能力，而且应具有较强的社会交往能力、处事的应变能力和组织协调能力。前者可从书本上比较容易地获得，后者相应地难得多。除主管部门注重这方面的培训以外，重要的途径是靠本人的社会实践及工作积累。建议举办这方面的论坛，以起到相互交流的作用。

提高监理队伍的自身素质，除上面所述以外，树立良好的监理形象尤为必要。在这方面，除严谨的工作作风、较强的履职精神以外，做好廉洁自律工作是树立监理形象的重要环节。"打铁全靠本身硬"的格言，用在监理工作岗位上是最恰当不过了。建议监理单位及主管部门应加强这方面的工作，注重廉洁自律约束机制的建设。只有树立了良好的监理形象及具备应有的自身素质，才能在复杂的监理环境中开展好监理工作。

4 结语

尽管现行监理工作存在较多的难点，但只要我们去认真应对和积极探索，并不断建立和完善相关的配套制度，这些难点终究会得到克服。建设监理制度这一新生事物将会更加健康发展。

水利工程建设监理市场存在
问题分析及政策建议

杨定芳

(湖北金华禹工程咨询有限公司　荆门　448000)

摘　要：针对我国当前水利工程建设监理市场，从企业体制、资质管理、人员素质等方面进行了分析，提出了水利工程建设监理改革的建议。

关键字：水利工程建设监理　现状　建议

近几年来，水利工程建设监理市场发展很快。在当前工程建设体制中，建设监理制作为建设工程"四制"中重要的一环，对提高建设工程的质量、控制工程投资、保证工程进度起到了很重要的作用，为水利工程建设事业作出了贡献。

但是，我国水利工程建设监理工作的发展现状中有些地方存在一些问题，制约了水利工程建设监理市场的健康发展。

1　监理企业体制问题

水利工程建设监理单位在最初都是由水利流域机构、大专院校、科研设计单位组建而成的。对原单位而言，大多数监理单位只是副业。因此，虽然有一套监理班子，但管理人员不是固定的专职人员，而到工地现场的监理人员更是流动性大，这些监理单位享受着事业单位的福利，很少出去闯市场。

目前，虽有一批监理单位成功改制成自主经营、自负盈亏的监理企业，但这些监理企业大都规模较小，技术力量不强，独闯市场的能力还很低。而那些依附流域机构、大专院校、科研设计机构的监理单位，大都资质级别较高，相对监理人员较多，其业务范围也占据着高端市场，享受着较大份额的监理业务量。

2　监理单位资质管理问题

为加强水利工程建设监理单位的资质管理，规范水利工程建设市场秩序，保证水利工程建设质量，水利部制定了《水利工程建设监理单位资质管理办法》。该办法规定：监理单位资质分为水利工程施工监理、水土保持工程施工监理、机电及金属结构设备制造监理和水利工程建设环境保护监理四个专业。每个专业都对资金、设备、技术人员等作出了明确要求。此规定无疑适合于大型监理单位，一个规模不大、业务量较小的监理企业是无法同时申报这些资质的，而绝大部分水利工程并不局限于单纯的某一专业。按上述条件实行这些规定，将会限制一些中、小监理企业的业务发展范围。

资质管理部门应严格管理监理企业的资质，为避免监理市场的不良竞争，进行有序管理，建立和完善严格的市场准入和退出制度。对有违规行为的监理单位，都要严肃查处；情节严重的，要坚决吊销资质证书，依法将其清出监理市场。同时，要严格市场准入制度，对不符合资质要求的监理企业不予入内，从而有效制止素质较低的监理企业采取压低监理费率来承揽业务，扰乱市场秩序的现象。

3 人员素质问题

3.1 考试制度待健全

对监理人员资格的管理、素质的要求，应体现前后一致性、连贯性、规范性，而水利系统的监理工程师资格考试却明显前松后紧。截至 2002 年 3 月，水利部在全国每两年一次举办了两期水利监理工程师考试，通过率较高。而在 2006 年 10 月举行了非常严格的全国水利监理工程师资格考试，规定单科通过率为 65%，统计后，四门综合合格率也有约 48%，但湖北省的通过率只达到 20%，还是比较低的。而建设系统每年都定期举行的建设监理工程师考试为单科百分制，60 分合格，是硬指标。

3.2 结构不合理

分析取得监理资格证书的人员结构，发现大多数人并不从事现场监理工作，他们中许多是水利部门机关的干部职工或设计院的设计人员，他们拥有监理资格证，却并不从事现场监理工作；而许多实际在工地现场从事监理工作的人员却没有合格的监理工程师资格证。据了解，在一些监理单位，拥有水利监理工程师资格证书的人员中，只有少部分人专职从事水利监理工作。

3.3 资格管理应分级

水利部前不久颁发的《水利工程建设监理人员资格管理办法》中规定，要求总监理工程师具有高级工程师资格，其出发点是好的，强调了总监的个人素质，对监理工作大有好处，有利于工程建设的顺利实施。但此较高要求，在基层监理工作实践中，实施起来有一定难度。

在规模比较大的监理单位如甲级监理单位，可能有高级职称的人员从事监理工作，但在乙级和丙级监理单位，则几乎没有高级职称的人员从事监理工作。如果硬性强调总监需要高级职称，那么这些乙级和丙级监理单位则只有停业了。

工程建设规模有大有小，对于监理费在 100 万以上，工程规模较大的工程，由甲级监理单位承担监理工作，总监需具备高级职称是完全有可能的，要求也是合理的。但对于乙级和丙级监理单位承担的中、小型工程，其监理费只有区区几万元甚至几千元，是无法委派具有高级职称的总监到工地现场从事监理工作的。而且小型工程技术相对简单，对监理人员的技术水平要求也相对较低，因此应区别对待，这和不能要求一个普通中小学校里配备具有教授职称的老师去任教是一个道理。应该是监理单位资质等级越高，工程项目规模越大，总监的职称要求才会越高，不能要求不同资质等级的监理单位配备同一职称要求的总监。

基于监理单位的实际情况，建议对于承担大型工程项目监理工作的总监应具有高级职称，中小型项目的总监只需具有中级职称即可。对于总监的不同要求，可以体现在监理单位投标上，如总监具有高级职称的，得分就高些，或者根据工程项目规模的等级对项目总监的职称提出要求。

4　监理工程取费问题

截至 2007 年 5 月，监理费的标准是原国家计委在 1992 年制定的，同时发布的还有设计、勘察等收费标准，但设计、勘察收费标准在此后多次进行了上调，同一工程，监理费相对低得多。例如，某位设计人员设计一座渠道渡槽，工程造价 100 万元，按设计收费标准，设计费 4.5 万元，设计工作时间 1 个月；而同样是该设计人员去做渡槽工程施工监理，监理费最多只有 2.5 万元，而监理时间长达 4 个月，月均 0.625 万元，占设计费的 14%(约 1/7)。

监理费过低，会导致一系列问题：其一、监理企业缺乏积累，后劲乏力，无法使企业做大做强；其二、监理人员的工资福利待遇不高，难以留住优秀的监理工程师。内地的监理工程师，月最高工资只有 1 800 元，但广东、浙江等沿海地方的监理工程师月平均工资为 3 000 元，技术水平较高的监理工程师都先后到沿海工作去了，导致内地监理企业成了培训基地，使得在内地监理企业工作的监理工程师越来越少；其三、监理企业服务难以完全到位。监理企业受资金所限，无力购置相应的现代化技术装备，为控制成本支出，监理企业只得减少派驻工地的监理人数，本来按工程需要需委派 4 名监理人员进驻工地，但监理单位只能派 1~2 人，服务工作也不能完全到位，影响了监理队伍的服务水平。

2007 年 5 月，国家发展和改革委员会发布了建设监理工程服务费收费新标准，监理收费有了较大提高，然而，实际情况并不乐观。在进行工程投资概算编制时，设计单位依然按旧的监理收费标准取费，各级预算审查机构依然压低监理取费费率，监理企业与建设单位签订监理合同时，不得不按旧的低标准取费。

监理取费标准偏低最终将导致监理企业总体实力越来越弱、行业整体素质难以进一步提高。为了促进监理工作质量和服务水平的提高，保持监理队伍的相对稳定，壮大监理企业综合实力，推动水利工程建设监理事业的长远发展，有必要实实在在地实施新标准。

5　监理企业责任问题

在地方一些中小水利工程中，国家投资只占一部分，最好的情况也只占 50%，其余部分为地方政府配套投资。众所周知，地方政府财政都有困难，不可能完全及时拨付财政资金用于水利工程建设！而工程施工招标是按批准的初步设计概算金额来进行的，这就涉及资金缺口问题，业主往往要求监理企业配合解决此难题，从而给监理企业带来了一定的责任风险。

在监理工作中，监理工程师自身也存在责任风险，其一，监理工程师违反监理委托合同规定的权利义务，超出了业主委托的工作范围，未能正确履行监理合同中规定的职责，且由于主观上的随意行为未能严格履行自身的职责而造成了损失；其二，监理工程师履行了监理合同中业主委托的工作职责，但由于其本身专业技能的不足，而不能取得实效；其三，监理工程师在工作中并无主观上的过错，仍然有可能承受因技术资源而带来的风险。其四，特别是总监，因其工作行为对监理企业的声誉和形象起到决定性的作用，同时也要完善监理项目部的内部管理制度，监理人员职责分工必须明确；其五，监理工程师在运用其专业知识和技能时，必须十分谨慎、小心，表达自身意见必须明确，处理问题必须客观、公正，同时应勇于承担对社会、对职业的责任，优先服从社会公众的利益，并一切以工程的利益为重；其六，社会群众对监理工程师寄予了极大的期望，有相当一部分的人士认为，既然工程实施了监理，监理工程师就应该对工程质量负责，因此监理工程师必须加强风险意识，提高对风险的警觉和防范，减少和控制责任风险。

6　业主行为问题

近几年来，国家相继出台了一系列有关工程的法律法规，广大监理人员基本上能认真学习、掌握相关知识。但有些业主法律意识淡薄，或对监理程序不熟悉，使得工程建设过程中存在一些违背工程建设程序的行为。

某地城防工程，在工程进度款方面，监理工程师无应有的计量、支付权，工程款直接由业主支付，并且没有履行过中间支付款手续，施工单位缺钱时，施工方向业主打借条，分管的副县长签字后，由业主直接支付的，监理工程师毫不知情，一直到工程结束，监理工程师竟无法知道业主到底给了施工方多少工程款，所以无从谈起监理工程师的投资控制了。而失去投资控制的权利，势必会影响到进度控制和质量控制的效果。

业主委派现场业主的代表，许多是不懂工程的，不是工程技术人员，也不知道工程管理程序，增加了监理工作的难度。某工地，业主代表在没有与现场监理工程师协商的情况下，在工地现场直接向施工方发号施令，安排工作，弄得施工单位左右为难，无所适从，极大地影响了工程施工。

国家投资项目建设单位违规现象较普遍，要理顺建设监理市场应先着重抓项目法人制的推广、落实，为有利于工程建设的顺利进行，建议：其一，工程项目建设实行代建制，委托另外的工程咨询单位作为业主代表管理工程；其二，由业主安排本单位内工程技术人员作为业主代表管理工程；其三，在工程启动之初，由建设项目主管部门组织业主进行工程建设管理知识培训。

7　监理工作定位问题

在工程建设的参建各方中，业主主要负责工程外围的协调和工程建设资金的筹集，工程建设监理是监理单位接受业主委托和授权，根据国家批准的建设文件，有关法律、法规和工程建设监理合同以及其他工程建设合同，对工程建设实施的监督管理。监理工程师运用自己的技术、监理知识为业主提供服务，是一种技术劳务。业主向监理单位支付了监理费，就希望监理工程师只为其做好服务管好工程、管好施工单位，切实维护业主的利益，不必在意施工方的合法利益；而监理法规要求监理工程师公平、公正，合理维护参建各方的利益，导致监理工程师处在一个比较尴尬的地位。

另一方面，许多业主不重视监理工作，往往把监理工作当做是多余的，自己另派代表直接管理工程，而出现工程质量问题后，又想把责任推给监理，而不去追究施工单位的责任；有一些小型工程，业主往往不及时和监理企业签订监理委托合同，使监理工作很被动。

8 监理企业发展问题

为了提高企业的竞争能力，更好地为国家工程建设服务，有必要加强企业自身建设。其一，积极运用新技术。科学技术是第一生产力，在科技发展日新月异的今天，工程监理作为高智力型的服务行业，须运用现代化设备和手段，提高工程监理的服务水平及工程质量。其二，实施人才战略。监理企业应建立一支具有高素质的、稳定的职业监理队伍，留住人才、培养人才、集聚人才。着力提高监理人员的"守法、诚信、公正、科学"的政治素质、业务素质、职业道德、福利待遇，要求监理既要有专业知识，又要有良好的职业道德，强化廉洁自律管理。对专业素质过硬又懂管理或经济的加以重点培养，提高待遇，以使其全身心投入监理工作，增强企业竞争能力，为企业的发展作出贡献。

通过以上几个方面的阐述，可以认为：工程监理制已经成为建设管理体制中的一项基本制度，应坚持和完善这一制度，继续深化对监理重要性的认识，提高监理的社会地位和工作地位，摆脱监理行业存在的困境，使水利工程建设监理事业健康发展，进一步走上科学化、规范化、制度化的轨道。为此，提出如下建议：

其一，继续深化体制改革，要将所有的监理单位全部进行企业改制，要完全推向市场，建立公平的竞争环境，加强法制教育，避免不良无序恶性竞争。

其二，重视监理企业的监理队伍，要保证监理人员的相对稳定性，逐步建立高素质的监理人才市场，要每年定期进行监理工程师资格考试与培训，大力提升监理队伍的数量和质量。

其三，真正合理提高监理取费标准，切实按新标准执行，让监理企业有充足的利润，提高自身发展水平，壮大实力，吸引各方面人才从事专职监理工作，使监理企业能留住一大批优秀的监理人员，为国家工程建设提供优质服务。

参考文献

[1]中国论文下载中心. 监理工程师的责任风险及其规避[EB/OL]. [07-05-02] http://www.studa.net/ constructs/070502/16383490.html.

[2]中国论文下载中心. 工程建设监理存在的主要问题及对策[EB/OL]. [06-08-29] http://www.studa.net/constructs/060829/1519557.html.

对水利工程建设监理体制有关问题的探讨

范世平　　曲小红

(山西省水利水电工程建设监理公司　太原　030002)

摘　要：目前，水利工程建设监理体制五花八门，究竟哪一种体制更有利于国家的水利工程建设，有利于水利监理事业的健康发展，是水利工程监理深化体制改革需要进一步研究的重大课题，本文愿以本公司十几年打拼的积淀，阐述一下我们的一些观点，期望与同行共同探讨。

关键词：水利工程　监理　监理体制　问题　探讨

1　前言

从 20 世纪 80 年代末，我国水利工程建设逐步实行了监理，刚开始根据有关建设监理法规的规定，凡成立的社会监理单位必须是依法成立的公有制单位，随着监理市场的开放，时至今日，监理麾下的队伍已经是五花八门，有的属事业单位，有的属国有企业，有的属民营企业，有的属股份公司；按照投资方式又可分为独资的、合资的、国有控股的和非国有控股的等。究竟哪一种形式是最佳的，哪一种形式更有利于水利工程建设，在整个建设管理活动中存在什么样的问题以及产生的原因是什么，如何强化水利工程建设监理，如何完善相互制衡的建管体制，是当前水利工程建设迫切需要解决的重大问题，也是水利监理行业体制改革需要认真研究和探讨的重大问题。在此，愿以本公司十几年打拼的积淀，就对水利工程监理的认识、对水利工程监理的角色以及所能发挥的作用、对监理过程中矛盾的症节的一些感悟和体会，阐述一下我们对现行建管体制以及水利工程建设监理改制方面的一些观点。

2　现行水利工程建管体制存在的若干问题

2.1　行业的社会性和专业性

水利是国民经济的命脉，是国家的基础产业，水利工程建设以政府作为投资主体(目前大中型水利工程建设基本上是政府做为投资主体)、投资巨大、服务全社会为主要特征，在整个国民经济活动中具有举足轻重的战略地位。

水利工程建设监理除具有监理工作的普通特性外，还具有区别于其他监理工作的显著特征，主要表现在它的社会性和专业性上。

社会性表现在：水利工程建设监理作为项目管理者，最终要实现项目的成果性目标和约束性目标，尽管实现约束性目标是实现成果性目标的前提条件，但是这两个目标并非等同，由于水利工程建设项目的法人一般由政府或政府机关委派或任命，水利工程建设项目的成果性目标又主要体现在社会功能和社会效益方面。所以,水利工程建设监理尤其要重视其项目的成果性目标,与其说是对项目法人负责,更准确的说是对政府负责,对全社会负责。况且水利工程投资巨大,一旦发生意外,给国家给人民给全社会会造成严重的灾难,这一点是其他任何行业都不可与之相提并论的。综上所述,水利工程建设监理肩负着为政府、为全社会把关的重任,其水利监理部门的潜在功能带有为政府管理水利工程建设的色彩,这种功能的体现对全社会都是有积极作用的。因此水利监理部门的改制应当强化监理部门的社会性。

专业性表现在:水利监理部门要保证实现项目的成果性目标,担负起它的社会作用,不能简单的就工程论工程,还必须了解和掌握包括项目的立项背景、设计理念、服务对象、效益分析、环境影响在内的全部信息,也只有如此才能发挥其社会作用,以使每一项,特别是大中型水利工程建设项目都能实现它的成果性目标。

由此可见,水利工程建设监理具备特殊的行业性和专业性,在它工作的全部过程中同水利主管部门、设计部门、水文地质部门、水利科研部门等存在着千丝万缕的联系,决不仅仅是项目法人和承包商之间引入的一个与其他别无瓜葛的第三者。所以水利监理部门的改制必须充分考虑它的专业性,必须充分考虑它为了担负起社会责任而必须同水利行业发生关系的特殊性。

2.2 市场的特殊性

20 世纪 80 年代以来,我国水利工程建设管理体制进行了重大改革,建立了以项目法人责任制、招标投标制及监理制为主要形式的新的建设管理体制。实践证明,建设监理制促进了工程项目的质量、投资、进度目标的有效实现,提高了水利工程建设投资效益,为社会经济发展做出了积极贡献。但是,我们也应该清醒地认识到,由于大中型水利工程的项目法人基本上都是政府或政府管理部门委派或任命的,而建管中的许多问题又往往与建设单位有很大关系,监理部门之所以能够发挥点作用,敢在发现问题时小声说:"不!"这和监理部门的隶属关系有着非常直接的联系,这是一个不可争辩的事实。尽管随着改革开放的不断深入,市场机制在不断完善,但只要投资主体不变,市场就会停滞在一个准发育状态。在市场运作机制不健全或不完善时,监理部门为了其自身的生存,就可能会出现不按市场规律操作和不正当竞争等问题,尽管这些丑恶现象目前在其他行业和其他监理部门也不同程度的存在,但都可以随着市场秩序和市场运作机制的不断完善逐步加以克服。水利工程建设等不得不逐步克服,因为水利工程在国家经济中的地位和作用是巨大的,一旦发生问题,其灾难性的后果也是难以承受的。所以必须按特殊行业对待,完全依赖项目法人责任制的市场运作机制是不完善的。比如,目前许多水利工程在项目报批时,都列有科研经费和模型试验费,如果不是强制性要求或主管部门的要求,原本应有的科研和试验就存在被项目法人取缔的现象。这里想要说明的是:大中型水利工程项目的成果性目标更多地反映在社会功能和社会效益方面,建设单位很容易将项目的约束性目标做为底线或最终目标,而忽略成果性目标,当成果性目标的忽略反馈到约束性目标时,约束性目标的可信度就极有可能大打折扣了。所以,对于大中型水利工程项目,政府或政府主管部门监督一旦顾及不到或力所不能及,而监理部门又丧失了代政府和全社会把关站岗的地位和功能时,就会引发一系列的问题,而这些问题的出现可能是灾难性的。这是水利工程建设监理区别与其他一般房建监理的显著标志之一，也是在改制过程中应给予高度重视的因素之一，而一味的边缘化水利监理的社会地位，将其视为一般的中介服务机构，只能使违规的单位有恃无恐，增加更多更大的事故隐患。本公司作为一个国有企业，与建设单位可能受到同一上方的约束，处境稍好，即便如此都可能受到胁迫。一个隶属于水利部门的国有企业尚且如此，何况民营乎。

2.3 对监理制度独立特性的分析

社会监理的公正性以其独立性为前提，要求监理单位在人际关系、业务关系和经济关系上必须保持独立。此外，社会监理单位与项目法人的关系是平等的合约关系，在实施监理的过程中社会监理单位是处于承包合同签约当事人双方(项目法人与承包方)之外独立的第三方。这类有关独立性的规定无疑是正确的，但仔细推敲，其中的漏洞就会暴露，例如：从签订监理合同之日起，监理单位就与建设单位以合同为纽带发生了经济关系，监理单位的报酬百分之百的来自于建设单位，而监理单位和承包方没有任何关系，监理合同也无需承包方的同意，这种关系从一开始就定位于监理单位不是一个与承包合同签约当事人双方等距离的第三方。从法律关系和经济利益的角度来看，潜意识中监理的公正性、科学性都会受到胁迫，如果监理单位的隶属关系使得建设单位与监理单位均可受到同一上方的约束，情况就会好转，否则，科学和公平都会大打折扣，而这种公正性、科学性对于关系国计民生大事的水利工程而言，其重要意义是容不得有半点懈怠的。在法律关系没有变更或者没有寻求到更加合理的工程管理体制的情况下，一味的强调监理部门和政府脱钩，对于水利工程建设管理很难确定就是一个明智的选择。当然，保持水利监理部门同政府的隶属关系并不是没有弊端，首先对于民营监理机构在市场竞争中就有失公平，因为国有成分的监理企业在市场份额的占有上具有更多的机会和便利。但是在水利工程建设中各种各样的问题和事故时有发生的今天，国有成分的监理企业占有更多的份额并非是一件坏事。

2.4 对监理职责的理解

监理是"监"和"理"的组合词。"监"——是对某种预定的行为从旁观察或进行检查，使其不得逾越其行为准则，也就是监督、监控的意思。"理"——是对一些相互作用和相互交错的行为进行协调，以理顺人们的行为和权益关系。监理单位的职责通过项目法人的委托依据国家有关工程建设的法律、法规和批准的项目文件、工程建设合同以及工程建设监理合同对工程建设实行的管理。对于水利工程，特别是大型水利工程委托监理单位行使监理职责的委托方是建设单位，其实这只是一种表面现象，就本质而言，水利工程建设单位也是受委托方，真正的委托方、出资人是国家，在弄清楚是谁让监理后，需要解决的问题就是监理谁的问题。监理过程中的"三控制、两管理"，基本上都是针对承包方的，在实际的工作中监理所能够做的也只能是针对承包方的管理。在施工管理体制中，承包方的违规可由监理来制约，监理单位的违规可由建设单位来制约，有一方没人制约，只能依赖政府监督部门来制约，而政府监督部门又受到资金、人员编制等各种条件的制约。例如：山西目前开工的水利工程项目就多达一、二百项，政府监督部门的监督实际上只能是鞭长莫及。当然应该说绝大多数的建设单位是能够按照国家的有关法律、法规规范其行为的，特别是行政部门直属的建设单位还是比较规范的。但是，一旦当国家的利益和小团体的利益发生冲突的时候，或者准确的说当建设单位考虑自身利益多一点的时候，监理部门究竟有多少制衡的砝码呢？要么监理单位成为孤助无援的第三方，甚至失去市场，否则监理单位就会沦落为一个只能承担责任的受害者。而进一步弱化监理单位的社会地位只能是促进这类违规行为的发生。水利工程建设中所发生的许多事故，在责任摊销时，除承包方以外监理一定是大头。

水利监理行业属于一个弱势群体，在卖方市场中，水利监理部门需依赖建设单位生存，建设单位假业主真老板的身份主宰着监理部门的生存。虽然法律赋予了监理一定的权力，但作为一个弱势群体，在"贞操"与"肚皮"二者之间无疑只能选择后者，而此时法律所赋予监理的那些权力就成了可怕的陷阱，这是监理处境窘迫的根本原因。

这里涉及到了监理机构的社会地位问题，我们不能说民营监理单位的社会地位就低，谁也不敢这样说也不会这样说，可传统的理念和计划经济条件下形成的惯性思维在我们每一个人当中都根深蒂固，不是靠加大改革力度和转变思想观念的几句口号就能够转变的，这种转变需要相当长的时间。

2.5 法律法规不完善

水利工程建设管理实行的是项目法人负责的管理体制，但无论是项目法人还是政府监督部门，有关法律、法规涉及到他们的条款要远远少于对监理的约束，而法律、法规赋予监理的职责很大程度上又带有政府行政职能的色彩。监理作为一个市场条件下运作的部门，尤其是被边缘化到一个一般的中介服务机构以后，很难行使这样的职权，用一个中介机构去规范作为政府代表的建设单位的行为，无论在世界什么地方都是一种妄想，反而使得建设单位能够合理合法地以合同的形式将全部或大部分责任转嫁到监理部门。作为弱势的监理部门又不得不受命于建设单位，这种态势等于建设单位花钱雇用了一个责任承担者。一旦建设单位违规，就奠定了监理部门"替罪羊"的角色。

2.6 现行建管体制对监理人员的影响

水利监理部门的弱势地位，极易造成监理队伍的腐败，个别监理人员面对违规行为时，顾及到单位的生存空间和条件，可能从开始的不得已而为之发展到积极主动配合，进一步加大了水利工程的风险。现在就出现了个别建设单位拒绝监理单位对总监人选的正常调配，这里并不完全都是有正当理由的，其中的奥妙不言而喻。

3 建议

(1)水利监理应作为一个特殊行业来对待，必需完善三元制衡的建管体制，要让水利监理部门的责任与其在工程建设管理中的角色相对应，使之没有任何顾虑地能够在违规面前道一声"不"。

(2)不能让具体的工程建设单位决定水利监理部门的生存空间，水利监理部门的报酬以及今后的市场份额不能由具体的建设单位来主宰，可采用由水利主管部门按照水利工程等级直接委托，监理报酬由水利主管部门在工程款中扣除的形式。目前，山西省建设厅开始设立监理专用账户，就一些共性问题，尝试和探索新的合理的管理体制。

(3)严格资质管理，监理单位和施工单位的资质要与所监或施工的工程等级相对应，杜绝随意委托和出卖资质的情况发生，应严肃处理类似事件的责任人。

(4)应调整建设单位与监理单位的责任范围，必须出台相应的法律法规，强化对建设单位的约束，对一些违规行为，如强行分包或以介绍工程队等方式变相分包施工单位合同范围内的工程等，应特别加大项目法人的违规成本。

(5)强化监理部的组织建设，建立健全总监的合理轮调制度。

4 结语

我们在探讨建管体制的过程中，不可避免地涉及到了一些敏感的问题，之所以顶着冒天下之大不韪的风险，除了作为水利工作者应有的责任心外，更主要的原因是按照现行的管理体制，监理在整个水利工程建设管理中所承担的责任与其在建设管理活动中的地位和可能发挥的作用不匹配、不相称，监理部门确实担当不起责任，想从水利监理的角度对现行的管理体制谈点体会和建议，别无它意，更无觊觎水利工程建设管理体制中龙头老大地位的意思，仅限在一个理论探讨的范畴。

完善水利工程建设监理制度的思考

赵金河

(湖北省水利厅建设处 武昌 430071)

摘 要：文章对水利工程建设监理的地位与作用进行了阐述，对水利工程建设监理行业发展现状以及存在的问题进行了总结和剖析，对水利工程建设管理体制和制度的完善有一定借鉴意义。

关键词：水利工程 建设管理 监理制度 规范化

1 监理的作用与地位

随着我国建设管理体制改革的完善，我国全面推行"四制"管理，在水利工程建设中监理制发挥了巨大作用：第一，和国际接轨，学习和利用国外的先进工程管理经验，缩短摸索的时间，提高工作效率，降低工作成本。第二，监理的工作具有专业化的性质，能用专业化的知识保证工程的质量。第三，责任明确，监理人为责任终身制，增强了监理人的责任感，从而为工程质量提供了保障。第四，监理人的良好作为，不仅有利于提高建设工程投资决策的科学化水平，而且有利于规范工程建设参与各方的建设行为，既能促使施工单位保证建设工程质量和施工安全，也利于实现建设工程投资效益的最大化。加强监理工作的管理，提高其工作水平，就可使水利工程建设管理收到事半功倍的效果。

2 水利监理行业现行发展中存在的几个问题

我国水利行业经过十几年的努力奋斗以及不断的实践，监理体制完善和发展有了长足的进步。但由于我国水利行业的监理工作从无到有、从小到大、从弱到强、从无经验到有经验，是一个较为艰难的过程，我们在实际的监理行为过程中，由于受环境影响和一些因素的牵连，监理行为难以达到监理目标，不利于监理事业的健康发展，其主要问题有以下几点。

2.1 受业主的委托，偏向于为业主服务

我国的建设监理制，明确规定了监理的权责。监理公司和监理人大多偏离了目标，监理的工作目标是"三控制、两管理、一协调"。在实际运用中，第一投资控制，由于受业主委托，监理人不得不按照业主的意愿开展工作。有时会出现不按实际的工程量进行支付、不按规定的时间进行支付，支付的随意性强，合同执行不严肃。因此监理人丧失了质量控制的有效手段。在中国现阶段的建设体制中，和谐是必需的，监理人不会因督办而过多地和业主发生矛盾，在实际工作中偏向于为业主服务，因此难以达到监理的预期目标。第二受业主的委托，难以规范控制。在建设的过程中，由于受地方保护主义

和不良思潮的影响，实际承包人有时不是中标人，而是业主的关系户，这些人往往不能很好的贯彻执行合同，也加大了监理人的控制难度。有时开工报审、施工程序、验收等不能过关，业主层层施压，监理人为了自身的生存空间最终要按照业主的意识办事，因而形成"主"、"仆"的关系。

业主和监理是甲乙双方的关系，其监理费用的支付由业主控制并按相应的条款支付，这就是说你的行为和报酬要受控于业主。在我国的传统观念中"有奶就是娘"的影响下，业主更是有恃无恐，把自己当成了"主"，其他建设者当成了"仆"。这样的"仆人"哪有不给"主"办事的呢，不然你的监理费用就会少给、缓给、拖给、有回扣的给，或者丧失这片市场，导致工程的施工监理过程中，业主虚开工程量、套用资金、挪用资金的现象时有发生。

2.2 监理行业内部竞争激烈，利益得不到保障

一个企业稳步发展并逐步壮大，赖以生存和发展的基础就是经济效益。我国的监理取费过去执行的是建设部[1992]价基字号472号文，从2007年5月1日起执行的是《建设工程监理与相关服务费管理规定》，虽说新的标准已经出台，但这个标准尚未全部执行到位，加上监理公司的数量不断增加，僧多粥少且小规模的企业占绝大多数的现状，恶性竞争、低水平竞争现象十分普遍。这些小规模公司不如大公司规范运作，各方面的管理也不如大公司完善，且运营成本明显低于大公司，为了争取到工程，不惜降低取费。目前绝大数业主优先考虑报价低的企业，因此大公司为了与小公司竞争也势必降价。由于监理费用较低，使得监理人员不能按要求到位和组织不健全。导致的后果是工程的质量不能得到保证、工程投资不能得到有效利用、工程的工期无法保障，监理工作的成效不能得到很好的体现。

3 进一步理顺建设管理体制、完善建设管理制度

针对以上主要的问题，结合我省水利工程建设监理工作的特点，建议制定一些具体措施，完善制度，规范监理市场，增强监督机制以逐步促进水利工程建设监理市场的健康发展。

3.1 增强监理的相对独立性

守法、诚信、公正、科学，这是我国监理行业的行为准则。监理企业不仅要提高从业人员业务素质，还要廉洁自律管理，同时也要使监理人有独立的行使权和相应的决策权，减少外界的干扰，使监理人员真正做到公正、独立地开展监理工作。可以考虑把监理费用在合同条款中规定由第三方进行管理执行，比如由省或者某一地区的有相应管理资质的中介机构来统一管理，按照合同中监理人的职责、义务、权利进行考核，根据考核结果和相应的合同条款进行监理费的合理支付，这样就避开了监理受业主控制的现象，摆脱"主"、"仆"关系。通过自己相对的独立性、公正性，对工程建设过程中的不良现象进行有效制约，也能逐渐杜绝水利工程建设市场的不良行为，促进完善监理制度，使监理人员真正按照各种规章制度发挥监理的作用，提高监理的执行力。

3.2 规范水利建设市场

一个水利工程项目建设中的，项目法人是工程建设的龙头，传统的管理模式中，项

目法人就像一个大总管。如果大总管在建设中都不按规矩办事，其他的参建人员能群策群力，公正、公平的肩负职责把事办好吗？所以规范水利建设市场，提高项目法人的责任心、使命感、自律力是项目工程建设的关键，同时要设法调动监理单位和参建各方的工作积极性，监督、考核并帮助监理单位完成好各项工作。

3.3　加大审计力度

　　项目法人在进行工程进度款拨付时，应以总的工程目标为方向，实行规范拨付工程款，使工程质量和进度能有效的保证。因投资管理是监理单位的重要职责之一，规范拨款手续既有利于监理单位进行投资控制，也能促使监理的意图得以尽快贯彻，使监理工作按照正常的程序和要求良好地进行，真正起到为业主负责，保证各方的利益。对于建设工期长、投资额大的水利工程项目，要严格地实行项目审计制度，特别是在工程的准备期和建设初期，项目的审批组织机构应对参建单位进行审计制度的学习，增加项目审计的知识，把这一知识贯穿于项目工程的始终，最后经得起严格的审计，使工程顺利竣工验收。

　　总之，工程监理制是水利工程建设管理体制中的一项基本制度，应坚持和完善这一制度，更加深化对监理重要性的认识，提高监理的社会地位和工作地位。要规范水利工程监理行业，摆脱不良因素的干扰，使水利工程建设监理事业健康发展，进一步走上科学化、规范化、制度化的轨道。

开发建设项目的水土保持监理

金孝华[1] 幕振莲[2] 尚光明[1]

(1.西安黄河工程监理有限公司 西安 710021;
2.黄河水利委员会绥德水土保持科学试验站 绥德 718000)

摘 要：开发建设项目的水土保持监理工作是针对开发建设项目落实"三同时"制度，防治因开发建设活动人为造成的新的水土流失，保护水土资源，改善生态环境的一项重要工作，但在开发建设项目的建设过程中，由于水土保持方案编报工作滞后，业主和施工单位缺乏水土保持意识以及方案编制粗略等问题，水土保持监理工作举步维艰。作者结合工作实践，对开发建设项目的水土保持工程监理中存在的问题进行了分析和探讨，便于开发建设项目水土保持监理工作的改进。

关键词：开发建设项目 水土保持 监理

大型开发建设项目是我国社会主义现代化建设的重要组成部分，加强开发建设项目水土保持工作、控制水土流失、保护水土资源、改善生态环境，是贯彻落实全面、协调、可持续的科学发展观，全面建设小康社会，实现社会主义现代化的战略措施。开展开发建设项目的水土保持监理，是为了规范开发建设项目的水土保持工作，认真落实"三同时"制度，有效防治生产建设造成人为水土流失，促进区域生态环境与社会经济良性发展的一项行之有效的工作。

1 开展开发建设项目水土保持监理的必要性

近年来，随着国民经济的飞速发展，特别是中央对西部经济大开发的一系列优惠政策的颁布实施，在生态环境十分脆弱的西部各省(区)，从城市到乡村，从平原到山区，开发建设项目如雨后春笋。这些项目的实施，对促进国民经济发展，提高人民群众的生活水平都起到了十分重要的作用，但在进行开发建设的同时，对河流泥沙也造成了一定的影响。

根据对乌兰木伦河流域煤炭开发、铁路项目、公路项目、城市与小区建设、农村基建等类型开发建设项目新增水土流失量的调查,1986～1998年间开工建设的208个项目,13年间共弃土弃渣13 681.53万t，其中直接弃入河道的达3 407万t，堆弃在开发建设项目附近的有5 708.07万m^3，扰动地面面积5 373.69万m^2。

从对乌兰木伦河流域泥沙特征分析的结果来看，该流域20世纪70年代较50、60年代的年均输沙量增加了3.1%，较80、90年代则分别减少了41.0%、41.4%。从王道恒塔水文站1959～1998年次洪水输沙量大于500万t的洪水径流量、输沙量和含沙量来看，输沙量大于500万t的洪水共有37次，其中开发建设前为28次，开发建设后为9次;

尽管开发建设前降水量和径流量较大，洪水输沙量也大，但开发建设后的洪水含沙量更大，由 474 kg/m³ 增加到 508 kg/m³。

从对 1980～1998 年河流泥沙颗粒资料的统计分析来看，开矿前(1980～1986)和开矿后(1987～1998)两个时段对比结果表明，乌木伦河流域开矿后泥沙平均粒径 d_{cp} 和中数粒径 d_{50} 均变粗，分别增大 25.5% 和 33.7%。

以上数据表明，乌兰木伦河流域开发建设项目对地表植被的破坏、原生地面的扰动以及弃土、弃渣等造成了河道洪水输沙量的增大和泥沙粒径变粗，进而加重了黄河河道的泥沙淤积。

因此，开展开发建设项目水土保持监理，对促进企业保护环境，提高企业水土保持意识，改善建设区域生态环境是非常必要的。

为了落实开发建设项目的水土保持方案，加强开发建设项目的水土保持工作，水利部先后颁布并实施了一系列法规性文件，如 2002 年 10 月 14 日颁布并于同年 12 月 1 日实施的水利部第 16 号令《开发建设项目水土保持设施验收管理办法》；2003 年 3 月 5 日，颁布了《关于加强大中型开发建设项目水土保持监理工作的通知》；2004 年 7 月，水利部办公厅又下发了[2004]97 号文件，即《关于加强大型开发建设项目水土保持监督检查工作的通知》等。这一系列法规性文件的出台，有利地推动了开发建设项目的水土保持工作，也使开发建设项目的水土保持监理工作上了一个新台阶。

就目前的开发建设项目来看，绝大部分国营企业都开展了水土保持监理工作。

2　开发建设项目的水土保持监理

2.1　开发建设项目水土保持监理工作的目的

开发建设项目水土保持监理工作的目的是：落实水土保持"三同时"制度，防治因开发建设活动中人为造成新的水土流失，保护水土资源，改善生态环境，协助业主对施工企业的建设活动进行监理。

2.2　开发建设项目水土保持监理工作的内容

开发建设项目水土保持监理与其他各专业监理的监理内容基本相同，同样包括了质量、费用、进度三控制和合同、信息两管理的内容，但开发建设项目水土保持监理与其他专业监理不同的是，其不仅要为业主提供服务，还要为项目建设区的水土保持工作服务。

在一个开发建设项目中，水土保持不仅不能为企业带来直接经济效益，而且要花费一定的资金。因此，开发建设项目的水土保持监理不仅要监理与主体工程有关的具有水土保持功能的项目，而且要根据水行政部门批复的《水土保持方案》，督促业主对影响范围内的土地、植被和周边环境进行保护，减少因工程建设人为造成水土流失。

2.3　开发建设项目水土保持监理工作的依据

开发建设项目水土保持监理工作是根据国家建设监理的有关规定和技术规范，水行政主管部门批准的水土保持方案以及工程设计文件、工程施工合同、监理合同，开展监理工作。

3　开发建设项目水土保持工程监理的特点

开发建设项目水土保持监理与其他监理单位相比，具有平行监理、监理范围广和持续时间长等几个明显的特点。

3.1 平行监理

在一个开发建设项目中，相对独立的项目比较多，诸如设备制造、安装、土建、管线、电器等，有些项目的监理工作是根据工程部位进行委托的，有些是根据项目组成进行委托的，个别大型开发建设项目仅监理单位就有10多家，水土保持只是整个建设项目的一个组成部分，而且绝大部分已经包含在其他项目特别是土建工程建设项目中了，这些工程一般都有主体工程现场监理。对此类水土保持工程主要采用平行监理，即主体工程监理人员从主体工程的角度出发对工程进行监理，水土保持监理从水土保持工作的角度出发对工程进行监理。由于行业不同，所采用的设计标准也不同，当工程的设计标准高于水土保持标准时采用行业标准，当工程设计标准低于水土保持标准时采用水土保持标准，最终目的是使该项工程既能满足主体工程的要求，又能满足水土保持工作的要求。

3.2 监理范围广

一项大型开发建设项目的监理单位有几个甚至十几个，建设单位数十个，项目中的水土保持工程涉及所有的与水和土有关的小项目，水土保持监理范围遍布整个项目的征地(包括临时征地、占地)范围，水土保持监理的施工单位多、范围广，与其他各专业监理交流也多，如果按照常规开展工作是不可能搞好水土保持监理的，因此搞好水土保持监理工作的关键是业主的理解和支持，而监理人员的协调与组织是搞好水土保持监理的基础。

3.3 持续时间长

开发建设项目的水土保持监理从项目"三通一平"开始，到项目所有设备安装到位并试运行正常，征地、占地植被基本恢复为止，贯穿整个项目建设的始末。根据建设项目的建设过程，水土保持监理持续时间短的有1~2年，长的达4~5年甚至更长。

4 开发建设项目水土保持工作存在的问题

4.1 "三同时"制度难以落实

《中华人民共和国水土保持法》第十八条规定，"建设项目中的水土保持设施，必须与主体工程同时设计、同时施工、同时投产使用"，其从1991年6月29日颁布实施已经20多年，但"三同时"制度的落实情况不容乐观。

4.1.1 《水土保持方案》的编制滞后于主体工程设计

在进行主体工程设计时，作为主体工程组成部分的，具有水土保持功能的措施都依据相关规范标准进行了设计，但对于相对独立的水土保持工程一般不会在设计阶段进行设计。一方面，建设单位对水土保持工作不够重视，对设计单位没有提出具体的水土保持设计要求；另一方面，设计报批时把关不严，同时还有相当一部分企业存在边报边批边建设的"三边"情况，致使水土保持工程的同时设计不能落实。

4.1.2 水土保持工程的施工滞后于主体工程施工

《中华人民共和国水土保持法》第十九条规定："在山区、丘陵区、风沙区修建铁路、公路、水工程，开办矿山企业、电力企业和其他大中型工业企业，在建设项目环境影响报告书中，必须有水行政主管部门同意的水土保持方案"。水土保方案的编报工作是法定的建设程序之一，但目前很多建设项目都不按照建设程序进行，在手续还不齐备的情况下就开工建设，特别是水土保持方案的编报工作有相当一部分都是在没有报批的情况下就已经开工建设了的，待到方案批复时，主体工程建设已经接近尾声，因此水土保持工程与主体工程同时施工成了一句空话。还有相当一部分为补报，因此施工过程中的水土保持工作一般都无法控制，有些建设项目甚至是在工程验收时为了应付验收，聘请有关单位突击收集资料，编写验收材料，以达到通过验收的目的。

有些开发建设项目在项目建设之初，水土保持方案的编报和审批工作都是按照建设程序进行的，但批复后的水土保持方案被束之高阁，无人问津。水土保持工作一般来说对开发建设项目的投产和运行不会产生直接影响，因此在工程建设过程中建设单位以主体工程建设为核心，忽视建设过程中对环境的破坏活动，方案中设计的临时防护措施既没有投资，也无人管理，因此也就无法落实，而最严重的水土流失则主要发生在建设过程中，此时地面破坏力度最大，地表覆盖度几乎为零，而且基础开挖造成的乱堆乱放现象也为风蚀、水蚀提供了大量的物质基础，一旦出现大风，沙尘弥漫了整个工地和周边地区，严重影响项目周边的环境；发生暴雨时，临时道路被冲毁，工地及周边区域的生产生活都受到影响，但到了工程建设后期，除线形工程外，一般的企业为了自身的形象，在办公区和生活区大搞绿化，使得建设过程中造成的水土流失消失的无影无踪。

4.1.3 《水土保持方案》编制不切合实际，实施困难

编制《水土保持方案》是一项非常严谨的工作，需要进行细致的野外调查工作，编制的目的是防治水土流失，保护、改良与合理利用山区、丘陵区和风沙区水土资源，维护和提高土地生产力，以利于充分发挥水土资源的经济效益和社会效益，建立良好的生态环境，但目前的水土保持方案在编制过程中，一方面仅着眼于防治土体损失的机械固定，夸大甚至是盲目使用工程措施，没有意识到防治水体损失方面的保持利用，忽略对风力侵蚀的防治，不考虑甚至于不知道植物侵蚀和化学侵蚀等；另一方面，野外调查工作非常粗略，在进行治理措施配置时，往往不能切合实际，与当地实际情况不能吻合，最终的结果是不仅达不到保持水土的目的，而且在治理过程中也无法实施。

4.2 开发建设项目水土保持监理工作面临的问题和解决办法

4.2.1 开发建设项目的水土保持监理不仅是监理者，也是水土保持工作的宣传者

业主在进行开发建设的过程中十分重视主体工程的各项监理工作，尽管在项目的报批过程中已经对水土保持项目是整个项目验收时必不可少的内容之一有所了解，并且在建设过程中也通过招标投标委托监理单位对项目的水土保持工作进行监理，但由于建设过程中的水土保持工作与主体工程的投产运行没有直接的关系，而且水土保持监理工作与主体工程的监理有着截然不同的工作方式和工作内容，涉及部门多、管理范围广，因此要求业主的协调工作量也比较大，但在实际工作中，业主对水土保持的工作重视远远不够。这就要求水土保持监理人员不仅要对施工单位，而且要对业主进行耐心细致的宣传工作，这项工作成为目前开发建设项目水土保持监理人员的一项重要工作内容。

4.2.2 开发建设项目水土保持监理与主体工程监理的内容相互交叉

在水土保持方案中将主体工程中具有水土保持功能的一部分工程也纳入到方案中，这样，势必造成主体工程监理与水土保持工程监理的交叉，如何合理解决这些问题，是水土保持监理面临的一个现实的问题，靠监理人员本身也很难解决，这就需要业主的协调，但在目前的建设过程中，业主将所有的权利都赋予了主体工程监理，水土保持监理在工程建设过程中无法直接参与其中，也就无法做到事前和事中的控制。

水土保持监理范围应以临时防护措施、新增防护措施等为主，对主体工程中具有水土保持功能的设施只进行功能和质量复核，这不仅可以避免重复监理，而且能满足水土保持工作的要求。

4.2.3 进一步提高监理人员的基本素质

在开发建设项目的管理人员中，几乎没有一个是受过水土保持方面的教育的，他们缺乏水土保持方面的基本观念和知识，因此监理人员必须担负起宣传和普及水土保持知识的责任与义务，这就要求水土保持监理人员必须具备相当的基础知识和法律法规知识以及管理协调能力，仅仅具有监理方面的知识是远远不能适应开发建设项目的水土保持监理工作的。因此，必须提高水土保持监理人员的基本素质。

4.2.4 加强水土保持工作的宣传、监督与执法，提高企业对水土保持工作的认识

开发建设项目水土保持工作的前提是企业的理解和支持，如果没有企业的支持和配合，水土保持工作将是一句空话。提高企业对水土保持工作认识的重要手段就是加大对水土保持工作的宣传和监督，从《水土保持方案》的报批到水土保持设施的验收，严格执行相关法律法规，督促企业提高对水土保持工作的认识水平。

5 结语

开发建设项目的水土保持监理工作虽然已经开展多年，但在开发建设项目中具有一定的特殊性，监理工作还存在诸多需要解决的问题。笔者结合自己在开发建设项目监理工作中的实践，就当前存在的几个问题进行了分析，希望得到开发建设项目的管理部门、水土保持管理单位的支持，促进开发建设项目的水土保持监理工作。

水土保持工程监理的特点与理论制度创新

王宏兴 [1, 2]　杨顺利 [1]　武哲 [1]

(1.西安黄河监理有限公司　西安　710021；
2.黄河水利委员会绥德水保站　绥德　718000)

摘　要： 水土保持工程监理投资主体多元化，工程规模小而分散，施工主体组织层次多样，施工进度受季节影响大，防治措施多样，监理方式以巡视为主。经济手段必须审慎使用，合同主体不一定很明确，责任主体多样，生态工程合同的权利义务可能由政府规定，安全影响因素复杂，安全事故的滞后性往往引起安全管理的麻痹性等诸多监理特点，决定了水土保持监理必须在理论体系上有所创新，建立适合本行业监理特点的理论体系，同时在制度建设上应加强资质审核，资格考试制度和内容改革，出台适合行业特点的监理规范、合同示范文本，整合质量评定标准等制度建设。

关键词： 制度创新　监理特点　水土保持

1　水土保持工程监理的特点

　　水土保持工程作为社会公益性项目，除了具有其他工程的性质外，还具有许多区别于其他工程的特殊性，这就决定了水土保持工程监理也有区别于其他工程监理的特殊性。

1.1　投资主体多元化

　　水土保持工程是水土流失区治理水土流失环境、国土整治工程，工程投资既有中央政府补助性投资，也有地方政府投入，还有作为水土流失区的人民群众从自身生存环境改善的要求出发，改善生活生产条件而自发配合水土保持工程建设的自发投入，同时还有在水土流失区实施的开发建设项目，为防止水土流失对开发建设项目的危害及因开发建设项目破坏环境后依法恢复和设防工程的企业投入。

1.2　工程规模小而分散

　　水土保持工程是因害设防的治理工程，由于水土流失及人为活动破坏的区域和个体特性，决定了水土保持工程广域分布，区域分散，开发建设水土保持工程根据工程建设特性或沿线绵绵(如道路建设工程，输送管道工程)或成点状分散分布，或区域或流域大面积广域分布(如河流生态建设项目)，具体工程规模较小。

1.3　施工主体组织层次多样

　　水土保持工程的平面分布特点，决定了工程建设施工的主体层次繁多。水土保持工程建设有通过招标由符合建设资质的施工企业承建的，也有由劳务承包企业承建的，还有由农民专业队集体承建的，同时也有由当地农民分散承建的极小规模十分分散的工程。表现为施工主体层次多样，监理对象参差不齐。

1.4 水土保持工程进度受季节影响大

水土保持工程由于措施类型庞杂，工程特性丰富，特别是水土保持林草措施的建设进度直接受投资和季节影响明显，监理工程师在进度控制上首先要熟悉项目区水文、气象、气候特征，合理安排进度计划，避免和减少季节对计划进度的不良影响。

1.5 防治措施繁多，技术知识要求丰富

水土保持防治措施尽管规模小而分散，但防治措施类型涉及学科繁多，既有林学技术、牧草专业技术还得有园林绿化及土木工程技术，更要有水土流失规律基础理论，同时作为监理人员还得掌握监理管理等多学科知识技能。所以从事水土保持工程监理的监理工程师与其他建设工程的最大区别是需要的人才是多专多能的复合型人才。

1.6 巡视监理为主

水土保持生态工程涉及的地域广阔，项目布点分散，监理成本高，监理工程师开展监理工作时以巡视监理为主，旁站监理为辅，重点控制关键工序和要害部位。

1.7 经济措施要谨慎使用

水土保持工程的特殊性，决定了工程施工主体的多层次性，施工主体的多层次复杂性，决定了监理工作中经济措施运用的审慎性。这是区别于其他建设工程监理的又一显著特点。由于水土保持工程的公益性，投资渠道的多元化，工程实施条件分散艰难，相对工程利润的微薄甚至负利润性，决定了经济措施的不适用性或运用的审慎性，运用不当不仅不会有利于建设目标的实现而且适得其反。

1.8 水土保持工程合同管理的特点

1.8.1 合同主体不明确

1.8.1.1 业主概念模糊

水土保持工程作为公益性工程，代表全民和国家利益的政府关注较多，特别是国家在创建和谐社会、和谐环境的大背景下，政府更加关注环境治理与建设，政府积极投入，受国力限制，国家不可能全额投资，需要地方政府的配合投入，同时作为与自己生活和生存环境息息相关的农民或居民主观上愿意或法定的义务必须投入，这就决定了同一工程多方投入的投资格局。这就使得投资的主体多元化，谁才是真正的业主在诸多工程中显得比较模糊。

另一发展趋势是，随着人类生存空间的迅速扩张，水土流失人为加速侵蚀的影响程度加剧，国家在治理水土流失环境的同时，越来越多地关注开发建设项目的破坏和对水土环境危害的防治。根据《中华人民共和国水土保持法》谁破坏谁治理，谁治理谁收益的原则，该类工程的业主和收益主体相对明确。

总上所述，有学者认为，水土保持工程监理也应根据业主的类型划分为传统水土保持工程监理和开发建设项目水土保持工程监理。笔者认为，作为建设项目，随着投资管理模式的完善和发展，必然出现代表各方投资利益的经济实体，通过对各投资方资金的整合，发挥投资的最佳效果。

1.8.1.2 责任主体层次多

由于水土保持工程面广、规模小，工程建设中往往是各类施工主体均有。如既

有针对规模较大的具有相应资质的施工企业，也有靠行政推进的行政事业单位，还有分散施工的单个或农民专业队。

作为水土保持工程监理其合同的责任主体复杂，作为工程合同管理的监理单位，监理工作内容复杂，合同管理难度大。

1.8.2　合同的客体内容丰富而繁杂

水土保持作为因地制宜、因害设防的工程建设项目，合同的客体可能是一片林、一块地、一座拦泥坝，甚至是某一耕种翻耕方式等，合同的客体往往表现为内容丰富而且复杂。无论是传统的生态治理水土保持工程还是开发建设项目水土保持工程莫不如此。

1.8.3　合同权利义务关系可能由政府行政规定

水土保持工程，是由政府下达的治理计划性工程，即计划合同，其中的权利义务关系往往更多的不是采取合同约定的方式，相反多采取政府行政规范性文件或规定的形式，通俗地讲就是协商的余地有限。

(1)水土保持工程类型多，涉及面大，因此监理工程师在进行其质量控制的过程中，相应的工作量也比较大。水土保持综合治理工程以小流域为单元进行设计，因此，施工过程中的监理也以小流域为单元，通过监理人员的巡回检查和抽样检测、测量、测定，对其施工质量进行控制。

(2)承建单位按照年度计划组织工程的实施，在开工前，应安排好实施地点，组织好乡、村的劳力及用地安排，签定协议。为保证质量，在实施的过程中，承建单位要安排技术人员对现场施工人员(群众)进行必要的技术培训，并进行巡回检查和咨询服务。承建单位可邀请监理工程师协助进行技术指导。

1.9　水土保持工程安全管理

工程建设考核指标繁多，但其中有两个实质性的内容，一个是质量，一个是安全。质量和安全是工程建设中永恒的主题。安全是工程质量的前提条件，而工程质量的好坏，也是为了安全。质量是业主所追求的最终目标，那么安全则是实现这一目标的基本环境条件，而安全监理则是这一环境条件的监护者。

水土保持工程监理安全管理的特点主要表现在几个方面。

1.9.1　安全事故的滞后性

水土保持工程大量分布在丘陵、沟壑等水土流失严重区，而这些地区往往具有工程事故容易发生的自然条件，工程建设区往往也是季节性洪水容易产生的地方，并且产生的洪水历时短、峰量大、破坏力强。但洪水发生属于几率事件，由于施工期简短，往往不一定发生洪水性工程安全事故，但运行期间却成为工程事故的高发时段，使工程安全事故在时间上往往滞后。

1.9.2　参建各方安全意识的麻痹性

水土保持工程平面布置分散，工程结构相对简单，加之安全隐患的滞后性，参建各方往往容易安全意识淡薄，从工程建设经验出发而产生安全意识的麻痹性。

1.9.3　安全因素的复杂性

水土保持工程的分散性，因害设防措施的多样性，交通不便，自然地理环境的复杂性，使水土保持工程建设的安全因素分散而又复杂，增加了安全控制的难度。

综上所述，水土保持工程结构相对简单，但对于相对集中的其他建设工程监理控制则难度大得多，显示出了监理独特性的一面。

2 加大水土保持工程监理理论体系建设和创新

水土保持工程建设的特点决定了水土保持工程监理有针对该工程特点而制订的相应区别于其他工程(如水利建设工程)的建设管理、监理的一系列法规，这些法规组成了相对独立的法规体系，对于不同的法规体系和工程建设管理实践总结出来的监理经验组成了具有水土保持工程监理特点的独立监理方法。建立在监理方法之上的方法论便是水土保持工程监理理论。

水土保持工程监理起步较晚，监理依据主要有《中华人民共和国建筑法》、《中华人民共和国水法》、《中华人民共和国水土保持法》，对水利工程监理有关规定和法规进行了监理实践，水土保持工程监理脱胎于水利工程监理，而又显著地区别于水利工程监理。为了更好地指导监理实践，应该从水土保持工程监理实践中广泛总结，对水利工程监理理论与水土保持工程监理不适应的部分进行改革，即水土保持工程监理理论的创新。

理论创新的另一面是法律法规建设，水土保持工程监理在《中华人民共和国水土保持法》框架基础上已经形成了一系列具有水土保持工程监理自身特点的法规体系，如《水利工程建设监理规定》(水利部令第28号)、《水利工程建设监理单位资质管理办法》(水利部令第29号)等，这一法规体系是水土保持工程监理理论主要的组成部分，但就目前监理过程的实践来看，诸多方面水土保持工程建设管理的法规显得还不够全面，所以水土保持监理理论的创新必须与水土保持工程建设法规相适应。

需要说明的是，水土保持工程监理理论的创新是一个复杂的过程，既受法规体系建设发展的限制，又受监理实践推进的制约，所以水土保持工程监理理论的创新是一个过程，而且是一个不断完善的过程。

3 加强水土保持工程监理制度创新

3.1 完善市场准入制度

我国的监理市场准入制度主要包括企业的资质准入和从业人员执业准入两方面。

3.1.1 完善企业资质管理制度

企业资质管理是一个发展的过程，在资质准入起始阶段往往为了推广的需要，门槛相对较低，这是一个必然的过程，但随着市场机制的建立和完善，一些低门槛进来的，而且不注重企业建设的监理企业在不能满足新形势要求时应该清理出场。

3.1.2 完善水土保持工程监理工程师执业资质考试制度

水土保持工程监理工程师执业资质考试尚有许多科目设置不合理，部分考试内容与监理业务毫无关系，造成的是资源浪费，有些科目应该是水土保持工程监理必须掌握的技能而考试科目却未能涉及，直接影响水土保持工程监理工程师的执业素质。这一不合理的设置突出表现为大量长期从事水土保持工程研究、设计、工程建设、工程管理的很有造诣的水土保持专业人员无法通过监理工程师资质考试，而对水土保持基本理论一无所知的其他人员却考试通过率极高，造成了能监理者无资质，无能力监理者有资质的不合理现象。

3.2　加快水土保持工程监理规范出台

监理规范是最直接规范行业监理行为、程序等一系列行为的规范性文件，长期以来水土保持工程监理行业依靠水利工程施工监理规范，与水土保持工程监理实际越来越显得不适应，应该制定适合水土保持工程监理的监理规范，规范行业监理行为，推动行业监理又快又好地发展。

3.3　制订适合水土保持行业的合同示范文本

监理过程是以合同管理为中心贯穿整个监理过程始终的，但这样一份应用最广泛、影响最深刻，与行业工程建设最适应、作为行业资格考试必须的纲领性文件，尚无本行业的合同示范文本，不能不说是行业发展中的最大缺憾。

3.4　整合水土保持工程质量评定标准

水土保持工程是一个工程种类最丰富的特殊工程建设行业，目前采用的质量评定标准是五花八门，气象万千，有来自不同行业、不同部委、不同专业的质量评定标准，很难形成行业特色的系统性依据。应该对各项工程的质量评定标准进行整合，形成具有行业特色的系统完整的质量评定标准，使水土保持工程监理过程质量检验评定在同一标准下得到执行，不因人而异，形成吸收各行业标准的综合标准体系。

4　结论

建立适合行业特色的理论体系和管理制度是行业健康发展的前提。从丰富的实践中总结行业的特点是广大参建水土保持工程的工程管理人员、监理人员、施工企业技术人员的共同义务。本文从水土保持工程监理实践的具体情况出发总结出水土保持工程投资主体多元化、工程规模小而分散、施工主体组织层次多样、进度受季节影响大，防治措施繁多、巡视监理为主、经济措施要谨慎使用、合同主体不明确、合同的客体内容丰富、合同权利义务关系可能由政府行政规定、安全管理上容易产生麻痹性等水土保持工程监理的特点；提出了水土保持工程监理理论创新应从法规体系完善和方法论的总结两方面突破；指出水土保持工程监理制度建设应着力抓好市场准入制度建设，出台适合水土保持工程监理的监理规范，制订适合行业的合同示范文本，整合统一质量评定标准。

参考文献

[1]水利部建设与管理司.水利水电建设工程安全生产知识必读本[S]. 北京:中国水利水电出版社，2005.

[2]中华人民共和国水利部、国家工商行政管理总局.水利工程施工监理合同示范文本[S]. 中国水利水电出版社，2007.

[3]王宏兴，秦向阳，等. 黄土高原淤地坝工程建设监理有关问题探讨[J]. 西北水力发电，2006(5).

[4]秦向阳，王宏兴，等. 淤地坝干容重监理控制试样[J]. 中国水土保持，2005(12).

水土保持工程建设监理若干问题探析

聂兴山　徐茂杰　常彦平

(山西恒业水保生态工程建设监理有限公司　太原　030045)

摘　要：水土保持工程建设监理是一项全新的建设管理制度，由于行业的特殊性，水土保持生态工程监理本身起步晚、经验少、技术规范和规章制度不够系统、完善，在具体工作中缺乏规范性和可操作性，当前急需规范水土保持生态工程建设行为，提高对监理重要性的认识，制定和完善水土保持工程建设监理规范和有关规范，以适应科技进步和市场竞争的需要。

关键词：水土保持　建设监理　规范标准　问题探析

水土保持建设工程纳入基本建设管理程序，实行建设监理制是一项全新的建设管理制度，其目的是对工程建设的各种行为和活动，如项目论证决策、规划设计、物资采购与供应、施工等进行监督、监控、检查、确认，并采取相应的措施使建设活动符合行为准则，即符合国家的法律、法规、政策、经济合同、施工合同等，防止在建设中出现主观随意性，盲目决断，以达到项目的预期目标。水土保持工程建设项目实行监理制在我国还是一个新生事物，目前尚有许多理论、法规、工作程序还很不完善，再加上对水土保持工程建设监理的认识不够，造成许多行为很不规范，笔者结合几年来的实际监理工作经验，发表一些有关监理工作的看法与大家一起来探讨。

1　水土保持工程建设的特点

1.1　点多面广、布局分散

水土保持工程建设遍及全国各地，面上的治理项目比较分散，小流域综合治理点很多，在一个小流域内又有若干个工程点，项目内容包括工程措施、生物措施和耕作措施等，涉及工程类型多，但单项工程的等级较低，一般为4~5级，因此水土保持工程具有点多面广、类型较多、等级较低、布局分散的特点。

1.2　建设周期长

水土保持生态工程建设不是一朝一夕的事，需要一代人甚至几代人的努力，建设周期很长，如国家生态建设规划确定的全国生态建设项目的建设期为53年。具体到小流域综合治理项目来说，一般也需要3~5年建设期，过去上马的项目大多数存在工期不明确的情况，特别是大面积的植被建设工程，有一个成活和保存过程，因此工程建设和工程验收周期较长。

1.3　受自然因素影响较大

水土保持工程建设与自然因素之间存在着相互促进和相互制约的密切关系，工程实施时间和完成质量受自然因素的制约很大，往往会对工程造成较大的影响和损失，如连年干旱、暴雨集中、病虫鼠害等，致使植被工程任务难以如期完成，甚至造成失败。

1.4 施工队伍素质低

水土保持工程等级较低，施工队伍主要以农民工为主，机械化、专业化程度较差，施工人员文化素质较低，技术力量薄弱，劳力流动性较大。

上述 4 个方面客观存在的特点给工程建设监理增加了很大的难度，因此水土保持建设工程监理不能照搬其他行业的做法，必须从工程的实际出发，不断实践、不断完善、逐步形成一套具有水土保持特色的监理体系。

2 水土保持工程建设监理现状与问题

近年来，水土保持工程建设项目推行建设监理制，在规范水土保持工程建设方面取得了显著的成效。但是，水土保持工程监理是一项全新的建设管理制度，由于行业的特殊性，水土保持工程监理本身起步晚、经验少，技术规范和规章制度不够系统、完善，在具体工作中缺乏规范性和可操作性；建设各方受计划经济体制的影响，对监理工作缺乏统一认识，在实际工作中对监理工作缺乏主动积极地配合；水土保持生态工程的特点是分布范围广、点多分散、工作量大，监理取费标准相对较低，影响着监理工作开展的深度和广度；水土保持工程的公益性、行政性、群众性，造成建设各方关系复杂、责权利界限不易划分，监理工作的组织协调难度较大；水土保持工程投资(国家投资、地方匹配、群众投劳)的多样性，使得投资控制的难度加大。所以，至今仍存在着一些误区，集中表现在以下几个方面。

2.1 监理深度远未到位

且不说国际上权威性合同文本上提到的几十项监理业务，即便是我们自己规定的"三控"(造价控制、进度控制、质量控制)，两管(合同管理、信息管理)，一协调(协调处理好业主、施工、设计等单位间的关系)的监理任务亦尚未达到目的。监理制度应该贯穿于工程建设项目的始终，包括投资决策阶段、设计阶段、施工招投标阶段、施工阶段(含保修阶段)。但目前，我国监理工作一般仅限于工程建设项目的施工阶段，监理人员接受委托后，工程马上开工，造成监理人员边干边熟悉情况，对工程并未深入的掌握和熟悉，尤其是水土保持工程分布范围广、点多面广分散、工作量大、战线较长、影响因素很多，不利于监理工作的顺利开展。这当然与机制、认识和内外部条件梗塞有关，当前现场监理普遍处在以质量控制为中心这一低水平阶段徘徊着，不早日突破这一步，监理业就很难与国际接轨。

2.2 水土保持工程无监理规范可依

目前，还没有水土保持工程建设监理的规范，水土保持工程建设监理是参照《水利工程建设项目施工监理规范》实施的，加之从事水土保持工程建设人员相对缺乏基本建设工程项目管理知识和经验，在一定程度上制约了监理工作的正常开展。

2.3 尚未形成自上而下完善配套的监理行业体系

业主行为规范与否，直接关系到工程建设项目能否顺利进行，建设目标能否如期实现。有的业主对监理工作干预较多，有的业主则不通过监理工程师直接给承包商下达指令，造成不必要的纠纷和误解。其实，监理工程师应该是工程建设项目现场的唯一管理者，业主委托了监理，就应由监理工程师去实施对工程建设项目的监督与管理，业主的意见和决策均应通过监理工程师实施，而业主所要做的，是如何做好对监理的管理，而非直接对工程建设项目的管理。行政干预等不良因素，有的行为与推行监理制的宗旨大相径庭，已到严重干扰监理业正常运转的不可容忍的地步。

2.4 把监理工程师当作质检员

监理工程师是作为公正的第三方，依据监理合同和工程建设承包合同进行监理，不是承包商的质检员。这个问题不仅涉及到职责问题，还涉及到验收程序。各项验收必须在承包商自检合格的基础上报请监理工程师验收。承包商有确保提供合格产品的责任，监理负责检验工程产品，承包商不能把监理当作自己的质检员，监理自己也不能把自己等同于承包商的质检员，监理的检查要全面。

2.5 工程质量是监理监出来的

现在有一种说法，工程中有事情找监理。工程有问题，监理首当其冲，这种认识未免偏颇。监理是按照业主的授权，依据监理合同和工程建设承包合同对工程建设项目进行监督管理。监理的质量责任可以理解为：在设计阶段有设计质量问题的，设计监理应承担相应责任；在施工阶段，由于施工原因造成工程质量问题的，不论监理是否检测到和发现承包商的不合格产品，监理都应承担相应责任，但是不能因此而免除承包商的责任。因为工程建设承包合同中明确规定了承包商须向业主提供产品的质量标准，这需要"三方"端正思想。

2.6 监理人员整体素质普遍不高

监理人员素质总体水平偏低。由于种种原因，从事工程监理的从业人员普遍存在专业知识面窄、素质不高、年龄老化，兼职挂名多、在职专业技术人员严重不足等问题。我国现阶段工程监理人员的业务水平同国际水平相比，有很大差距，表现在不熟悉国际惯例，缺乏语言交流沟通能力，欲走出国门难度较大。此外，监理工程师必须具备的一套现代管理方法与手段目前尚未掌握自如，特别是项目总监层次的人才更是十分匮乏，由于总监对工程项目甚至对于一个监理公司能起关键性的形象作用和效应，因而要求他具有较高的监理艺术、业务水平、协调能力以及个人品质、社会关系等。人员素质的差距在很大程度上是制约我国监理业实现产业化、国际化的重大障碍。

2.7 监理费率偏低

国际(咨询)监理业的高值化已运行数年，对咨询监理人员的待遇和条件日趋增势，如美、英等国的月酬高达 1 万~2.46 万美元；日本、印度、韩国等国的月酬金也为 2 000~10 000 美元，我国监理费率低造成监理人员酬金低下的状态引发监理人员水平提高和监理行业发展的一系列问题。

3 监理工作改革的几点建议

在水利工程推行"三制"这一大环境下，我国的水土保持生态建设工程监理工作必须针对以下几方面进行改革。

3.1 以市场经济为导向，强化建设各方的"三制"管理意识

随着社会主义市场经济的确立和发展，工程建设领域的商品经济关系得到了加强，

经济利益主体出现了多元化的局面。因此，工程建设参与者各方之间的独立利益需得到有效的制约，工程建设领域的管理体制急需改革。实行项目法人责任制、招标投标制、建设监理制(简称"三制")这三项制度的改革，就是我国在工程建设领域推行的重大措施。

　　然而，在实行高度集中的计划经济时期，政府对工程建设活动的管理、监督、协调是通过行政手段来实现的，建设任务是政府按计划直接分配下达的，政府要求直属于自己的工程建设各方以高度的政治责任感自我约束，一旦出现问题，政府出面召集党政会议，并通过下达行政指令来解决。其次，工程建设参与者各方如建设单位、设计单位、施工单位没有自己独立的利益，任务由上级分配，工资由上级核定，建设参与各方为上级完成任务，向上级负责，因此相互之间无需横向制约，甚至没有经济合同，即使签了合同也形同虚设。"三制"的实行，必将对一部分人的权力形成制约，许多人的思想行为还习惯于计划体制的管理模式。因此，转变观念，提高认识，强化建设各方的"三制"管理意识是今后水土保持工程建设管理中的当务之急。

3.2　以合同管理为手段，避免工程建设的随意性

　　施工合同是工程建设施工阶段监理工作的主要依据，合同管理是建设监理的重要内容之一，也是监理工程师进行投资控制、进度控制、质量控制的主要手段。它贯穿于项目建设的全过程，是确保合同正常履行、维护合同双方正当利益、全面实现工程项目建设目标的关键性工作。然而，在监理工作中发现，个别项目区建设单位对施工合同的签订和履行不够重视，认为只是一种手续而已，工程建设中仍然存在着长官意志、随意变更的现象，有的施工单位也按照自己多年的实践经验进行操作，甚至监理人员也存在着凭个人工作经验指导施工的做法。

　　当然，水土保持建设工程具有量大面广、分散零碎、工期较长、受自然和人为因素的影响较大等特点，同时投资环境受国家政策和市场因素多方面的制约，在合同执行过程中不可避免地发生设计变更、计划调整、物价上涨、费用构成和取费标准变动、施工条件发生重大变化和意外风险等情况，它们使原来合同中明确的双方责任、义务、权利发生了相应变化。因此，建设各方要严格执行国家基本建设项目管理程序，在施工过程中，要以施工合同为依据，以合同管理为手段，杜绝工程建设的随意性。

3.3　以法律法规为依据，健全工程质量管理体系

　　《水利工程质量管理规定》(水利部令第 7 号)明确规定："水利工程质量实行项目法人(建设单位)负责、监理单位控制、施工单位保证和政府监督相结合的质量管理体制。"由此可见，水利工程质量管理的三个体系分别是：政府部门的质量监督体系、业主/监理工程师的质量控制体系和施工承包商的质量保证体系。其中施工承包商的质量保证体系是三个体系中最基础的部分，对确保工程质量至关重要，施工承包商对工程项目质量负有首要责任。在工程施工过程中，要求承包商必须成立相应的质检机构，严格执行工程质量的"三检制"(初检、复检、终检)。然而，从目前参与水土保持生态建设工程的施工单位来看，普遍存在着质检机构不健全，三检制度不完善的现象。今后，业主在承包商资格审查时要注重对其质量保证体系的考察，同时要加强对施工队伍的法律法规培训学习，建立健全工程质量保证体系，使水土保持施工队伍逐步走向正规化。

3.4 以强化培训为基础，加强监理队伍的自身建设

水土保持工程实行建设监理制起步较晚，1998 年国务院批准的《全国生态环境建设规划》中首次提出了生态工程逐步引入工程监理制度的要求，国家计委等部门联合颁发的《国家生态环境建设项目管理办法》中对监理单位、监理协议、监理费用等提出了具体意见。水利部从 2000 年起在全国开展了水土保持建设监理工程师培训、考试、注册以及监理单位资质申报、审批工作。截至目前，我省已有近百人取得了监理工程师资格证书，但这些人大部分是各县、市和省级水土保持管理部门以及科研、设计单位的领导和技术骨干，很难专门从事水土保持工程监理，因此当务之急是要尽快出台一套切实可行的水土保持工程建设监理的技术指标体系，建设一支精通业务技术，懂得经济、法律知识，善于管理的具有较高业务素质，敬业爱岗，吃苦耐劳，信誉良好的建设监理队伍。

监理单位应重视人才的引进和培养，充分吸纳设计、施工、科研院所及社会上的优秀人士加盟，提供优越的工资、奖金、福利措施和充分的个人发展空间，提高高级工程师监理人员的比例和待遇，以提升整个监理单位的人员素质，达到高智能化。监理单位应自觉不首先采取降低监理费率的办法承揽监理业务，不互相杀价以削弱发展后劲，而应携手依靠监理行业协会的作用共谋远景。建设单位应理解和支持监理企业的规范化运作，按照国家建设监理法律法规的规定放手让监理单位发挥作用，在监理费率上不折不扣，在监理酬金供应上不拖不欠。

3.5 以施工监理规范为准绳，做好施工阶段的监理工作

施工阶段监理，是整个工程建设监理的关键阶段，一切监理措施将通过施工阶段的"三控制、两管理、一协调"得以组织落实。施工阶段监理应按下列程序进行：监理单位按项目监理规划和监理实施细则，成立项目监理机构，合理配置监理人员；组织项目法人、设计单位、施工单位三方会审图纸，参加设计单位向施工单位的技术交底；受理施工单位开工申请，并审查施工组织设计，如对方案无异议，具备开工条件时，应及时签发开工令；进入施工实质性监理阶段，制定监理工作计划，并与施工单位进行工作交底；依监理计划对施工阶段进行全面监理，其重点内容为施工组织、质量、进度、计量、报账管理；组织有关单位进行预验收，审查工程竣工验收技术资料，对遗留问题进行处理，评价工程质量，审查竣工结算，完善工程监理档案归档整理和初验手续，办理工程移交手续。

3.6 加强监理工程师的决定权和审批权

业主应加强监理工程师的决定权和审批权，不要对监理工作干预较多，业主委托了监理，就应由监理工程师去实施对工程建设项目的监督与管理，业主的意见和决策均应通过监理工程师实施，只有这样，才能保证监理在施工队伍中的权威性。监理如果没有独立性、公平性、公正性、科学性，监理事业就没有发展前途。

监理工程师的决定权主要有：在工程承包合同议定的价格范围内，工程款支付的审核、签认；结算工程款的复核与否定，没有监理工程师的确认，业主不得支付工程款；对索赔事项的审核、确认；对设计、施工总包单位选定的分包单位的批准或否决。

监理工程师的审批权主要有：审批承包商的施工组织设计或施工方案；发布工程施工开工令、停工令、复工令；对工程中使用的材料设备及施工质量进行检验；对施工进

度进行检查、监督，对工程实际竣工日期提前或延误期限的签定。

3.7　与国际接规、提高监理费率

　　国际上监理费用的额度和价位比较高，通常情况下约占工程总造价的 1%～4%，由于建设项目的种类、特点、服务内容、深度等差异，各国略有不同。如以工程总价为基数，美国收取 3%～4%，德国收取 5%，日本收取 2.3%～4.5%。收费标准中还因监理资质等级不同而有所浮动。国际最为流行的监理费用基本计算方法以下面两种方式居多：一是按工程总造价的比例取费，二是按监理费用成本加一定数额的酬金来计费。

4　结语

　　加入 WTO，扩大市场的对外开放，增强竞争的激烈度，运用经济规律从事经济活动，按照国际惯例及国际通行做法进行工程监理，这一系列的变化对我们来说既是一种挑战，又是发展的机遇。过去 20 年间，我国工程监理制的建立和发展都取得了可喜的成绩。只要我们面对现实、正视压力、发奋图强、急起直追、扎实工作，就一定能够适应加入 WTO 后的形势和局面，从而进一步把我国的监理制度向国际惯例靠拢并推上一个更高的台阶。

参考文献

[1]姜德文. 生态工程建设监理[M]. 北京：中国标准出版社，2002.

[2]丰景春，王卓甫.建设项目质量控制[M]. 北京：中国水利水电出版社，1994.

[3]韦志立. 建设监理概论[M]. 北京：水利电力出版社，1996.

[4]GB/T50326-2001 建设部. 建设工程项目管理规范 [S]. 北京:中国建筑工业出版社，2002.

[5]刘江. 全国生态环境建设规划[M]. 北京：中华工商联合出版社，1999.

水土保持工程建设监理现状与对策

熊明彪

(四川省水土保持生态环境监测总站 成都 610041)

摘 要：本文首先论述了实行水土保持生态工程建设监理的意义，认真分析了水土保持生态工程建设监理现状，针对监理实践中存在的认识落后、制度不健全、市场不规范、方法不成熟、技术体系不完善、人员素质较差、收费偏低等诸多问题，为搞好水土保持工程建设监理工作，作者提出了普及监理知识、加大人员培训、健全制度、规范市场、制定技术标准等一些对策及建议。

关键词：水土保持工程 监理 现状 对策

建设监理制是工程建设过程中的一项重要的科学管理制度。自国家水利部 1990 年 9 月颁布《水利工程建设监理规定》以来，水利工程建设领域的监理工作相应开展了起来。但是，由于水土保持生态工程建设的公益性、社会性、群众性等特点，水土保持生态工程建设监理制的开展步伐缓慢。目前，我国很多地区虽然已开展了水土保持生态工程建设监理工作，但经验不足，在实践过程中存在诸多问题。为此，本文就目前我国水土保持生态工程建设监理工作中存在的一些问题，谈一些认识，以期能为水土保持生态工程建设监理工作的顺利开展提供参考。

1 实行水土保持工程建设监理的意义

水土保持生态工程建设实行监理制，是加强水土保持生态建设的必由之路，对提高工程质量和投入效益，巩固治理成果，完善后续管理，确保建设投资，制止项目立项随意性和盲目性具有深远的意义。推行建设监理制，有助于培育和发展水土保持生态工程建设市场，逐步建立起科学、有序、健康、协调的建设秩序，发展壮大建设管理事业，增强参与市场竞争的能力，适应扩大对外开放和国际惯例接轨的需要。同时，建设监理制的全面推行，明确了各方的职责，使水土保持生态工程建设管理体制逐步向社会化、专业化、规范化的管理模式转变。

1.1 有利于"三制"的全面落实

"三制"包括项目法人责任制、建设监理制、招标和投标制。目前，我国水土保持生态工程建设项目已列入国家经济和社会发展计划，很多项目已列入国家基本建设项目。而基本建设项目在资金筹措、管理、使用、建设、施工、检查验收等许多方面与群众性治理有截然不同的管理模式，特别是国家明确规定基建项目必须实行"三制"管理，客观上要求水土保持生态工程要尽快建立完善的"三制"管理体制。

水利部为保障水土保持生态工程建设能够顺利实行基建程序，连续举办了多届水土保持生态工程建设监理培训班，壮大了水土保持监理队伍。仅四川省就有上千人参加了培训，并有上百人取得了监理工程师资格证。同时，四川省也成立了相应的水土保持生态工程监理公司，部分水利工程监理公司扩展了水土保持生态工程监理业务，为水土保持生态工程实行基建管理创造了良好条件。

1.2 有利于建设管理水平的提高

长期以来，我国的水土保持生态工程建设一直采用按国家投资计划将建设资金分配给部门和地方，然后由建设单位(一般为县级水土保持机构)自行组织实施的管理模式。建设单位既是工程建设的组织者和实施者，又直接承担了工程建设的监督和管理职能。这种在计划经济体制下形成的谁的工程由谁来组织和管理的自我封闭管理模式，使施工单位和管理单位合为一体，缺乏必要的监督和制约，从而形成了工程投资、进度、质量一家说了算，降低了工程建设管理的透明度。这样，往往陷入既不能有效地保证工程建设质量，又不利于投资效益充分发挥的被动局面。水土保持生态工程建设监理机构却是一种专业化、社会化的管理部门，它受建设单位的委托代其行使工程建设的监督和管理职能，其性质决定了它的开放性、稳定性，它能克服由建设单位自行组织实施的管理模式中的政企不分、行政命令、非稳定性的弊病。因此，迫切需要建立一套能够有效控制工程投资、进度、质量，严格实施建设计划和建设合同的建设监理制度，以提高水土保持生态工程建设管理水平。

1.3 有利于工程建设质量的提高，促进工程建设速度的加快

水土保持生态工程建设是以地方和群众自筹为主、国家补助为辅的社会公益性工程，具有单项工程分布分散、建设规模较小、群众参与性强等特点。由于各地群众对水土保持工作的认识不同，施工条件和施工手段不同，使得各地的工程建设质量存在着很大的差距。在实际工作中，虽然大部分的小流域综合治理都有较为详细的规划设计，但在具体实施过程中，往往不能很好地按规划设计方案进行，使规划设计流于形式。因此，必须通过实行建设监理制，加强对水土保持生态工程建设的监督和约束，只有这样才能有效地保证工程建设质量，切实提高水土保持生态工程建设速度。

1.4 有利于工程投资效益的充分发挥

长期以来，水土保持生态工程建设实行的是以建设单位为主的封闭管理模式，使建设单位既是工程建设的责任者，又是工程施工的承包者，工程施工过程中干多干少、干好干坏都由建设单位说了算。这就势必造成一定建设资金的浪费，有些地方甚至出现了虚假工程，或者挤占、挪用水土保持生态工程建设资金的现象，在计划管理和资金分配上也容易出现"吃大锅饭"。实行建设监理制以后，监理单位受项目法人委托和授权，严格按照工程建设计划和工程施工设计进行投资控制，从而有效堵塞了建设资金管理方面的漏洞，最大限度地发挥工程投资效益。

1.5 有利于水土保持生态工程建设前期工作的规范化

水土保持生态工程建设监理的一个重要依据就是工程的实施设计文件，而且要求这些设计文件必须规范，具有很强的可操作性。目前，专门的水土保持生态建设设计单位较少，小流域治理规划和水土保持生态工程设计往往由建设单位自行完成，在当前这种现象是允许存在的。但由于各建设单位的技术力量、设计水平参差不齐，设计质量有时

难以保证，甚至有些地方只有规划而无实施设计，而且在规划内容的叙述和图纸标注等方面有时也很不规范，给工程建设的组织实施和管理带来很大困难。通过实行建设监理制，监理工程师对规划设计的合理性及准确性进行核实，并对水土保持生态工程建设前期工作提出更高要求，使其真正做到每项工程有设计，每步实施都能按设计进行，不断提高水土保持生态工程建设的规范性和科学性。

1.6 有利于引进外资和先进技术

随着我国改革开放进程的加快与深入及市场经济的发展，水土保持生态工程建设项目的经费由国家投资向投资主体多元化发展，若在水土保持工程建设项目中不采纳，甚至不重视监理这一管理体制，就难与国际惯例相接轨，必然影响外资和先进技术的引进。因此，建立和完善一个同国际惯例接轨、具有中国特色的水土保持生态工程建设监理机制已成为必然。

1.7 有利于营造良好的建设市场

建设市场作为社会主义市场的一部分，无论从市场主体还是从其运行机制来看，缺乏了监理这一服务主体，建设市场就不健全，而其运行也会处于无序或混乱状态。从其他行业监理的实践来看，监理确实可以有效地制止市场活动中的一些非法行为，保证项目建设的健康发展，同时也满足了施工企业提高经济效益的需要。

2 水土保持工程建设监理工作中存在的一些问题

自 1990 年水利部颁发《水利工程建设监理规定》以来，我国很多地方相继开展了水土保持生态工程建设监理工作。经过十多年的实践与探索，尽管取得了明显成效，但也存在着许多需要解决的问题，主要表现在以下方面。

2.1 思想认识落后，实行水土保持监理工作要克服很多困难

从全国各地来看，广大水利水土保持战线的干部群众对水土保持生态工程建设监理制还未形成共识，无论是业主还是施工承包商对水土保持生态工程建设监理制的实行还存在许多误解。他们认为：水土保持措施多，工程分散，项目性质又属"国家补助为辅，农民投劳为主"，开展水土保持项目监理工作是多此一举。在传统的管理模式中，县级水土保持部门既是管理者又是实施者，工程建设过程中存在随意施工、忽视质量、虚报数量等现象，工程建设有关各方的行为很少受到约束。加之水土保持生态工程建设项目的投资由中央投资、地方匹配、群众自筹三部分构成，其中地方匹配资金很难足额到位，群众自筹也难以保证，给项目的建设及监理带来了很大困难。

2.2 制度不健全，市场不规范

目前，水土保持生态工程建设监理的相关规范、规程、制度还很不健全，从事水土保持生态工程建设的绝大多数人员，一般都具有丰富的工程建设经验，但缺乏基本建设管理知识，不了解建设单位、施工单位、监理单位的权利与义务，不熟悉监理的程序和内容。建设三方(建设单位、施工单位、监理单位)关系不明确，职责不分，在很大程度上制约了监理工作的正常开展。目前，还没有形成完善的水土保持生态工程建设监理市场，缺乏相应的市场竞争机制，从现有水土保持行业内部抽调专业技术人员组建的监理公司尚处于探索阶段。为了促进和深化水土保持监理制的实施，提高管理水平，监理工

作应从施工阶段监理向工程前期的咨询和设计阶段监理拓展，逐步参与项目建设的全过程。

2.3 监理方法不成熟，技术体系不完善

建设监理制对水土保持而言是一项全新的工程建设管理制度，加之水土保持是一项涉及多部门的系统工程，不同于其他水利工程，它具有建设的群众性、项目的分散性、投资的多元性和效益的共享性等特点，从而产生的投资主体不明确，施工非专业化，这就不能完全引用大中型水利工程建设监理的方法来监理水土保持生态工程。目前，水土保持生态工程建设监理工作多以《水土保持综合治理验收规范》(GB/T 15773—1995)及其他单项措施所涉及的各专业技术规范为依据开展工作，这难以体现水土保持生态工程的综合性、社会性特点。因此，迫切需要探索符合水土保持生态工程建设监理的方法和技术标准。

2.4 监理人员较少，素质相对较差

一个合格的水土保持监理工程师，不仅要有经济、技术、管理、法律等方面知识和实践经验，而且还要具备良好的职业道德。我国目前水土保持生态工程建设监理制刚刚起步，监理工程师主要是由工程设计、施工和从事工程管理工作的技术人员组成，上岗前简单进行了"三控制、两管理、一协调"等方面的短期培训。因此，其理论知识和实践经验还不能完全达到水土保持监理工程师的要求，监理队伍人员素质相对较差。同时，虽然有一部分人员经过了监理知识培训，但相对我国目前水土保持生态工程建设任务、涉及面而言，人员还相对较少，难于适应水土保持生态工程建设的需要。

2.5 水土保持生态工程建设监理收费偏低

根据国家发展改革委、建设部发改价格[2007]670号文件的有关规定，施工监理费根据工程概(预)算投资额大小分段计取，如：投资 500 万元的项目施工监理费为 16.5 万元，1 000 万元的项目施工监理费为 30.1 万元，3 000 万元的项目施工监理费为 78.0 万元，5 000 万元的项目施工监理费为 120.8 万元，等等。

水土保持生态工程由国家、地方、群众三方投资。工程实施区多为贫困区，地方配套资金难以足额到位，而群众自筹部分又多以投劳折现为主。因此，在实践过程中，监理收费多以国家投资部分为基数而不是以工程总投资为基数，大大低于正常的收费标准。经费不足，难以保证监理工作的广度与深度。

3　对策与建议

针对我国水土保持生态工程建设监理在实践过程中存在的这些问题，应从以下几个方面去逐步完善。

3.1 普及监理知识，提高认识，清除误区

当前，我们应尽快普及建设监理的基本常识，加大实行建设监理意义的宣传力度，提高有关各方对实行建设监理的认识水平，消除对水土保持监理的误解，为水土保持监理工作的正常开展创造一个良好的外部环境。

在建设监理制中，监理单位是受建设单位(业主)的委托参与项目的建设管理，两者之间是委托与被委托关系，建设单位与承建单位属于经济合同关系，监理单位与承建单位属于监理与被监理关系。在建设监理过程中，监理工程师通过建设单位授予的对工程质量、进度和投资的监督和管理权，对工程建设参与者的建设行为进行实时监控，并及

时作出评价和确认，保证建设行为符合国家的法律、法规、政策和有关技术标准，制止建设行为的随意性和盲目性，确保建设行为的合法性、合理性、科学性和安全性。

3.2 健全制度，规范市场

目前，水土保持生态建设项目实行的基建程序仍然参照水利行业的规定和政策，由于水土保持工程具有涉及面广、投资不全额、分散性、季节性等特点。因此，只有出台水土保持行业的具体规范、管理制度和管理办法，才能充分地做好水土保持管理工作，实现投资、进度和质量的有效控制，促进监理工作规范化。

3.3 提高监理技术手段，制定监理技术标准，保证监理工作的公正合理

如何快速准确地对综合治理项目的工程量、质量、进度进行有效控制，显然，单纯地靠增加监理人员的数量是不现实的。先进科学的技术手段是保证监理工作公正、合理、高效的前提条件。根据水土保持生态工程建设的特点，监理工作必须充分利用现代科技手段，配备先进的仪器设备(如数码相机、数码摄象机、GPS 等)，提高监理工作的科技含量和工作效率。如运用 GPS 定位技术对各项治理措施实行实时动态跟踪监测监理，达到质量与进度同时控制。同时，为适应水土保持生态工程建设监理的需要，及时出台监理技术标准，便于监理人员在监理过程中做到有据可依，保证监理工作的公正、合理。

3.4 加大人员培训力度，提高监理人员素质，加强监理队伍建设

建设监理是高智能的有偿技术咨询服务工作。建设监理的实施需要大量的精通业务技术，懂得经济、法律知识，善于管理的具有较高业务素质和水平的监理人员。监理工程师必须具备较高的理论和专业技术水平，丰富的工程建设管理知识和经验以及解决工程实际问题的能力，掌握国家对工程建设的方针、政策、法律、法规。因此，从事水土保持生态工程建设监理工作的监理人员必须是经过培训并考试合格取得监理工程师资格证书的人员；同时，为了进一步提高监理人员各方面的素质，监理人员还必须加强监理知识和业务技能的学习，以适应高智能监理工作的需要。

监理工程师除了拥有广泛的知识面和丰富的工程实践经验外，还应具备较高的政治素质和高尚的职业道德，热爱本职工作，忠于职守，对建设项目有高度的责任感，公正、合理、实事求是地对待业主和承包商，模范地遵守国家及地方的各种法律法规。

参考文献

[1]李文银，张明. 开展水土保持工程建设监理的探讨[J]. 山西水土保持科技，2001(2): 45-46.

[2]姜德文. 水土保持生态建设项目实行"三制"管理探讨[J]. 中国水土保持，2000(8): 15-17.

[3]董雨亭，王笤相，杨军礼，等. 水土保持生态工程建设监理的实践与思考——以黄河流域水土保持腊河示范区为例[J]. 水土保持通报，2001，21(3): 35-38.

[4]陈旭彤. 实施水土保持生态工程建设监理的思考[J]. 中国水土保持，2001(9): 36-37.

[5]蔚占国. 实行"三制"管理是水保生态建设的必由之路[J]. 水土保持学报，2002，16(5): 132-134.

浅谈我国水利监理企业的品牌建设

陈韵俊　韩永林

(浙江省水利水电建筑监理公司　杭州　310020)

摘　要： 随着我国建设管理体制和建设法规的不断完善，监理市场的竞争不断加剧，项目业主、政府及全社会对工程监理行业的发展也提出了更高的要求。监理企业应如何规范发展并在激烈的竞争环境中脱颖而出，是我们当前面临的主要问题。我们有必要就新情况、新问题、新形势、新任务进行深入的研究，每个监理企业都必须根据自身的环境和自身的发展目标，创造一种长期的、稳定的竞争力，这就要求我们重视监理企业的品牌建设。

关键词： 监理企业　品牌　建设　核心竞争力

1　企业品牌及品牌魅力

什么是企业品牌？当我们说到或想到监理公司时，哪一家监理企业首先进入我们的脑海，或哪一家监理企业代表了质量、信任和保证，这就是企业品牌。作为市场经济的一员，面对自由、激烈的市场竞争，品牌是赢得竞争优势的砝码。

品牌是产品的品质、品位和企业的品行，是企业为创造持续、稳定、独有的有形和无形利益的竞争手段，是企业通过服务及扩张服务与客户及利益关系人建立的、需要企业主动追求和维护的特定文化，这种文化展示了企业整体形象及存在于利益关系人头脑中的实实在在的视觉符号和选择态度。品牌资产包括四项基本标准：知名度、美誉度、忠诚度与品牌联想。

从外在表现来看，品牌表现为一个名称、一个标志或一个特定的物质载体。从内涵来看，品牌体现一个团体的精神文化内涵、服务意识、技术特征等，由团体中各个体长期服务中积累起来反映特定的人格表征，能在客户面前提高企业的整体形象。

我们监理企业的产品就是服务，监理服务的好坏是创建监理品牌的基础。但我国的监理企业尚处在一个发展阶段，良莠不齐，竞争无序，诚信度不高，更谈不上说品牌，若现在不开始讨论监理品牌建设，则会影响监理企业向健康的方向发展。

2　我国水利监理企业的现状与问题

自 1988 年以来，我国的工程监理制度先后经历了试点、稳步发展和全面推行三个阶段。从较早的鲁布革发电站到后来的长江三峡工程、黄河小浪底工程、南水北调工程等，水利工程监理在我国的水利建设中发挥了重要作用，监理企业为我国的水利水电事业作出了自己的贡献。同时，监理队伍得到不断壮大和发展，监理制度和体系得到不断完善。

我国监理企业大致分为四种类型:一是政府主管部门为安置分流人员而成立的;二是大型企业集团设立的子公司或分公司;三是教学、科研、勘察设计单位分立出来的;四是社会团体成立的。

除少数社会化的监理公司外,绝大多数监理公司存在政企不分、产权不清晰、法人治理结构不健全、分配机制不合理的现象。虽然近几年不少监理单位进行了股份制改革,但监理单位缺乏自我发展的内在动力,职工的积极性难以充分调动,远未建立现代企业制度,制约了监理企业的进一步发展。

目前,监理业务竞争异常激烈,监理公司之间形成了低价竞争、恶性竞争,挂靠、越级超范围承接业务现象时有发生。凡此种种,在社会上形成不良的影响,导致相当一部分业主对监理企业的信任度降低。

另外,监理人才的培养也存在较大问题,主要是总监的综合素质不高,在工作中的核心地位得不到建立,总监数量不足,不能满足目前监理工作的需求;其次,监理队伍不稳定,相当一部分人员的流动性还比较大,没有建立起良好的行业约束机制,监理人员的职权难以充分落实,使得监理行为不规范成了一个带有普遍性的问题。

3 水利监理企业品牌建设的必要性

3.1 顺应时代的要求

当前,国内监理企业的数量不断增多,加上国外知名的咨询公司的进入,我国监理行业的竞争日益加剧。在促进我国监理行业朝着公平、公开、公正和规范化、法制化方向发展的同时,也必将促进监理企业层次的不断提高。

目前,世界范围内出现能源危机和水供应紧缺的情况,而水电作为清洁和可再生能源具有广阔的发展前景。我国的水利监理行业应抓住这个历史机遇,塑造一批知名品牌,在扩大国内市场的同时,走出国门,积极加入国际水电开发项目建设,力争早日与国际接轨,全面参与国际竞争。

3.2 提高企业核心竞争力的需要

品牌是产品的核心标识,这种标识提供了其与其他同类产品相区别的特征。品牌代表一种产品或服务的所有权,从根本上来说它是财富所有权的象征,是企业多层因素的集成,是企业综合实力的象征,是企业核心竞争力的集中体现。监理企业只有发挥自己的优势、运用自己的专业知识、提供优质的服务,才能获得业主和社会的认可,也只有这样才能全面提高企业的竞争力,并形成自己的独特品牌。

3.3 提高监理企业社会地位的需要

从1988年我国引进建设监理制开始,监理的地位就一直不高,监理的作用也存在争议。目前,监理在"四控制、两管理、一协调"工作中发挥了一定的作用,但这并不是引进监理制的初衷和发展方向。未来的监理应该是全方位、全过程的项目管理,应该恢复监理本来的社会地位。我们只有抓住历史机遇,多种资质走融合之路,采取横向联合,以监理为主业,适当开展咨询、设计、招标代理、审价等业务,实行规模化经营,塑造一批知名品牌,增强监理企业的综合实力,这样才能提高监理企业的社会地位。

3.4 提高监理企业经济效益的需要

企业品牌是与经济效益紧密相关的，品牌知名度越高，市场占有率和价格越高，企业效益越好。品牌带动效益、效益随品牌的提升而提升。具有知名品牌的企业，在本行业中具有很强的竞争力，市场占有率也越大，效益也相对明显。

目前，我国监理企业还处于培育和发展阶段，要想在激烈的市场竞争中获得一席之地，提高自己的经济效益，必须建设自己的品牌，实行优质优价战略。只有这样，才能摆脱乱压价和无序竞争的恶性循环状态。

4 如何进行水利监理企业的品牌建设

4.1 树立监理企业的品牌意识，加强企业的品牌建设

品牌是一种无形资产，它是品牌忠诚度、知名度等综合要素的集合体，是企业永无止境的经营追求。对于监理企业而言，品牌资产需要投入大量的人力、物力、时间和资金，以提高品牌的知名度，改善顾客对监理品牌的认可。

4.2 找准市场定位，明确发展方向

监理行业属于咨询服务业的范畴，需要较长时间的智力及经验的积累，并非一朝一夕可拥有，这就要对企业作出合理的市场定位。资质高、实力强的企业瞄准市场上的大工程、大项目，"抓大放小"以提高它的信誉和效率；资质低、实力弱的企业则可以瞄准地方的中小型项目，灵活经营，以积累经验和实力。但是，市场定位最重要的是要弄清楚自己的实际情况，了解自己的优势和劣势，要分析目标市场的现状，确认本企业现有的和潜在的竞争优势。同时也要关注竞争对手的情况，分析、比较企业与竞争者在经营管理、人力资源、技术水平、财务状况等方面究竟哪些是强项，哪些是弱项，借此选出最适合本企业的优势项目以初步确定企业在目标市场上所处的位置。

通过市场定位，监理企业就应该制定符合自身需要的发展计划，从而明确各自的发展方向。笔者所在的监理公司是一家有十多年历史的水利监理企业，拥有水利水电施工监理甲级和房屋建筑工程施工监理乙级资质。公司成立至今，一直在从事水利工程施工的监理，对这个市场比较熟悉，同时也有一定的客户群，因此我们首先以水利工程建设为主要目标市场进行开拓，把主要精力放在现有市场上；其次，积极开拓土建工程市场，公司拥有工业与民用建筑工程的监理资质，且有较多土建专业监理工程师，可以参与中小型房屋建筑工程监理市场的竞争，扩大经营的业务范围。

我们监理公司的很多监理人员具有全国注册造价师资格，我们必须在发展水利施工监理这个重点的同时，适当开展造价咨询、招标代理业务，实现多专业、多资源的合理配置，增强企业生存能力。

4.3 严格要求，规范管理，提高服务水平

"信誉"是监理企业的生存之本，监理企业应该加强内部管理，努力提高服务水平，用自身的高智能、高技术为业主提供优质的服务，从而赢得企业的信誉、口碑。通过健全各项制度，推行标准化和规范化管理，遵循"守法、公正、科学、诚信"的执业准则，严格按国家的法律、法规、条例来规范企业及个人行为。具体应做到以下几方面：

(1)有健全的技术质量管理制度。监理企业的技术质量管理制度大致应有开工审批制度、施工图审核制度、施工组织设计方案审批制度、分包资质审查制度、工序报验制度、进度管理制度、质量管理制度、投资管理制度、设计变更和工程洽商审批制度、质量事故处理报告制度、原材料和半成品材质鉴证取样验收制度、工地会议制度、报表制度、项目竣工备案预验收制度、项目竣工综合评审制度、监理总结制度和资料管理与归档制度等。

(2)有健全的内部管理制度。监理企业内部管理制度大致包括企业组织管理制度、岗位责任制度、档案管理制度、监理人员工作守则、劳动人事管理制度、岗位聘用制度、待岗及淘汰制度、总监负责制度、监理工作考核考绩制度、员工培训制度、经营管理制度、合同管理制度、公章管理制度、设备仪器及办公用品管理制度、财务成本控制制度、投诉举报制度、用户回访制度、员工医疗保险管理制度等。

(3)有严格的奖罚办法。监理企业对各个部门应制定明确的尽可能量化的工作目标和绩效考核办法，对各项目监理组应制定明确的总监负责制实施细则，形成公司定期巡查考核制和项目总监理负责制相结合的考绩办法，力争和项目工程质量、监理资料、职业道德、用户反映意见挂勾考核。

(四)有严密的工作程序。监理企业根据有关规定尤其是结合《水利工程建设项目施工监理规范》(SL 288–2003)制定监理工作程序。大致应有监理工作总程序，进度控制程序，投资控制程序，质量控制程序，月工程款支付监理签证程序，图纸会审程序，施工组织设计方案审核程序，隐蔽工程质量控制程序，分部分项工程质量控制程序，半成品、原材料质量控制程序，试验鉴证取样程序，工程质量事故问题处理程序，工程变更洽商处理程序，工程索赔程序，工程竣工备案工作程序，工程保修阶段工作程序等。

(5)有公司和员工的沟通制度。由于监理企业的特点，监理项目的分散和项目监理工作的相对独立性，监理企业应制定切实可行的公司和员工之间的沟通制度和方法，大致可以采取公司巡检指导、定期工作会议交流、监理专题研讨、办公例会、书面汇报、内部报表制度，以及小型多样的谈心活动，合理化建议、公司主要日庆典、集体游乐活动等，以达到相互沟通和理解。制度层面健全后，应不断补充、完善，注重制度的实施和效果的反馈。

4.4 加强人才培养和人力资源的管理，实行金牌总监战略

监理服务是一种高智能、高技术的服务，对监理工程师，尤其是总监理工程师的素质要求相当高。一个知名监理企业品牌的形成没有优秀的人才作后盾是根本不可能的，这就要求监理企业加强人才培养和人力资源管理，实行金牌总监战略。

总监是监理公司针对监理项目委派的全权负责人全面负责和领导项目监理工作。他的一言一行，包括职业道德、职业荣誉、职业纪律、职业理想和职业技能都体现了公司的形象和品牌。因此，名牌监理企业要有一定数量的金牌总监。金牌总监应严格按规范要求做好工作，同时公司必须做好各项基础管理工作，积极创建良好的、能为每个监理人员展现监理风采的工作环境。

监理企业要加大技术培训工作，力争做到不同层面的人员都有技术培训、业务培训

的机会，尤其是对总监要向复合型人才目标进行培养。培训的目标是符合条件的监理企业员工都能成为金牌总监或总监代表，有较为光明的职业愿景。

4.5　建立有特色的经营理念和快速反应的决策机制，形成企业的核心竞争力

知名品牌的监理公司一定要有特色的经营理念作为指导企业发展的精髓。监理企业必须具备快速反应的决策机制以应对市场的千变万化，这就要求公司形成合理的权力结构。监理企业的经营战略目标就是开发企业拥有不断开发新的职能服务和开拓市场的特殊竞争力。监理企业只有具备了这种核心竞争力，才能适应快速变化的市场环境，创造顾客价值，不断满足业主需求，才能在业主的心目中居于不可替代的优势地位。只有在竞争力达到一定的水平后，企业才能够形成自己不易被模仿、替代和占有的独特战略资源，才能获得和保持竞争优势。

4.6　注重企业的品牌文化建设

品牌文化是企业成员共同的价值观体系，它以企业宗旨、企业理念的形式得到精炼和概括，是凝结企业经营观、价值观、审美观等观念形态及经营行为的总和，集中表现为企业的文化理念和为实现理念而制定的规范人们行为的制度和规则。这种理念又因企业性质和服务目标的不同而有所不同。

品牌文化在企业的发展观上表达了员工对其推动企业前进作用的共识，使各成员的价值取向、行为模式趋向一致。通过监理企业的品牌文化所带来的凝聚力、约束力、感召力可以规范和团结员工，增加员工的归属感，扩大企业在社会上的认同感，增强企业和员工的凝聚力。

4.7　做好监理企业品牌建设的公关工作，取得政府、社会有关部门的支持和帮助

目前，我国水利监理企业发展的时间短、取费低、力量比较薄弱、资本积累不够雄厚，要投入大量人力和资金来搞品牌建设，难度可想而知。因此，品牌建设离不开政府和有关上级主管部门的帮助和支持。比如招标时放宽对名牌监理企业的市场准入限制，由相关的水利协会制定知名监理企业品牌建设的标准，对于知名品牌监理企业的金牌总监允许在一定条件下放宽兼任总监的限制等。

4.8　与国际接轨，学习先进的管理理念和方法

工程监理的国际通行说法是 management，即管理，而国外大多采用项目管理公司，也就是顾问公司的模式。他们的业务范围包括前期项目策划、设计、报建、招标代理、施工阶段管理，直至工程全部完工交至业主使用。我国推行工程监理制的本意就是推行工程项目管理，也就是对业主委托的项目进行全过程、全方位的策划、管理、监督工作。虽然我们的监理规模越来越大，制度越来越完善，作用越来越明显，也涌现了一批有一定影响力的监理企业，但与真正意义上的工程项目管理企业尚有较大差距。我国国内的监理公司要发展，就必须与国际接轨，学习他们先进的管理理念和方法，才能在竞争空前激烈的市场中占有一席之地。

5　结语

总之，在激烈的市场竞争中，只有创立自己的企业品牌，才能确保立于不败之地。我国水利监理企业应积极创新，规范运作，发展自身，采取先进的管理方法和手段，广

泛吸纳多类专业技术和管理人才，扩大监理企业生存和发展空间，做大做强，从而推动水利监理行业持续、稳定、健康地发展。

参考文献

[1]王洪强.浅谈建设监理行业服务观念创新[J]. 建设监理，2004(6)：26-28.

[2]向鹏成，任宏.我国监理企业品牌的塑造[J]. 重庆建筑大学学报，2005(1)：113-115+119.

建设监理企业核心能力系统分析

杨耀红　张俊华　赵楠

(华北水利水电学院工程监理中心　郑州　450011)

摘　要：建设监理企业核心能力是监理企业生存和发展的基础。本文首先探讨了建设监理企业核心能力的基本特性；然后分析了建设监理企业核心能力系统的组成，包括核心战略管理能力，核心技术能力，核心员工能力，核心组织能力，核心关系能力等；最后论证了监理企业核心能力的系统性。

关键词：监理企业　核心能力　系统分析

1　前言

我国的工程建设监理制度自我国第一个世界银行贷款项目鲁布革水电站引水工程起源以来，已经得到了长足的发展，并在工程建设中已经起到了重要的作用，目前，我国的建设监理企业已经近万家，从业人数达几十万人。随着建设监理制度的逐步完善和发展，建设监理行业和建设监理市场已经形成，建设监理已经在我国的工程建设中得到普遍的应用，极大推动了我国整个建设行业的现代化和市场化进程。建设监理企业也在此过程中逐步发展壮大，成为工程建设中一支不可或缺的力量。

但是，建设监理企业的发展现状也存在大量的问题。产生这些问题的一个重要原因就是建设监理企业对自己企业核心能力认识不足，没有培育和形成自己的核心能力系统，这直接影响了自己企业的服务能力，进而影响到企业的生存和发展。关于核心能力的研究，已经有许多成果，但是对于建设监理企业，已有研究成果仅从员工培训角度、监理企业职能角度、行业发展角度等来研究监理企业的核心能力问题尚不够全面，所以基于建设监理企业核心能力的基本特征，分析建设监理企业的核心能力系统的构成和特性，并讨论建设监理企业如何培育核心能力系统，是非常必要的。

2　建设监理企业核心能力的基本特征

建设监理企业的核心能力具有如下基本特征：

(1)增值性。核心能力具有战略价值，该价值主要体现在两个方面：一方面能为用户带来价值增加和创造，另一方面能为企业带来长期的竞争优势和竞争主动权，并带来长期利润，这是核心能力的基本特征。

(2)独特性。独特性是指企业独自掌握而其他企业难以模仿和掌握。企业所拥有的专有技术、企业文化、管理理念等是核心能力的重要因素，是企业长期发展过程中，以企业自组织方式，经过企业的培育和沉淀而成的，深深融于企业的内质中，是和企业主体分不开的，很难被模仿。如果很容易被对手所模仿、抄袭或经过努力很快就可建立的就不是企业的核心能力，它不会给企业带来持久的竞争优势。

(3)可扩展性。核心能力是联系现有各项业务的黏合剂，也是发展新业务的引擎，贯穿于企业生产全过程的活动性能力，它引领企业扩大经营范围，拓展市场，使企业最大限度地满足用户需求，并创造更多的价值和利润。

(4)动态性。核心能力具有动态稳定性，一方面因为它是企业长期的经营实践、不断研究探索中发展形成的，是支撑企业长期发展的源动力，因此具有较强的稳定性，但是随着企业内外部环境的变化，企业必须对核心能力进行培育和提升，使得核心竞争力呈现出一定的动态发展特性。

(5)经验表现性。经验表现性是工程建设类企业核心能力的一个独有特性。一般制造行业是先生产产品，用户再选购。而建设行业，由于产品的特性，不可能存在产品的选购问题，而是先选择企业，再生产产品或服务，而企业的核心能力具有内在性，所以需要核心能力的外在表现形式——已完成的工程产品，也就是具有该类型工程项目的实施经验，以表明自己具有提供该种服务的能力。比如，工程监理招标中，经常要求企业具有某方面工程的监理经验和业绩，如要求具有100 m以上的混凝土坝工程监理经验，或具有PCCP管道生产和安装工程的监理经验等，没有招标人所要求的工程监理经验的企业就没有投标资格，更谈不上承接监理业务了。所以，只有具有了外在表现的核心能力才能被市场认可、形成竞争优势。

3 建设监理企业核心能力系统组成

企业的核心能力包括多个层面，根据建设监理企业的特点，其核心能力应包括以下几个方面。

3.1 战略管理能力

企业的发展必须依据一定的规划或战略，并对战略实施实行监控和反馈，才能为培育核心能力提供基本条件。首先应针对工程建设目标，根据用户要求选择竞争战略；分析建设市场，细分市场，然后采取目标积聚策略，集中占领某个领域，获得竞争优势，这是市场定位问题。比如建设市场包括民用建筑、工业建筑、市政工程、钢结构、水利水电工程、交通工程、铁道工程等。而每个领域又可细分，比如水利水电工程又可分为水利枢纽工程、引水工程、河道整治工程等。另外，市场空间区域的选择也是建设监理企业战略管理的一个重要内容，即面向国际市场或国内市场，以及国内市场区域的细分和选择等。虽然战略管理在建设监理企业中应用较少，但战略管理能力的确是建设监理企业重要的能力之一。

3.2 核心技术能力

构成核心技术能力的核心是企业核心技术能力，它包括企业的R&D能力和技术的创新能力，核心技术能力的高低决定了企业将技术资源向技术优势进行转化的能力和水平。核心技术能力包括工程技术能力和管理技术能力，一方面建设行业是传统行业，但随着新型材料的不断应用，新型结构不断出现，世界上工程建设技术发展很快，同时大型的跨海桥梁工程、大型水电工程、磁悬浮列车工程等对技术提出了更高的要求，所以企业应围绕重点工程建设中的技术难题组织力量进行研讨，不断提高企业的工程技术水平，同时还应重视市场调查，把握市场发展趋势，储备必要工程技术；另一方面，这些大型复杂工程的建设监理工作，也需要应用和创新大量的工程管理技术。所以，建设监理企业应重视核心技术能力的培育，提高未来的竞争能力。

3.3　核心员工能力

核心员工能力包括总监等高层管理者的管理能力及操作者的执行能力。人是知识和技能的主体，建设工程产品非常复杂，该产品的生产过程，包括方案、工艺等，也非常复杂，不进行良好的管理和控制，就不能取得预期的良好效果。所以，对于建设监理企业，既需要能干的高层管理者能制定科学合理的管理控制体系，包括方案、方法、措施等，同时也需要一支懂技术、会管理、责任心强的执行队伍，才能保证管理控制方案落到实处。他们必须忠诚于企业，企业又持续提升他们的能力，形成良好的互动才能形成企业的人力资本优势。

3.4　核心组织能力

核心组织能力包括对企业的组织管理能力和对工程项目的组织管理能力两个层面。对企业的组织管理能力涉及到企业的组织结构、信息传递、企业文化、激励机制等因素，是反映企业个性的科学、独特的管理模式，能使企业的组织结构合理化、资源配置最优化、效益最大化。同时，由于建设工程产品生产的复杂性，对其生产过程的管理和控制也有较高的要求。能够对工程建设管理形成科学有效的管理模式，使服务能够最大限度地满足业主的需求，并能根据建设工程项目的特点持续改进服务模式和服务效率，也是建设监理企业核心组织能力的一部分。

3.5　核心关系能力

核心关系能力包括供应商关系管理能力和客户关系管理能力。供应商关系管理能力是一种有效获取外部资源的能力，就是整合外部资源的能力。由于工程建设过程非常复杂，在工程监理过程中，监理企业需要供应商的支持，包括劳务提供企业、技术咨询企业等，良好的供应商关系管理可以获得供应商及时、有效的支持，并降低交易成本。另一方面，通过良好的客户关系管理，尤其是大客户关系管理，可以稳定老客户，发展新客户，降低交易费用，稳定、巩固市场。同时，有效培育和整合企业的外部关系资源，也是核心关系能力的一部分。所以，核心关系是企业的社会资本，核心关系能力是企业核心能力的一部分。

4　建设监理企业核心能力系统性分析

建设监理企业核心能力系统是一个有机的统一体，相互联系、密不可分，共同构成建设监理企业核心能力，支撑企业的市场竞争力和长远发展。在建设监理企业核心能力系统中，核心战略管理能力是大纲，核心技术能力是基础，核心员工能力是根本，核心组织能力是保证，核心关系能力是关键。

企业的核心战略管理能力是大纲，起到统领全局的作用，直接影响着企业核心能力系统中的其他方面，同时企业核心能力系统中的其他方面又影响着企业的战略。一方面，企业核心战略不同会使企业面向不同的工程领域，所以企业的核心技术能力构成会不同，核心员工能力和核心组织能力也不同，同时企业核心战略面向的市场空间区域的不同，也影响着企业核心关系能力的构建。另一方面，由于企业的核心技术能力、核心关系能力等的不同，也会影响到企业战略方面的选择，比如工程领域战略选择、市场空间区域战略的选择等。

企业的核心技术能力是基础，因为工程建设监理企业提供的监理服务是基于工程建设的，而工程建设实践过程需要大量工程技术的支撑，尤其是对涉及到新材料、新技术、复杂技术、恶劣复杂的工程环境时，对于技术能力的要求就更高，比如大型电站工程、大埋深超长隧洞工程、大型跨海桥梁工程等。没有强大的技术支撑能力做基础，建设监理企业就不可能承接此类工程项目，不可能提供高质量的监理服务，企业就会失去竞争力。

企业的竞争就是人才的竞争，这已经形成共识。尤其是对于建设监理企业，提供的是高智能的技术和管理服务，而人是智能的载体，是技术能力、组织能力、关系能力等的执行主体，是技术和管理服务的实践者，所以核心员工能力是监理企业核心能力系统的重要组成部分。核心员工能力是根本，拥有足够具有技术能力、管理能力和执行能力的员工，拥有忠诚企业、热心工作、良好职业道德的员工，是监理企业提升竞争力和发展动力的根本。

企业的核心技术能力、核心员工能力等，需要通过企业的核心组织能力这个管道，才能形成企业的竞争能力。核心组织能力是有效整合企业资源，提升竞争力的保证。监理企业的核心组织能力包括对企业的组织管理能力和对工程项目的组织管理能力两个层面，这两个层面是相互支撑和相互制约的。没有良好的企业组织管理能力就不能为项目管理能力提供强大的支持。比如，如果企业的人员管理能力不足，就会影响员工的工作热情，甚至造成员工过度变动，削弱项目管理能力；没有良好的监理项目管理能力，会影响到监理服务质量，影响到企业的业务开展，企业的组织管理能力就得不到体现，也就成了无源之水。所以，核心组织能力是保证。

在监理企业核心能力系统中，核心关系能力是关键。核心管理能力包括供应商关系管理能力和客户关系管理能力，没有供应商关系管理能力，企业就缺少强大的支持，没有客户关系管理能力，就会严重影响企业的经营能力。监理企业的核心关系管理能力影响着企业的发展战略选择，如果不能稳定老客户，就不能稳定市场范围，就不得不"打一枪换一个地方"；不能开发新客户，就不能提高市场占有率，扩大企业规模，限制利润空间。监理企业的核心关系管理能力也影响着企业的核心技术能力、核心员工能力和核心组织能力。如果没有核心关系管理能力，企业的经营能力会受限制，会直接影响到核心技术能力、核心员工能力和核心组织能力等的发挥和发展。

通过以上分析可知，我们在认识一个监理企业的核心能力时，不能失之偏颇，认为监理企业只要有人就行了，或者只要有技术就行了。应该看到，监理企业的核心能力是一个系统，包括核心战略管理能力、核心技术能力、核心员工能力、核心组织能力和核心关系能力，他们是相互联系、有机统一的，共同支撑着监理企业的市场竞争力，缺少任何一项都会严重削弱监理企业的竞争力。

建设监理企业的核心能力系统不是企业与生俱来的，它是企业在发展壮大过程中逐步形成的，而且已经形成的企业核心能力系统也在随着企业的发展处在动态变化之中，需要持续改进和提高，所以要使企业保持较强的市场竞争力和强大的发展动力，需要持续关注企业核心能力系统的培育和提升问题。由于篇幅限制，关于建设监理企业核心能力的培育和提升问题，将另文论述。

参考文献

[1]张李和，雷雨，郭宽. 监理企业核心竞争力的培育[J]. 建筑管理现代化，2005(1): 19-22.

[2]常陆军. 监理企业的职能与核心竞争力[J]. 建设监理，2003(3): 13-14.

[3]陈劲，王毅等. 国外核心能力研究述评[J]. 科研管理，1999(5): 13-16.

[4]魏江. 企业核心能力的内涵与本质[J]. 管理工程学报，1999(1): 53-55.

[5]李炜. 浅析监理企业核心竞争力的培育[J]. 科教文汇，3006(3): 211-212.

浅谈监理企业存在的诚信问题和解决途径

王昊　陈定伟　李振国

(河南立信工程咨询监理有限公司　郑州　450003)

摘　要：诚实守信乃为人之道、立身之本，是中华民族的传统美德；诚实守信系企业治业之道、兴业之本，企业精神第一要义。一个企业只有重视自身的信誉，塑造规避企业道德风险，把诚信作为企业在市场经济竞争中的基本信条；只有注重信誉的企业，才能在市场交易的多次博弈中获得最大利益；只有注重信誉的企业，才能在新的建设市场的竞争中站稳脚跟。

关键词：水利工程　诚信监理

1　前言

　　水利工程建设监理事业经过十几年的发展，从无到有，从不规范到逐步规范，对提高水利工程建设质量、保护国家利益和社会公共利益以及业主合法权益等方面日益显现出它的巨大作用。建设监理得到了社会的普遍认可，可以说，我国水利工程建设监理的发展势头强劲，形势喜人。但是，在我们水利工程建设监理行业取得快速发展的同时，也应看到监理企业存在或多或少的问题，需要相关部门和监理企业查找不足，加强改进，在实践中探索解决。笔者借本文浅谈一下监理企业的诚信问题。

2　诚信监理的重要性

2.1　诚信监理是国家推行信用体系建设的必然趋势

　　国家近年来高度重视诚信企业建设，2007 年 3 月，国务院办公厅下发了《国务院办公厅关于社会信用体系建设的若干意见》(以下简称《若干意见》)，为进一步推进社会信用体系建设指明了方向。为落实《若干意见》，加快建立健全防止商业贿赂长效机制，推进市场诚信体系建设，2008 年 7 月，水利部办公厅转发了中央治理商业贿赂领导小组《关于治理商业贿赂专项工作中推进市场诚信体系建设的意见的通知》，对市场诚信体系建设提出了具体要求。2004 年 9 月，水利部也曾印发了《关于建立水利施工企业监理单位信用档案的通知》，对水利施工、监理单位及从业人员市场行为进行规范。可以说，监理作为一种重要的市场行为，其信用体系建设在监理企业发展壮大中将占有重要地位。

2.2　诚信监理是监理行业自律的有效保证

　　诚信监理就是要引导、规范监理行业的竞争行为，约束监理企业重信誉，守诚信，加强企业自律。如果监理企业在市场中只顾眼前利益，存在机会主义、短期行为、见利忘义、背信弃义、假冒行为，则必将丧失其应有的信用和声誉，使其在市场竞争中处于不利地位。从这个意义上说，做到诚信监理是促进监理行业有序、健康发展的重要保证。

2.3　诚信监理是监理企业安身立命的有力保障

实践证明，监理企业间的竞争不仅是监理企业的技术水平、管理水平、服务意识和取费的竞争，更重要的是企业的诚实信用和整体素质的竞争，企业只有做到信用度高、职业操守好，才能在市场上建立起威信，才能取得参加各方的信任、理解和支持，得到社会的认可和肯定，从而通过良好的信誉，不断开拓新市场，增加市场份额。无数事实说明，不重视诚信，只顾眼前利益的企业，即使求得企业一时的发展，也终究不会长久。可以说，良好的信誉才是企业的无形资产和宝贵财富，才是市场竞争的有效手段，才能真正让企业立于不败之地，保证企业健康发展。

2.4　诚信监理是监理工作的性质和任务对监理人员提出的客观要求

一是建设监理企业在监理过程中，不仅自己要模范地执行国家的法律、法规、规范、标准，而且还要严格监督参建各方执行国家的法律、法规、规范、标准。二是建设监理企业在监理过程中，不仅有协调甲、乙双方履行合同的权力，还有协调处理违约索赔的权力；不仅有控制质量、进度的权力，更重要的有合同价款的支付权。三是监理机构是由高学历、高知识、高素质的人员组成，在思想道德上就应当有高的水准。如果监理人员思想品质恶劣，道德水准很低，一旦心术不正，他比能力低的人对工作、对社会的危害更大。所以严格遵守职业道德是监理工作的性质、任务对监理人员提出的客观要求。

3　当前监理诚信道德建设方面存在的问题

3.1　个别监理企业违纪、违规，弄虚作假

有的监理企业承揽任务时虚报业绩，虚报人员，弄虚作假，骗取中标，任务到手后不予重视，不守承诺，不尽职责，甚至违法转包，更有甚者与承包单位串通一气，欺诈业主，失去了监理应有的监督管理作用。

3.2　有的监理企业片面追求经济效益，轻视监理效果

有的监理企业在投标时信誓旦旦，但在实际监理中却不能按承诺投入足够合格的监理人员，甚至私招乱雇，对监理项目投入少、专业不配套、人员不得力，大量存在聘用没有执业证件的退休人员搞监理，有的甚至派出没有经过监理培训的编外人员担任项目总监，导致监理形同虚设，损害业主利益，大大减弱了监理作用。

3.3　有的的监理企业缺乏对监理人员必要的职业道德教育

特别是有些监理企业内部制度建设不完善，导致企业纪律松弛，风气不正，对监理人员道德行为缺乏约束，对监理人员违反诚信道德缺乏规范，对公司监理人员违规违纪行为缺少必要的制约和处罚措施。

3.4　有些监理人员缺乏诚信意识

有的监理人员诚信道德意识薄弱，存在着严重的功利思想、拜金主义、极端个人主义。有的监理人员缺乏敬业精神，工作不认真，监理工作不到位，该旁站的不旁站，该巡视的不巡视，该检测的不检测，甚至做假资料。个别监理人员利用自己在工程建设中的有利地位，向施工单位推销产品，介绍分包队伍。个别监理人员缺乏良好的思想品德和高尚的职业道德，不加限制地滥用自己的职权，甚至把从事监理工作当成"吃、拿、

卡、要", 谋取私利的途径。

以上这些问题虽然是少数的, 但造成的危害却是相当严重的: 一是导致监理企业走上急功近利的歧途, 工程质量监管不到位, 安全监管堪忧; 二是影响了监理事业的发展, 使监理企业社会信用度降低, 建设单位不信任, 施工单位不信服, 使监理企业丧失应有的地位和声誉; 三是滋生腐败, 败坏了社会风气。

4 解决监理诚信问题途径初探

水利工程建设监理行业在我国正处于蓬勃发展时期, 出现的上述现象和问题也是监理事业发展过程中不可避免的。关键是如何看待, 如何寻求相应的途径予以解决, 如何制定相应的对策积极规避其再次发生, 从而保证并促进建设监理工作的正常健康发展。

4.1 行业主管部门和行业协会要起指导和监督作用

主管部门或行业部门除要推行国家已经出台的法律、法规、规章和道德规范外, 还要健全和完善《监理企业信用制度》、《监理道德守则》等对行业有指导性的道德规范, 把诚信道德建设、纠正行业不正之风作为工作重点, 公开诚信道德的承诺, 并接受公开监督。一是组织"诚信监理企业"的评选工作, 根据企业的人员素质、监理业绩、监理纪律、合同履约率、社会信誉等情况进行量化分析评选; 二是建立《监理职责履行公示制度》, 对违规、违纪、严重失信或不良行为的企业和监理人员要列入"黑名单", 在国家和省市信息网上公示, 进行公开通报批评或曝光, 加大监督处罚力度, 以净化监理的道德环境和社会风气。

4.2 监理企业要加强对监理人员的诚信道德教育

监理企业要有计划、有组织地对监理人员进行诚信道德教育, 以科学发展观这一重要思想为指导, 以为人民服务为核心, 以正确处理好国家、集体、个人三者利益关系为基本原则, 广泛深入地开展诚信道德教育。诚信道德教育要坚持以人为本、以防为立, 把教育贯彻到各项工作的始终, 采用培训、讲座、知识竞赛、撰写监理论文以及企业简讯、简报等多种形式, 开展监理人员的行为规范、执业准则、廉洁自律等形式, 培养职工"干一行爱一行"的敬业精神, 培养职工"服务业主, 对用户负责"的责任感, 把"以工作质量保证服务质量"的要求化作每个人的自觉行动。通过诚信教育, 培养职工自觉遵守国家法律、法规、行业规章、企业纪律的道德品质, 保证企业在规范、和谐、有序的环境中健康发展, 全面提高监理队伍的整体素质。

4.3 监理企业要建立行之有效的诚信监理机制

监理企业要建立行之有效的诚信监理机制, 具体就是要制定切实可行的内部制约机制、激励机制和监督机制, 明确诚信道德标准, 落实诚信道德措施, 实行量化考核等制度。对监理人员的考核与监督: 一是要建立巡查制度。在企业领导不定期地开展巡视工作的同时, 企业技术负责人还应率有关部门, 对监理项目的目标进行定期检查; 二是建立回访制度, 企业人事部门对项目监理机构, 要结合监理人员的业绩考核, 定期不定期地征求业主和承包方对监理人员的工作态度、监理业绩、监理纪律和廉洁、敬业等方面的意见, 主动接受参建各方的监督; 三是建立考核奖惩机制。明确每位监理人员的工作目标、考核目标、量化考核内容, 采用个人自述、群众评议、组织考核等程序考核测评,通过考核测评，使每位监理人员都能总结经验、找准差距，为日后提高素质明确方向，激励先进，鞭策后进，更好地发挥监理人员的积极性创造条件。通过监督约束机制建设，使每位监理人员都能养成按规范工作，按程序办事，遵守纪律的良好习惯。行业协会和监理企业对于企业和监理人员的违规、违纪和不道德的行为要敢于较真、敢于碰硬，严格执行行规、行约和企业的规章制度，培养一支士气高涨，作风过硬的监理队伍，提高企业的凝聚力和战斗力。

4.4　监理企业要重视企业领导的诚信道德建设

企业领导的行为对职工的行为有很强的示范作用和导向作用。企业领导要率先垂范，为职工作好表率，首先要从自己做起，带头实践自己提出的诚信道德规范要求，才有感召力、约束力、驱动力。领导要特别注意自我形象，守信用重承诺，要做到自重、自首、自警、自励，保持高尚的道德情操，为本企业职工作出榜样，凡是要求职工做到的，自己首先做到。从日常工作中的一言一行、一举一动、一点一滴做起，而且要持之以恒的做下去，用自己的模范行为影响、带动和教育职工，成为职业道德建设的表率，带出一支"爱岗敬业、技术过硬、服务一流、纪律严明"的过硬监理队伍来。使每位监理人员都自觉地把个人理想融入到国家利益、集体利益的共同理想之中，增强整个企业的亲和力、凝聚力，使我们监理行业能够在一个稳定、健康、协调的环境中向前发展。

5　结语

我国的监理制度是在吸取了发达国家成熟经验的基础上并结合我国国情建立起来的。西方实施监理制度的前提是法制相当健全、生产力发达和市场经济发育较成熟，而我国现阶段的生产力水平和法制建设方面与西方发达国家比较，还有一定的差距。所以，我国的建设监理事业目前存在一些现象，恰恰是发展中必然遇到的问题，需要政府和社会从各方面给予关心和扶持。我国已加入 WTO，要适时抓住机遇，迎接来自世界范围的挑战。国外的咨询和项目管理公司已经进入我国，面对强大的对手，我国建设监理业，如何解决现存的问题，更好地迎接挑战，就成为迫切需要解决的问题。我国建设监理事业任重道远，只有在有关各方的关心和支持下，群策群力地排除各种障碍，才能得到有效的发展。

参考文献

[1]谢达. 建设工程监理现状及改善途径[J]. 基建优化，2002(3)：27-28.

[2]陈高华. 通过管理创新 提高企业的诚信度[J]. 上海企业，2004(8)：31-33.

以人为本　加强监理部凝聚力建设

左建明

(湖南水利水电工程监理承包总公司　长沙　410007)

摘　要：本文从工作、生活、待遇、业务提高等方面介绍了总监理工程师以人为本的工作原则，对加强监理部凝聚力、提高监理服务质量具有积极的指导意义。

关键词：以人为本　加强　监理部　凝聚力　建设

1　前言

　　水利水电工程特别是大型水利水电工程一般具有地处偏僻、条件艰苦、施工周期长的特点。监理部人员来源广泛，一般来自不同的地域，有不同的工作经历。监理人员的业务水平、工作能力、生活习惯、工作目的、个人困难也各有不同。监理人员的工资待遇一般相对较低，而工作责任较大。因此，现场监理机构实际上是一个更加复杂的临时社会机构。如果这样一个临时机构的凝聚力很强，那么监理服务质量也会得到提高，监理形象也会树立；相反，如果没有凝聚力，那么监理人员不会稳定，监理服务质量也难以得到保障。以下从如何加强监理部凝聚力建设方面谈谈作者多年总监理工程师工作经验的一些体会。

2　工作方面推心置腹

　　监理工作是监理部的首要任务和核心，也是矛盾的集聚点。监理工作能否顺利、有序、有效开展，往往与总监理工程师的工作能力、工作方式、工作作风密切相关，也与监理人员关系能否融洽息息相关。工作责任不明确、猜疑与责难等都将导致人际关系紧张，监理部凝聚力丧失。作为总监理工程师，在工作方面，只有与各监理人员推心置腹，监理人员工作才会积极主动，才会发挥团队作用。

　　(1)总监理工程师应明确各监理人员的工作范围、要求、职责与权限，并做出明文规定，且应根据工程施工进展情况、人员情况及时进行调整。在进行工作任务分工前应与监理人员沟通，充分了解其意见，不要强人所难。在宣布工作任务分工时，要强调监理工作只是分工不同而不能分家，在做好本职工作的同时，如发现任何影响监理部形象、施工质量的问题及安全事故隐患时应向其责任监理工程师善意提醒或向总监理工程师汇报。作者担任总监理工程师的几个项目，一般每半年就会有一份监理工作任务分工表，在每个月的监理内部会议上均对下一个月各监理人员的工作分工、要求及注意事项进行强调。监理人员在监理过程中一般不要总监理工程师督促就能较地自觉履行自己的职责，从未出现工作相互推诿现象。

(2)在监理工作过程中，总监理工程师应充分信任监理人员的工作。除非有原则性的、较大的错误或失误，总监理工程师在对外场合下不可随意批评、责难监理人员，而应充分维护监理人员的权益与信誉，也不允许监理人员间相互指责；而在监理内部或私下，应与当事监理人员进行认真分析，指出问题、进行批评甚至采取相应的处罚措施。信任监理人员的工作不等于放任其工作，而应加强检查、指导及协调。总监理工程师去施工现场应有意识地去向现场监理人员了解现场情况、考核其工作，对应注意的工序、环节、部位、关键施工技术及工作方法等应有意识地加以指导与提醒，对监理工作过程中存在的问题特别是监理内部存在的问题应及时加以协调。通过考察发现不合适的监理人员，应及时调整岗位或调离监理部。

(3)在监理工作过程中，总监理工程师应不断探索、总结提高监理服务质量的工作方法与手段，鼓励监理人员提出相关建议和意见。作者在广西的一个项目监理中根据工程施工特点，就与监理人员一起探索、总结制定出了一套更全面、可行、有效的混凝土施工质量控制监理检验记录表格，发挥了良好的效果。

(4)在监理工作过程中，总监理工程师不能因监理人员提出的审查意见不合适而包办监理方案审批等内业工作，并责备监理人员业务水平低；应采取共同分析探讨的方式去帮助监理人员提高业务水平。

3　生活方面力所能及

监理人员生活是监理工作的基础。生活不正常，是无法做好监理工作的。监理人员可以说是背井离乡、离妻别子，处于各年龄段的人均在生活中有各种各样的困难与问题。在生活方面，总监理工程师应给予力所能及的帮助，甚至应给予兄弟姐妹般的关心爱护。

(1)应在吃、住、行等方面充分创造好的生活条件。若吃、住、行不习惯，即使工资待遇再高，监理人员也呆不长久。

(2)应及时了解监理人员生活中存在的困难与问题，给予解决或帮助。生活中存在的问题很多，诸如年轻人没对象的为找对象发愁、有对象的为对象闹别扭发愁、结了婚的想老婆孩子，中年人为孩子升学、老人生病、婚姻亮灯伤脑筋，老年人为自己生病痛苦等。这些问题如不能及时进行排解，就有可能扩大激化，严重影响到监理部团队氛围、监理部形象，从而影响到监理工作。作者多年总监理工程师经验表明，背井离乡的监理人员常在内心中把监理部作为一个可以有所依赖的集体。总监理工程师主动去了解情况、提出意见和建议、给予适当的方便，监理人员会感受到监理部的温馨、总监理工程师的情义，然后也会主动来与总监理工程师倾诉与寻求帮助。

4　待遇方面和谐有情

待遇是监理人员工作的目的、出发点。监理人员工资待遇本来就相对较低，例如同一个学校毕业的学生，在施工单位工作两三年后就可以担任部门负责人、项目副总工、总工甚至副经理等，但在监理单位还只能做个普通的监理员。本来偏低的工资如都不能做到及时足额发放，监理人员感觉不到安全，就会出现人心不稳，有时有的人甚至可能出现清廉问题。在待遇方面，总监理工程师或监理单位也应体现以人为本的精神，创造和谐的条件、以情留人。工资应及时足额到位，由于某些原因工资不能及时发放时，总监理工程师可以采取垫付、借支等方式处理。另外，在福利、奖励、休假等方面也要尽量让监理人员体会到集体的温暖。在作者担任总监理工程师的项目中，过年过节一般都要给监理人员发放适当的物资或现金，年终还给予奖金；休假安排方面遵守公司规定，但不死板，对有需要休假的如非工作特别紧张均准假，对长时间未休假的还主动提醒或安排休假。

5　业务方面有意提高

业务能力的不断提高是监理人员特别是年轻监理人员的追求。业务能力的提高一方面靠自身，另一方面也与总监理工程师的有意培养密不可分。作者担任总监理工程师期间一般均有意识地采用多种方式去提高监理人员的业务能力。

(1)通过监理内部会议包括工作例会、专项交底及分析总结会、培训会来提高监理人员的业务能力、工作水平。要求每个监理人员发表意见，锻炼其口头表达、总结能力，督促培养思考问题的习惯，并加强相互交流与学习。

(2)安排参加外部的相关培训班学习。

(3)要求参加或列席设计交底会、生产例会、技术专题研讨会、阶段验收会、上级检查等。

(4)对监理人员现场工作，有意地去检查、指导、督促。

(5)对监理人员内业工作，提出修改意见的同时详细讲解修改的理由并交待清楚类似工作的工作原则、思路、方法。

(6)适时组织考核评比与奖励，督促加强业务学习。

6　其他方面创意交流

作为一个总监理工程师，还可以在其他方面充分创造条件，增进监理人员的集体意识、团队意识，加强监理部凝聚力建设。作者担任总监理工程师的项目，采取了给每个监理人员举办生日餐会、内部棋牌类比赛、外出旅游及与外单位开展球类交流等多种形式的活动，监理人员真切感受到了监理部这个大家庭的温暖。

7　结语

监理是一项技术服务工作，其根本在于监理人员。监理人员组织好了、用好了，监理工作就能顺利开展，事半功倍。总监理工程师应以人为本，与监理人员结成工作伙伴及生活朋友，让监理人员工作、生活感觉到舒心、舒适和有所进步；切实加强监理部凝聚力建设，不断提高监理服务质量。

论企业文化对监理企业发展的作用

张龙

(广东省肇庆西江水电监理有限公司　肇庆　526040)

摘　要： 企业文化是企业的灵魂，它对企业的可持续成长、提高企业竞争力、留住企业发展所需人才有着不可替代的作用。广东省肇庆西江水电监理有限公司通过企业文化建设，促进了企业的全面发展，使企业在市场经济条件下，成功走出了一条发展快、效益好、整体素质不断提高、经济协调发展的新路子。

关键词： 企业文化　促进　企业　发展

企业文化是企业在生产经营实践中，逐步形成的、被全体员工所认同并遵守的、带有本组织特点的使命、愿景、宗旨、精神、价值观和经营理念，以及这些理念在生产经营实践、管理制度、员工行为方式与企业对外形象体现的总和。企业文化与企业的生存和发展有着紧密的内在联系，它对企业发展有着巨大促进作用，影响着企业的兴衰成败。

1　企业文化促使企业可持续成长

众所周知，物质资源总有一天会枯竭，但是企业文化却是生生不息的，它会成为支撑企业可持续成长的支柱。世界上著名的长寿公司都有一个共同特征，就是他们都有一套坚持不懈的核心价值观，有其独特的企业文化。企业文化的本质体现在其核心价值观上，企业成长的可持续关键是它追求一贯的核心价值观，使它在企业成长过程中得到继承和延续。近年来，众多企业所提倡的第二次创业，其目标实际上就是可持续成长。

虽说没有好的企业文化的企业也可以成长，但没有好的企业文化的企业却难以实现可持续成长。没有文化就好像没有灵魂，没有指引企业长期发展的明灯，因而无法获得牵引企业不断向前发展的动力。文化不解决企业赢利不赢利的问题，文化只解决企业成长持续不持续的问题。从这个意义上说，企业能否不断长大成为长寿公司，与企业文化建设的成败有着密切关系。如果一个企业没有好的企业文化，它就会失去持续发展的动力，最终走进失败的深渊。国内有好多小企业不注重企业文化的建设，在短期内，由于一些原因，企业经营状况可能会好一些。但是，这种状况不会持久，这些企业经不起时间的考验，由于没有企业文化的引导，企业就像失去灵魂一样，如一盘散沙，最后在竞争中被淘汰。西江监理公司在监理实践过程中，通过不断深化企业文化建设，逐步建立起以"文化改变未来"为体系的企业文化，在市场经济条件下，企业走出了一条发展快、效益好、整体素质不断提高、经济协调发展的新路子。在企业文化指引下，企业经过短短 13 年的艰苦奋斗，不断成长壮大，成为一家拥有 60 人注册监理工程师、100万元注册资金的甲级资质企业，监理业务也由本市内扩展到市外，由省内延伸至省外。

公司先后承担了 50 多项水利水电工程的监理业务,受监工程项目总投资额达 40 多亿元,各个项目的工程质量均达到了设计要求,受到了客户的好评,同时也多次受到水利部、广东省水利厅的表彰。

2 企业文化推动企业提高竞争力

企业文化是企业的灵魂,是推动企业发展的不竭动力,其核心是价值观。价值观是指企业职工对企业存在的意义、经营目的、经营宗旨的价值评价和为之追求的整体化、个异化的群体意识,是企业全体职工共同的价值准则。企业文化的内容简单明确,价值观得到组织成员的广泛认同,在这种价值观指导下的企业实践活动中,企业的成员会产生使命感,员工对企业及企业的领导人、企业形象将产生强烈的认同感。这是企业文化成为企业发展内在动力的基础。企业文化对增强企业竞争力的作用具体表现如下。

2.1 凝聚作用

企业文化是企业的黏合剂,可以把员工紧紧地黏合、团结在一起,使他们目的明确、协调一致。企业员工队伍凝聚力的基础是企业的根本目标。企业的根本目标选择正确,就能够把企业的利益和绝大多数员工的利益统一起来,是一个集体与个人双赢的目标。在此基础上企业就能够形成强大的凝聚力。否则的话,企业凝聚力的形成只能是一种幻想。

人心齐,泰山移。对于一个企业来说,企业自身应有很强的凝聚力和号召力。西江公司企业文化的凝聚力和号召力体现在企训——“不要问公司为你做了什么,而要问你为公司做了什么”上,它时刻鞭策教育着每个员工,多讲付出少要回报,多讲奉献少要索取,为实现企业远景——“将监理公司发展成为高水准、多功能、大型综合咨询企业”目标奋斗。员工人人目标明确,步调一致,发扬蚂蚁团结协作精神,相互支持,相互帮助,以实现自己人生价值的激情勤奋工作;公司公开各项政策,并通过管理机制调节人与人之间、个人与团队之间、个人与公司之间的相互利益关系,形成了文化对西江人行为的牵引和约束,力量的汇聚和释放,从而为企业注入了取之不绝、用之不尽的能量。

2.2 导向作用

导向包括价值导向与行为导向。企业价值观与企业精神,能够为企业提供具有长远意义的、更大范围的正确方向,为企业在市场竞争中基本竞争战略和政策的制定提供依据。企业文化创新尤其是观念创新对企业的持续发展而言是首要的。

西江公司的监理工作得到了客户认同和政府肯定,企业能够不断发展壮大,其内在原因是企业文化对员工的引导。公司提出并实施了“诚信比赚钱更重要”的价值观。诚信,就是要诚实、守信用,对自己、对他人、对集体要有责任感。它既是中华民族的传统美德,更是我们监理人的职业道德标准。一个企业不守合同不讲诚信,也许可以欺骗一时,绝对不可能欺骗一世,企业最终将会被社会所淘汰。“三鹿奶粉事件”发生后,国人谈奶色变,引发严重社会信任危机,给整个奶业带来巨大的冲击和损失,乃至于有些奶业企业破产、倒闭、被取谛,究其原因是少数奶业企业诚信的丧失,这让西江人更加明白,“诚信”对一个企业发展是至关重要的,它比金钱更重要。“诚信”价值观为员工的行为指明了方向，让员工分清了好与坏、善与恶、正确与错误。同时，公司随着市场的变化发展，在经营活动中确立并有效贯彻了重视危机忧患的"变革求生存"观念，以人为本的"人力与人才观念"，以客户认可为目标的"市场与竞争"观念。企业要生存要发展，必须做到与时俱进。这些企业新理念的灌输，为企业持续改进各项工作指明了方向：加大培训学习投入，不断提高员工工作能力和业务水平；不断变革，创新治企理念；通过市场和客户信息的反馈，不断完善工作制度和方法。

公司"三心哲学"则为员工指明了工作方向——让政府放心，让业主开心，让承包商尽心。它是监理公司企业文化中的重要组成部分之一，是公司服务的终极目标。企业和员工以"三心哲学"为工作的出发点和落脚点，认真做好"三控制三管理一协调"工作，做到全心全意为工程建设服务，全力以赴搞好监理工作。①严格控制施工质量。质量是工程建设的核心内容。要确保工程质量，就必须让承包商"用心"做工程。为此，员工认真执行相关规范和操作规程，严格按照设计图纸施工，做到预控和跟踪控制相结合，做好事前、事中、事后控制。②加强进度和投资控制。为有效实现业主的预期目标，企业建立健全进度控制组织部门，落实进度控制责任，对影响进度目标实现的干扰和风险因素进行分析、预测，及早采取措施进行进度控制；认真审核工程预算和结算，慎重对待工程变更和设计修改，将工程造价控制在预算范围内，做到按期保质完成工程建设任务，让业主开心。③做好合同管理、信息管理、安全管理和协调工作。坚持"以法律为准绳，以合同为核心"，严格按合同条款实施监理，并协调好参建各方关系，最终实现工程质量合格，程序合法，手续完备，资料齐全，让政府放心。

2.3　激励作用

激励是一种精神力量和状态。企业文化所形成的企业内部的文化氛围和价值导向能够起到精神激励的作用，将职工的积极性、主动性和创造性调动与激发出来，把人们的潜在智慧诱发出来，使员工的能力得到充分发挥，提高各部门和员工的管理能力和业务能力。

西江公司通过企业文化建设，建立起激励机制，员工精神面貌焕然一新，企业充满生机。①责任激励。"监理无小事，服务无止境"。水利工程建设关乎国计民生，保护着国家和人民的生命财产安全，而工程质量的好坏，直接影响和决定工程效益的发挥。所以说建设监理工作不是小事，来不得半点马虎。监理公司通过树立此服务目标，将监理工作上升到对国家和人民负责任的高度，让每个员工明白自己的监理工作担子有多重，责任有多大，从而激发出员工高昂的斗志，使员工在监理过程中，工作做得更加细致、人性化，考虑问题更加全面，对参加工程建设的各方提供的服务也更加全面和周到。②经济激励。公司以"绩效为先，服务至上"为主的经营理念，充分激发和调动员工的积极性、主动性和创造性。企业管理工作紧紧围绕员工来开展，坚持以人为本，牢固树立服务至上思想，并通过制定完善规章制度，做到用制度管理人，用制度约束人，用制度考核人。公司以工作成绩和经济效益为考核目标，实行严格的考评制度，并将它与员工个人的经济利益挂钩，规定绩效考评≥90分为优秀，给予经济奖励，≤80分为不合格，扣除绩效工资，此措施极大地激励了先进，鞭策了落后者，在员工中形成了你追我赶的工作氛围，为企业带来无限生机。

2.4 约束作用

企业文化、企业精神为企业确立了正确的方向，对那些不利于企业长远发展的不该做、不能做的行为，常常发挥一种"软约束"的作用，为企业提供"免疫"功能。约束功能能够提高员工的自觉性、积极性、主动性和自我约束能力，使员工明确工作意义和方法，提高员工的责任感和使命感。

"自强不息，上善若水"的企业精神要求监理人自觉地努力向上，永不松懈，言行像水的品性一样，泽被万物而不争名利。公司通过培育企业精神，成功建设了一支富有战斗力、能够完成企业既定任务、具有高尚精神面貌的员工队伍。水利工程建设不是在深山野岭之巅，就是在穷山恶水之畔，生活工作环境十分恶劣，条件也很差，没有娱乐，没有交际，但西江公司和员工能够进得去，扎得住，战得赢，靠得就是这种不言败、不言弃、不怕苦、不怕累的战斗精神和意志，靠得就是这种甘于奉献，不计个人得失的品质。每个员工都以企业的生存与发展为己任，严格要求自己，勤奋工作，展示出良好的精神面貌。

2.5 塑造形象作用

优秀的企业文化向社会大众展示着企业成功的管理风格、良好的经营状况和高尚的精神风貌，从而为企业塑造良好的整体形象，树立信誉，扩大影响，是企业巨大的无形资产。公司员工在监理工作中，坚持以"廉、礼、勤、实、精、细、严"为标准，公开、公正地开展监理工作，认真履行监理合同约定的职责，做到不以权谋私，不弄虚作假，不行贿受贿，不违法违纪，受到客户的广泛好评，被有关单位授予"守合同重信用企业"光荣称号。企业树立的良好监理形象，有力地促进了企业的发展。

3 良好的企业文化网罗留住企业人才

在当今社会，知识经济时代的来临使人才成为企业生存和发展的关键。企业取得大量的优秀人才，并留住人才，对企业的发展来说是非常重要的。因为这些是能够推动企业实现升值的人力资本。对这些人才的争夺已经成为当前企业竞争的一个重要方面。然而，在这个人才争夺战中，最重要的不是金钱，真正起关键作用的是企业文化。企业对人才的争夺真正体现在不同企业文化的竞争上。各种人才通过对公司企业文化的了解，认识，选择适合自己发展的公司。很多人才都是因为青睐一个公司的企业文化而选择进入该公司的。如果单纯以金钱报酬为标准，只会造成员工没有归属感，频繁跳槽，企业不敢投资对员工进行培训，长此以往，形成恶性循环，对人才成长和企业发展都会造成消极影响。

以高素质的员工队伍和健康向上的企业文化，推动西江监理快速发展。西江公司在企业文化建设中始终坚持"以人为本"的指导思想，努力创造各种有利条件，营造良好的机制和学习氛围，并通过搭建鼓励员工成才的平台，使想干事的有机会，会干事的有舞台，干成事的有地位，从而吸引和留住了各类人才。公司人才济济，现有土建、地质、机电、金结、测量和造价等专业注册监理工程师 60 人，其中具有高级专业技术职务任职资格的人员 22 人，同时公司经常性地进行内部培训和送出培训学习，不断提高公司人员服务管理水平，并聘请科研机构的专家作为兼职教授，组成公司的"专家顾问组"，作为公司强有力的技术和管理支持。

企业文化具有一种强大的力量，它是一种无形的、潜在的生产力，是无形的资产和财富，因而优秀的企业文化，必定会对企业的长远发展起到积极的、不可估量的作用。

参考文献

[1]丁远峙. 第三代管理——企业文化 DVD[M/CD]. 深圳：深圳音像公司出版，2008.

[2]常智山. 塑造企业文化的 12 大方略[M]. 北京：中国纺织出版社，2005.

建监理业绩 创江河品牌

刘有武 肖虹

(武汉市江河工程监理咨询有限公司 武汉 430015)

摘 要： 武汉市江河工程监理咨询有限公司将现代项目管理理念、方法运用到监理工作的"三控制、三管理、一协调"之中，并和武汉市劳动竞赛委员会组织的、在全市重点项目建设中开展的"双创双保"劳动竞赛活动要求的考核评价条件有机结合起来，不断地进行资源优化，不断地协调，不断地作出科学决策，使监理工作和"双创双保"劳动竞赛活动处于最佳运行状态，产生最佳效果，实现了武汉市劳动竞赛委员会要求的"确保重点工程质量创一流，工程管理创一流，工程施工创一流，协作服务创一流"的目标，并荣获"武汉五一劳动奖状"。

关键词： 机遇 现代管理理念 PDCA循环 创新管理 拓展市场

1 抓"双创双保"劳动竞赛机遇，争创优质品牌

1.1 难逢的机遇

武汉市和全国各地一样，在贯彻落实科学发展观的进程中，提出了一些对本地发展以及市民生活戚戚相关的"民心、民生"重点工程项目。为确保这些重点工程能优质、高效完成好，武汉市劳动竞赛委员会、武汉市总工会、武汉市发展和改革委员会于2006年联合发文《关于在全市重点项目建设中开展"双创双保"劳动竞赛活动的通知》要求从2006年起在市以上重点工程项目建设中开展"创优质、创高效、保安全、保文明施工"为主要内容的劳动竞赛活动。要求通过开展"双创双保"劳动竞赛活动，进一步调动全市重点项目参建单位干部职工的积极性、主动性和创造性，确保重点工程质量创一流、工程管理创一流、工程施工创一流、协作服务创一流、达到实现市委、市政府"项目兴市"和实现全市经济和社会可持续发展的战略目标。对竞赛活动中取得优异成绩的由武汉市总工会授予"武汉五一劳动奖状"、"武汉五一劳动奖章"。

武汉市江河工程监理咨询有限公司是武汉市水利行业中具有甲级资质的监理单位，公司成立十几年来，公司承监了众多国家投资的重点工程项目，涉及江海堤防、市政、泵站、排水供水、水环境治理、工业与民用建筑、水库等水利水电工程。所承监的工程项目多次获国优、省优和市优质工程奖，其中汉口江滩综合整治工程和龙王庙险段整治工程分获2004年度、2005年度"鲁班奖"。

2006年我公司承监了"武汉钢铁公司工业港港池改造工程"、"汉口江滩(三期)防洪及环境综合整治工程"，这两项投资过亿元的省、市重点工程。给公司提供了在这个跨行业、全国知名品牌的活动平台上打造优质品牌的大好机遇。公司用现代项目管理的

理念、方法和监理工作程序将武汉市劳动竞赛委员会要求的"双创双保"考核评价条件有机地结合起来。在整个"双创双保"过程中，公司不断地进行资源优化配置和协调，使创优活动全过程处于最佳状态，产生最佳效果。经武汉市劳动竞赛委员会、武汉市发展和改革委员会、武汉市总工会的专家考核、评定获得了"武汉市五一劳动奖状"。下面我们将公司争获"武汉市五一劳动奖状"的工作作一汇报，作一探索，以期同行的指正。

1.2　统一认识抓机遇、争创优质品牌

这次武汉市劳动竞赛委员会、武汉市总工会、武汉市发展和改革委员会组织全市重点项目建设中开展"双创双保"劳动竞赛活动，对于江河监理公司能争上这一活动舞台是千载难逢的机遇，是我们改制民营监理公司向社会汇报的大好时机。因此公司领导通过再学习再研究，进一步统一认识，认识到以下几点。

(1)"双创双保"劳动竞赛活动是服务于全市重点建设项目的最佳载体、最佳活动舞台，而"五一劳动奖状"更是跨行业、全国知名的品牌，监理行业登上这个活动的舞台"表演"有利于建监理工作功业，有利于提升监理行业在社会的形象、有利于提升我们公司在市场的竞争能力。

(2)"双创双保"劳动竞赛活动要求是确保重点工程质量创一流、工程管理创一流、工程施工创一流、协作服务创一流，这与我们监理开展的"贯标"工作要求是一致的，因此在这个舞台上的活动有利于公司的创新和制度化建设。

(3)"双创双保"劳动竞赛活动有利于极大限度地调动公司员工投身入市重点工程的积极性，可以更好地推动整合公司资源、增加公司的凝聚力和战斗力。

公司立即成立了由总经理挂帅，公司书记、总工等党政工主要负责同志参加的劳动竞赛活动领导小组并制定活动方案积极开展"双创双保"劳动竞赛活动。

2　用现代管理金钥匙、创新监理企业管理模式

2.1　借鉴现代管理方式与"双创双保"工作紧密结合

公司领导把参加"双创双保"劳动竞赛活动作为提升公司员工自身监理业务素质、创建公司优质品牌的目标是十分明确的。而如何将监理工作所要求的"三控制、三管理、一协调"同武汉市劳动竞赛委员会要求的考核评价条件有机地结合起来，特别在监理工作中如何突出开展劳动竞赛，则是公司工作班子怎样推进全公司"双创双保"劳动竞赛活动首先要解决的问题。针对这种情况，公司总工程师查阅有关现代企业管理的文献资料，并召集公司技术骨干集思广益进行研究。认识到按现代项目管理概念，监理工作参加"双创双保"劳动竞赛就是一个项目，就是要在规定的活动周期内，公司要不断地进行资源优化配置和不断地协调，不断地做出科学决策，使"双创双保"劳动竞赛活动的全过程处于最佳的运行状态，产生最佳效果。关键是要找出既体现出武汉市劳动竞赛委员会要求的"确保重点工程质量创一流、工程管理创一流、工程施工创一流、协作服务创一流"，又要满足监理工作"三控制、三管理、一协调"及工序程序要求的切入点。经过查阅文献及学习，发现由美国质量管理专家戴明博士提出的PDCA循环(又叫戴明环)的工作模式能较好地协调、满足武汉市劳动竞赛委员会要求的"确保重点工程质量创一流，工程管理创一流，工程施工创一流，协作服务创一流"，及监理规范要求的"三控

制、三管理、一协调"工作。一个 PDCA 循环一般要经历以下 4 个阶段(如图 1 所示),8 个步骤(如图 2 所示)。

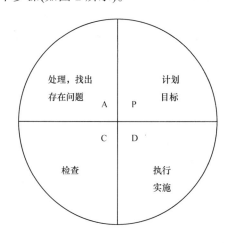

图 1 PDCA 循环的 4 个阶段   图 2 PDCA 循环的 8 个步骤

2.2 精心计划，严格控制，以保竞赛活动成功实现

按照劳动竞赛委员会竞赛文件的要求，根据参与竞赛工程的特点及监理工作的性质和服务范围，我们确定以 ISO 国际化标准和全面质量管理方法贯穿于"双创双保"劳动竞赛的全过程，以 PDCA 循环为活动工作模式。按大循环和小循环的设定方案开展活动。

2.2.1 竞赛实施方案的确立

首先我们将整个竞赛活动过程分为四个阶段(称为大循环)，各阶段的具体实施步骤如下。

第一阶段：计划动员阶段(P 阶段)

这一阶段以提高竞赛认识、加大双创活动宣传力度、成立竞赛领导机构、全面总动员为主要工作任务。目的是让公司所有员工对劳动竞赛活动内容、目标、措施都明确了解和积极参与，让开展"双创双保"劳动竞赛的意义、宗旨和目标深入人心。

第二阶段：实施阶段(D 阶段)

这是"双创双保"劳动竞赛的核心工作，是竞赛方案的具体实施，其主要内容是：依据竞赛活动要求和重点，围绕工程项目的进度控制、质量控制、投资控制及安全生产、文明施工等方面组织实施；有若干个小循环，对每个周期的小循环进行检查、考评、总结，不断推进"双创双保"劳动竞赛活动的深入开展。

第三阶段：全面检查考核阶段(C 阶段)

此阶段是针对参赛项目通过多个内部循环，不断改进后的工程质量的结果及实施方案的执行情况进行对比和考核。主要内容是：考核工程质量创优的成果、进度控制、投资控制的效果、安全生产、文明施工的保证率、管理水平、服务质量提高的情况和存在的差距；监理人员遵纪守法、服从领导、廉洁自律情况；监理人员监理科学、求实、严谨的工作作风，钻研业务技术情况；监理人员强化监理服务意识情况等，由竞赛领导小组进行全面检查考核。

第四阶段：总结上报阶段(A阶段)

这一阶段是由竞赛活动领导小组认真总结全公司活动开展情况，写出书面总结报告上报市重点工程竞赛领导小组办公室。同时对在劳动竞赛活动中表现突出、工作创新、业绩显著、业务水平上升迅速的员工给予精神、物质双重奖励。依据PDCA循环原理制定竞赛方案，旨在通过计划、实施、检查、总结来发现问题改进工作，从而保证竞赛不断深入向前推进，圆满实现"双创双保"劳动竞赛总目标。

2.2.2　竞赛工程背景简介

现以江滩竞赛组为例将循环的各步骤工作做简要介绍：汉口江滩(三期)A片上起长江二桥，下至二七路，全长2 792 m，总面积53万 m²，总投资1.8亿元。工程内容涉及堤防景观带工程类、市政道路及排水管网工程类、园林绿化工程类、体育健身设施工程类、园区道路及广场工程类、亮化音响工程类及服务配套设施等几大类工程的综合整治。本项目工程延续江滩一、二期工程，结合防汛工程需要开展景观建设，以简洁、现代的设计手法，构建大气、开放、多样化的亲水城市形象和群众性休闲娱乐长廊，彰显武汉城市文化，以人为本，凸出生态绿化、滨江亲水特色，深层次地体现人、自然、水的互生共荣的和谐关系，是一项亲民、助民、为民的重点工程，是武汉的城市靓丽景观。

2.2.3　小循环实施

江滩竞赛组选定了桃花岛整治、滩地灭螺整治、水文观测楼及管理房三个标段参与竞赛活动，并制定出以工程进度、工程质量和安全文明三个方面为竞赛目标的检查及评比。通过两个阶段的检查与评比，桃花岛整治工程进度部分提前、质量优良、安全及文明施工合格；滩地灭螺整治工程进度提前、质量优良、安全及文明施工合格；水文观测楼及管理房工程进度按期完成、质量优良、安全及文明施工合格，并对做出成绩的小组分别予以表扬及奖励，鼓舞了士气，形成了良性的竞争机制。同时，通过开展"双创双保"劳动竞赛活动，贯彻全面质量管理方法，提高了参赛者的业务水平和工作能力。

总而言之，通过阶段性竞赛，工期比计划略有提前，工程质量有提高，让公司和员工在各个方面发生了可喜的变化，下一步将对第一阶段和第二阶段的考评结果进行分析总结，做好第三阶段的检查，肯定成绩，改进发现的问题，以期达到竞赛的目的。

2.2.4　阶段性总结

江滩竞赛组在完成了两次PDCA的小循环，总结和肯定了成绩，找出了存在的不足，分析了问题的原因，制定出处理问题的方法，并进行积极改进。通过"双创双保"劳动竞赛活动逐渐深入和步步推进收获良多，不仅在管理上体现出了提高水平的新方法，清晰了工作思路，通过开展形式多样的活动普遍提高了职工的业务素质和工作水平，加强了质量意识和安全文明施工意识，活跃了员工业余文化生活，提高了员工工作积极性和爱岗敬业精神。具体包括以下方面。

(1)工作态度的改变。竞赛前部分同志开展工作四平八稳，按部就班，竞赛开始后，突出了一个"比"字，比所监理的标段在进度、质量、安全方面通过全面质量管理方法来控制完成得好坏、比解决问题不过夜，工作效率得到了提高。

(2)工作方法的改变。竞赛前，现场监理常把自己摆在施工员的位置，工作起来既辛苦又不符合管理要求，竞赛活动后，在布置、宣传劳动竞赛工作的同时，紧紧抓住施工项目部，抓住工程施工的关键工序、关键环节、关键部位，使现场管理工作纳入正轨途径，既提高了工作效率又能收到成效，达到监理要求控制的目的。

(3)工作主动性增强。在竞赛前，很多同志存在工作上习惯于被检查或一个月算一次帐的习惯，工作作风疲沓、自律性较差、责任心和紧迫感不强。通过竞赛，同志们都能自觉按全面质量管理要求检查自己的工作，目的明确，在不断改进工作的同时提高了自律性，增强了责任感。

(4)形成良好竞争氛围。劳动竞赛委员会开展的"双创双保"劳动竞赛，其目的之一就是要求企业内部形成良性竞争机制，以达到"创优质、创高效、保安全、保文明施工"的最终目标。公司也以此次竞赛为契机，建立良性竞争机制达到内部管理创新，提高管理水平，从管理中出效益的目的。因此，公司在结合"双创双保"劳动竞赛，还在其他项目工程中开展了工程质量评比活动，通过对工程质量外观、技术要求的执行情况、监理控制点的把握情况、资料整编的即时性完整性逐一量化打分，综合考评，评出优胜，即时给予表彰和物质奖励。此项活动的开展极大增强了员工优胜劣汰，奖优惩劣竞争意识。

2.2.5　制定新的小循环工作计划

(1)继续推进竞赛工作，全面总结现阶段工作的进程，总结得失，纠偏扶正。公司到参赛监理部现场召开竞赛中途推进会，并组织未纳入竞赛项目的监理人员到会。请参赛监理部汇报现阶段竞赛情况，竞赛工作小组分析点评。通过综合评比总结经验，找出差距，积聚新的能量，为完成本次竞赛工作打下扎实的基础。

(2)指导而后一并督促各组继续开展第二阶段的活动，检查竞赛项目进行情况。竞赛小组将对第二阶段的 PDCA 循环结果进行检查、指导和考核。采取看现场、查日志、比质量、对竞赛项目质量进行预查，整改不足。

(3)对检查结果进行奖优罚劣，紧紧围绕本次竞赛的主题，进行两个项目的评比。对在本次活动主题突出，综合评比优良的小组和个人给予表扬、奖励，并与年终评先和年终分配挂钩。进一步深化此次活动的主题，真正达到"双创双保"劳动竞赛的总体目标。

以汉口江滩三期工程为例的竞赛活动，通过确立科学的竞赛方法和严格竞赛实施步骤，通过不继地 PDCA 大循环和小循环的层层推进，保证了竞赛活动的圆满成功，使公司监理工作达到上级目标，经武汉市劳动竞赛委员会专家检查、考核、评比，最终批准荣获了"五一劳动奖状"荣誉。

3　完善管理、拓展市场、走可持续发展之路

3.1　完善公司管理制度建设

通过"双创双保"竞赛活动的步步深入，不断地总结公司管理工作中的经验教训，根据全面质量管理体系持续改进的原则，结合公司实际工作，重新修改了公司 ISO 9001的质量手册。同时，把制度建设列入持续改进的范围，成立制度建设修改小组，重新修订了公司管理规章制度，使之更加符合监理公司的现状和未来发展的形势，不断完善管理制度建设。

3.1.1　促进公司民主管理体制的建设

"双创双保"劳动竞赛活动是一项全员参与的活动，为公司健全民主管理制度、创

建和谐企业提供了有利的保障。为调动员工民主管理的积极性，劳动竞赛领导小组下发"公司管理我参与"为主题的合理化建议征询表，共征集合理化建议 81 条，采纳合理化建议 25 条，对提出好的建议的员工予以表彰；还开展领导班子民主评议活动，即由公司的主要领导在职工代表大会述职，员工依据德、能、勤、绩、廉进行综合评分，并与领导面对面地提意见、建议，开通了一条领导与职工直接对话的渠道；同时职工代表参与工资调整方案的研讨会等，这一系列活动不仅促进领导改进工作，促进企业和谐管理上台阶，体现了员工是企业的主人翁。

3.1.2 建立考核制度

劳动竞赛小组把竞赛活动和检查考评有机结合，加强了公司的检查考评制度，使之更加科学合理，极大地调动了员工的工作热情。首先就是加强了检查制度，从原有的年度考评增加为每月有汇报、双月抽检制、半年考核制、年终评比制，同时还根据实际需要，公司总工程师随时抽检各监理部对工程质量、进度及安全的控制情况，将检查结果与经济效益直接挂钩，如青山工业港三个竞赛小组的第一次阶段性 PDCA 循环后进行的综合考评，第一小组滞后，第二小组领先，劳动竞赛领导小组当即对优胜小组给予了鼓励，对滞后的小组提出了批评。在第二阶段的 PDCA 循环中，滞后一组的全体成员奋力直追在第二阶段的考评中，取得了较好的成绩。另外，工业港竞赛组的青年监理员薛树峰，精心测量，严把质量关，为国家节约投资近百万，公司即时给予晋升工资的奖励，并在公司内部通报表扬。通过即时检查定期考评，可以随时发现先进事迹和人物，带动其他员工的学赶先进的积极性，同时也可以杜绝工程事故隐患。

3.1.3 形成公司培训机制

从开展竞赛活动起，公司针对薄弱环节先后组织了"监理大师"软件运用、实地测量、钢结构施工规范、给排水施工规范、施工用电、监理安全控制、消防知识、资料培训、监理程序及土方工程培训、《水利水电工程施工质量检验与评定规程》培训、桩基培训等 11 次内部专业知识培训。公司分批派遣 6 名技术骨干到外地参加专业学习，4 人获全国水利工程建设总监理工程师培训证书，1 人获全国建筑安装钢结构施工工艺及施工验收结业证书，1 人参与疏浚及吹填规范学习。后又分批派遣 14 人次参加管理培训，有 3 人获全国质量管理体系内部审核员证书，11 人获水务工程项目管理结业证。54 人次分别参与全站仪器、水利工程监理员、招投标政策法规、建筑施工现场安全、水利水电工程施工质量检验与评定规程、招标国家《标准文件》等各类培训活动。共有 358 人次参加培训，人均培训次数为 6.5 人次，单项培训最高人数比率达到 92%。通过一系列的培训，使员工的业务水平得到了较大的提高；并通过开展监理工作知识竞赛，经验交流会等形式的活动来强化培训效果。从而促进了监理工作的科学化、系统化、信息化管理，提高工作质量和工作效率。

3.2 走民营企业可持续发展之路

竞赛活动使公司管理水平更上一层楼，并适时收到了效益：2006 年 8 月一港资企业在湖北境内投资建厂，想找一家实力强的监理单位做投资方的监理和参谋，他们通过对我们承监工程项目的实地考察，亲临公司做调研，从工程质量到内部管理都让他们十分满意，当场决定将一个多亿的建设项目交由我们监理，并迅速签订了合同，目前合作非常愉快。

另一个收益是：行业综合管理的监理协会的年度先进监理单位评比，由于我们专业在其作业，属于少数并较为特殊的专业，我们只有做得更好，才有可能被评为先进单位(200家申报单位评定20家)，今年我们通过开展"双创双保"竞赛活动，管理水平得到大幅度提升，得到了同行的高度赞扬，在今年的评选中，我们获得了市监理协会先进单位"的称号！

　　我们将进一步把这项活动扎实延续到每项工程监理中去，调动员工积极性，挖掘员工的创新潜能，以饱满的工作热情和扎实的工作作风，打造优质工程，保持民营企业的活力和可持续发展动力，为社会主义经济建设添砖加瓦。

参考文献

[1]白思俊. 现代项目管理[M]. 1版.北京：机械工程出版社，2006.

监理企业建设与发展方向选择实践

沈兴华　　沈崇烈　姜维　熊启煜

(湖北腾升工程管理有限责任公司　武昌　430070)

摘　要：企业建设的重点是抓好制度建设与遵纪守法、人才培训与管理、风险防范及对策等；企业走向市场的基础是良好的企业形象和社会信誉；选择企业发展方向时，应认清形势，瞄准市场需求，找准切入点，因势而立，使企业持续向前发展。

关键词：企业　建设　发展　方向

20 世纪末，我公司成为独立核算、自负盈亏的经营实体，因此面对市场就企业建设与发展方向在前进中不断探索与实践，使企业持续稳步发展一直是我们思考的问题，撰写本文与同仁共同探讨和推动监理业的新发展。

1　企业建设

1.1　制度建设与遵纪守法

1.1.1　制度建设理念

企业要规范管理，员工能遵纪守法，必须用制度实施内部管理。在制度建立与健全工作中，考虑主要要素：①制度的合法性与合理性；②制度的可操作性；③员工的认同性；④员工可理解和执行制度的准确性。制定岗位责任制、质量手册等均遵照上述理念制定，经实践检验皆取得良好效果。

1.1.2　理顺思路、确保目标

监理的任务是"三控制、两管理、一协调"和安全监督(监理)等工作。通过监理实践总结认为首要任务是搞好服务，再就是监理任务中的两个重点，即产品质量和安全生产。

服务是在监理过程中实现的，是无形的，按公司"独立公正、科学严谨、三全服务、持续改进"的方针工作，实现"三控制、两管理、一协调"和安全监督工作使顾客的满意度达到满意和很满意的程度。

产品质量包括实物质量和资料质量，都是有形的。实物质量按设计和规程规范控制，"三控制"活动过程中，坚持以质量为中心，贯彻"百年大计、质量第一"的方针。在施工准备阶段和施工阶段对施工环节监督管理做到该审查的审查、该检查的检查、该返工的返工、该报告的报告。控制方法做到该旁站的旁站，该巡视的巡视、该检验的检验、随时纠偏消除施工隐患，确保工程质量符合设计和规程规范要求。受监工程实物均一次验收合格或优良。监理资料质量坚持预控，按标准和"一次符合要求、每次追求更好"的质量目标进行填制和监督检查与管理，保证监理资料达到真实、完整、准确、系统的

要求。

安全生产是实现"三控制"的保证,当安全生产与工程质量、施工进度发生矛盾时,按进度服从质量和质量、进度服从安全的原则处理。安全涉及人、机械设备、电气、施工环境与活动过程等,人是第一要素,必须对人加强"安全第一、预防为主"方针的宣传和安全意识教育,增强安全生产管理责任意识,对安全教育管理常抓不懈,以人为本防范隐患和不安全因素。安全生产管理必须实行动态管理,即随施工现场人、机、料、法、环的变化,因势而变,按安全监理实施细则所确定的基本原则、程序、方法实施动态管理,持续查隐患、查漏洞、查险情,发现安全事故隐患时,及时警示和处理,防患于未然。本公司要求监理在检查施工质量和进度时首先检查安全,以安全来保证顺利施工。

由于狠抓服务质量,注重产品质量和安全生产,从而实现了公司社会信誉和经济效益双丰收的目标。

1.1.3　诚信守法,树社会信誉

经营活动中坚持诚信,以此树立良好的社会信誉。

诚实守信履约合同:合同签订前,对合同进行评审和法律咨询,保证合同的合法性和有效性;合同签订采用标准示范文本并在约定的时限内签约;履约依合同和设计实施监理并公正地处理索赔,维护甲乙双方的合法权益;合同实行信用管理;对合同和用户档案按有关规定建档和移交。

遵纪守法履约合同:公司监理守则规定员工应遵纪守法,诚实守信地履约合同,违法违纪者按相关规定进行处罚,违法者承担其法律责任。在工程建设联席会上向相关单位通告监理人员应遵守的纪律并请协助监督。由于抓廉政教育并按制度严格管理,员工都能自我约束,守规矩清白做人,按义务踏实做事。

由于诚信守法履约,合同履约率达 100%,赢得了良好的社会信誉,先后被评为省守合同重信用企业、资信等级 AAA 级、先进监理企业以及全国优秀水利企业和全国水利建设与管理先进集体等。

1.2　人才战略与管理

监理是集技术、管理于一体并与体能相结合的职业,其工作特点是辛苦、风险大、收益低。面对现实按下列思路实施人才战略与管理。

(1)实行"以人为本,育人在先"的机制。主动培养,以外委或请进来培养与内部"传、帮、带"相结合的方式培养,全面提高员工综合素质,将公司重质量、讲信誉的良好传统代代相传。

(2)走引进人才之路。根据事业发展需要在社会上引进人才,采取先考察、考核其综合素质,订合同前先试用,根据试用期的工作表现和工作绩效决定引进,所引进人才对公司都做出了有益的贡献。

(3)树团队精神风貌。其措施:①对员工进行考评,并开展"争优创先"的评比活动,以考评和评先结果作为员工年终奖金和提薪的依据。解除了"内部和外部"、"正式和临时"员工的身份差异,从而培育员工具有平等合作、团结奋进的精神风貌;②对二级单位进行考评,以考评结果作为年终奖的依据,以此激发二级单位的团队精神,提高员

工履约责任心和工作责任感，共同为创先进单位而奋斗。

(4)营造和谐氛围，稳定员工思想。公司将员工及家属作为一盘棋统筹考虑，员工要出得去，稳得住，必须得到家属支持，因此邀请家属参加集体活动和个别帮抚、慰问方式对员工家庭进行关怀，让员工和家属互动，营造和谐氛围，消除员工的后顾之忧，稳定员工思想，保证监理项目骨干人员工作的连续性。

(5)不拘一格善用人才。人才使用不论资排辈，视其工作和管理能力及绩效任用，提拔一部分中青年到领导岗位后，不仅为领导层增加了新鲜血液，而且使中青年人觉得有前途，更加激发了他们勤奋工作和追求上进的热情。

1.3 规避风险，稳步前进

监理风险源：监理机构内部管理不到位；监理机构外在的业主、设计、施工等单位的管理不健全等。监理企业要稳步前进，必须对风险源做好预测，提前预控，规避风险，其主要措施包括以下几个方面。

(1)树立监理工作风险规避意识。监理风险与监理职责和权利并存，由于监理在工程建设中处于纽带联系的地位，既是各种矛盾的交汇点，又是信息的汇集中心。随业主和社会对监理的期望值的日益加大，承担的经济风险和法律责任也越来越大，而风险责任无细化标准难以解脱。因此，教育员工要有规避风险意识和应变能力势在必行。

(2)编制抗风险指南。公司编制监理工作风险的应对策略及措施指南，指导员工对风险源采取相应对策及应对措施，加强和提高员工抗风险的应变能力。

(3)研究提出规避风险途径。经实践经验总结研究认为，规避风险途径应从下列四个方面入手。

①自身准确定位，正确处理建设各方关系，共同规避风险监理和施工单位的关系是监理和被监理的关系，监理对施工单位的施工活动进行动态监督、检查与管理。对合理意见与建议给予支持并向业主转报，对不合理的要求进行说服，并予不支持。对遇到的施工难题给予技术咨询或通过业主组织施工现场研讨会予以解决，确保施工质量、进度、投资控制目标的实现。

监理和业主的关系是被委托和委托的关系，监理按监理合同约定忠实地履行监理义务，准确地把握住监理合同赋予的权利。既不越权，又不推卸责任，该监理做的认真做好。若业主要求做不符合法规和强制性条文的事时，则说明不能做的理由并予谅解，共同按照基本建设程序实施工程建设。

监理和质量监督机构的关系是被监督和监督的关系，做到主动请质监机构进行监督和指导。

监理和设计单位的关系是协作关系，对各方提出的合理化建议按程序妥善处理，使设计认为监理是亲密的战友，共同为保证安全、质量、进度及投资控制而不懈努力。

②加强学习，提高员工的综合素质。在进行技术培训的同时，组织员工学习相关法律法规，提高员工的法律意识，并且学会善于用法律保护自己。

③培育员工刚毅廉洁品格，做到不谋私利、秉公办事。以良好、敏锐的心理素质，坚持原则、实事求是，在不利且不属于自己责任的逆境中无所畏惧，有理有节地澄清事实，摆脱困境，避开不应承担的风险。公平公正办事，不卡、不拿、不要，当受到不公

和委屈时，自有公道和正义为自己正名。

④规避风险要正确处理主观与客观的关系。当外来风险未能得到规避时，应意识到是自己预测和防范不力而致，是客观因素通过主观起作用的结果。因此，应更加努力学习，提高抗风险能力。

监理面对风险不应回避，要妥善处理各种关系，采取合理措施规避，使事业得以稳步前进。

本公司编制《监理工作风险的应对策略及措施指南》，在工作中起到了很好的效果。

2 创优良(质)工程，立企业形象

2.1 树质量意识，夯实质量控制思想基础

工程质量是工程建设的生命线，是工程安全和效益的基石。工作中组织学习贯彻"百年大计、质量第一"的方针，树立员工的质量意识和品牌意识，夯实狠抓质量控制的思想基础。

2.2 务实监理，确保质量

公司秉承以质量凝集信誉，以信誉谋求发展的理念，教育员工将"三控制"工作中的质量控制放在首要位置来抓。为搞好质量控制，除编制实施细则外，还编制《监理手册》指导员工按照"一次符合要求，每次追求更好"的质量方针务实做好现场监理。当发现工程质量问题时，坚持质量问题产生的原因不查清不放过，造成质量问题的相关人员不受到教育不放过，质量问题不处理合格不放过，以此确保工程质量。

2.3 明确目标，追求实效

监理工作除注重过程监理外，还注重追求如何取得监理实效。各项工程监理都有明确的创优良(质)工程目标和措施，激励员工为实现创优良(质)工程目标而勤奋工作，为凝结公司信誉添砖加瓦。由于员工认真履行监理职责，严谨操作，铁面无私监理，确保了工程质量均一次验收合格，大多数工程被评为优良工程，其中有9个项目分别获得国家优质工程奖(鲁班奖)和省部级优质工程奖。

2.4 凝结信誉，立企业形象

每项工作所取得的成绩都是员工艰辛付出的结果，凝结了公司信誉，树立了良好的企业形象，得到了社会和各级主管部门的一致好评，因此常被邀参加规程规范编制(《水利水电工程施工质量检验与评定规程》、《水利工程建设监理招标示范文本》、《水利工程建设监理合同示范文本》等)和监理相关问题研讨等。

3 瞄准市场，选择发展方向

随着国家建设重点的转移和规范管理建筑市场在不断地发生变化，因此公司做到紧跟形势，瞄准市场，选择发展方向。

3.1 业务范围扩展方向选择

立足水利水电工程施工监理，向多门类、多行业的监理发展。根据市场需求，先后选择发展移民监督评估、招标代理、政府采购招标代理、地质灾害治理工程和土地开发整理项目监理、工程项目代建、市政及工民建监理、工程技术咨询等，并均取得相应资质。

3.2　业务地区范围扩展方向的选择

立足本省，向省外和国外发展。98 洪水后，我省进行大规模的水利工程建设，随时间推移和工程竣工验收，水利工程项目建设逐步缩减，大中型水利水电工程可新开发项目基本完毕，水库除险加固工程受当时建设条件限制，多数工程建设资料不全，监理任务繁杂、收益小、风险大。因此，选择到深圳、珠海、安徽等省市发展业务，且在国外选择适宜项目实施监理，这些目标均已成功实现。

随业务范围扩展，面临的主要问题：一是人才，二是技术及管理。人才主要立足于对本公司员工的知识更新教育，采取请进来和走出去相结合的方式进行培训。技术及管理水平提高采取聘请专家咨询和传授的办法。采取上述措施，扩展的工作均取得较好效果。其主要表现在以下几个方面。

3.2.1　移民监测评估

移民监测评估是社会性和政策性很强的工作，涉及国家、集体和民众利益及社会的安定团结。因此侧重抓好下列工作：一是抓基本功，即对员工进行法律法规及相关政策教育，使其在工作中能把握住征地移民的工作度；二是向移民和实施单位宣传政策和对实物指标进行复核；三是坚持"实物指标、补偿标准、补偿金额"公开，避免补偿不合理造成矛盾；四是在进行征地、拆迁、补偿工作的同时，狠抓移民的生产、生活安置，走开发性移民之路；五是对补偿资金跟踪，杜绝搭车代扣移民有关欠款。由于依据设计和政策，按程序、方法、规范工作，规避了社会矛盾，移民安置区及影响区社会秩序井然，生产、生活恢复较快，保持和提高了移民生活水平，未发生过集体上访事件。该工作成为公司具有新亮点、新特色的业务。

3.2.2　招标代理

招标代理具有政策性强和服务质量要求高的特点。针对该特点重点抓了以下工作：一是加强从业人员的业务、招投标法律法规的学习和从业责任感及事业心的教育与培养；二是和业主、设计单位经常联系与沟通，相互协作与配合，提高招标文件的编制水平；三是按岗位责任制对开标按拟定程序及规定严格管理。先后承担了省内外各类招标代理业务，既为甲方履行了招标代理职责，也为乙方搭建了良好的投标平台。由于严把政策关，服务质量好，得到相关单位的一致好评，也是公司经济新的增长点。

3.2.3　市政工程

市政工程和水利工程相类似，所以转轨比较快，成效也比较显著。例如汉阳江滩综合整治工程，集市政、水利、园林景观、娱乐场馆建设于一体，建成后成为旅游、休闲、娱乐的好去处。该工程被评为湖北省市政示范工程金奖和武汉市政工程金奖。

3.2.4　项目代建

在国家审计署驻武汉特派办培训综合楼改造工程(投资 450 万)，及其南湖景苑小区建设项目(投资 6 200 万)进行项目代建试点，得到业主的好评，业主自发在建筑物醒目位置设置铜牌标注本公司进行宣传。

综上所述，由于公司紧跟形势，瞄准市场需求，选准发展方向，不仅稳定了公司收入，而且培育和锻炼出一批具有综合素质的人才，提升了社会知名度和信誉度，为公司未来市场的准入范围扩大奠定了基础。

创建和谐的企业文化 铸造优良的品牌价值

王立权

(黑龙江农垦水利工程建设监理咨询有限公司 哈尔滨 150036)

摘 要：随着经济全球化速度的加快和我国监理企业的不断发展壮大，监理企业之间的竞争越来越注重文化的竞争。企业的文化建设已成为企业品牌价值和竞争优势的重要因素。笔者结合自身公司把企业文化当做头等大事来抓，形成了一系列公司独有的企业管理文化。其核心内容就是遵循创建和谐的原则，把公司铸造成员工、顾客和社会都满意的监理企业，实现公司品牌价值的最大化。

关键词：企业文化 创建和谐 监理公司 品牌价值

提起企业文化，有些人认为它是虚幻和捉摸不定的东西，似乎很难和实际企业生产、经营活动挂钩。企业文化表面看是虚的，但它却是企业经营的灵魂。企业除了需要有一定的正式组织以及"硬性"的规章制度外，还需要有一种"软性"的协调力和凝结剂，它以无形的"软约束"力量构成组织有效运作的内在驱动力，这种力量就是企业文化。随着经济全球化速度的加快和我国监理企业的不断发展壮大，国内外监理企业之间的竞争越来越注重文化的竞争。企业文化建设已成为监理企业生存与发展的重要因素，也成为衡量企业竞争力能量级别的一个重要指标。1997 年 1 月经水利部批准具有水利工程施工监理甲级、水土保持工程施工监理乙级和水利工程建设环境保护监理资质证书的独立法人企业黑龙江农垦水利工程建设监理咨询有限公司，十年来，始终把创建企业文化当做头等大事来抓，形成了一系列公司独有的、极具操作性的企业管理文化。其最基本、最核心的内容就是遵循了创建和谐的原则，以铸造员工、顾客和社会都满意的品牌形象，实现公司价值的最大化，使公司在激烈的市场竞争中取得显著的社会效益和经济效益。

1 创建企业内部人际关系和谐的文化氛围

监理企业是技术密集型的技术服务行业，在所有企业要素中员工是最关键的因素，尽力做到企业与员工之间相互知情、相互理解、相互尊重，形成企业与员工之间和谐共处的文化氛围。

1.1 建立与员工的沟通文化，为员工开通有效的沟通渠道

为了验证公司的一些规章制度是否具有可操作性，是否切合公司管理的实际，在公司与员工之间建立了上情下达、下情上达的沟通机制。一是每年年末，分别召开不同年龄、不同岗位层次上的员工座谈会，把公司当年工作中的成绩和不足及明年的工作设想和管理措施作为讨论内容，让员工畅所欲言，大胆地为企业发展献计献策，提出更富有人性化的、合理的发展建议。通过座谈，既让员工了解企业发展的设想，也让领导层了

解员工的愿望和想法，使公司决策更具有操作性，为召开明年的工作布置会议掌握了第一手材料。二是充分利用水利部、中国水利工程协会及省水利厅等上级业务主管部门举办各类业务培训班的机会，轮流组织员工外出参加学习、培训、考察，不仅提高了员工的业务水平，还开拓了他们的视野，提升了服务意识。三是公司每月办一期农垦监理工作简报，简报图文并茂，不仅有国家最新监理信息的摘抄和员工工作实践中的体会文章，还有大量的生活小常识及抒情的诗歌，这份简报已成为公司与员工交流沟通的很好载体。四是每年三次的全面工作考核，也会变换考核的重点，很好地将公司的工作重点通过考核来抓落实。通过上述与员工的沟通办法和措施，使全体员工充分了解公司的发展思路和对一些重大问题的解决方式和办法，变被动地接受为主动地理解和认同企业的各种经营理念，真正使公司的价值取向、经营理念和企业特有的工作风格，变为员工的自觉行动。真正实现全体员工价值观同等、目标同向、事业同心、利益同享，企业内部人际关系宽松和谐，让员工认可满意。

1.2　建立企业与员工之间的感情文化，为员工驾起宽广的理解桥梁

理解人、尊重人、关心人、爱护人是建立企业内部和谐关系的重要一环。在我们公司，领导与员工之间相互形成一种默契。员工理解我们，公司更要理解员工，从细微处尊重人。为尽量给项目监理部创造和谐的工作环境，在每年年初项目监理部组建时，在充分考虑专业、年龄和能力的同时，公司重点考虑人员彼此的性格和习好，尽力做到使员工既服从组织分配又做到个人心情舒畅，人人都能在一种和睦、团结的环境中努力工作。在我们公司，每名员工家的婚丧嫁娶、红白喜事，公司都出专人、专车全程协助家属处理。同时，公司综合部还将每名员工的生日都登记造册，员工生日的当天，公司都会为员工订制一份生日蛋糕，并送上精美的生日贺卡。公司的这些举动，不知感动了多少员工的亲属，更加支持他们的工作，让员工及其亲属感觉到公司时刻在关心他们，公司就是他们温暖的家。为了活跃员工的业余文化生活，公司还适时地与兄弟企业以搞联谊的形式，组织一些文体活动和户外运动，以增进员工相互间的了解和友谊。特别是在每年冬季空闲时节，都要分批奖励工作突出的员工到气候宜人的南方省区观光旅游休闲度假，放松他们工作时期紧绷的神经，缓解各种压力，更加精力充沛地投入到来年的工作当中。

1.3　建立企业与员工之间的人才文化，为员工打造实现人生价值的宽广平台

作为一个以人才为核心的智力型企业，公司始终把人的价值放在首位，"以人为本"成为了公司企业文化的核心内容。一是构筑独特的价值取向凝聚人才。我们认为企业要想吸引人才、留住人才单靠薪酬是不牢固的。人才不仅有物质的需求，还有精神的需要，尤其是对那些高素质的专业技术或管理人才，他们不仅看重报酬，更看重个人价值的实现，以及对他们的尊重程度和企业的品牌魅力、文化氛围。因此，公司科学地制定了企业战略发展规划及目标远景，最大限度地促使每个员工的聪明才智充分朝着有利于企业目标的方向发展。同时，积极培育企业团队精神，公司不仅重视每个员工的个人才华，使每个员工能人尽其才，而且还充分强调团队的合作精神。强调以团队的共同理念来整合大家的行为，以团队的共同文化来整合大家的思想，以团队的共同利益来鼓励大家的干劲。二是运用适当的规则措施来激励人才。实践证明，企业要吸引人才、留住和使用

好人才，不仅要说得好，而且更要做得好。要做到谋求事与人的最佳组合，使企业中的人在做企业事时，得到最大的满足，实现人与事的共同发展。因此，我们建立了一整套行之有效的员工绩效考核体系和完善的薪酬分配体系，并制订了适合本公司的核心价值理念和精神保证措施，有让人才充分发挥作用的平台，有让人才脱颖而出的机制，有让人才激励的制度，有让人尽其才、各尽其责的规则，使企业在用人上既合情、合理、合法，又能上能下、能进能出，增强了企业的活力。

2　创建企业外部与顾客关系和谐的文化氛围

企业要追求经营利润最大化，必须是建立在为顾客提供优质服务的基础上，尽力做到接一个工程、保一个优良、创一个品牌、争一份信誉、交一批朋友、开拓一片市场，形成企业与顾客之间和谐共处的文化氛围。

2.1　要强化超值的服务意识

作为一个以技术、知识、智能为主的服务咨询企业，改善服务态度、提高服务质量十分重要。农垦监理人一开始就提出了自己的服务观"让顾客放心、让顾客省心、让顾客满意"的超值服务理念，这是公司的一条准则。经过几年的努力，并辅以典型引路宣传、经验总结推广、对服务好的监理部给予重奖等方法和措施，使这种服务理念深入人心，变成全体员工的自觉行动。比如在对待国土资源部门管理的土地整理项目实施上，由于他们对我们的水利政策、技术标准等不够熟悉，我们就选派公司业务强、服务意识佳的同志任这些项目监理部的总监理工程师，积极配合项目实施的各阶段管理工作。图纸审查及招投标阶段，我们会集中公司各专业精英人士给他们提出一些多、快、好、省的合理化建议；施工监理阶段我们会给予严谨、敬业的全程监理，把好工程质量关；工程结束后，还会协助他们办理竣工备案等相关手续。总之，凡是与工程相关的顾客急需而又无力解决的工程管理问题，我们都会付出努力为其提供帮助，将我们这些年积累的丰富工程建设管理经验毫无保留地传授给他们，使他们得到了事半功倍的成效，我们公司承担监理任务的土地整理项目已成为黑龙江省土地整理管理的样板工程。虽然付出的多了一点，但收获的却是顾客发自内心的感动和信赖，最终换来了与我们的长期合作，土地整理项目的监理业务已占到我们公司全年业务工作的半壁江山。

2.2　要增强高超的服务本领

"打铁尚须自身硬"，要想真正使顾客放心、满意，我们自身要有高超的服务本领，强化对员工的业务技术培训是非常重要的一环。长期以来，我们舍得大投入、真培训、严要求并辅以相应的考试和考核机制，使广大员工的综合业务素质有了明显的提高。为搞好员工培训，公司建立了一套完整的、制度化的培训机制。培训时间上定在每年的冬季、春季、秋季的三个时期举办；培训组织上做到有方案、有重点、有考试、有总结；培训的内容上针对工作中存在的一些技术上的薄弱环节，并聘请具有丰富施工监理经验的专家授课；培训的重点上不仅要让员工掌握建设规范，而且要让员工懂得工程的控制重点，使全体员工真正从思想上重视工程质量，在监理过程中主动做好事前监督，将许多工程隐患消灭在萌芽之中；培训的鼓励政策上凡是参加培训并在当年国家组织的各类专业资格考试中取得证书的员工，公司一次性奖励 5 000 元，并在工资中增加持证津贴。

由于方法和措施得当，极大地调动了员工的学习热情，主动、自觉地学习专业技术知识已蔚然成风。部分监理部还利用雨天、休息日把工程中遇到的技术难题当做课题组织监理开展攻关活动，收到很好的效果。通过上述措施，使我们员工的业务能力得到了大幅度提高，练就了一身为顾客服好务的真本领，让广大顾客满意。

2.3 要遵守高尚的职业道德

作为监理工作者，要公平、公正、独立地开展监理业务，保持崇高的职业道德显得尤为重要。同时，正直、诚信不仅是做人的原则，也是企业在业界立足和发展的根本。凡是新入公司的员工，第一件事就是公司主要领导对其进行企业发展史、企业特色、企业规章制度等教育谈话，把职业道德标准作为一道红线成为员工立足公司的重要条件。凡是新开工项目监理部进驻工地前，都要由公司主要领导对监理部全体监理人员警示谈话，把不收受施工单位钱物、不接受施工单位吃请娱乐等工地上极易发生不良影响的现象向监理人员讲清楚。顾客代表及施工单位一旦反映这方面问题，无论其职位和水平多高都立即停岗或解聘。经过几年的常抓不懈和不断完善的治理措施，"老老实实做人，踏踏实实做事"已成为农垦监理人做人的信条和原则。拒收施工单位吃请和财物的事情屡见不鲜，得到了顾客和施工单位人员的敬重和赞扬。

3 创建企业与社会及竞争伙伴关系和谐的文化氛围

企业要发展，不可能关起门来过日子，努力改善和创造一种宽松的社会生存环境，尽力做到共同协调、共同协作、共同发展，形成企业与社会及竞争伙伴之间关系和谐共处的文化氛围。

3.1 应诚信经营，坚决服从政府及业务主管部门的领导

我们公司虽然是无主管部门的自然人出资的股份公司，但对政府及业务主管部门发出的领导批示和出台的各项管理规定，都是第一时间安排好贯彻落实，并能起到表率作用。在每年的防汛期间，公司在人员非常紧张的情况下，都要无条件地抽调业务骨干应邀参加当地组织的防汛专家组，并在其中发挥积极的作用，受到了政府及业务部门的称赞。特别是四川汶川"5·12"大地震发生后，公司第一时间组织全体员工捐款捐物，并选派精兵强将参加了当地政府组建的救援预备小分队，随时待命奔赴抗震第一线。为增进我们与公众社会关系的相互了解和友谊，公司定期组织各类旅游、拓训和文化交流，与农垦林业职业技术学院水利系开展校企共建设活动，利用业余时间同一些参建单位进行球类友谊比赛，不仅丰富了员工的业余文化生活，还增进了与相关单位的了解和友谊。

3.2 应胸怀坦荡，积极寻求与竞争对手的和谐共处

我们认为，作为相互竞争、优胜劣汰的同行企业，如果一味追求自身利益的最大化，而根本不考虑和对手的相互依存关系，甚至孤注一掷，暗下黑手，可能得益于一时，但得不了一世，只能将自己的路越走越窄，最终两败俱伤。因此，近年来，我们始终胸怀坦荡地和同行企业和谐相处，互通信息，建立起良好的工作关系，相互帮助、相互提携，以求共生共荣、共享共赢。针对当前水利监理市场的新形势，在我们公司和省水利监理公司的提议和运作下，2004年年初经省水利工程学会批准成立了由我省八家水利监理企业自发参加的水利监理分会，使我省监理企业有了和谐共处的平台。监理分会每年定期

召开一次年会，不定期召开业务专题交流研讨会，使我们黑龙江省的水利监理市场始终保持在和谐、有序、高效的态势运行，为黑龙江水利事业的快速发展做出了应有的贡献。

3.3　应管理规范，全面树立良好的企业形象

为了彻底扭转以往监理企业在公众眼中就是雇佣几个退休老同志，在顾客口袋里混钱的不良形象，我们下大力气，狠抓了形象标准化和管理规范化，形成了凡是农垦监理公司的项目监理部，都是统一着装，统一标识，统一的资料管理风格，统一整洁的上墙图表。这些统一的规定，是公司总结了各项目监理部在工作中的创新和亮点，不断地加以推广，持续改进而形成的。几年来，我们经过无数次的发现、总结、改进，分别采用了树立典型样板、高标准管理现场会、文件规定、总结评比等方法和措施加以推广，形成了一套农垦水利监理公司在标准化管理方面独有的形象风格。特别是监理部统一上墙的表格、规定，使员工每天都知道应该做什么，还有哪项内业资料没有及时做，起到了工作要务的提示作用。同时，上级领导来检查工作时，从墙上就可看出我们的工作情况，一目了然。这些措施，很好地展示了我们公司的企业形象，得到了所有顾客的一致好评，进一步增强了公司员工的自豪感和荣誉感。

几年来的企业文化建设实践，使我们深深地体会到企业文化是企业生存、竞争、发展的灵魂，有无企业文化或者企业文化的优劣以及企业文化内涵的深度，对企业的长远发展发挥着重要作用。体会最深的有以下几点。

3.3.1　凝聚力

企业文化是一种"黏合剂"，可以把广大员工紧紧地联系在一起，使员工明确自己的工作目的和企业发展的目标，步调一致。这种凝聚力从根本上来源于企业的发展目标，既符合企业利益，又符合广大员工的根本利益，这种双赢的目标奠定了企业与员工凝聚力的基础。

3.3.2　约束力

企业一旦形成了自身的文化理念，在平时的工作中，哪些该做、哪些不该做，就会对企业和员工起到一种无形的约束作用，使大家具有一种免疫功能。从而能够主动地提高员工的自觉性、积极性、主动性，提高员工的责任感和使命感。

3.3.3　激励力

企业文化所形成的文化氛围和价值导向是一种精神激励，会不断激励员工自觉学习新知识，不断提高自身的综合素质以适应企业的发展，把人们潜在的智慧激发出来，积极为企业的发展献计献策。

3.3.4　执行力

一种好的、优秀的企业文化是被企业的决策者和执行者认同的文化，因此是具有较强的执行力的，但关键还在于领导积极的推动和带头执行。要求员工做到的，领导必须先行一步做出表率。只有让员工信服你，你的文化和理念才具有了执行力。

总之，我们农垦水利监理公司在创建企业文化和铸造品牌价值方面已受益匪浅，特别是容留了一批自主创业能力强、团队合作精神好、心态定位健康、管理水平高的人才集群，在当今监理人员流动频繁的形势下，至今公司没有一位员工跳槽或辞职。公司现已发展成了老、中、青年梯队合理，硕士、本科、专科学历齐全，注册监理人员213人，

每年上岗监理近百人的黑龙江省知名水利监理企业。目前，公司每年承担的水利监理任务百余项，监理费收入稳定在七百余万元左右，监理范围涉及农田水利、农业开发、土地整理、扶贫开发、标准良田等多个建设领域，农垦水利监理这张名牌已在黑龙江水利建设大地开花结果。

应该说，今天的农垦水利监理已经发展、壮大、成熟。公司以其良好的业绩、诚实和信誉赢得世人的关注；以其勤奋、敬业的精神赢得顾客的赞誉；以其特有、符合实际的企业文化提升了公司实力。过去几年取得的骄人成绩，为公司奠定了良好的可持续发展基础，面对今后一个时期监理事业蓬勃发展的新形势，我们要以只争朝夕的紧迫感，以开拓创新的精神状态，以攻坚破难的坚定信念，真抓实干，真正做到以事业吸引人才、以感情留住人才、以能力用好人才、以利益激励人才、以发展培养人才，为实现我们的宏伟目标："与时俱进打造公司品牌，乘势前进再创监理辉煌"而努力奋斗！

参考文献

[1]王冰松，任宏. 人才接轨在建设监理国际接轨中的地位[J]. 重庆建筑大学学报，2003(4)：75-80.

[2]姚一江. 以人才为中心、以文化兴企业——试论监理咨询企业人力资源管理[J]. 建设监理，2006(2)：49-52.

[3]邵一明，蔡启明，刘松先. 企业战略管理[M]. 上海：立信会计出版社，2002.

[4]任新，张瑞敏. 谈海球模式[M]. 北京：线装书局，2003.

[5]张薇. 如何加强工程建设监理人才的管理[J]. 石油工业技术监督，2000(16)：37-38.

浅议构建和谐企业的五大要素

顾德鱼

(上海宏波工程咨询管理有限公司 上海 200232)

摘 要：构建和谐社会是企业义不容辞的责任，本文就如何构建和谐企业做了分析和思考，提出了构建和谐企业的五大要素，可供相关企业参考。

关键词：构建 和谐企业 五大要素

党的十六届四中全会把构建和谐社会作为党执政能力的重要内容，五中全会提出了"十一五"规划建议，把和谐社会建设作为主要任务，六中全会通过了关于构建和谐社会若干重大问题的决定。这些重大部署为企业指明了发展方向和前进道路。在市场经济条件下，企业的生存和发展需要和谐的社会环境，而构建和谐社会又是企业义不容辞的责任，需要企业的积极参与。企业只有通过努力构建和谐企业，才能保证企业稳定发展，从而促进社会的繁荣与和谐。

上海宏波工程咨询管理有限公司成立于1994年，是上海市水务局下属的国有企业。经过10年艰苦创业，已发展成为在全国水利战线和监理行业有一定声誉和影响的大型咨询企业，拥有员工300多人，技术力量雄厚，服务质量优良，获得国家11个甲级资质和省部级20多个荣誉称号。2007年8月由国营企业转换为民营股份制企业后，出现了一些新问题、新课题。为此，我们坚持科学发展观，始终把建设和谐企业当做与改制同等重要的大事来抓，以和谐保改制，以改制促和谐，实现了新旧体制的平稳过渡，健康发展，取得了和谐与发展双赢的可喜成果。通过一年多的实践使我们深刻认识到，建设和谐企业是公司长远发展的需要，也是建设和谐社会的需要。要建设和谐企业，必须从理论关系、稳定队伍、深化改革、谋求发展、提高效益五大要件做起，切实处理好内部与外部、体制与机制、企业与员工、眼前与长远的关系。只有这样，才能为建设和谐企业奠定坚实的基础和创造良好的环境条件。

1 理顺关系是构建和谐企业的关键

没有和谐的劳动关系，就没有和谐的企业，也就没有和谐的社会。当前，我们正处于改革的关键期、社会的转型期、矛盾的多发期、发展的突破期和稳定的重要期，劳动关系利益主体日益多元化，劳动关系呈现日趋复杂多变的态势，为此，我们采取了下列措施：

一是推行三级管理、两级核算、单元打包考核和绩效考评制度，做到公开、公平、公正，有升有降，适当拉开档次，从机制与制度上保障职工的薪酬利益，从源头上杜绝不公平因素和化解员工的不满情绪。

二是把员工和股东放在同一个利益层面，实行定员、定岗、定薪。股东除按章分红外，其他如晋级提升、福利待遇、民主权利等均与员工一视同仁，没有任何特权，从而缩短劳资双方心理感情上的障碍和差距。

三是充分发挥公司工会职能，坚持把工作重点定位于构建和谐稳定劳动关系的基点上，既让企业自觉规范管理行为，保障职工合法权益，又让广大员工心情舒畅地为企业发展建功立业，做到制度约束与荣誉激励的有机结合。在致力构建和谐劳动关系这一关键环节上，公司工会协同人事部积极探索，大胆创新，努力建立起顺畅高效的新型劳动关系调整机制，切实维护职工群众在收入分配、社会保障和劳动安全、卫生保健等方面的合法权益，使劳动关系始终处于和谐顺畅的氛围之中。

2　稳定队伍是构建和谐企业的基础

安定有序的经营环境，体现着和谐社会的基本特征。保持员工队伍稳定的核心在于坚持"以人为本"，其本质是尊重人、关心人、爱护人，实现人的全面发展，进而使全体职工各尽其能、各得其所而又和谐相处。企业要实现和谐发展、经营管理健康有序，就要始终把以人为本、切实维护群众利益、确保企业稳定放在首位。

我们在实施重大改革时，反复征求各方面意见，尤其是广大员工的意见，在取得理解和支持的基础上制定切实可行的操作方案，有效地维护了企业的发展与稳定。在利益分配中建立并完善了以"效率优先、兼顾公平"为原则的利益分配机制。在待遇、事业等各个方面体现职工自身价值，通过合理拉开分配差距，最大限度地调动员工的积极性、主动性。

同时，我们还不断加强制度建设，对重大事项依法遵规，悉心听取各方面意见，广泛发扬民主，做到集体研究、民主决策，努力把各项经营管理工作导入科学化、规范化、制度化轨道，不断提高分析矛盾、化解矛盾的能力。在各项措施制定、工作部署和工作作风方面力求切合实际，力求符合广大员工的根本利益，着力避免因决策失误和工作不当引起职工群众的不满和抱怨。

"群众利益无小事"。我们始终从小处着手，细处着眼，深入基层，深入实际，关心员工生活，把问题和矛盾化解在基层，化解在萌芽状态。同时坚持"以人为本抓稳定，抓好稳定促发展"的思想，正确处理改革发展与和谐稳定的关系，使之相互协调，相互促进，为构建和谐企业提供有力保障。

3　深化改革是构建和谐企业的动力

我国正处于经济社会转型的特定历史时期，面临诸多矛盾和问题，需要全社会以改革创新的精神和勇气去应对，不断推进社会主义和谐社会建设。对于我们公司来说，目前主要目标是建立起现代企业制度的框架，在改革中依法解除全体员工的国企身份，退出部分国有股，形成"政府控股、员工持股"的多元投资主体形式的股份制企业。同时，根据《公司法》的有关规定制定公司章程，形成由董事会、监事会和经理层组成的公司法人治理结构，建立"产权清晰、权责明确、政企分开、管理科学"的现代企业制度。

针对公司的实际情况我们着重抓了以下几件事：

一是抓好体制改革，提高市场竞争力，不断优化企业的经营环节。

二是抓好机制创新，结合企业改革要求，对不适应企业发展形势、不符合流程管理的规章制度进行清理，完善监理工作及经营各环节管理制度及评价标准。重点通过流程整合和再造，消除管理中的无效环节，搭建扁平化组织架构，提高企业运行效率。

三是抓好企业制度完善，通过深化三项制度改革，充分激活公司的内部经营机制。在人事制度改革上以"人才为重点，突出'人才强企'"战略；在用工制度改革上以"技能+绩效"为重点，建立择优录用、能进能出的用工制度；在工资分配制度上突出分配的经济杠杆作用，撬动全员积极性与提高公司的整体效率、效益。重点建立以岗位价值为衡量依据的绩效评价和薪酬体系，形成科学合理的人力资源管理机制，从而解决企业发展中存在的各种问题，最终使企业运转协调、充满活力、不断发展。同时重视调动一切积极因素，尊重广大员工的创造精神，鼓励和支持一切创新活动，从而使改革的过程成为凝聚人心、鼓舞士气、开拓奋进的过程，成为构建和谐企业的过程，成为企业持续获得强大动力源泉的过程。

4 谋求发展是构建和谐企业的主线

从本质上讲，和谐社会是不断发展和全面进步的社会。因此，加快发展、全面发展、科学发展就成为构建和谐企业的一条主线。企业加快发展，具体来说，就是要牢固树立科学发展观，深刻领会构建和谐社会的科学内涵。按照市场经济发展的要求，结合企业实际和发展目标，我们努力做了以下工作：

一是认真落实科学发展观，加快企业发展，进一步提高员工的福利待遇，更好地满足人们日益增长的物质文化生活需要，不断激发员工的积极性、主动性、创造性。

二是继续深化改革，把加强组织机构建设和完善制度建设结合起来，理顺经营管理体制和运行机制。

三是加强全员教育培训力度，提高广大员工素质，创造公正、向上、先进的企业文化，建设学习型企业，为企业发展壮大提供强大的智力支持。

四是强化社会责任意识，在经营活动中兼顾效率和公平。随着我国市场经济的迅猛发展，企业间的竞争日益加剧，不发展就会落后，就会被淘汰。面对生存与发展的严峻考验，当前我们首要的任务就是谋求企业发展，也只有科学发展才能解决企业前进中的问题和困难。

5 提高效益是构建和谐企业的目标

追求效益最大化是企业生存与发展的根本。企业失去了效益，员工没有了收益，和谐也就没有了根基。在构建和谐企业的实践中，企业必须把促进经济效益明显提高作为根本目标，抓好抓实，抓出成效。所以，我们始终着眼于"做实"和"效益"这个基点，坚持工作思路求实，工作方法求新，工作成果求效，不断强化管理，着力提高效益，使企业的综合实力明显增强。

在经营范围上，我们坚持以监理业务为主，努力拓展测量设计、造价咨询、项目管理等领域，形成多元发展的格局。

在监理项目上，我们坚持以水利工程为主，以城建和工民建为辅，狠抓规模项目和品牌效应，促进监理主业稳步增长。正因为如此，公司生产总值和新签合同额不断提高，特别是 2008 年上半年，新签合同、生产总值和人均产值均好于往年，为构建和谐企业与后续发展奠定了坚实的经济基础。

总之，改革需要一个较长的过程，通过改革，不仅使企业的体制和机制发生了根本性改变，也会带来员工思想观念和精神面貌的极大改观。有了这两方面的改变，建设和谐企业便成为可能。但企业改革将重新调整各方面的利益关系，会引起职工队伍建设、企业稳定发展等方方面面的问题。

因此，我们必须构建和谐企业，这就要求我们以人为本，协调好职工与股东二者之间的权益关系，唱响"依靠职工办企业，办好企业为职工"的主旋律，更好地实现个人目标和组织目标的有机结合，真正做到：完善现代企业制度，以发展促进和谐；民主管理凝聚人心，以公正求得和谐；关爱员工实际利益，以安定团结保证和谐；培养学习型员工，以创新推动和谐；倡导企业精神，以文化孕育和谐。

浅谈工程建设监理企业的项目管理

魏德友

(长江三峡技术经济发展有限公司溪洛渡监理部 永善 657300)

摘 要：本文分析了工程建设监理企业项目管理的特点，并就工程建设监理企业如何正确实施项目管理进行了探讨。

关键词：工程建设 监理 项目管理

1 工程建设监理企业项目管理的特点

"项目管理"在不同的行业其内涵各不相同。

各行业都存在如何实施项目管理的问题，就工程建设而言，业主的项目管理所追求的主要目标是：以最小的投资、最快的建设速度、符合要求的工程建设质量，获得最大的社会和经济效益；施工单位的项目管理所追求的主要目标是：以业主满意的建设速度、符合要求的工程建设质量完成合同，同时追求利益最大化；监理企业的项目管理所追求的主要目标则是：为业主服务并使业主满意，即按照业主的目标在工程建设的具体实施过程中对施工承包人进行进度、投资、质量控制，同时协调参建各方为业主的目标共同努力。

由于监理企业的主要工作是为业主服务，代表业主对具体实施的建设项目进行管理，监理企业的项目管理有着特殊性，主要表现如下：

(1)监理项目管理(服务过程管理，下同)不追求直接经济收益(监理合同签订时经济收益已确定)，但追求取得最佳的(业主满意的)服务业绩，以获得今后更多的为业主服务的机会。

(2)监理项目管理不直接指挥施工承包人的生产和内部管理，但按监理合同及所承监理施工承包合同条款监督和见证施工承包人进行各种生产和管理活动，守"理"者不问，违"理"则必究！

(3)监理项目管理在最大限度维护业主利益的同时，也维护施工承包人的合法权益。

(4)监理项目管理要把握工程项目实施过程中各个管理方面的正确导向，是一种高智能的服务。

根据工程建设监理企业项目管理的特点，笔者就监理企业如何实施对监理工程项目的有效管理探讨如下，供监理同仁参考。

2 正确实施监理企业的项目管理

2.1 项目管理的规划

在合同监理项目确定后，监理项目负责人应在监理大纲的指导下立即着手编制项目监理规划，监理规划的主要内容应按照 GBT/T 19001—2000《质量管理体系要求》编制，主要应从以下方面考虑。

2.1.1 明确"做什么"

回答这个问题的主要内容应包括：承监项目的介绍、工程项目建设的目标要求、工程项目建设的重点难点分析、业主授权范围内监理应做哪些工作及监理工作的依据、各项监理工作的目标等；

2.1.2 明确"谁来做"

建立与所监理项目的规模和监理工作目标相适应的组织机构。若监理项目规模宏大，笔者倾向于按直线－职能型组织模式建立监理部，监理部下辖若干项目部和若干职能部门，以项目部为主体进行项目管理，职能部门为各项目部的项目管理做好专业技术和后勤保障服务(应特别注意各职能部门是监理项目管理的技术支持和保障机构，不是监理工作的检查部门，对各级监理人员的工作检查权力应由直线上级行使，防止多头管理)；若监理项目规模较小，则务必采取直线型组织模式建立监理组织机构，防止人浮于事。组织机构内部各级人员的岗位应根据监理工作的需要而设置，原则上应按照各级管理人员的直接下属为 3 ~ 5 人的管理效率最佳原则规划组织机构的管理跨度和管理层次，同时明确各级监理人员的岗位职责及协作关系。

2.1.3 明确"如何做"

回答这个问题应主要从 3 个方面考虑：

(1)制定详细的切实可行的各项监理工作程序，这些监理工作程序的制定应与各专业监理实施细则的编制紧密结合，主要包括：文函处理及传递程序、开工审批程序(含合同项目、单位工程、分部工程)、进度控制程序、质量控制程序、安全监督检查程序、工程量计量签证及确认程序、合同支付及变更处理程序、工程验收程序等。所有的监理工作程序应在首次工地会议上向参建各方通报，经各方讨论无异议后要求相关各方严格执行。

(2)根据所承监工程项目的专业分项不同，应分别编制各专项监理工作实施细则，如水利水电工程建设项目：土石方开挖、隧洞洞挖、锚喷支护、锚索、灌浆、混凝土、测量、检测试验、安全等均应分别编制监理实施细则。监理实施细则作为各级监理人员开展各项具体监理工作的作业指导书，项目负责人应高度重视并亲自主持编制。监理实施细则在编制过程中应对监理工作的方方面面考虑周全，包括(不限于)施工依据和执行的相关标准和规范；施工组织设计或施工方案的编制和审批要求；原材料和中间产品质量控制和抽样检验要求；单元工程和工序验收及施工过程监理控制要求(应特别明确需旁站监理的工序)；有关表格格式及填报、审签规定等。在编制监理实施细则的过程中应特别注意防止照搬照抄施工规范、质量标准、招标文件技术条款等内容(在监理依据中指明即可)。监理实施细则应报送业主。

(3)明确各项监理工作的制度，包括(不限于)监理纪律要求、作息及交接班制度、设计文件的审查和设计交底制度、施工组织设计审核制度、工程项目开工审批制度、工程材料及构配件检验和复验制度、工序质量检查制度、重要工序及隐蔽工程质量旁站监理制度、技术复核制度、工程项目验收制度、监理工程师指令制度、合同变更处理制度、质量事故及安全事故处理制度、进度监督和报告制度、会议制度、施工现场紧急情况处理制度、工程计量签证制度、监理报告制度、监理文函标准化管理制度、监理日志及使用表格等监理记录管理制度、监理人员考核制度、会议制度等。

2.1.4 规范"做的记录"

监理工作的记录直接反映监理工作的业绩，项目管理者务必高度重视所开展的一切监理工作的文字记录工作的规划和管理，这些文字记录包括以下内容。

(1)往来文函。监理机构与参建各方通过往来文函进行沟通，是监理机构的主要工作方式，包括——对承包人的：指令性文函、发放设计图文函、施工组织设计及方案批复文函、材料采购批复文函、施工计划批复文函等；——对业主的：(进度、质量、安全等)专题报告、(技术方案、合同变更)提请最终审定报告、(进度、质量、安全等)阶段性报告等；——对参建各方的：协调例会纪要、专题会议纪要、(分部、单位、合同项目)验收监理报告等。监理机构应通过往来文函，达到以下效果：①贯彻业主的管理意图，以监理机构为主导，使参加工程建设的各方规范有序地开展各项工作。②体现监理机构在工程建设过程中对各类问题的准确判断和正确决策，从宏观和微观上展现监理机构为业主提供高水准的、精细化的工程建设管理服务的水平。③体现监理机构的工作作风和监理组织的文化底蕴。为达到上述效果，监理机构的各级管理人员，特别是中、高级管理人员应高度重视对往来文函的质量管理，应特别注重充分尊重参建各方，语言不卑不亢，切忌官话套话；以事实为依据，以合同为准绳，规避主观臆断。

(2)表格记录。所有监理用表格均应在编制各项"监理实施细则"中明确，这些表格包括：(质量管理方面)材料及购配件报验用表、单元工程及工序评定用表、质量检查及旁站记录表、许可证等、(进度管理方面)施工机械设备用表、人员调查表等；(安全管理方面)检查表、安全措施审批表、许可证、整改通知等、(工程量计量方面)测量收方、工程量审签表等。项目管理者在对监理表格填写方面应安排专人进行规划、指导和管理，应特别注意以下方面：①除监理人员应自填写的表格外，其他所有的表格应由承包人按照表格格式规定的填写项目、同时按相关施工规范及质量、技术标准要求填写，相关监理人员应严格审查承包人提交的各类表格所填写项目的完整性与现场检查、验收记录的符合性，严禁承包人脱离实际"编造"填写表格。②除监理人员应自填写的表格外，其他所有的表格应由承包人生产、质量(终检)、检测试验、安全管理等部门管理人员审核并签署意见后提交给相关监理人员审签。未经承包人上述管理人员审签的表格现场监理人员可拒收。③项目管理者应明确各类表格所对应的各级监理人员签证权限，并随时检查各级监理人员的履职情况，对失职人员必须追究责任。

(3)监理日志。项目管理者应明确各工程项目范围负责填写监理日志的监理人员，监理日志的填写范围原则上应与项目划分相结合，以利于验收时档案整理。监理工作日志的内容至少应包括当日气象、施工部位、作业内容、人员设备投入状况、质量检查验收情况、安全文明施工情况、停工窝工和当日完成的实物工程量、业主决定或各方共同协议要点、当日施工中有无设计变更、材料代换、组织协调和其他需要解决的问题等内容。

2.2 项目管理的实施

2.2.1 日常监理工作

施工现场各部位的日常监理工作由项目监理、专业监理按照上述 2.1.3 条规定的要求和程序实施；对现场发生的问题及时处理，对超出权限和把握不准的问题自下而上逐级报告处理，直至项目最高负责人(一般情况下不越级报告)；有关监理工作信息自下而上逐级反馈，监理工作指令自上而下逐级传达落实(各级管理人员应尽可能避免跨级发指令)。

2.2.2　工作例会

项目负责人应组织有参建各方参加的集体办公例会(一般每周举行一次周例会)，协调参建各方的工作，研究解决参建各方工作中存在的问题；组织有全体监理人员参加的内部管理工作例会，通过会议全体监理人员互相交流工作经验，项目负责人听取各级监理人员的工作情况汇报，，纠正上一阶段监理工作出现的偏差，安排布置下一阶段各级监理人员的工作。

2.2.3　专题会议

根据需要项目负责人应及时组织召开有参建方参加的各项专题会议，包括较大工程项目的施工组织设计方案审查会议；施工进度计划审查会议；阶段性进度、质量管理分析会；其他需要参建各方共同研究确定的专门会议。通过专题会议，使参建各方达成共识，推进各方面工作的进展。

2.2.4　各级管理人员带班和巡查

监理机构站长以下各级监理管理人员应实行现场带班制度，通过带班管理，全面掌握现场施工各部位的工作进展情况，指导和布置现场监理人员的各项工作，及时协调解决承包人各部位施工中存在的问题；项目负责人对现场各施工作业面实行不定期巡查制度，检查并指导各级监理人员的工作，发现现场施工、监理工作中存在的主要问题并研究解决办法

2.2.5　往来文函处理及各类监理工作报告

在项目负责人的总体布置下，相关各级监理人员应及时审批承包人报送的各类文函，文函批复意见要求言简意明，格式统一规范，处理时限一般不超过 3 d；各类监理工作专题报告、阶段性报告直接反映监理工作水平，项目负责人必须高度重视，应安排对相关工作全面掌握的监理管理人员编写(项目部信息员不适宜编写大型监理工作报告)，部分重要的监理工作报告应由项目负责人亲自编写。

3　项目监理机构的内部管理

项目负责人的榜样作用。项目管理追求业绩，项目负责人应充分认识到监理工作的业绩在外部体现，直接评价标准为业主的满意度，所以项目管理的一切工作均应围绕提高业主对监理工作的满意度而进行。欲使监理工作达到业主满意，项目负责人的工作好坏是关键。合格的项目负责人应具备高超的管理才能(包括慧眼识才的能力，在岗位安排上用人所长；建立适宜各项监理工作开展的管理体制；善于调动全体监理人员的积极性、迅速果断的决策能力等)、全面的专业素质(包括精湛的监理技术水平、广博的知识结构)、良好的人格魄力(包括高度的工作责任心、诚信待人、身先示卒)等，项目负责人的一言一行起到对全体监理人员的示范作用，所以项目负责人首先要严于率已，在监理工作的各方面发挥良好的榜样作用。

　　监理工作的程序化。要提高项目管理的效率和业绩，项目负责人应重点研究确定每一项监理工作的程序、方法，并使全体监理人员在工作中全面掌握和运用，目标是全体监理人员必须明白自己应做什么，如何做，做的标准是什么。全体监理人员都自动自发地做好自己的本职工作，项目管理的成效便卓著。

　　项目管理的人性化。项目负责人应充分了解每一员工的个性及个人的素质，给每一个员工创造最适合展示才华的平台；应充分关爱全体员工，及时为员工的生活排忧解难，给员工以家的温暖；高度重视员工的思想工作，树立监理机构整体良好的精神风貌。

浅谈如何当好总监

熊启煜

(湖北腾升工程管理有限责任公司　武昌　430070)

摘　要：从技能的积累与发挥和管理艺术能力等方面阐述怎么当好总监，从而实现总监在工程建设管理中应起到的纽带作用，使其所监理的工程在社会上的口碑是令人放心的。

关键词：监理　总监　素质

监理是集技术、经济、管理于一体的职业，因此对监理工程师的从业资格比对设计、施工等单位的工程师要高，对工程项目的总监理工程师(简称总监)的要求则更高。因为：总监对外是履行监理合同的全权代表，对施工单位实施监督管理是抉择者，对业主、设计等单位的联络与沟通处于主导地位；总监对内是监理机构内部管理的全面负责人，包括对员工的思想教育、技术培训、合理化建议决断、技术文件审签、档案管理、经济管理、生活安排等起导引和决定作用。笔者通过武汉市龙王庙险段综合整治等六项一等或二等工程(多项分别获鲁班奖或省、部级优质工程奖)总监工作实践，深刻体会到要适应总监工作，必须具有相应的技能和领导艺术能力等，这样在工程建设管理中才有凝聚力并起到纽带作用，其所监理的工程在社会上的口碑是令人放心。

如何当好总监是监理工作永恒的主体，在此也浅谈个人意见与同仁研讨。

1　总监应重视技能的积累与发挥

要具有总监应有的技能，必须通过工作磨炼、学习、总结、积累来提高技能，其为正确抉择和处理监理工作中的技术难题，发挥总监作用奠定基础。

1.1　总监获取和积累技能的途径

1.1.1　总监原业务工作经验

开始监理工作时，需具有原业务工作中的设计或施工或管理工作经验或其中的部分经验，将这些经验加以总结，对开展监理工作是有益的，但远不能满足总监应该是复合型人才的要求，因此必须再学习。

1.1.2　不断学习，提高技能

提高技能的过程是不断学习的结果。为了提高技能，要正确评价自已，本着三人行，必有我师的理念，虚心向别人学习，不断进取，获取新知识，充实和提高技能。学习途径主要有以下几点。

一是根据工作需要学习相关的规程规范和参考书，从中获取有关理论知识，提高对事物的分析、鉴别和判断能力。

二是向施工单位工作人员学习。各单位工作人员都有自己独特的工作实践经验，并

且很多是书本上找不到的，将他们的经验通过总结和吸收，变成自己的经验，用于对施工技术方案审批和实施监督与管理时，可做到既有原则性、又有可操作性，所发挥的监理效能是不可估量的。

三是向设计单位工作人员学习。在组织设计交底、审查和处理工程变更时，必须弄清设计思路，理解设计意图，为探讨设计中的有关问题奠定基础。当发现设计中的可疑问题时应虚心求教、平等探讨，在学习和探讨中吸取有益经验，充实自我，为工程建设提合理化建议奠定理论基础。

四是向专业监理工程师学习。就专项技能而言，专业监理工程师既是总监的老师，又是专项工程监理把关的责任人。所以，务必虚心向专业监理工程师学习，填充知识领域的空白，全面提升总监工作技能，向复合型人才发展。

1.1.3 善于总结，巩固升华

学习和工作实践是积累和提高技能的重要途径，但要把平时积累的经验变为自已成熟的经验，必须善于总结内在的和外在的经验，将其系统化、理论化，实现巩固升华已经获得的技能，并在工作中自如运用，则总监技能才能被社会所认知，不断扩大知名度。

1.2 总监应注重技能的发挥

1.2.1 编制监理规划和实施细则时发挥导向作用

总监在主持监理规划编制和审批监理实施细则时应发挥导向作用。依据各工程特点，明确提出工程建设重点、难点和解决的对策措施与方法，同时提出监理工作要点和控制手段，使编制的监理规划对监理工作具有较强的指导作用，审批的监理实施细则具有前瞻性、预见性和可操作性，其效果应通过监理内部宣贯来检验。效果的主要标志是：第一次从事该项工程监理的工作人员能按监理工作流程掌握监理工作要点，熟知监理工作重点与难点的监理工作方法和措施；所有监理能发现和解决施工中存在的问题；规避或减少由于监理控制工作失误而造成工程建设的损失。

1.2.2 审批施工技术方案的决定作用

审批的施工组织设计和施工方案是监理对施工单位实施监督管理的重要依据之一。因此，总监应精心组织、严密审批，充分发挥专业监理工程师的作用和总监技能，对签批的施工组织设计和施工方案的决定，做到既有指导性意见，又具有可操作性的实施意见。使监理和施工人员在实施时均具有可操作性。

1.2.3 质量预控和施工质量问题处理的决策作用

质量好坏预控是关键。总监应根据工程特点和施工单位人力及物力资源状况，提出施工质量预控范围和措施，防患于未然。

当出现施工质量问题时，总监应急施工单位之所急，通过调查，认真分析、冷静思索，锁定出现质量问题的诱因和发生质量问题的主要原因，判断质量问题的性质与大小，初拟处理质量问题的方法，然后与专业监理工程师和施工单位技术负责人共同探讨，达成一致意见后会商业主和设计单位，作出施工质量问题处理的决策意见。

1.2.4 提合理化建议，优化工程建设

工程建设监理工作是一项系统工程，工作范畴涉及施工、设计和管理。总监应带头认真阅读各方文件并结合现场实际思考，发现问题，得到提合理化建议的空间。笔者在

担任各项工程总监时，体会到只要注重理论结合实际，作到勤于思考、勇于探索，树立优化工程的理念，就能提出合理化建议，实现优化工程建设的目的，并取得一定的经济效益和社会效益。

2 总监应具有良好的管理艺术能力

总监是工程项目监理的全面负责人，因此总监应具有内外管理艺术魅力。

2.1 在监理机构内部总监管理领导艺术

2.1.1 坚持以人为本，育人在先的思路

监理工作是高智能的职业，人是第一要素，对下属有高素质人才，不能等、靠、要，应该走自己育人之路，通过岗前培训、实地演练、持续指导、综合考核来培育和发现人才，用其长、避其短，以充分显现或发挥个人特长，而体现出监理机构群体智慧和力量。

2.1.2 妥善谋划监理工作目标与实施举措

监理工作目标体现出总监的志向与意愿。总监应根据监理、施工合同有关条款，策划并确定通过努力能实现的目标，以鞭策自己和激励员工共同奋斗。策划实施举措应在分析监理机构内部成员组成和施工单位技术与管理状况的情况后进行，其内容包括监理自身如何贯彻与实施和如何激励施工单位质量创优和保证施工进度等。

2.1.3 尊重和关爱他人，善待自己

监理是各行业人才流动的典范，监理机构内成员一般由本单位职工和外聘人员组成，总监对项目监理机构内部成员应一视同仁、尊重和关爱他们，以形成和谐团队，共谋监理机构良好形象与信誉，共同努力实现监理工作既定目标，让自己和所领导的监理机构得到参建各方和社会认同。从此，自己才会觉得未愧对业主与本单位，心理得到宽慰与善待。

2.1.4 切实贯彻民主集中制

为避免决策的失误，必须认真贯彻民主集中制，对于比较重要而又难于决断的事宜，应该发动员工认真讨论，耐心听取意见，综合分析，采纳集中既合理又合法的意见，作出结论，指导工作。

2.1.5 坚持甘为人梯的理念

育人和关心他人成长应当视为总监的职责和义务之一，要实现这个任务，必须甘为人梯。总监要为员工的成长和提高多做培育和宣传工作，共同努力，所获成绩有名则让，增加所属员工的知名度。总监应该意识到每个员工的进步和成就都是对自己的宽慰和应共享的欢乐。

2.1.6 实行劳逸结合的思维模式

笔者经过十多年监理工作实践体验到监理工作是非常艰辛的职业。监理外业工作和施工人员一样，不论春夏秋冬、严寒酷暑都是风里来、雨里去；为做好预控，规避风险，越是艰险越向前；监理日志记载等内业工作，必须在八小时外业工作之余完成；"三控制、两管理、一协调"涉及面宽、任务重、压力大。因此，总监应按有劳有逸、劳逸结合的思维模式实施领导，要求员工在工作时严谨地工作，应一次做对，每次追求更好；生活上要宽松，但不越轨，倡导开展适当的文体活动，使其身心健康，以良好的精神风

貌投入工作之中。

2.1.7 敢于纠正错误，勇于承担责任

监理人员在工作中出现偏差时，应实事求是地纠正错误，避免给工程建设造成损失。同时，要勇于承担责任，减少工作人员心理压力，当然也应要求认真地总结，以防重犯，使员工在关爱与和谐的气氛中得到教育。

2.2 总监对外活动工作艺术

总监是对外活动的核心人物，应具有人际交往谈判、策划、合作、承受压力和应变、自我约束等能力，并且在对外活动中灵活的应用。

对外活动应有良好的心态和气质。人际交往时应不卑不亢、真诚相待，有理有节地谈判，用求大同、存小异的方法去谋求合作。当遇到难以解决的问题时，应仔细思考，周密策划解决问题的方法与措施。工作中受到外界委曲时，以良好的心态去承受压力和应对突如其来的委屈。工作顺利时能自我约束，戒骄戒躁，有理能让人三分。

总监对外活动的主要对象是施工、业主和设计等单位，工作中分别采用下述方法，总监在工程建设中发挥纽带作用将会取得显著效果。

2.2.1 对施工单位实行人性化的管理

监理和施工单位之间是监理和被监理的关系，应依据合同监督施工单位按施工合同履行义务。监督要实行人性化管理，使施工单位和监理互动，可从下列诸方面入手：①树立并实施既服务业主，又服务施工的理念，在对施工单位加强监督和管理时，才能得到施工单位的理解和支持，互动工作；②处理施工中的问题时应以理服人、以情感人、以行动人的方法，感动施工人员来配合监理做好工作；③与人相处应与人为善，平等协商，对施工单位提出的不同意见，甚至错误的意见，应善意的指出，耐心剖析，平等协商后达成共识，避免和消除对监理工作产生隐形阻力；④不卡、不拿、不要，以一身正气的特有魅力秉公办事，维护甲乙双方合法权益。

2.2.2 对业主应建立为工程建设服务的精神

业主和监理是委托和被委托的关系，总监对所承担的工程项目监理，应本着对业主负责、为业主服务，组织全体员工，全面、全过程履行监理合同规定的义务，为工程建设服务好，确保工程按设计要求和施工合同完成。

2.2.3 尊重设计，主动搞好协作与配合

监理与设计单位是协作与配合的关系，总监应坚持按设计监理，当有设计优化建议时，要在尊重设计人员工作的前提下，将优化设想在会下与设计人员个别交换意见，并充分听取他们的意见，完善优化设计设想，最后以书面形式通过业主向设计单位提出，供设计单位研究确定，若设计单位采纳，并提出设计修改后作为监理工作和验收的依据。对于施工单位提出的设计问题，要认真分析，对有益于安全或效益的部分应主动与设计单位沟通并予以支持，对片面强调施工方便，有损安全或效益的部分应充分说服施工单位后予以否决，不予转发。

2.2.4 倡导团结奋进，共创辉煌

工程建设是一项系统工程，涉及的单位多、专业面广，大家都是为工程建设和服务业主而来，总监应倡导精诚团结和共同奋斗的精神，有成绩参建各方都光荣，有问题时

任何一方都很难摆脱责任。因此，参建各方只有在业主的统筹协调安排之下，各尽其责，相互协作，才能高质量、按进度实现工程建设应有的安全、功能、效益、美观、环保的目标，达到共创辉煌的目的。

3　明确职责，狠抓重点

监理工作职责是"三控制、两管理、一协调"，2004 年以来政府先后颁布《建设工程安全生产管理条例》、《关于落实建设工程安全生产监理责任的若干意见》分别明确了：监理对建设工程安全应承担责任，安全监理的主要内容、程序、责任等，上述两文将安全生产监理纳入法制化。因此，目前监理职责除"三控制、两管理、一协调"外，还有安全监督的责任。

对上述七项监理职责经过分析和监理工作实践总结认为：质量控制和安全监督是重点，应予狠抓。工程质量是工程建设的生命线，涉及工程运用安全和效益，总监应坚持贯彻"百年大计、质量第一"的方针，狠抓工程施工质量，确保工程质量一次验收合格。施工安全涉及人身安全和财产损失，人的生命只有一次，人是最可宝贵的，因此总监必须持续贯彻"安全第一、预防为主"的方针，狠抓落实，该审查的要审查，该检查的要检查，该停工的要停工，该报告的要报告，防患安全事故于未然。上述两项工作抓好了，可带动其他工作，才能规避由于质量和安全事故产生的风险及法律责任。

4　总监对经济管理应秉公办事

总监对外经济管理活动主要体现在开据支付凭证的决定权和工程决算的合法性、合理性及准确性的把握方面。工作中，必须按施工合同和有关法律法规及规程规范实事求是地实施投资控制的经济管理活动，所确认的工程量和开据的支付凭证及工程结算结果，达到甲乙双方都满意的效果，并经得起审计的检验。

总监在监理机构内部的经济管理活动主要体现在奖金分配方面，为做好此项工作，必须搞好季度和年度考核，按监理绩效分配奖金，其金额在领导层公开讨论确定，由相关人员据实发放，切忌私利。

总监理工程师素质及监理人员的选拔和培养

林秋英

(湖北路达胜工程技术咨询有限公司 武昌 430070)

摘 要：总监理工程师素质取决于人品、水平、能力和技能这四个方面，人才的选拔战略为不限年龄、不限学历、不限性别三不限，人才的管理使用和培养要从规范管理人才、合理使用人才、有计划培养人才着手。

关键词：人才 素质 选拔 培养

1 总监的素质

总监是监理单位驻现场履行职责的代表。对工程进度、质量、安全、资金进行控制，对合同、信息进行管理，对内，他是一个团队的带头人，既是教练，又是领队。一个监理部的工作是否出色，主要取决于总监自身素质的高低。所谓素质，指的是一种综合的素养和品质。主要包括以下四个方面。

1.1 人品

监理工作具有很强的挑战性。用一句朴素的话来说，它既光荣又艰巨，监理工作既是市场行为，又必须体现政府的监督职能。总监的工作复杂而繁重，具有高风险。因此，总监必须有高度的责任心、敬业精神和自我牺牲的精神，还必须具备克服困难，敢于承担的勇气。监理工作是一个市场行为，市场不规范，就会有各种诱惑，要抵制诱惑就必须克服一个"贪"字，不贪不占，才能不入歧途。监理工作既然要体现政府职能，政府在赋予权利的同时，也会有监督(媒体曝光、各种处罚等)。有监督就会有压力，要受得住压力，就必须克服一个"怕"字，我们不贪不占就不用害怕，无私无畏，乐于奉献是总监应有的品质。总之，要成为一名好的监理工作者，就要有好的人品，好人品的具体体现：应该能吃得了苦，受得了委屈，耐得住寂寞，抵得住诱惑，沉得住气。

1.2 水平

监理工作不同于一般的技术工作，也不同于单纯的经济工作和管理工作，它是集技术、经济、管理和经验于一体的综合型工作，它具有独立性、科学性、严肃性和权威性。作为这项工作的核心人物——总监理工程师，他具有的水平就非同一般的工程师、经济师；在专业技术上，他应是行业专家，不仅要有很高的本专业技术水平，而且应是一专多能的全才，要能触类旁通，对于与工程相关的各专业技术都不是外行，要熟练地掌握专业技术标准、规程规范，还应有丰富的实践经验。在管理上，他应该通晓国家的政策法规，了解各级政府的指示、批文。总监还要有较高的理论修养和领导艺术以及总结归纳方面的水平，要能举一反三，以点带面，要以自己的高水平去推动提高别人的水平，促使工程项目参建各方都能发挥出最好的水平。

1.3　能力

监理工作具有独立性。它既是受业主的委托,对施工单位进行监理,又是独立于他们之外的第三方。监理工作的质量直接关系到工程的进展、质量、经济效益和社会效益,同时又与施工企业的经济效益密切相关。因此,监理工作往往是社会舆论的焦点、监督部门检查的重点、承包商攻关的要点、政府主管部门的平衡点。作为处于这种特殊地位的关键人物——总监理工程师,怎样才能既代表业主维护开发商或国家的利益,同时又要为施工企业主持公道,使他们的利益不受损害,这就需要总监具有极强的判断能力、协调能力、表达能力和应变能力,遇事要做出准确的判断,出现问题后应及时协调解决,而且必须将解决问题的全过程如实而精炼地向上级主管部门汇报,对于突发事件和新闻媒体要有足够的应变能力,这些能力既不是与生俱来,也不单是从书本上获得的,而是从工程实践中锻炼出来的,是智慧的结晶,更是一种经验的积累。因此,总监理工程师必须要深入现场,善于总结归纳并及时沟通。

1.4　技能

人力资本的三要素:技能、知识、健康。要求总监必须掌握一些基本的技能,比如:编写、电脑操作、照相、驾驶(开车)。为适应工作的需要,公司会给每个项目配置电脑、照相机和汽车等设备,但不会给每位总监配备一个秘书和司机。所以每位总监或总监代表必须会使用这些设备,开车、照相、打字、编写,必须自己动手,尤其是年轻的总监。

综上所述,作为一名合格的总监,必须具备四个方面的素质,即:技能全、能力强、水平高、人品好。简单地说就两句话八个字:文武双全,德才兼备。

2　人才的选拔

品牌战略实际上就是人才战略,路达胜公司 2005 年重组以来,汇集和培养了一批具有各种专长的人才,即青年技术骨干、经营管理人才和总监人才,他们当中有的是刚从领导岗位上退下来并且长期从事管理工作,既具有专业特长又富有项目法人的管理经验;有的是在施工单位担任过项目经理,具有工程施工管理经验的年富力强的中年人和年轻的技术骨干,有的是来自设计单位、检测单位的年轻而有才能的监理工程师,还有的是来自其他兄弟监理企业有着丰富监理经验的优秀总监。另外,我们还从有关大专学院挑选了一批品学兼优、充满活力的青年学子充实队伍。在人才的选拔方面我们的战略是三不限:即第一,不限年龄——不管年龄多高,只要有健康的体魄,敏捷的思维,知识不老化,愿意合作,我们都可以起用。无论年龄多轻,只要有远大的志向和追求,有脚踏实地精神,有敢于承担的勇气,勤奋、敬业有责任心,都可以录用。第二,不限学历——无论学历高低,无论有无文凭,只要虚心好学,有强烈的求知欲和进取心、自信心,有克服一切困难,干好一切事情的决心,都可以使用。第三,不限性别——无论男女,只要有坚强的意志,吃苦耐劳的精神,不服输的好胜心,有修养,表达、沟通能力强,我们都可以聘用。

3　人才的管理使用和培养

3.1　规范管理人才

人才的管理上，我们与湖北、武汉、深圳人才中心建立起良好的关系，以单位名义将人事档案托管于正规的人才服务机构，要让我们选拔的人才在职称晋升、个人前途、社会保障方面无后顾之忧，同时为了保持监理队伍的纯洁性，我们不断地对员工进行素质教育，培养他们敬业爱岗和乐于奉献的精神，制定严格的管理制度和员工守则，对于不遵守职业道德、素质低下的人员，随时清退，使公司员工既有安全感又有危机感。

3.2　合理使用人才

公司的人才是公司最大的财富，必须科学配置，合理使用。对于年满 65 岁，超过注册规定的资深专家可以安排他们做咨询服务、编写标准化文件、培训年青人，让他们充分发挥专长和余热。对于那些有潜力而不具备学历，暂时未取得职业资格的年轻人，尽量安排在有经验的老同志手下，边干边学，让他们互相取长补短。对于那些年富力强又具有职业资格的技术骨干和管理人员，公司要做到两放开：即放开思想大胆使用，放开手脚去培养和锻炼。给机会、给平台，让他们在实践中成长，在实战中提高，放宽待遇，让他们有归属感、有成就感、有使命感。

3.3　有计划培养人才

人才培养准备从三个环节入手：第一、利用现有资源结合工作实践，提高各种技能和实际水平，以老带新，培养良好的传统习惯，提高个人素质和能力；第二、根据岗位需要，送出去培养，使其取得相应的学历和职称资格，以达到其提升的要求；第三、参加行业机构组织的各类培训和考试，使公司注册人数不断增多，以壮大公司的队伍。

总之，为了建立起一支管理规范、组织严密、整体素质高、能征善战的监理队伍，公司会不惜代价，培养和选拔符合要求的总监理工程师和具有各种专长的监理人才，以适应市场的需要，满足行业管理的要求。

参考文献

[1]王杰，高敬，南兆旭.哈佛模式人力资源管理[M].北京：人民日报出版社，2002.

论总监理工程师的基本素质

方宗明

(武汉长科工程建设监理有限责任公司　武汉　430015)

摘　要： 本文论述了总监理工程师在工程建设中的作用和应该具备的基本素质，提出总监理工程师要有良好的道德品质，应具备敬业精神，要坚持原则性，具有管理和协调能力，具有全面的专业基础知识和丰富的工程建设管理经验，要具有相关工作经验，要具备合同和法律基础知识，要有健康的身体。

关键词： 总监理工程师　素质

1　总监的作用

工程项目建设监理实行总监理工程师(以下简称总监)负责制是我国工程建设项目监理的一项基本制度。根据建设监理的有关规定，总监是项目监理机构履行监理合同的总负责人，行使合同赋予监理单位的全部职责，全面负责项目监理工作。总监既是监理单位在现场工地的全权代表，又是工程建设项目管理的核心。在现阶段和现行体制下总监的基本素质和能力将决定一个工程项目建设的优劣与成败，决定工程能否达到预期的效果。

总监理工程师在授权范围内发布有关指令，起着协调关系、沟通技术、交流信息等方面的纽带作用，在工程施工的全过程中处于十分重要的地位，不仅要利用自己掌握的知识，灵活自如地处理发生的各种情况，还要团结大家的力量多谋善断，灵活机动，在监理过程中发现显在或潜在的问题并向有关单位提出。

2　总监应具备良好的道德素质

现行的监理法规授予了监理单位较大的权利，作为总监又位于权利的核心。总监的地位要求总监必须具备良好的道德品质，认真维护国家利益、发包人利益、承包人利益和公共利益，而不能以权谋私，利用合同授予的权利侵吞国家利益、损害发包人利益、牺牲承包人的利益、破坏公共利益。

在进行工程建设管理的活动中，存在监理与有关方串通，虚报建设项目，虚报工程量，套用国家资金，侵占国家财产，谋求地方利益和个人私欲的现象。维护国家利益，把国家利益放在首位，是总监最基本的道德素质，也是总监的神圣职责，无视国家利益的人不能担任总监职务。

总监要正确处理国家利益和地方利益、国家利益和个人利益的关系，不能以任何理由和借口，作出损害国家利益的决定；不能置国家利益于不顾，利用手中的职权和便利与有关方面串通，损害和侵占国家的利益；更不能不择手段，为个人私欲，巧立名目，恶意侵吞和损坏国家利益。

　　监理单位受发包人委托，在发包人授权范围内，进行工程建设项目管理。作为项目总监，要牢记自己为发包人服务的职责，认真履行合同，牢固树立为发包人服务的思想，不论发包人是国家、集体还是私营企业，都不能作出损害发包人利益的事。在处理发包人和承包人的纠纷中，要当好发包人的参谋和顾问，在不损害承包人合法权益的前提下，应该多为发包人利益着想，维护发包人的利益。总监不能以自己的技术和能力，凌驾于发包人之上，而忘记为发包人服务的宗旨。总监更不能违背职业道德，与承包人串通，故意损害发包人的利益，而从中谋取私利。

　　工程建设参建各方的关系应该是平等的，承包人的合法权益应该得到尊重。在现行条件下，承包人往往处于弱势，作为总监要坚持原则，作到公平公正，在为发包人服务的同时，要充分考虑维护承包人的合法权益和正当要求，不能以自己的权力和地位，用不公正和不公平的态度有意刁难承包人和忽视承包人的应得利益，更不能在招投标和工程实施过程中用不正当手段向承包人索要好处，接受承包人贿赂。

3　总监应具备敬业精神

　　敬业就得能在物质与精神上吃得起苦，敬业就得安心职守，努力工作，并始终以此去赢得发包人对自己敬业态度的回报。

　　监理单位受委托对建设工程项目进行合同管理，负有控制工程质量、进度、投资和安全的重大责任，这就要求总监必须具备敬业精神，具有高度的工作责任心。没有责任心和敬业精神的人是不能做监理工作的，更不能承担总监的重任。不仅如此，总监还要把对工作的敬业精神和责任心作为考核监理人员的重要指标。

　　质量是工程的生命，是监理工作的重点，总监要予以高度重视，尽心尽力尽职尽责严格控制工程质量，认真分析和了解质量控制的要点和程序，结合工程实际编制或组织编制监理规划、监理细则和质量控制措施，督促施工单位完善质量保障体系。总监要经常深入工地现场，实地了解工程质量情况，必须做到及时发现各种质量问题并及时处理，同时督促监理人员经常地、有目的地对承包单位的施工过程进行巡视检查。主要检查工程是否按照设计文件、施工规范和批准的施工方案施工；是否使用合格的材料、构配件和设备；施工现场管理人员，尤其是质检人员是否到岗到位；施工操作人员的技术水平、操作条件是否满足工艺操作要求、特种操作人员是否持证上岗；施工环境是否对工程质量产生不利影响；已施工部位是否存在质量缺陷。巡视中采用监理工程师巡视记录，及时发现和解决工程中存在的质量问题。发现违章操作和不按设计要求或施工规范、规程或质量标准施工的现象，要及时进行纠正和整改。采取有力有效的质量控制措施和手段，确保工程质量目标的实现。

　　工程进度关系到工程的投资和效益，是发包人追求的目标。有责任心和敬业精神的总监会严格控制工程进度，充分考虑影响工程进度的各种不利因素，并加以协调和解决，要抓住关键路线，认真检查承包人投入工程的机械、设备、材料和各类人员，认真审查承包人的施工计划和工期安排，确保工程按期完成，甚至提前发挥效益。在工程进度偏离计划时，要督促和协助承包人调整进度计划，提出赶工措施，而不能听之任之，无所作为。在保证质量和安全的前提下，尽量缩短工期。

　　总监要严格控制工程投资，按合同和设计图纸控制工程建设规模，严格控制设计变更，为节省工程投资提出合理的建议，以认真负责的态度，按合同规定和实事求是的精神审核工程量，不能一味扣减或随意增加工程量，严格按规定审核变更项目的单价，及时签付支付凭证，将投资控制在合理的范围之内，不至于使工程投资失控。在维护发包人利益的同时，总监必须统筹兼顾，考虑和维护承包人的合理权益。

　　总监理工程师只有在一个诚心敬业的平台上，才能够发挥其应有的作用，做好监理工作。那种不能安心职守，甚至只为贪图一时之利，不惜利用职务之便做损害自己所在企业的事，为自己追求"实惠"，专心考虑自己的待遇和荣誉，无敬业观念的人，就不配担任总监理工程师。

4　总监要坚持原则性和灵活性

　　做人、办事要有原则性，监理人员必须坚持原则，依法严格按合同进行监理工作，对于工程总监，绝对不能放弃和丧失原则，更不能以原则做交易。总监作出的一切决定，发出的指令和要求一定要有充分的依据，而不能凭感觉办事。

　　监理人应该公正、独立、自主地开展监理工作，维护发包人和承包人的合法权益。在监理实施过程中，要严格执行现行法规、技术规程和规范，严格执行有效的合同文件。

　　总监要有服务意识，要牢记监理是为工程服务、为发包人服务的，但不可盲目执行行政指令和长官意见，盲目服从发包人。要在坚持原则的前提下，有一定的灵活性和创造性。

　　在坚持原则的前提下，总监必须具有一定的灵活性，才能使监理工作协调有效地开展。因为不同工程的地质条件、施工环境和施工条件等都不相同，即使是同一地方也存在不同的具体情况，对出现的问题要从实质上去认识，认真分析引发问题的各种因素，而不是去刻板处理。总监不要自以为是，擅自和随意处理工程中的问题，一定要尊重发包人工程师，遇事主动与其协商、沟通，征求发包人的意见，争取得到发包人的支持，及时向发包人汇报工程情况，以优质的监理服务实现合同的全部承诺。

　　对工程计量、工程款支付、工期的延期和费用索赔等问题，要结合工程的实际去处理，而不要脱离实际情况。对工程单价问题，一般合同规定在任何情况下不作调整，由于市场变化，建筑材料价格变化较大，承包人成本增加过大，甚至工程费用高于成本价格，如果不做调整，承包人可能利润减少甚至出现亏损，可能造成承包人偷工减料和降低质量标准的现象，可能出现质量、安全和工期延长的问题。总监应该积极与发包人协调，合理的调整价格，保证工程顺利进行。

　　同时，要处理好与承包人的关系，既要严格监理，又要热情服务；既要坚持原则，又要方法灵活；既要履行职责，又要平等相处；既要坚持科学，又要尊重事实。如果以监理的特殊地位和权力凌驾于承包人之上，对承包人指手划脚，监理工作将不能顺利开展，工程建设也就不会顺利实施。

5　总监应具有管理和协调能力

　　总监要控制建设项目的工程质量、进度和投资，必须要具备驾驭工程的管理能力。

没有管理能力就不可能达到控制的目的。

总监是项目监理工作的策划者和组织者，是团结、带领项目监理机构全体人员完成监理合同中各项职责和任务的核心人物，总监必须能够掌控监理机构和全体监理人员，能够团结项目监理机构全体人员，能够调动每个成员的积极性，激发他们的工作热情和潜力。总监要根据监理人员的能力和表现合理安排工作，对不能称职和违反监理工作纪律的监理人员及时予以调换，对行为不轨的监理人员要严格处理，纯洁监理队伍。

总监理工程师要主持制定监理规划，但更重要的是要进行过程控制，为此总监必须身体力行，确保应该进行的每项工作都能落到实处，把监理规划转化为实际行动，使监理工作带来实际成果，不断提高监理人员的行为水平。使工程有条不紊地进行，使工程始终处于受控状态，为工程带来实际效果，否则监理规划就成为一纸空文。

协调能力是总监领导才能的重要标志和综合体现。在工程建设项目实施过程中，建设各方为了各自的经济利益，不可避免地会出现各种矛盾，包括发包人和承包人之间的矛盾，承包人与承包人之间的矛盾，承包人与建设当地的矛盾。如果不处理好这些矛盾，势必影响工程的正常进展，作为处于工程建设核心地位的总监，要从工程大局出发，经常深入了解实际情况，充分考虑各方的要求和利益，运用合理的协调手段，及时解决和化解矛盾，协调好建设各方的关系，保证工程的顺利进行，否则工程建设将出现无序的状态。当然，总监还要善于利用法律和合同武器，有力有效果断地处理纷纷扰扰的问题，不能对不合理的要求进行迁就，随意让步，更不能放弃原则，否则会后患无穷。

总监在做出决策之前要虚心听取各方的意见，绝对不要有长官意识，盲目指挥，武断的决策和处理问题。

6　总监应该具有全面的专业基础知识和丰富的工程建设管理能力

监理工作是专业性、技术性很强的工作，作为总监，必须是专业技术人员，具有本行业全面和过硬的专业基础知识，具有丰富的工程建设管理经验。

随着竞争市场的发展、自动化技术的广泛应用，总监理工程师涉猎的知识更加广泛，不仅要熟悉掌握有关政策和法规，而且要具有一定的业务技术能力和实际工作的经验，同时还要有认真负责、实事求是的高度责任感，以使自身的管理素质向更高层次发展；不仅要有现代管理人员的技能结构，而且要具有技术技能、人文技能和观念技能，同时还要不断在实际工作中总结经验、积累资料、收集信息，不断提高自己的专业技术水平，不断接受继续教育，不断总结出新的思路、技巧和方法，以适应市场经济条件下工程监理工作的需要；不仅要学习先进的科学管理经验，而且要随时把握住市场价格变化的形式，同时还要把工程监理工作做得细致具体，合理管理安全、合同和信息，有效控制质量、进度和造价，以提高投资效益和经营效果。

总监必须理解设计意图和原理，掌握设计技术要求和质量控制标准，了解工程建设全貌和特点，熟悉相应的技术规程规范，抓住工程的重点和难点。总监应有能力对工程质量、进度和投资进行全面控制，解决工程中出现的各种技术问题。

总监必须要"一专多能"。既要有一门过硬的专业技术，而且还要掌握与所监理的项目相关的多门知识，没有深厚的专业技术功底，在技术上就没有充分的发言权，则难以服众，难以形成项目监理的核心。

总监必须有丰富的相关工程管理经验和能力，能够掌控整个工程大局和调动施工队伍，这样才能够应对和处理各种复杂的问题。在工程建设过程中，必然会出现各种问题，有经验的总监能够按轻重缓急，提出妥善的处理方案和方法，使问题迎刃而解，而不是在问题面前束手无策，贻误处理问题的时机。

当然，总监也不是万能的，没有可能也没有必要成为所有专业技术的专家。在对自己不太精通的技术方面，一方面要加强学习，对项目监理中所涉及到的专业知识均应有所了解，要向内行的专家请教，在工程实践过程中不断积累丰富的工作实践经验。在组建监理班子时，要全面考虑，使监理班子成员尽量满足工程建设监理的需要。

7　总监要具备合同和法律基础知识

我国的法制建设逐步健全，工程建设必须依法按规定进行，工程建设中的纠纷要依法按合同规定进行处理，监理工作必须依法按合同进行，这就要求项目总监应该了解合同法，熟悉相关的现行建设和监理法规，熟悉工程建设基本程序，具备法律基础知识。

总监要熟悉现行的规程规范，熟悉工程质量管理规定和工程验收的规定，熟悉合同文件，按章进行合同管理，按规范进行工程质量、进度和投资控制，绝对不能凭主观意识处理工程建设中的问题。

8　总监要有健康的身体

一般来说，工程建设的现场工作条件和生活条件是比较艰苦的，只有具有良好的身体才能胜任现场工作。作为总监要经常深入现场，充分了解工程进展和现状，对特殊部位和存在问题的部位更要在实地作详细的了解，这样才能合理地处理工程建设中的各种问题。仅靠听汇报，凭想象是不可能解决工程实际问题的。

总监要应对各种复杂的工程问题，要处理大量的工程文件和技术资料，要协调各种复杂的关系，要及时处理紧急问题和特殊问题等，这些都需要总监具有良好的身体条件作保证。

9　结论

综上所述，总监应具备良好的道德品质，应具备敬业精神，要坚持原则性，具有管理和协调能力，具有全面的专业基础知识和丰富的工程建设管理经验，要具有相关工作经验，要具备合同和法律基础知识，要有健康的身体，否则不可能胜任总监工作。

参考文献

[1]李维平. 论总监理工程师的组织协调[J]. 北京建筑工程学院学报，2000(1)：103-109.

[2]李廷炎. 略论总监理工程师的组织协调能力[J]. 安徽建筑，2001，8(6)：77.

[3]张旭东. 谈总监理工程师的组织协调工作[J]. 山西建筑，2005，31(1).

[4]史新海，郭树荣. 论总监理工程师的作用[J]. 工程经济，1999(4)：19-22.

大顶子山航电枢纽工程施工监理经验总结

周奇才

(湖南水利水电工程监理承包总公司 长沙 410007)

摘 要：监理单位是工程建设现场的直接管理者，笔者通过多年大顶山航电枢纽监理工作的亲身体验，对监理工作中好的做法进行了总结，主要有：健全的质量控制体系、注重工作的前瞻性、注重测量与试验检测工作、把握工程重点与难点等。可供工程建设特别是工程监理工作借鉴。

关键词：质量控制体系 前瞻性 测量 试验 重点 监帮结合

1 前言

大顶子山航电枢纽工程于 2004 年 9 月 28 日正式开工建设，同年 10 月 28 日完成了一期截流；2005 年实现了船闸上下闸首到顶，一期 10 孔泄洪闸部分到顶，厂房尾水全部浇筑至发电机层高程的目标；2006 年 10 月实现二期截流；2007 年实现船闸通航、首台机组并网发电及二期 28 孔泄洪闸全部到顶的三大目标。2008 年 12 月，6 台机全部发电且通过交工验收。该工程被交通部评为示范性工程，质量优良，安全无重大伤亡，实现零死亡目标。创造了在高寒地区又好又快建设航电枢纽的典范。

湖南水利水电工程监理承包总公司在大顶子山航电枢纽工程中承担了船闸、厂房、38 孔泄洪闸及土坝等枢纽土建、机电及金属结构安装的全部监理工作。现将笔者多年来在大顶子山监理工作中积累的经验总结如下。

2 健全的质量控制体系

监理工作的核心内容是工程质量的控制，要抓好工程质量的控制，首先要抓质量体系的建立与健全。作为监理单位必须先行健全自身质量控制体系，这主要体现在以下几个方面。

2.1 完善的监理组织机构

枢纽高监办实行总监理工程师(高监办主任)负责制，设总监一名，土建副总监一名，机电金属结构副总监一名，下设工程部、机电安装部、综合办公室及中心实验室，工程部下设临建工程项目组、船闸项目组、厂房项目组、泄洪闸项目组、土坝项目组；机电安装部下设机电项目组和金属结构安装项目组，这样一个直线式组织结构便于管理，分工明确、实用。

2.2 配备专业齐全的监理工程师

枢纽工程特别是水电站部分，构造复杂、专业多、要求高，为了满足大顶子航电枢纽建设，需要从湖南省抽调从事多年水电站建设监理的具有丰富经验的人员担任总监、副总监及项目专业工程师。做到专业配置齐全、人员素质高、技术过硬、责任心强。并且进驻现场的监理人员由总监进行培训上岗。

2.3 规范化、程序化、制度化、系统化的管理

这主要体现在高监办以 ISO9002 质量管理体系为基础，编制和制定了分专业的监理细则、监理工作程序、监理制度及岗位制度操作规程等共 32 条规定。建立起了项目分工到人、责任落实到位、奖罚分明、层层把关的监理工作机制。同时，高监办在进场初期就提出了完整的分部工程项目划分，统一了编码体系，对各类文件全面系统归类，规定文件报审格式，所有文件分类清晰、完备、可追溯。真正做到监理工作行为规范化，操作程序化，管理制度化、系统化。

3 注重预控，强调工作的前瞻性

在监理工作中，监理单位始终坚持预防为主，注重预控，将问题化解在萌芽状态。这就要抓前瞻性管理，这一点贯穿于质量、进度、投资、安全的各个环节。

3.1 质量控制的前瞻性管理

质量控制预防为主尤其重要，一旦出现质量问题，再去处理就难以评优，甚至不能评为优良工程，将质量问题消灭在萌芽状态是创优质工程的重要一环。我们在监理工作中主要加强了以下几方面的管理：

(1)在《监理规划》中针对大顶子山航电枢纽的特点，分析质量控制的重点与难点。

(2)仔细审查施工单位报送的施工组织设计，分部分项工程施工措施，特殊工种要呈报专项施工方案，针对重点与难点审查方案、措施的质量保证措施。

(3)针对质量控制的重点、难点及关键部位、关键工序，关键工艺制定质量控制要点和监理实施对策，在监理过程中我们先后划分出重点与难点 20 多项，制定监理实施对策100 多项。

(4)制定了《施工质量通病与防治措施》。开工前根据工程特点分析易产生的主要质量通病，分析产生质量通病的原因，提出防止通病产生的措施，在施工中督促施工单位落实。

3.2 进度控制的前瞻性管理

大顶子山航电枢纽工程地处东北高寒地带，每年的有效施工期仅半年，但设计工期同南方温暖地区一样为 4 年，这样进度控制的难度更大，加强前瞻性管理尤其重要。主要体现在以下几个方面：

(1)反复推敲总进度计划，力求做到各节点工期可行、合理。

(2)根据进度计划、已完成工程进度情况及施工单位生产能力安排年度计划，定出年度生产目标，同时也作为奖罚考核的依据。

(3)贯彻"提前抓早"的重要思想。利用冬季空闲时间一方面做好施工方案的审查，另一方面督促施工单位作好人员、设备、材料调配，模板设计加工特别是混凝土骨料储备工作，为下一年开春生产作好充分的准备。这一点在大顶子山收到了良好的效果。如2006 年 4 月 A 标工程就完成了混凝土生产 3.5 万 m^3；2007 年 4 月 C1、C2 标累计完成

混凝土生产达 5 万 m³，第一个月就能达到高峰期混凝土生产能力的 80%以上，从而有效地利用了时间。

3.3 投资控制的前瞻性管理

枢纽工程的建设过程，也是固定资产的形成过程。工程建设一次性投资很大，做好投资控制的前瞻性管理，可以起到加快施工进度，节省投资的作用。在大顶子山航电枢纽监理工作中投资控制的前瞻性管理主要体现在如下几点：

(1)开工前编制好投资控制监理工作程序，规定工程计量价款结算处理程序和原则，按项目建设要求编制相应的计量、结算支付报表格式。

(2)协助业主将工程总投资按项目进行分解、切块，编制施工阶段资金使用计划。

(3)在招投标阶段，反复推敲招投标文件的各项条款，尽量减少合同纠纷与变更事件的发生。

(4)主持施工图纸会审和设计变更管理，对设计变更和方案变更进行技术经济比较。控制由于设计变更而增加的投资，同时防止索赔事件的发生。如 2005 年 5 月我方收到关于一期右岸纵向混凝土围堰外移所需增加开挖和混凝土浇筑的设计变更，仔细分析后发现混凝土围堰外移不但增加投资还将影响二期 28 孔泄洪闸泄流，也将增加拆除费用。在不移也可满足设计的情况下，及时向业主提出建议取消了变更，一举节省投资近 1 000 万元。

(5)做好工程量清单的管理，弄清楚工程量清单中各项目对应的工程部位，防止出现错误或偏差，同时要经常比较实际量与清单量，及时做好调整工作。

3.4 施工安全的前瞻性管理

安全生产我们一贯坚持以"预防为主"的方针，其前瞻性管理主要体现为：

(1)开工前审查安全生产保证体系和监督体系，专职安全管理机构，审查施工方案中有关安全生产技术措施的合理性与完善性。

(2)督促施工单位编制《安全生产手册》进行培训学习教育，提高安全生产意识。

(3)针对航电枢纽特点，对主要安全隐患，如施工设备、施工用电、高空作业、吊装工程、冬季防寒及水上运输等，编制安全控制要点，进行重点控制。

4 注重测量与试验检测工作

4.1 测量犹如监理工程师的一双慧眼

大顶子山航电枢纽建设是一项多专业、多工种，交叉作业的系统工程。这就要有一个系统的控制网，机电、金属结构安装精度要求较高，这对监理测量控制提出了很高的要求。一方面我们配备有多年测量工作经验的测量专业监理工程师 3 人，同时配备了先进的全站仪、水准仪、铟钢尺、标尺、对讲机等全套测量仪器设备；另一方面我们配置了南方成图和南方平差软件。并且对如厂房进尾水渐变段、椭圆扭曲面、船闸输水廊道等复杂计算独立编写小型计算程序，用于模板检查和指导施工放样，使监理测量工作又准又快。测量犹如监理工程师的一双慧眼，保证了建筑物坐标无偏差、安装的高精度和工程量计算的准确性。

4.2 试验检测犹如监理工程师的一杆秤

监理工作强调以数据说话，施工过程中使用的原材料、购配件是否合格，构成建筑物的各项指标是否达到设计要求都要通过试验检测来实现。

4.2.1 规范的试验室

为满足整个工程的试验检测，我们建立了监理专门的试验室，配备了满足工程所有常规试验的全套仪器设备，价值达 40 多万元；配置了试验检测工程师和试验员 4 人；建立了完善的试验室管理制度、仪器保管制度、仪器操作规程、各项试验操作流程及检查监督各种规章制度，全面规范试验室的建设，为试验检测奠定了良好的基础。

4.2.2 对各项指标进行全面检测

对进场的原材料如钢材、水泥、粉煤灰、骨料、添加剂等在使用前按批次抽样平行检测，对混凝土拌和物的和易性、含气量、出机口温度等进行跟踪检测，对土坝、围堰及回填压实的工程采取分层碾压取样试验，验收合格才允许进行下一道工序施工。

4.2.3 及时进行数据处理

数据处理是试验工作的重要一环，一方面对试验数据要及时反馈给项目监理工程师或总监，以便决策处理，另一方面还要对各施工单位试验数据进行分析处理，掌握拌和系统所用原材料质量波动情况，每月统计分析混凝土试块的离差系数、极差及强度保证率，编制试验检测月报，为施工的动态控制和质量评定提供依据。多年来监理试验室共进行各种检测 6 000 多组，取得试验数据 20 000 多个。试验检测犹如监理工程师的一杆秤，是确保工程质量的重要手段。

5 把握重点与难点，注重关键部位的控制

5.1 主要特点

大顶子山航电枢纽同其他水利枢纽比较，具有以下特点：

(1)工程浩大、备受社会各界关注，影响大；

(2)地处东北高寒地区，一方面施工季节性强、工期紧、混凝土浇筑强度大，另一方面抗冻要求高；

(3)一、二期截流条件差、工程量大、块石缺乏；

(4)基础为极易风化的泥岩，易超挖，需要及时保护；

(5)坝址附近建筑材料缺乏，运距远，且交通不方便；

(6)泄洪闸、厂房土建与机电金属结构安装需要交叉作业，干扰大；

(7)厂房结构复杂，流道多为异型结构，孔口多、跨度大，对模板安装要求高；

(8)厂房管形座二期混凝土施工钢筋密集、空间狭小、分层多，易引起管形座外壳变形，对混凝土浇筑要求高；

(9)泄洪闸坝顶门机轨道梁为预制吊装结构，重达 175 t，吊装难度大；

(10)围堰与土坝均为粉细砂结构，采用吹填与高喷防渗工艺，防渗要求高；

(11)泄洪闸弧门、船闸人字门尺寸大、重量重、精度高；

(12)坝顶双向门机上部大梁长达 45 m，重达 70 t，吊装难度大；

(13)发电机组吊装难度大，机组安装精度要求较高。

5.2 重点与难点部分的控制

一个有经验的监理单位就要根据工程的特点，分析工程的重点与难点所在。针对关键部位，关键工序、工艺采取应对措施，我们根据 5.1 部分所述特点凭借多年从事水利枢纽和航电枢纽的经验，对以下重点、难点工作重点控制，编写相应的控制措施和监理对策共 23 项。其中主要有以下几个方面。

5.2.1 围堰高喷防渗墙的施工

高喷防渗施工质量的好坏，关系到结构安全，如果防渗墙搭接不好就会存在渗水通道，产生渗透破坏，为此我们采取了以下控制措施：

(1)通过试验确定灌浆参数。开工前要求承包人进行高喷灌浆试验，根据不同孔距、不同压力、不同的提升速度分组试验，然后开挖检查各组的成墙情况、成墙厚度、搭接情况，最后选定既能满足质量，又能加快施工速度，并且科学合理的灌浆参数。

(2)确保入岩深度大于 50 cm。由于基础岩石表层破碎、节理、裂隙发育、存在渗水通道，如高喷能有效地将其封闭，能大大减少基坑渗水量，为此在钻孔时要求深入基岩大于 50 cm。

(3)在灌浆过程中旁站跟踪。为了确保高喷灌浆质量，我们加强了旁站跟踪控制，监控浆液浓度，灌浆压力，及钻孔深度和入岩深度，对灌浆记录进行现场签认。

(4)开挖抽查其灌浆质量。灌浆结束达到一定的强度，由监理工程师根据灌浆情况，指定地段进行开挖检查灌浆效果，从开挖检查情况看，没有发现不连续情况，最小成墙厚度大天 6 cm，满足设计要求。

5.2.2 基础岩石开挖与保护

本工程河床基岩为白垩系泥岩，呈水平薄层状结构，表层岩石节理、裂隙发育、岩石破碎。泥岩最大的特性就是失水后易开裂、崩解，开挖后如不及时保护就会造成风化，必须重新清理，从而引起超挖，为此我们采取了如下措施：

(1)岩石开挖方法必须按预留保护层的开挖方法施工，尽量减少爆破施工对泥岩震动破坏。

(2)避免先开挖齿槽而将中间岩体暴露失水的方法，防止基岩失水风化。

(3)要求建基面开挖到要求的高程后，暴露的时间不得超过 48 h。

(4)为了及时保护好基岩，对岩石基础采用先喷混凝土或浇筑垫层混凝土进行保护。

(5)为了加快覆盖速度，采用缩小清基范围，缩短暴露时间的方法。

(6)减少中间验收的程序。按照验收程序，本应该先由监理初步验收后，再会同地质、设计、业主、监理和施工一道联合验收；但这样，时间就拖长了，对基岩不利，为此要求现场监理工程师在开挖清基过程中加强事先指导与施工方一道参与自检工作，自检合格后直接由验收小组验收，从而减少中间验收的时间，达到及时覆盖保护的目的。

5.2.3 泄水闸溢流面混凝土的施工

本工程泄水闸溢流面为折线型堰面，由于堰面为流道过水面，如果不平整就会影响过流能力，同时在高速水流作用下，可能产生气蚀破坏，为此采用了如下控制措施：

(1)严格审查其施工措施，堰面全部采用滑模施工，以有效保证堰面平整度；

(2)在施工时，测量严格检测其侧轨高程，确保斜面斜度与设计完全一致；

（3）到堰顶收面时要求挂线抹面，保证堰顶高程误差在允许的范围之内；

（4）在分缝处要特别注意模板与已浇好的混凝土面紧靠，以免发生错台；

（5）要特别注意及时对表面的收面工作，要求压光二次，以保证其光洁度。

5.2.4 泄水闸闸墩混凝土施工

闸墩结构属薄壁结构，高 19.5 m，长达 33.9 m，而厚度仅 3 m，其牛腿悬臂部位钢筋密集，由于抢进度需要，每层混凝土的浇筑高度较大，有的达 4 m 多，为此采用了如下控制措施：

（1）务必对闸墩尺寸进行严格控制，特别是弧形闸门前段尺寸，应考虑在立模时将模板开口宽度先缩小 1～2 cm，决不允许超过设计厚度，以免浇筑混凝土时因模板稍有外胀而使弧门无法吊入闸孔；

（2）要特别注意对牛腿、上下游悬臂部位悬吊模板支撑的检查，下游大悬臂务必采取又撑又拉，且安全可靠的方案；

（3）墩头为椭圆形状，模板必须定型加工制作，每次验仓要特别注意上下层接头的处理，严防错台、漏浆；

（4）下游牛腿及悬臂部位钢筋又粗又密，层数较多，验仓时应仔细检查钢筋的安装及焊接情况，确保无漏筋、无漏焊，牛腿的扇形钢筋要进行测量检查，保证其角度；

（5）闸墩仓号较小，铺料时可以采用平铺法，但入仓速度不能太快，太快会发生崩仓与跑模现象，速度宜控制在 0.2 m/h 左右。

5.2.5 厂房流道混凝土施工

厂房流道的特点是孔口尺寸大、空腔结构，渐变异型模板多，大部位模板需要满堂支撑，同时流道是机组过水通道，其平整度如何关系到机组水头损失，直接影响机组出力，为此采用了如下控制措施：

（1）为了确保施工进度，每个机组必须制作一套流道模板，流道模板应尽早进行设计，其加工、组装、安装措施应经监理审批；

（2）流道模板必须在工厂加工并预拼装好，才能运至现场安装；

（3）流道模板务必有牢靠的支撑，为防止变形过大，要求采用满堂脚手架支撑；

（4）要特别注意模板的平整度及上下层模板的衔接，木模加工的异型模板表面要刨光，并加保丽板贴面，但要紧贴模板表面，防止挠曲，鼓胀变型；

（5）测量人员应对流道每仓模板进行检查复测，以确保模板安装的准确性；

（6）流道混凝土浇筑仓号较大，应按从上游到下游顺水流方向铺料推进，注意对称下料，防止出现冷缝与跑模；

（7）要特别注意止水、模板处的振捣，防止过振与漏振，以免出现蜂窝麻面。

5.2.6 厂房尾水管及管形座二期混凝土施工

尾水管是机组尾水流道前段的一段钢衬，前端通过伸缩节与导水机构相连，后段接尾水扩散段，精度要求较高；管形座包括内环与外环，是一个整体；外环与二期混凝土相接，内环保护内部设备，内环与外环之间为流道，精度要求相当高。对二期混凝土回填采取如下措施严格控制：

（1）开工前要求承包人报送详细的混凝土分层方案与质量保证措施，并经审批后才能执行；

(2)注意检查对一期混凝土的凿毛和冲洗；

(3)下料浇筑须采用缓降溜筒或泵送，并应严格控制管两边对称均匀下料，防止两边混凝土高差过大而导致管水平移位；

(4)下料浇筑时要防止吊罐碰撞管形座或尾水管；

(5)要严格控制混凝土的浇筑速度，千万不可太快，尤其是中心线下部混凝土，要防止抬动，分层厚度宜控制在 1.5 m 左右；

(6)管形座及尾水管部有隔板，分布钢筋在隔板处未做成弯钩，钢筋保护层厚度很难保证，应采取必要的措施；

(7)尾水管呈锥形，混凝土水平上升时必然会形成水平尖角，且钢筋往往有两层，须特别注重该部位的层面凿毛与仓号清理；

(8)尾水管及管形座底部混凝土很难密实，要特别注意加强振捣，排出空气，防止骨料与钢筋裹在一起，形成空洞；在混凝土回填过程中要对管形座及尾水管的变形用仪器进行 24 h 监控，发现异常立即停止浇筑进行调整处理。

5.2.7 混凝土的防裂控制

混凝土出现裂缝的原因主要有两种：温度裂缝与结构裂缝。根据以往类似工程经验，本工程可能在泄水闸堰面，闸墩门槽附近，厂房尾水扩散段底板及结构长而薄的墙体容易产生裂缝，采取如下措施注意预防：

(1)堰面及堰体。开始施工堰面时，温度较高，设计采用不同标号分区施工且混凝土标号较高，在开始的 2# 、8# 堰体产生了 2 条裂缝，我们在认真分析裂缝产生原因后，采用了降低混凝土标号，取消分区同标号浇筑，同时在形成台阶部位，增加了护角钢筋，且缩短上下层混凝土覆盖的时间，过冬时加盖双层草袋保护，有效地防止了裂缝的产生。

(2)闸墩门槽上下游范围容易出现裂缝，一方面闸墩本身较长，加上门槽部位应力集中，容易引起裂缝，注意在门槽拐角位置增加斜拉钢筋。

(3)厂房尾水扩散段尺寸较长，基础为强约束区，高温季节浇筑，容易在中部产生贯通性纵向裂缝；主要采用薄层浇筑，控制好上下层混凝土浇筑的间歇时间，浇筑完成后及时覆盖洒水养护。

(4)出现了裂缝，一方面要采取补救措施，如在上层增加限裂钢筋，在裂缝末端钻孔，防止裂缝进一步发展，另一方面要研究裂缝的处理方案。

5.2.8 高寒地区混凝土抗冻措施

本工程地处高寒地区，对混凝土抗冻要求高，冬季虽不施工，但由于工期紧，在秋冬之交，春夏之交气温变幅较大季节必须施工，为此必须采取相应的措施：

(1)同步进行混凝土含气量的检测，混凝土含气量是反映混凝土抗冻标号的重要指标，为此监理专门购置混凝土含气量仪，加强混凝土含气量的同步检测，发现问题及时要求施工单位整改，保证含气量在规范要求范围内，同时进行抗冻试验分析，使抗冻指标符合设计要求。

(2)气温变幅较大季节混凝土施工保护措施，主要做到砂石骨料不得含冻块，对拌和用水进行加热，延长搅料时间，对出机口温度、入仓温度及浇筑温度进行检测，保证入仓温度大于 5℃；作好天气预报，如遇寒潮停止混凝土浇筑，对新浇混凝土进行表面保护。

(3)混凝土过冬保护。本工程多数混凝土龄期为 90 d，在进入冬季时多数未达到龄期，应采取措施进行过冬保护。经计算对泄水闸、厂房、船闸混凝土采用覆盖二层草帘(厚度达 6 cm)，外加一层彩条布的保护措施；对高程低的基础混凝土采用水淹法保护。对于船闸输水廊道、厂房流道、孔洞及各类混凝土管道予以封闭；对于开挖裸露的基岩，采用覆盖砂土保护，并保证厚度大于冻土层厚度。

6 结语

大顶子山航电枢纽监理工作取得圆满成功的关键在于我们组建了一个合适的组织机构，配备了专业齐全、经验丰富、责任心强的监理工作人员，有一套完善的管理制度，采取严格的控制手段，注重预防和工作的前瞻性；善于把握工作重点和难点及坚持监帮结合、积极协调的工作理念，不仅有力地保证工程质量优良，满足合同工期同时实现安全生产、投资有效控制的各项目标，这些认识可供社会各界同仁和工程建设者们参考。

事前预控在监理工作中的重要作用

齐伟 吴剑

(九江市科翔水利工程监理有限公司 九江 332000)

摘 要：水利工程经常会遇到来自参建各方影响工程质量、投资和进度的实际问题。为了保证工程目标的实现，笔者根据自己的监理工作实践经验，从勘测设计、技术设计方面，阐明事前预控在监理工作中的重要的作用。

关键词：事前 预控 作用

目前，监理业务大多数是合同规定的施工实施阶段的监理工作，工程"三控制、二管理和一协调"是监理工作内容。影响工程建设的实际问题来自于工程参建各方，有的在施工实施阶段前存在，有的在施工实施阶段中发生，但设计质量对监理目标控制有着举足轻重的影响。事前预控能使监理赢得工作的主动权，事前分析发现问题，制定预控措施，或者制定有效解决方案和方法，及时调整、纠正实质性的偏离，保证工程目标的实现。

1 工程建设中的实际问题

1.1 建设管理

前期准备工作不足，原工程资料不全，导致工程投资增加和工期延长，主要表现在工程原勘测设计、施工和观测资料残缺不全，征地拆迁、"三通一平"和招标工作滞后。

1.2 勘察方面

受费用少、时间紧等因素影响，地质勘察工作深度不够，难以如实或详细地反映地质现状，导致结论性意见不合理或不准确。主要表现在套用附近工程资料；布置钻孔数量不足，钻孔深度不够；取样组数少，土层与岩层划分分析不准确。

1.3 设计方面

受费用少、时间紧等因素影响，设计图纸设计深度不够，导致工程质量难以保证，投资增加和工期延长。主要表现在套用相似设计资料，实测尺寸与设计图纸不符，与现场脱离；有的设计技术参数不明确，要求参建各方根据现场共同确定；极少数设计技术参数不合理或不符合规范要求；各种设计变更太多，设计考虑不周、不合理或错误；施工图供应不及时，有的设计仍存在"三边"现象。

1.4 施工方面

中小工程施工围标、施工违标、违规现象严重。主要表现在实际施工中项目经理、技术负责人、安全员及施工机械设备与投标文件不一致，且施工力量薄弱；不按规定进行试验或检验工作；施工不符合强制性标准和规范要求；施工质量存在缺陷；技术资料整理不及时和不规范。

出现上述问题的原因是多方面的，除建设单位前期工作不充分、投入不足外，自身的原因是受利益的驱使，相互压价，减少投入，违反标准，迎合建设单位的要求。

2　监理事前预控的工程实例

施工方面的监理事前预控，已有许多成功的工程实例，以及《水利工程建设项目施工监理规范》(SL288—2003)中也有明确的程序，这里就不一一再叙。虽然监理合同中明确的是施工实施阶段的监理工作，但勘察、设计质量对监理目标控制有着举足轻重的影响。

设计方面事前预控的工作内容：熟悉设计文件内容。审查设计文件包括：设计说明、施工措施、技术要求、操作规程、设计修改变更通知等是否符合批准的设计任务书和原审批意见，以及是否符合勘测设计规定；代表建设单位核查设计文件的各项设计变更，提出意见与优化建议；及时向施工单位签发设计文件，发现问题及时与设计单位联系，重大问题向建设单位报告；组织设计单位进行现场设计交底；协助建设单位会同设计代表对重大技术问题和优化设计进行专题讨论；审核施工单位对设计文件的意见和建议，会同设计人进行研究，并督促设计人尽快给予答复。下面以工程实例，谈谈监理在设计方面事前预控的实践经验。

2.1　进度控制

某平退水利工程，工程主要项目是土方、新建泄洪闸、混凝土箱涵和溢流堰等工程。工程于12月底开标，建设单位与施工单位1月底签订施工合同，标书和合同工期次年3月完成。

监理主动进行了事前预控。仔细地审核了设计文件和施工组织设计，发现了如下问题：一是工程开标时间不合理，错过最佳的施工季节；二是开标后，雨水不断，水位上涨，冬、雨季施工，施工质量难以保证；三是技术设计施工图套用相似设计资料，实测尺寸与施工图不符；四是按正常工期需要6个月，施工组织设计按合同要求不能如期实现；五是水位较高，施工需要修筑围堰，围堰设计参数待定，增加工程投资；六是5月进入防汛期，会出现监理先下开工令，接着因防汛工作要求后下停工令的现象，圩堤破口给防汛工作带来不利。

监理主动与建设单位沟通，尊重科学，达成了一致性意见，工程移至汛后9月底开工。建设单位采纳了监理意见，实践证明：更改设计工期的安排是正确的，施工既保证了工程质量，又避免了工程资金的损失。

2.2　投资控制

某排涝泵站扩建工程，施工合同价149.1万元(不含电气金属结构设备价)，工期7个月。

监理主动进行了事前预控。仔细地审核了地质勘察报告和施工图纸，发现了如下问题：一是地质勘察报告套用附近其他工程资料，布置钻孔数量不足，未能真实反映地质现状，根据泵站设计规范，需要基础处理；二是技术设计较初步设计变化较大，工程量远远超过标书中的工程量清单，使得工程投资无法控制。

经补充地质勘察(钻机补孔)和现场检测(轻便触探试验)成果，发现以矩型对角线为界，一半坐落在软基上，不能满足设计地基承载力要求，设计增加混凝土灌注桩基础。设计变更补充了设计漏项，增加了工程量。

监理与建设单位代表根据设计单位已提交的施工图进行预算，工程造价 373.5 万元，超工程概算 300 万元。工程完工后经核定，施工单位结算 218 万元，增加合同投资 68.9 万元。

由于监理事先工作到位，有书面监理工作报告，为监理工作争取了主动性，为建设单位控制工程投资提供了依据，使建设单位决策做到了心中有数。

2.3 质量控制

某中型水库除险加固工程，大坝心墙设计采用液压抓斗成槽塑性混凝土墙，造孔时对于难抓的基岩采用冲击锥辅助造孔。防渗墙厚 40 cm，槽孔嵌入基岩的深度应 ≥50 cm。

在防渗墙实施中，为了确保工程质量，监理主动进行了事前预控。召开了设计交底会，明确了设计指标。召开工程专题讨论会，对施工设备、工程工艺和造价可行性进行了研讨。采用原设计施工方案工艺，一是液压抓斗施工设备庞大，受进库道路和已建桥梁的限制，不能进场；二是按设计要求液压抓斗入基岩 50 cm，结合先导孔探明大坝地质情况，施工工艺难以保证施工质量；三是冲击锥辅助造孔势必增加工程造价； 四是防渗心墙使用反循环回转钻成槽施工工艺已有成熟的施工经验。

施工工艺变更。经设计和建设单位同意，采用反循环回转钻成槽施工工艺，连续钻孔入岩，两序成槽。考虑到成槽时间长，易于坍孔，槽段选定为 2.4 m。一序为 6 孔，钻头直径 40 cm；二序为 5 孔，为了保证成墙厚度，钻头直径 48 cm；槽段连结处按二序孔施钻。为了确保入岩槽宽，施钻时增加 22 cm 深度，以达到锥型钻头的最大宽度。防渗墙其他施工要求按《水电水利工程混凝土防渗墙施工规范》(DL/T 5199—2004)进行。

工程效果。施工质量经检验满足设计技术要求，保证了工期。单价比较，液压抓斗成槽塑性混凝土墙 400 元/m²，反循环回转钻成槽塑性混凝土墙 342 元/m²，节省了工程投资。

3 经验总结

(1)事前预控是事前控制。监理事先对工程存在不利的因素，采取预控措施，保证工程目标的顺利实现。

(2)事前预控是主动控制。监理充分发挥主动性，积极有序、有效地工作，从而保证施工实施阶段的监理任务的完成。

(3)事前预控能使监理在工程投资、进度、质量和安全上，提出了合理化和优化建议，减轻或消除了各种不利因素对工程的影响，保证工程质量。

(4)事前预控是监理控制一种重要手段，也是监理防范风险的一种重要手段。要求监理具有较高素质，具备全面的理论知识和丰富的工程实践经验等综合能力。

四川雅安洪一水电站监理工作体会

刘帆　许天柱

(四川大桥水电咨询监理有限责任公司　成都　610072)

摘　要：洪一水电站是四川省雅安市石棉县境内的中型工程，四川大桥水电咨询监理有限责任公司通过投标承担了该电站的施工监理工作，在工程实施过程中，监理部建立了规范化的工作制度，通过与业主、承包商密切配合，使工程质量、进度和投资三大目标得以有效控制。

关键词：施工监理　质量控制　进度控制　投资控制　合同管理

1　概述

1.1　工程概况

松林河洪一电站枢纽位于四川省雅安市石棉县蟹螺乡境内的木拉湾和甘孜州九龙县洪坝乡的滨东境内的松林河次源洪坝河上，是洪坝河规划梯级开发中的第三级水电站，其上游为洪坝水电站(洪二、洪三合并开发)。下游为装机 120 MW 的大金坪水电站。

该工程为单一的引水发电开发的水电工程项目。具有日调节功能，电站装机容量 80 MW，设计水头 312 m，最大水头 328.4 m，引用流量 30.6 m³/s，正常取水位 1 532.3 m(小洪坝电站尾水出口)，保证出力 16.4 MW，年发电 4.108 2 亿 kWh，年利用小时数 5 135 h。主要建筑物由取水枢纽、引水系统、发电厂房组成。

工程项目法人单位为四川松林河流域开发有限公司，设计单位为成都市水利电力勘测设计院，工程分为两个标段：引水隧洞工程标段和发电厂房工程标段，分别由中国水利水电第七工程局有限公司和中国水利水电第五工程局有限公司中标承建，监理单位为四川大桥水电咨询监理有限责任公司。

1.2　监理任务的落实

2005 年 7 月 27 日，四川大桥水电咨询监理有限责任公司组建监理机构，成立洪一水电站工程监理部，实行公司直接领导下的总监负责制和金字塔式的现场管理模式，并依据合同对水电站的土建工程、机电安装工程及原形观测工程的施工进行全过程监理。

由于业主项目审批遇阻，工程实际开工日期为 2006 年 2 月 28 日，比原监理合同约定的开工日期推迟约半年，在施工过程中因地质变化较大，施工工期由原合同的 25 个月调整为 38 个月，二台机组发电时间为 2009 年 4 月 30 日，监理合同也作出相应顺延。

1.3　机构的组成

监理部实行总监负责制，总监、副总监以下设立引水隧洞工程 CⅠ标和发电厂房工程 CⅡ标两个项目监理组，结合水工、水机、电气、合同管理、地质、测量、试验等专业监理工程师负责制，组成矩阵式组织结构模式。常驻工地监理人员 15～17 人，专业人员配套齐全，保证了监理部的正常工作。

2 规范管理制度和工作方法

监理受业主的委托以合同为依据，对工程项目实施进行监督与管理控制是监理任务的核心，从根本上讲没有控制就没有监理，控制是建设监理目标实现的重要保证，是其目标实现的必要手段。在工程项目建设中要使监理控制有成效就必须坚持控制程序化、标准化和科学化。

监理部根据洪一水电站工程具体情况，为便于开展监理工作，根据监理工作的需要，监理部以全心全意为项目法人服务、为工程服务、维护国家利益为指导思想，在深入调查研究的基础上制定了洪一水电站监理规划、监理实施细则、施工验收表格及有关制度 10 多份，经项目法人同意后发放施工单位并具体实施。同时在监理部内部制定了《监理人员行为规范》、《各级监理人员岗位职责》作为监理人员的行为准则，制定了《施工监理工作方法》、《旁站监理工作方法》供各级监理人员掌握使用，以保证监理工作的正常开展。

3 施工监理过程

3.1 工程质量控制

监理工程师根据工程的实际进展情况，按照公司制定的质量保证体系有关文件，以根据工程特点编制的现场监理工作程序和有关规定、制度，认真开展现场监理工作。各专业分工、岗位职责明确，各分部工程质量控制程序化、规范化，各项质量要素落实到每个职能部门，同时严格审查承包商的质量保证体系和质量管理程序、措施，对承包商质量三检系统进行监督，使其在整个施工过程中始终保持良好的运行状态，使原材料质量、各工序质量、半成品质量、最终产品质量均处于有效控制状态。

重要项目开工前，监理部要求承建单位首先进行试验检测，满足设计要求，然后才能实际施工。如前池混凝土施工前监理坚持要求施工单位先做现场基础承载力试验，确定参数基本达到设计要求时，才能进行下一步施工；升压站回填前，监理提请设计给出压实参数后坚持要求施工单位采用砂砾石作为回填料取代原设计的洞渣回填。重要建筑物施工过程中，监理测量工程师坚持对施工控制网、放样成果、完工断面或体形尺寸进行校测，以确保建筑物轴线、高程和体形满足设计要求。例如，在隧洞贯通校测中发现两承建单位因各自使用的施工控制网未进行校测，可能出现贯通偏差较大，提请设计进行整网复测。

当工期和质量发生矛盾时，监理部要求施工单位以施工质量求工程进度，以工程进度求经济效益；并运用警告、返工、停工整顿、罚款或核扣工程款项等权限作为辅助控制手段，为保证工程质量发挥了监督和补救作用。

3.2 工程进度控制

进度控制监理是施工监理的主要任务之一，工作的成效直接关系到工程的经济效益、业主利益。在洪一水电站监理实施过程中，监理部充分利用自己的业务专长和施工经验公正、科学地进行监理。

为有效地进行进度控制监理，在项目施工前，监理部根据业主制定的项目总进度计划，审核、批准施工单位提交的进度计划，并利用 Project 软件进行工程进度控制管理，由于影响施工进度的因素很多，且有些是不可预见的，因此在进度滞后于计划时，监理工程师敦促施工单位即时编制赶工措施、备用方案等，并审查其可行性。

洪一水电站在施工期间，由于受 2006 年的"7.15"泥石流和地质变化等不可预见因素的影响，造成工期严重滞后，监理站在公正立场，通过大量的工作和认真客观、科学的分析，为维护业主和承包商的正当利益，向业主提交延长工期的分析报告，经业主批准后将工期由 25 个月延长为 38 个月。

有了各标完成合同任务的工期目标，为确保工程按期实现发电目标，并吸取其他工程的经验教训，业主与施工方在 2007 年 8 月提前签订实现发电目标奖励责任书，并在月底的工程例会上按月分解节点目标和奖励金额，以调动和激励施工方的管理力度与施工人员的生产积极性。

施工中，监理工程师每天坚守在工地现场，发现影响工程项目尤其是关键项目的因素，检查机械设备、施工人员、管理人员的投入情况，发现问题及时采取现场指令、监理函件和会议纪要方式提出整改意见，并检查施工方的整改执行情况，达到整改闭合的监理目标。

3.3 工程投资控制

洪一水电站的承建合同采用单价承包方式，监理部对合同支付坚持以"合同文件为依据，单元工程为基础，施工质量为保证，量测核实为手段"的原则，严格按支付计量、项目审核、质量检验、支付单价的审核和工程支付签证等程序进行。对于合同变更，监理坚持按照合同原则和计价依据计算和核定结算单价。洪一水电站由于变更较多，为了能正确维护合同双方的利益，监理工程师一般采取协调的办法核定变更结算单价，尽量避免合同纠纷的发生。

3.4 施工安全控制

监理部制定了《安全文明施工监理细则》，明确了对安全文明施工的要求、控制程序和控制方法，并在每月的内部会议上组织全体监理工程师学习。配置专职安全文明施工监理工程师，专职负责安全文明施工监理控制工作，其职责主要是负责检查现场安全文明施工情况及承建单位对监理工程师安全文明施工指令及违规整改通知的执行情况，负责对承建单位的人员持证情况、设备性能、操作规程进行检查，负责危险源、危险点及危险因素的分析与辨识工作，检查承建单位对防控措施的落实情况，负责每月安全文明施工监理工作的检查和总结并提交报告。

通过教育培训使每位监理工程师认识到安全文明施工的重要性，认识到安全文明施工管理不仅是安全监理工程师的职责，也是每位监理工程师的重要控制工作。监理工程师对安全文明施工的控制包括施工过程的方方面面，不合格的要求整改，整改完毕后才能进行正常生产工作。

3.5　施工过程中的监理协调

洪一水电站开工后，监理部依据业主授予的权限和工程承建合同文件规定，建立监理协调(包括定期协调、专项协调和分级协调)制度，明确监理协调的程序、方式、内容和合同责任。

工程质量协调制度，在电站厂房施工过程中，为了保证接地、管道、金结预埋和焊接质量，防止预埋件错埋和漏埋，从厂房的底板混凝土垫层浇筑到厂房封顶，在混凝土开仓前，由监理工程师都主持现场协调验收，参加的有土建、机电及金结现场监理和施工单位的技术负责人，通过施工现场实地查看，结合水工、机电及金结施工图纸，共同确认图纸是否到齐，预埋件有无错埋和漏埋现象，经一致认为无误后签字确认，以此作为移交单，最后由现场监理在开仓证上签字确认才能开仓。在混凝土浇筑过程中，机电及金结监理跟踪混凝土浇筑，发现预埋件位移便及时要求校正；施工中，施工方、监理工程师发现的设计问题，及时采用口头及函件同设代联系，以尽快解决影响工程质量的设计问题。

工程进度协调制度，监理部在每半月的生产例会上，检查上半月施工单位工程进度完成情况，审核下半月的进度计划。若未能按时完成，查找原因，制定切实可行的赶工计划，同时协调解决施工过程中存在的其他问题。

工程投资协调制度，监理部在维护业主合同权益的同时，实事求是地维护承建单位的权益，及时协调施工进度、工程质量与合同支付之间的矛盾。对发生的施工或设计变更，施工单位向监理部提交变更申请时，支持文件(相应图纸、设计修改通知、会议纪要、地质勘探资料、照片等)必须齐全，否则不予受理，对各标存在的有关合同问题，监理部定期组织参建各方召开合同专题会议研究讨论，并形成会议纪要。

3.6　信息管理

监理信息管理是监理工作的一个重要内容，主要任务是采集、储存、维护、处理和使用信息，直接为工程质量、施工进度和合同支付三大目标服务。搞好监理信息管理，为业主及监理提供决策数据、决策服务，对工程控制起着至关重要的作用。

在洪一水电站工程实施过程中，各级监理人员均须认真做好监理日志和现场记录，包括施工人员、设备进场情况，施工单位提出的问题及监理人员发现的质量问题等，为监理决策、过程控制、合同索赔、工程质量检验、工程变更确认以及工程事故查证提供第一手资料，并通过周报、月报、专题报告或协调会向业主反馈工程进展及质量情况。

4　监理工作的思考和建议

4.1　业主行为的规范

根据现行法规，监理工程师应该是工程建设项目现场的唯一管理者，业主委托了监理，就应由监理工程师去实施对工程建设项目的监督与管理，而业主所要做的，是如何做好对监理的管理。业主参与到具体的管理中就必将造成监理工程师权威的削弱，这就要求监理人员必须熟悉监理委托合同，处理好与业主的关系，取得业主的信任，以利监理工作的开展。

4.2　监理费用偏低

实践证明，监理服务费用过低，表面上节约了业主的支出，但会直接导致监理力量不足或监理人员素质不高，最终可能会使工程留下质量隐患，或可能造成工程建设费用浪费、工期延长等不良后果，合理的监理服务费用是监理单位高质量完成施工监理任务的前提条件，最终受益的还是业主。

4.3 监理人员的素质

监理是以合同管理为中心，促使三大目标的实现，使业主取得最佳的经济效益，才是监理的根本目的。因此，一个合格的监理工程师除应具备较全面的技术水平和施工经验外，还必须具备强烈的合同意识。但目前由于监理取费标准偏低等原因，难以吸引有较高专业技术水平、有丰富管理经验、有组织协调能力、年富力强的人才加入监理队伍，这是监理单位及其人员的素质总体水平较难提高的重要原因。

浅谈监理工作的产品以及
不合格品的识别与控制

邹秋生　　沈崇烈

(湖北腾升工程管理有限责任公司　武汉　430070)

摘　要：无论是对于监理工作人员还是对于监理企业的管理者，对监理工作的合格与否必须有正确的判断。在监理工作实践中，人们对监理工作的产品往往认识模糊，对不合格品的判断与识别往往难以做到准确，自然影响到对不合格品的控制措施与效果，对监理企业的管理和对监理工作的改进及提高都是不利的。本文结合监理企业贯标工作中的体会，谈一些初浅的认识，以便各位同仁参考。

关键词：监理工作　产品　不合格品　控制

1　什么是监理工作的产品

按照《质量管理体系　基础和术语》(GB/T 19000—2000)(等同采用 ISO9000：2000《质量管理体系　基础和术语》)对"产品"的定义是：过程的结果；对"过程"的定义是：一组将输入转化为输出的相互关联或相互作用的活动。产品可以分为以下 4 种通用的类别：

(1)硬件：有形产品，其量具有计数特性。

(2)软件：无形产品，由信息组成，可以是报告、论文、程序等。

(3)流程性材料：有形产品，其量具有连续性，可以是液体、气体、线状、块状。

(4)服务：是无形的，是活动的结果。服务是产品，服务提供过程与服务是在与顾客接触中同时发生的，很难区分；服务可能是在顾客提供的有形产品上所完成的活动，如寄存、搬运、维修；服务也可能是在顾客提供的无形产品上所开展的活动，如公证、律师辩护等，工程监理应属此类；服务也可能是无形产品的交付，如培训；服务也可能是为顾客创造一种氛围，如宾馆和饭店。

许多产品包括上述的硬件、软件等若干类，究竟属于哪类产品取决于其主导成分。根据上述分类原则，监理工作的产品应包括两类：服务和软件，服务产品即监理过程及其结果或效果，软件即监理过程中形成的监理资料，包括监理规划、监理细则、监理报告以及监理过程中监理人员签证、签署的相关文件等。

有些人将建筑产品当做监理工作的产品，那是错误的，因为监理不是建筑产品的直接生产者和经营者。由于工程验收时往往把查看监理资料作为一项重要内容，有些人认为监理资料就是监理工作的产品，那是片面的，因为监理资料只是监理产品的一个方面，并且不是其主导成分，监理产品的主导成分应该是服务。所以，确切的说，监理工作的产品应该属于服务的类别，它包括监理服务过程本身和过程中必须形成并保留的各种记录、签证、报告等资料，两者是不可分割的。

2　如何识别监理工作的不合格品

为了把监理工作做好，为了完善监理企业对监理项目和监理人员的管理，不断提高监理工作水平，无论是对于监理工作人员还是对于监理企业的管理者，对监理工作的合格与否必须有正确的判断。

按照标准的定义，"不合格(不符合)"就是"未满足要求"；不合格品自然就是未满足要求的产品。

作为监理产品的要求，有合同的要求，有监理规范的要求，有施工技术规范的要求，有法律法规的要求，有明示的要求，有隐含的要求。硬件等有形产品的合格与否，可以用检测指标定量地来判定，而监理产品的合格与否是不可能用检测指标来判定的。

由于监理服务是无形的，监理资料是软件，也是无形的，与硬件产品有所区别，所以一般称监理工作不合格品为"不符合要求"或"不合格"或"不合格项"(贯标用语)。监理工作的产品包括服务和监理资料两个方面，所以对监理工作的不合格品的检查和判定可以从这两方面入手，并且这两方面是不可分割的。

工程的内在质量和外观形象的好坏是工程参建各方的工作质量好坏的综合体现，当然包括监理工作质量的好坏，所以我们常对施工方说"你们把工程做好了，我们沾光"。如果工程质量安全出现重大问题，虽然不能肯定有监理方的责任，但起码是难脱干系的。而调查质量安全事故监理责任的主要工作也就是查看资料，可以说监理资料就是依据、就是证据，有时甚至会成为规避监理责任的救命稻草。这充分说明监理资料的重要性，同时也说明监理资料是监理产品的不可缺少的组成部分。工程完工，监理服务结束，除了工程形象可以看到，监理产品则只有监理资料可以查阅，但是仅凭监理资料来判断监理产品质量又是不够的，也是片面的，有时甚至会出现错误的判断，因为资料可能存在不全和不真实的情况。除检查监理资料外，我们还可以从其他途径识别监理服务质量的好坏，比如贯彻 ISO9000 标准中有一项工作叫做顾客满意调查，一项工程、一个监理机构工作好坏的评价，可以通过对发包方、被监理方甚至当地政府、群众等方面对监理工作的意见调查，也可以作为识别监理工作合格与否的重要依据。

在监理实施过程中，要对一个监理部或监理人员的工作合格与否作出恰当的判断，笔者认为可以从监理规范或法律法规规定的监理机构的的基本职责与权限以及监理人员岗位职责入手进行检查和判定。首先是该做的工作做了没有，这是最基本的，至于做得好坏可能就仁者见仁、智者见智。以下分别以总监理工程师职责(依据《水利工程施工监理规范》)和安全监理方面的法律法规要求为例(见表 1、表 2)，说明不符合要求或不合格项的判定的途径，仅供参考。从两个表中可以发现，监理工作做了没有、做得好坏，在很大程度上要从资料上来反映。

表 1 总监理工程师工作不符合要求或不合格项的判定

总监理工程师职责	不合格项描述
主持编制监理规划，制定监理机构规章制度，审批监理实施细则。签发监理机构内部文件	1. 未编制监理规划、监理规划内容或编审不合要求； 2. 监理机构规章制度不健全、不明确； 3. 未按规范要求编制必要的监理实施细则
确定监理机构各部门职责分工及各级监理人员职责权限，协调监理机构内部工作	1. 部门与人员职责分工不明确； 2. 监理机构内部工作不协调，影响监理工作成效
指导监理工程师开展监理工作。负责本监理机构中监理人员的工作考核，调换不称职的监理人员；根据工程建设进展情况，调整监理人员	1. 总监未定期或不定期检查指导监理人员的工作； 2. 总监未按照公司要求定期考核监理人员，未留下记录
主持审核承包人提出的分包项目和分包人，报发包人批准	1. 无监理审核记录； 2. 审核程序不符合要求
审批承包人提交的施工组织设计、施工措施计划、施工进度计划、资金流计划	1. 无监理审批记录； 2. 审批意见及效果不符合要求
组织或授权监理工程师组织设计交底；签发施工图纸	1. 无图纸会审记录、无设计交底记录及会议纪要、无施工图纸签发记录； 2. 会议纪要签署不合要求； 3. 签发无效图纸
主持第一次工地会议，主持或授权监理工程师主持监理例会和监理专题会议	1. 未适时主持会议和协调问题； 2. 无会议纪要； 3. 会议纪要签署不合要求
签发进场通知、合同项目开工令、分部工程开工通知、暂停施工通知和复工通知等重要监理文件	该签发的文件未签发
组织审核付款申请，签发各类付款证书	1. 付款申请审核程序不符合要求，计量审核资料不全； 2. 付款证书签署不符合要求
主持处理合同违约、变更和索赔等事宜，签发变更和索赔有关文件	1. 合同违约、变更和索赔等事件处理程序、方法不合要求、证据资料不全、协调工作未做； 2. 变更和索赔文件签发不合要求
主持施工合同实施中的协调工作，调解合同争议，必要时对施工合同条款做出解释	1. 未组织主持协调工作调解争议； 2. 未明确监理意见和建议； 3. 未留下必要的记录
要求承包人撤换不称职或不宜在本工程工作的现场施工人员或技术、管理人员	1. 对施工方不称职等人员的问题听之任之； 2. 未向施工方提出警告并向发包方汇报、必要时提出书面撤换要求
审核质量保证体系文件并监督其实施情况；审批工程质量缺陷的处理方案；参与或协助发包人组织处理工程质量及安全事故	1. 对施工方质量保证体系及其实施情况出现问题未适时提出监理意见，任其发展，造成质量安全问题或事故； 2. 对出现的质量缺陷未组织各方协商处理意见并留下记录； 3. 不及时主动配合处理甚至回避隐瞒质量安全事故
组织或协助发包人组织工程项目的分部工程验收、单位工程完工验收、合同项目完工验收，参加阶段验收、单位工程投入使用验收和工程竣工验收	1. 未组织或协助发包人组织工程项目的各次验收； 2. 验收资料准备不力； 3. 监理报告或汇报不令人满意； 4. 验收工作中暴露太多与监理工作有关的问题
签发工程移交证书和保修责任终止证书	未按照合同或规范要求签发工程移交证书和保修责任终止证书
检查监理日志；组织编写并签发监理月报、监理专题报告、监理工作报告；组织整理监理合同文件和档案资料	1. 总监未检查监理工程师监理日志并签字； 2. 未按照合同定期签发监理月报，未适时向发包方就有关问题作专题报告造成较大问题发生而被追究责任； 3. 资料归档及移交手续不全

表 2　执行安全监理方面的法律法规工作不符合要求或不合格项的判定

安全监理方面的 法律法规要求	不合格项描述
贯彻落实《建设工程安 全生产管理条例》	1. 未对施工组织设计中的安全技术措施或者专项施工方案进行审查；无审查记录；施工方案存在问题监理未提出明确意见； 2. 发现安全事故隐患未及时要求施工单位整改或者暂时停止施工； 3. 施工单位拒不整改或者不停止施工，未及时向有关主管部门报告； 4. 未依照法律、法规和工程建设强制性标准实施监理
贯彻落实《关于落实建 设工程安全生产监理 责任的若干意见》	1. 未制定包括安全监理内容的监理规划和监理细则； 2. 未对施工专项措施、方案全面审查；；无审查记录；施工方案存在问题监理未提出明确意见； 3. 施工过程未检查督促到位；监理人员安全监理责任意识差、未履行职责；未留下相关记录； 4. 未正确行使停工指令，并及时报告

上述表 1 和表 2 中的不合格项描述仅仅是笔者初浅的认识。对监理工作质量的检查应该是全方位的，而各人的看法可能是不一致的。对于一个贯彻 ISO9000 标准的监理企业，应该结合企业的管理制度制定一套完整的检查表，在工作中认真执行并不断完善。

3　监理工作的不合格品控制

不合格品的控制措施包括纠正、纠正措施和预防措施。

按照 ISO9000 标准的定义，纠正是为消除已发现的不合格所采取的措施；纠正措施是为消除已发现的不合格或其他不期望情况的原因所采取的措施；预防措施是为消除潜在的不合格或其他潜在的不期望情况的原因所采取的措施，纠正可以连同纠正措施一同实施。

贯彻 ISO9000 标准的监理企业必须制定一套比较完整的纠正措施控制程序和预防措施控制程序并有效执行。监理工作中出现了不合格或不合格项，必须采取纠正和纠正措施，不论是对于监理工作本身还是对于一个工程项目而言，目标控制更重要的措施是进行主动控制和事前控制，鉴于监理工作的特点，不期望情况的原因和潜在的不期望情况的原因很多，预防措施显得更为重要。如果一个项目的监理机构人员不足、总监能力不足、人员不尽职，且不采取预防措施，任其发展，肯定是要出问题的。

参考文献

[1]吴鹤鹤，丁永生. 工程建设行业 2000 版 ISO 9000 族标准理解与实施[M]. 北京：中国水利水电出版社，2003.

贵州北盘江光照水电站大坝碾压混凝土
施工质量监理控制措施

陈广平

(广西桂能工程咨询有限公司　南宁　530023)

摘　要：碾压混凝土施工质量事关大坝的安全，也是监理工程师进行质量控制的重点。本文着重介绍了监理工程师对贵州北盘江光照水电站大坝碾压混凝土施工质量所采取的控制措施以及相应检测的成果，为今后类似工程施工监理提供参考。

关键词：光照水电站　大坝碾压混凝土　施工质量　监理控制措施　检测

1　工程概况

光照水电站位于北盘江中游，是北盘江干流(茅口以下)梯级水电站的"龙头"，是贵州省实施西部大开发和"西电东送"战略决策的重点建设项目。电站坝址左岸是贵州省关岭县，右岸是贵州省晴隆县，是一个以发电为主的大型水电项目，总库容 32.45 亿 m^3，装机容量 4×260 MW，多年平均发电量 27.54 亿 kWh，总投资 61.62 亿元。

电站大坝坝顶全长 410 m，坝顶高程 750.50 m，最大坝高 200.5 m，为全断面碾压混凝土重力坝，是目前世界上已建和在建同类坝型中最高的碾压混凝土大坝。大坝混凝土设计总量 278.83 万 m^3，其中碾压混凝土 240.02 万 m^3，高峰期混凝土浇筑月平均施工强度 18.8 万 m^3，高峰月混凝土浇筑 24.8 万 m^3。2005 年 12 月 26 日浇筑第一仓常态混凝土，2006 年 2 月 11 日浇筑第一仓碾压混凝土，至 2006 年 12 月 31 日止，大坝累计浇筑混凝土 1 280 333 m^3，其中碾压混凝土 1 121 690.5 m^3，机拌变态混凝土 43 142 m^3，常态混凝土 110 564.5 m^3，砂浆 4 936 m^3，已浇筑混凝土量占设计混凝土总量的 45.92%，最大坝高已达 84.5 m，月混凝土最高浇筑强度 19.71 万 m^3，日混凝土最高浇筑强度 13 582.5 m^3，全年日混凝土浇筑量达 1 万 m^3 以上的共有 15 次。

2　质量控制的主要措施

监理工程师主要通过以下主要措施进行大坝碾压混凝土的施工质量控制：

(1)水泥、粉煤灰、外加剂、砂石骨料等主要原材料的质量控制。砂石骨料的人工砂石粉含量为质量控制的要点，它直接关系到碾压混凝土的泛浆效果。

(2)施工组织设计、施工措施的审查。

(3)仓面验收。

(4)碾压混凝土的拌和质量。

(5)浇筑过程的质量控制。

(6)碾压混凝土养护。

(7)碾压混凝土的施工缺陷处理。

2.1 主要原材料的质量控制

2.1.1 水泥、粉煤灰、外加剂等材料的质量控制

业主提供的水泥、粉煤灰及承包人采购的外加剂等原材料进场必须三证齐全(生产许可证、出厂合格证、产品材质检验证),供货方必须随材料进场提供产品质量合格证,承包人必须及时通知监理工程师到场,承包人按有关规范规定的取样频率进行抽样检测,监理工程师按《原材料质量控制工作监理实施细则》的要求见证承包人试验室取样检测。承包人待检测结果出来后填写检测结果报告单,并将合格证及产品材质检验证复印件、检测结果报告单一式三份报监理工程师进行审批。经监理工程师审批后,承包人根据审批意见组织验收,未经监理工程师审批允许使用的材料严禁用于大坝土建工程。

在接到承包人的材料进场通知后,监理工程师同时委托业主指定的工地中心试验室进行平行抽样检测,一旦发现检测结果有异常情况,由监理工程师通知业主物资供应部门或承包人一起查明原因,并采取相应的处理措施。

禁止使用不合格的材料。一旦发现抽样试验不合格,对于未使用的原材料限令 24 h 内运出施工现场,对已使用的必须返工处理。无论何种情况承包人都必须提出专题报告,说明其影响范围、影响程度、采取的处理措施以及处理情况,报监理工程师备查。

2.1.2 人工砂石料的质量控制

承包人用于大坝碾压混凝土浇筑的粗细骨料应满足水工混凝土和水工碾压混凝土施工规范的要求。碾压混凝土细骨料的细度模数宜在 2.2 ~ 2.9;含水率不宜大于 6%;石粉($d \leqslant 0.16$ mm 的颗粒)含量宜控制在 17% ± 2%之间,0.08 mm 以下的颗粒含量不小于 8%;粗骨料粒径分为 5 ~ 20 mm、20 ~ 40 mm、40 ~ 80 mm 三级,主要控制各级骨料的超、逊径含量,以原孔筛检验,其控制标准为:超径小于 5%,逊径小于 10%,含泥量小于等于 0.5%,针片状颗粒含量小于等于 15%,其他质量指标应符合《水工混凝土施工规范》(SDJ 207—82)的要求。

承包人按有关规范规定的频率对人工砂石骨料的质量进行检验,监理工程师按《原材料质量控制工作监理实施细则》的要求见证承包人现场取样和试验室内检测,监理工程师定期委托业主指定的工地中心试验室取样进行平行检测,对承包人试验室的检测结果进行复核。

光照水电站主要由左岸基地砂石系统承担大坝碾压混凝土所需砂石骨料的生产,该砂石加工系统于 2005 年 12 月 20 日正式投入生产,通过调试运行,到 2006 年 7 月已处于相对稳定期,生产的碾压混凝土用砂细度模数平均值为 2.86,接近规范要求;石粉含量平均值为 13.43%,与设计要求 17% ± 2%还有一定的差距,其中粒径小于 0.08 mm 的颗粒的含量为 9.51%,达到设计不小于 8%的要求。

由于左岸基地砂石系统生产的碾压混凝土用砂含粉量未达到设计要求的 17% ± 2%,经有关各方研究决定,以含砂量为 3%的粉煤灰代替砂中石粉,以保证碾压混凝土强度、泛浆效果等达到碾压混凝土施工的要求。

2006 年 7 月由业主组织有关各方成立了光照水电站左右岸砂石加工系统成品砂石粉含量质量控制 QC 小组,通过在生产过程中采取提高筛分效率、提高制砂效率、增设雷

蒙磨机和提高石粉回收率等措施，提高左岸砂石系统碾压混凝土用成品砂的产量和石粉含量。通过 QC 小组活动，左岸砂石系统碾压混凝土用成品砂不仅产量得到一定的提高，石粉含量也得到了明显改善，2006 年 12 月基本达到和稳定在 14.3%，基本满足了光照水电站工程建设的需要。

2.2　做好施工组织设计、施工措施的审查

监理工程师严格审查并帮助承包人完善其报送的《RCC 大坝工程碾压工艺试验施工组织设计》、《光照水电站大坝土建工程施工组织设计》，配合业主组织有关各方进行 RCC 大坝工程碾压工艺试验，组织国内碾压混凝土专家进行光照水电站大坝土建工程施工组织设计的审查。在单项工程开工前，承包人必须向监理工程师报送单项工程施工组织设计(施工措施)，监理工程师严格审查并提出审批意见。要求承包人在每仓碾压混凝土开仓前必须报送《浇筑要领图》，内容包括：浇筑部位、起止桩号、起止高程、分层分块顺序及其工程量、碾压混凝土类别、施工线路、入仓方式、入仓口的选定、施工手段(包括碾压混凝土供料强度、各种施工设备的型号和数量)等，并附简要的平面图、剖面图。承包人必须严格按监理工程师审批的浇筑要领图进行施工，如现场施工遇到困难，需要变更施工顺序，必须重新得到监理工程师的批准。

遇到横纵水平廊道、底孔等施工质量控制手段比较复杂的仓面，由监理工程师组织业主、设计、承包人(包括大坝碾压混凝土浇筑承包人、大坝基础固结灌浆承包人和其他与大坝碾压混凝土浇筑有影响的承包人)召开碾压混凝土开浇前准备会，集思广益，做好各施工项目的协调工作，确定碾压混凝土浇筑的施工措施和施工顺序、施工进度安排等。

2.3　浇筑前的仓面验收

碾压混凝土浇筑前的仓面检查验收的主要内容有：模板安装、钢筋安装、止水铜片、排水盲管、基础面及浇筑缝面处理、仓内各种施工控制线标识等。碾压混凝土浇筑仓面经监理工程师验收合格后，签发混凝土开仓证，试验监理工程师签发碾压混凝土配料单，承包人开始碾压混凝土拌制。

2.4　碾压混凝土拌和的质量控制

混凝土拌和楼在投产前必须进行衡器校验。拌制碾压混凝土前必须通过试验确定拌和投料顺序及拌和时间，监理工程师监督承包人严格按设计配合比进行各种原材料的掺量设置、投料顺序设置及拌和时间设置，并对设备的正常运行进行定期检查。

监理工程师对碾压混凝土浇筑仓面验收合格后，承包人试验室人员根据承包人质量部送来的开仓证，按监理工程师批复使用的施工配合比开具碾压混凝土配料单，经监理工程师签字后，送至拌和楼，执行"一验"、"三检"制，即输入配料单前，试验人员验证称量系统的准确性，确认后由拌和楼操作人员将配料单输入计算机，此时操作人员进行"一检"，拌和班长进行"二检"，试验人员进行"三检"，严格核对配料称量设定值的准确性。

监理工程师在出机口按一定的频率见证承包人试验室对拌制的碾压混凝土的温度、V_c 值、含气量等部分性能指标进行检测，委托业主指定的工地试验中心按一定的频率对拌制的碾压混凝土进行平行抽样检测。

2.5　碾压混凝土浇筑过程的质量控制

碾压混凝土浇筑过程中监理工程师主要通过以下方式进行质量控制：过程巡查、仓

面工艺旁站、监理工程师指令(必要时)、监理工程师校核性测试与抽样检查等。

2.5.1　过程巡查

总监理工程师定期和不定期对施工现场进行全面巡视检查，在碾压混凝土浇筑过程中，一般由一名副总监理工程师和一名主任监理工程师(副主任监理工程师)在施工现场进行巡视检查，协调处理较大的问题并指导督查现场监理工程师、监理员的监理工作。

2.5.2　仓面工艺旁站

仓面工艺采取三班制 24 h 旁站监理，一个 RCC 浇筑仓面一般安排一个或两个监理员进行旁站。旁站监理员主要按《光照水电站大坝碾压混凝土施工监理实施细则》和承包人报送、经监理工程师审批的《RCC 施工工法》、《浇筑要领图》、设计施工技术要求旁站监督承包人施工，主要对以下现场施工质量进行控制：碾压混凝土入仓温度、V_c 值、碾压遍数、泛浆效果、压实度、入仓口和浇筑仓面的污染控制等。在碾压遍数和压实度都满足设计要求的情况下，如没有良好的泛浆效果，监理员均要求承包人进行补碾。重点对上下游防渗区的碾压施工质量进行严格监控。

如入仓温度、V_c 值等不能满足有关要求，旁站监理员立即通知试验监理工程师督促承包人采取相应的处理措施。

对未按有关规定施工或资源配置不足导致碾压混凝土上坝强度不够等现场出现的质量隐患，经监理工程师口头提出整改要求后，如承包人未按要求及时进行整改，监理工程师对承包人下发《质量问题整改通知单》，并督促检查承包人的整改落实情况。

在碾压混凝土浇筑仓面，试验监理工程师按一定频率见证承包人对碾压混凝土进行取样成型，对达到龄期的试块见证承包人对碾压混凝土的抗压强度、劈拉强度、抗渗等级、抗冻等级等常规性能进行检测，委托业主指定的工地试验中心对碾压混凝土的 V_c 值、抗压强度等性能进行平行检测。

2.6　监督承包人严格按有关规范和设计要求进行碾压混凝土养护

碾压混凝土拆模时间必须符合有关规范和设计要求，承包人拆模人员要进行拆模必须有承包人工程技术部的签字同意。

由于光照水电站大坝碾压混凝土浇筑仓面一般都较大，每仓碾压混凝土一般在 5 万 m³ 左右，每仓浇筑时间一般在 6 d 以上，所以碾压混凝土养护不能等到碾压混凝土收仓才进行，监理工程师根据浇筑部位的完成时间现场指示承包人进行碾压混凝土养护。对未终凝的碾压混凝土，指示承包人进行喷雾，保持碾压混凝土表面的湿润，必要时采取覆盖措施。碾压混凝土终凝后，在抗压强度未达到 250 N/cm² 前，严禁施工机械在碾压混凝土面上作业。对于未终凝碾压混凝土，施工机械必须要从上面经过的，必须铺设 10 mm 以上的厚钢板进行保护。

遇寒潮时，督促承包人采用 EPE 保温材料(俗称"珍珠棉")对混凝土面及时覆盖保温。大风天气或太阳暴晒天气，督促承包人对新浇碾压混凝土加强养护，覆盖彩条布，防止水分蒸发引起干缩裂缝。

2.7　施工缺陷处理

光照水电站大坝自开工来未发生过质量事故。发现的主要施工缺陷是施工层面冷缝，无危害性裂缝。根据质量缺陷产生的原因，监理工程师采取了相应的措施，在碾压混凝土浇筑过程中督促承包人及时覆盖，振捣密实，对浇筑仓面进行仓面喷雾降温、覆盖保温，对收仓并达到终凝后的碾压混凝土进行养护保湿等。自 2006 年 4 月 30 日 563 m 高程碾压混凝土出现施工冷缝后，至今未发现需要进行处理的质量缺陷。

3　平行检测和见证检测主要成果

3.1　原材料平行检测、见证检测质量情况

原材料平行检测、见证检测质量情况见表 1。

表 1　原材料平行检测、见证检测统计表

试验项目	平行检测		见证检测		
	检测组数	平行检测与施工承包人检测比率(%)	检测组数	见证组数	见证率(%)
水泥	107	24.9	430	329	76.5
粉煤灰	89	9.4	950	278	29.3
人工砂	175	34.0	514	217	42.2
大石	52	11.6	449	142	31.6
中石	56	12.4	451	142	31.5
小石	57	12.6	451	143	31.7
减水剂	11	28.2	39	34	87.2
引气剂	4	40.0	10	8	80

监理工程师对水泥、粉煤灰、砂石骨料、外加剂等主要原材料的平行检测率一般是承包人检测次数的 10%～30%，见证检测率均达到 30%以上。

根据平行检测和见证检测情况，除左岸砂石系统生产的粗骨料个别组存在超逊径超标现象，细骨料含水有超标现象及碾压混凝土用砂含粉量未达到 17%±2%的设计要求外，水泥、粉煤灰、外加剂等原材料全部达到合格要求。

3.2　碾压混凝土温度、含气量、V_c 值平行检测、见证检测成果

碾压混凝土温度、含气量、V_c 值平行检测、见证检测成果见表 2。

表 2　碾压混凝土温度、含气量、V_c 值平行检测、见证检测成果表

类别	统计数	平行检测			见证检测		
		混凝土温度(℃)	含气量(%)	V_c 值(s)	混凝土温度(℃)	含气量(%)	V_c 值(s)
碾压混凝土 (机口取样)	组数	210	184	209	931	871	873
	最大值	28	4.0	10.3	26.5	4.2	6.0
	最小值	15	1.3	1.0	14	2.8	2.0
	平均值	20.6	2.42	3.9	21.1	3.29	3.65
碾压混凝土 (仓面取样)	组数	69	14	60	505	90	530
	最大值	25	3.5	8.3	33	3.8	12.0
	最小值	19	2.1	2.6	17	2.9	2.1
	平均值	20.4	2.9	4.6	21.3	3.27	3.8

根据平行检测和见证检测结果，大坝碾压混凝土入仓温度约为 21 ℃，按设计温控的浇筑温度不高于 20 ℃ 的要求；各级配、各种类碾压混凝土含气量均在控制范围内；出机口碾压混凝土 V_c 值平行检测平均值为 3.9 s，见证承包人检测平均值为 3.65 s，满足控制指标 3～5 s 的要求。仓面碾压混凝土 V_c 值平行检测平均值为 4.6 s，见证承包人检测平均值为 3.8 s，控制效果良好。

3.3　碾压混凝土仓面压实容重平行检测、见证检测成果

碾压混凝土仓面压实容重平行检测、见证检测成果见表 3。

表 3　碾压混凝土仓面压实容重平行检测、见证检测成果表

试验项目	平行检测				见证检测			
	检测组数	检测指标	压实容重 (kg/m³)	相对压实度 (%)	检测组数	检测指标	压实容重 (kg/m³)	相对压实度 (%)
三级配碾压混凝土压实容重 (kg/m³)	600	设计值	2 487	98.5 以上	10 272	设计值	2 487	98.5 以上
		最大值	2 542	102.2		最大值	2 836	114.0
		最小值	2 412	97.0		最小值	2 370	95.30
		平均值	2 475	99.5		平均值	2 476	99.9
		合格率(%)	100	100		合格率(%)	100	100
二级配碾压混凝土压实容重 (kg/m³)		设计值			1 955	设计值	2 444	98.5 以上
		最大值				最大值	2 554	102.6
		最小值				最小值	2 399	98.2
		平均值				平均值	2 456.3	100.48
		合格率(%)				合格率(%)	100	100

平行检测三级配碾压混凝土压实容重 600 组，见证检测二级配、三级配碾压混凝土压实容重 12 227 次(为承包人检测次数 76 305 次的 16.0%)，均达到每一铺筑层 80%试样容重不小于相对压实度 98.5%以上的设计要求，合格率 100%。见证碾压混凝土压实容重检测中，三级配 $C_{90}20$ 碾压混凝土相对压实度平均值达 99.9%，二级配 $C_{90}25$ 碾压混凝土相对压实度平均值达 100.48%。

3.4　碾压混凝土抗压、劈拉强度平行检测、见证检测成果

碾压混凝土抗压、劈拉强度平行检测、见证检测成果见表 4。

对碾压混凝土抗压强度检测，见证破型 $C_{90}25W12F150$ 二级配碾压混凝土试块 90 d 龄期 68 组，抗压强度平均 34.4 MPa，标准差 2.87 MPa，变异系数 0.0867；见证破型 $C_{90}25W8F100$ 三级配碾压混凝土试块 90 d 龄期 255 组，抗压强度平均 34.0 MPa，标准差 2.88 MPa，变异系数 0.085 6；见证破型 $C_{90}20W6F100$ 三级配碾压混凝土试块 90 d 龄期 27 组，抗压强度平均 29.7 MPa，标准差 1.48 MPa，变异系数 0.050。依据《水工碾压混凝土施工规范》(DL/T 5112—2000)，强度指标满足设计要求，生产的碾压混凝土质量管理水平优良。

表4　碾压混凝土抗压、劈拉强度平行检测、见证检测成果表

类　别		平行检测				见证检测				
		统计数	抗压强度(MPa)		劈拉强度(MPa)		统计数	抗压强度(MPa)		劈拉强度(MPa)	
			28 d	90 d	28 d	90 d		28 d	90 d	28 d	90 d
$C_{90}25W12F150$(二级配碾压)	组　数	28	22		7		组　数	99	68	2	39
	最大值	28.5	39.5		3.7		最大值	28.4	41.6	1.79	3.37
	最小值	12.3	27.7		2.3		最小值	17.5	28.9	1.72	2.31
	平均值	21.5	33.8		2.8		平均值	23.3	34.4	1.76	2.82
$C_{90}25W8F100$(三级配碾压)	组　数	122	136		44		组　数	290	255	13	135
	最大值	34.2	40.6		3.7		最大值	31.0	41.8	2.17	3.53
	最小值	12.9	22.8		2.2		最小值	17.5	26.8	1.70	2.05
	平均值	22.9	31.9		2.79		平均值	23.3	34.0	1.89	2.87
$C_{90}20W6F100$(三级配碾压)	组　数	83	8				组　数	356	27	10	14
	最大值	25.4	30.4				最大值	25.7	32.4	1.96	3.04
	最小值	9.8	25.3				最小值	16.1	27.3	1.46	2.40
	平均值	15.0	28.1				平均值	17.8	29.7	1.67	2.74

3.5　碾压混凝土抗渗强度、抗冻强度、极限拉伸值、弹性模量平行检测、见证检测成果

碾压混凝土抗渗强度、抗冻强度、极限拉伸值、弹性模量平行检测、见证检测成果见表5。

表5　碾压混凝土抗渗强度、抗冻强度、极限拉伸值、弹性模量平行检测、见证检测成果表

类别	统计数	平行检测					见证检测				
		抗渗(W)	抗冻(F)	极限拉伸(×10⁻⁴)		弹性模量(GPa)	抗渗(W)	抗冻(F)	极限拉伸(×10⁻⁴)		弹性模量(GPa)
		90 d	90 d	28 d	90 d	90 d	90 d	90 d	28 d	90 d	90 d
二级配碾压	组数	7	4	1	4	2	1	2	1	1	
	最大值				0.96	40.9					
	最小值				0.87	40					
	平均值	>W12	>F150	0.71	0.90	40.5	>W12	>F150	0.60	0.90	
三级配碾压	组数	8	4	5	12	5	3	3	1	4	
	最大值			0.80	0.91	45.8				0.91	
	最小值			0.63	0.78	37.3				0.86	
	平均值	>W8	>F100	0.71	0.84	42.3	>W8	>F100	0.62	0.88	

根据见证检测和平行检测成果，碾压混凝土的抗渗强度、抗冻强度、极限拉伸值、弹性模量等指标均满足设计要求。

4 结语

监理工程师采取以上措施对光照水电站大坝辗压混凝土施工质量进行控制，取得了良好的效果，至今未发生过质量事故和较大的质量缺陷。

参考文献

[1]中华人民共和国国家经济贸易委员会. DL/T 5112—2000 水工碾压混凝土施工规范[S]. 北京：中国电力出版社，2001.

水利工程监理控制环节及高面板堆石坝
质量控制要点探讨

高翔

(上海勘测设计研究院　上海　200434)

摘　要：本文结合大中型水利水电工程监理实践和研究，概括总结工程监理控制应把握的主要环节及高面板堆石坝质量控制要点。

关键词：水利工程　堆石坝　监理质量控制

白溪水库位于浙江省宁海县境内，是一座以供水、防洪为主，兼顾发电、灌溉等效益的大 II 型综合利用水利枢纽。坝址以上流域面积 254 km²，总库容 1.684 亿 m³，总装机容量 2×9MW，工程枢纽主要由拦河坝，溢洪道，发电引水、供水、放空三结合隧洞，发电厂房，供水消能室，下游反调节池，挡水堤和输水洞取水口等建筑物组成，其中拦河坝为钢筋混凝土面板堆石坝，最大坝高为 124.4 m。

白溪水库监理范围包括土建及金属结构安装、机电及启闭机设备安装、金属结构(闸门及启闭机)制造等，因此监理业务工作涉及的单位多、专业面广。针对工程建设的这一特点和合同要求，设置和建立组织机构。建立组织机构实行总监理工程师负责制，内部建立专业明确职能和分工，配备各专业监理工程师和监理员，建立各项监理制度和工作程序，优质、高效地开展监理工作。

1　严格监理控制的几个环节，促使工程质量、进度、投资在受控状态

1.1　质量控制

监理质量控制主要分为三个环节。

第一个环节为事先控制，主要分四个方面：

(1)组织设计技术交底和设计图纸会审。

(2)施工措施、施工组织设计、施工方案审查。这是合同赋予监理的职权，所有单项工程开工前施工单位必须编制上述文件报监理审查，确保满足合同、规范和质量要求，并在施工过程中作为控制施工行为的依据。白溪水库大坝为 124.4 m 高的面板堆石坝，坝体堆石填筑量达 390 多万 m³，填筑料包括小区料、垫层料、过渡层料、主堆石料、砂砾石料、次堆石料等多种，控制堆石体施工质量是控制整个工程质量的基础和关键。为此，在大坝开始填筑前，监理重点控制碾压试验，严格按照碾压试验要求审批各项碾压参数，为确保大坝施工质量奠定了基础。其他重点控制的试验有溢洪道高边坡、大坝填筑料开挖爆破试验、面板混凝土及其他混凝土配合比试验。

(3)原材料及中间产品检查和检验，包括钢材、水泥、火工品、砂石料、粉煤灰、外

加剂等按规定进行复检，对出厂合格证、试验报告进行检查。

(4)特殊工种、技术骨干人员和主要设备的控制。主要对爆破、试验、焊接等特殊工种岗位和投标文件承诺的技术骨干人员及主要设备到场及退场进行检查控制。

第二个环节为中间控制，主要有三个方面：

(1)质量巡查。监理工程师按工作面分工负责，按专业相互配合，按施工作业面性质每天定时或不定时进行现场巡查，对面板混凝土施工、碾压试验等重点部位和重点项目实行跟班监理，对施工过程中不符合质量要求的行为当场予以制止。

(2)跟踪处理。对于发生的质量问题，监理工程师作现场跟踪处理，直至处理合格后方允许进行下道工序作业。

(3)试验检测。对已施工完成的中间产品，若检查和目测达不到质量要求，应及时安排试验检测，以尽早判断质量情况。

第三个环节为成果控制。

按有关规定，划分单位工程、分部工程以及单元工程，及时进行工序、单元工程和检查验收及质量等级复检工作，实行合格支付的原则。

1.2　进度控制

(1)关键线路控制。依据总工期及总进度计划，编制关键线路进行控制，控制白溪水库进度的重点是抢填大坝一期50年一遇度汛高程，从截流至达到度汛目标仅为8个月。监理工程师重点审查分析施工组织设计，协调落实施工进度措施，做到精心筹划、精心安排、环环相扣。

(2)计划进度控制。分解总进度计划、年度计划、季度计划、月度计划，关键线路上采取月计划、旬检查、日跟踪的办法，加强日常动态控制，开挖填筑按日出车数控制，洞挖按日进展数控制，混凝土浇筑按日浇筑方量控制，发现问题及时予以分析协调解决。

(3)工程形象目标控制。为避免施工计划执行不均匀或前松后紧现象，分年度按工程建设和业主需要提前设置若干个控制性进度节点，达到形象目标，给予一定赶工措施费。

1.3　投资控制

投资控制主要包括下列几个环节：

(1)设计施工图(包括设计修改)审签。审查与招标图纸的差异，变更是否合理，是否可优化，如遇影响工期、投资的较大变更，需向业主报告。

(2)通过协助业主招标工作，节约工程投资。

(3)审查施工措施、方案的合理性、必要性以及掌握实施过程中的实际情况，避免业主不必要、不合理的支出。

(4)通过审查核实合同条件、施工条件变更实际情况，避免业主不应承担的支出。

(5)新增单价按合同条件审批。

(6)严格按照合同原则审核工程量和合同价，以及按合同原则支付工程款。

(7)索赔处理。

(8)审核结算工程量和工程款。

经过参建各方5年的共同努力，目前工程已建成投产，并通过了竣工验收，工程进度创造了截流后第一个汛期挡水坝体最高和全断面填筑两项面板坝国内记录，成功实现了截流后 2 年内下闸蓄水的目标，大坝经过高水位和 6 个汛期考验，工程投入 5 年运行性态良好，大坝运行观测数据正常，工程质量等级为优良，并荣获宁波市甬江杯优质工程，中国水利大禹杯优质工程和中国电力优质工程。

2　高面板堆石坝质量控制要点

高面板堆石坝以其技术成熟、安全性好、施工方便、导流简化、工期短、造价低等优点，成为目前许多工程的首选坝型。堆石坝质量控制的目的是依据有关规程、规范的要求达到设计图纸和技术规定的各项要求，并及时会同设计、施工及业主等有关方面研究、解决、处理出现的新情况、新问题，建立竣工档案资料。

堆石坝质量控制应根据堆石坝分区的特点和要求，针对进行，以利于有效处理好与进度、投资之间的关系。

根据堆石坝的特点，结合有关规程规范的要求，坝体质量控制的内容和要求可归纳为以下几个方面。

2.1　坝料质量

坝料质量的控制是坝体质量控制的基础，不同的分区坝料有不同的质量要求，主要包括岩性硬度、超逊含量、级配等。由于料场决定坝料质量和填筑强度，首先应从料源控制，必要时对料场进行检测复勘，不符合要求不得使用。垫层料必须选用质地新鲜、坚硬且具有较好耐久性的石料，按照设计超逊径和级配指标，在料场掺配满足后再运上坝。最大粒径一般为 80 ~ 100 mm，粒径小于 0.075 mm 的含量不少于 8%。对于中低坝或高坝上部，对垫层料的级配要求可适当放宽，以降低工程造价。主堆石坝料应具有低压缩性、高抗剪强度、透水性和耐久性，用在坝坡表面的堆石，必须坚硬并耐风化，强度、超逊径、级配必须满足设计指标，为此必须选好料场并控制爆破，减少超逊径，增大不均匀系数。过渡层料最大粒径一般控制在 300 ~ 400 mm，采用新鲜的洞渣料最好；主堆石岩体湿抗压强度一般大于 30 MPa 即可筑坝。抗压强度高的硬岩，由于采用及装运费用较高，不均匀系数小，施工机械磨损严重，并非越坚硬越有利。主堆石坝料的最大粒径不大于铺层厚度，一般在 800 mm 左右。为了降低造价，不宜对主堆石级配要求过高，一般控制粒径小于 25 mm 的含量不大于 50%，小于 0.075 mm 的含量不大于 5%，或小于 5 mm 的含量不大于 20%，小于 0.075 mm 的含量不大于 5%即可上坝(上述控制标准为当时控制指标，与现行规范有所不同)；次堆石的要求较低，可充分利用大量的开挖料，最大粒径可放宽到 1 500 mm 左右。

2.2　碾压参数

碾压参数是堆石坝体质量控制的关键，主要包括铺筑层厚、碾压遍数、加水量等，碾压参数一般应在填筑开始前通过碾压试验选定，然后结合坝体填筑进行复核试验确定；对于中小型工程或低坝，可以根据压实机械、工程经验按类比法选定，再由复核试验确定，确定后的碾压参数必须严格执行，不得随意更改，填筑过程中遇不同岩性的料源，应补做碾压试验以确定碾压参数。

碾压试验前必须选择有代表性的料源，确定碾压机械，编制试验大纲，选定地基坚硬平坦 30 × 90 m 的试验场地。在选择填筑、碾压参数时，一般可参考下列数值：

(1)铺层厚度：对主堆石区可取 80、100、120 cm；对过渡层和垫层可取主堆石区的一半，即 40、50、60 cm，以便平起填筑。

(2)碾压遍数：可取 4、6、8、10 等遍；垫层斜坡碾压试验时，可取静压 2～4 遍(上下往返一次为一遍)，动压 6、8、10 遍(上振下不振为一遍)。

(3)碾压机械：激振力大于 150 kN，行车速度 2~3 km／h。

(4)加水量：在堆石体积的 0～25%范围内选取。

在上述参数中，铺层厚度和碾压遍数对工作质量和施工生产效率影响最大，试验时必须反复权衡其技术经济效益。现场试验结束绘制有关关系曲线和编制试验报告，论证设计标准的合理性，选定最佳碾压参数。通常在选定铺层厚度的条件下，在碾压遍数与压实沉降值关系曲线上选取沉降值趋于稳定的碾压遍数作为碾压参数，再由碾压遍数与干密度关系曲线选定干密度。

由于碾压试验比较复杂，费用较高，况且随着试验成果的积累，通常铺层厚度已趋于标准化，垫层、过渡层取 0.4～0.5 m，主堆石区取 0.8～1.0 m，次堆石区取 1.0～1.6 m。因此，碾压试验可结合工程实际情况进行。若填筑料较细较软，铺层厚度可取薄些，坝轴线下游堆石区可不加水等。天荒坪上水库主坝碾压试验在选定方案时根据坝料坚硬、不均匀系数较大及海拔千米山顶缺水的特点和实际，碾压试验直接选定铺层厚度 100 cm、不洒水试验，复核试验作洒水比较。设计建议压实后层厚 80 cm，碾压 4～6 遍，加水 20%。碾压试验选定碾压参数铺层平均厚 102 cm，碾压 8 遍，沉降趋于稳定，压实后层厚 93.6 cm，不洒水，干密度达到设计指标。

2.3 取样检查

取样检查以设计和有关施工规定为控制标准，从已碾压填筑完成的坝体中采取试样，在现场测定坝料的干密度(孔隙率)和级配。对于垫层料，还需在现场测定垫层的渗透系数及垫层坡面的平整度。取样的数量依据面板坝的分区、堆石种类、坝体体积和面板坝等级(工作的重要性)等因素，通常在坝料填筑检验项目与抽样次数表中选定(见表1)。

表 1　坝料填筑检验项目与抽样次数

坝体分区	检 验 项 目		检 查 次 数
垫层	密度、颗粒、级配	水平	1 次/ (500～1 500 m³)
		斜坡	1 次/(1 500～3 000 m²)
过渡层	密度、颗粒、级配		1 次/(3 000～6 000 m³)
主堆石区	密度、颗粒、级配	坝轴线以上	1 次/(4 000～30 000 m³)
		坝轴线以下	1 次/(10 000～50 000 m³)

干密度检测方法通常采用试坑注水法，垫层料也可采用灌砂法，试坑深度与压实层厚相近，试坑直径取 1 000~2 000 mm。对检测不合格的部位进行分析并采取相应补压等方法予以处理。天荒坪上水库东副坝主堆石填筑曾出现一层 1／2 试坑干密度达不到设计指标，补碾 2～4 遍仍达不到设计要求。碾压参数与坝料级配均达到规定要求，挖坑发现有架空现场，由于该料为进出水口开挖料，新鲜、坚硬、粒径较大、较均匀，即不均匀

系数较小，但设计规范只对细颗粒有限制指标，对不均匀系数和大粒径含量没有硬性限制指标，造成局部干密度达不到设计要求，如何解决这一矛盾，还应进一步探讨分析。

2.4 施工工艺和外观质量

(1)坝体堆石填筑卸料、铺料、洒水、压实作业全过程是否符合碾压参数和规范规定的要求；坝料碾压是否有漏压或欠压，碾迹是否互相搭接 15～20 cm，振动碾运行方向是否平行于坝轴线，振动碾的激振力和行车速度是否符合要求。

(2)填坝材料的纵横向接合部位是否符合规范和设计要求，分层填筑的接缝面坡度是否不陡于坝坡坡度，与岸坡接合处的料物是否不分离、架空，边角是否加强压实；堆石体一定范围内与过渡层、垫层料是否平起，是否没有水平接缝。

(3)堆石坝填筑层铺料厚度是否不超厚，是否不小于规定厚度的 10%，每一层是否有≥90%的测点达到规定的铺料厚度要求。

(4)堆石坝体碾压后的压实厚度每一层是否有≥90%的测点达到规定的压实厚度。

(5)坝体堆石填筑层面是否基本平齐，分区是否能基本均衡上升，大粒径料是否无较大面积集中现象。

(6)分区界面标志是否明显，坝体断面填筑尺寸是否符合允许偏差指标，垫层料是否向上游水平方向超填 15～30cm。

(7)坝内观测仪器的埋设质量是否符合设计的埋设要求。

3 质量控制的方法

根据上述坝体质量控制的内容和要求，质量控制的方法应从三个方面进行：

(1)建立填筑制度，着重审查批准承建单位的坝体填筑的施工措施及实施细则。该报告应对坝体填筑全部施工方法、施工工艺和参数作出详尽规定，各项质量指标均应满足设计和规范要求，该报告在坝体填筑开始前完成。

(2)建立并实施监理质量检查制度，包括日常现场质量观察制度、现场质量跟踪处理制度、试验抽查检测制度，检查坝体填筑工艺、方法、参数、试检的执行情况。

(3)建立并实施质量验收和评定办法，划分并确定单位工程、分部分项工程和单元工程，制定质量验收评定方式，实施质量验收和评定程序，其中必须着重抓好单元工程的质量验收和评定，严格承建单位自检自验、合格覆盖、合格支付的原则。

采用控制加载爆炸挤淤置换法技术
处理软基的监理质量控制

柴建明　郭德怀

(葛洲坝集团项目管理公司　宜昌　443002)

摘　要：控制加载爆炸挤淤置换法技术运用于浙江省温洲市洞头北岙后西围堤工程软基加固处理中取得了成功，不仅工程质量得到了保证，也缩短了工期。本文介绍"控制加载爆炸挤淤置换法"施工的监理质量控制方法。

关键词：软土地基　控制加载　爆炸挤淤　监理质量控制

1　概述

20 世纪 60～70 年代，国内就已在探索采用爆炸法来加固黏土软基。80 年代这种爆炸法处理软土地基的新技术和新工艺由中国科学院力学研究所首先在江苏连云港西大堤港口防波堤工程项目中进行试验并取得了成功，并由中国科学院力学研究所在连云港某海军军堤首次成功应用。

近十几年来，在中国科学院力学研究所及北京中科力爆炸技术工程有限公司等相关设计、施工单位的大力推广下，该技术已在全国约 70 个工程得到成功应用，其中北京中科力爆炸技术工程有限公司完成和正在施工的约有 60 个工程，筑堤长度总计超过50 km。

2000 年下半年，宁波科宁爆炸技术工程有限公司首次将爆炸法处理软土地基设计应用于浙江省温岭东海塘围涂工程(横歧山—南港山施工交通堤)中取得了成功。为该技术在水利围垦工程中的推广应用积累了宝贵的经验。

2002 年宁波科宁爆炸技术工程有限公司又将爆炸处理软基技术完整地应用于温州洞头北岙后西围堤海涂围垦西围堤工程软基处理中，并成功地总结出了控制加载爆炸挤淤置换法(又称"科宁公司施工法")和自沉及爆沉累计计算法(又称"科宁公司评估法")等理论技术。与同时应用于该海堤东围堤段淤泥基础的"塑料排水插板"技术工艺形成了鲜明的比较。目前，在建的"浙江省玉环漩门三期围涂工程"也是应用该项技术进行软基置换处理的。

控制加载爆炸挤淤置换法技术运用于水利工程项目，尚无现行的技术、质量标准和相关规范，目前仍处于推广阶段。下面结合温州洞头北岙后西围堤工程采用"控制加载爆炸挤淤置换法"的新技术成功进行软基处理谈谈监理质量控制的方法。

2　工程概况

洞头县北岙二期围涂工程位于洞头本岛北侧海岸，前临三盘港，后靠洞头县新城区，东连燕子山侧海滨大道，西接北岙镇小朴村王山头小朴鼻尖，最近点距县镇府所在地约1 500 m，工程新围涂面积284 hm²，围堤总长2 508 m，中间单个岛屿把围堤隔成东、西两堤，长度分别为1 474 m和1 034 m。工程按50年一遇允许越浪标准设计，等级为Ⅲ级，海堤、水闸等主要建筑物为3级，临时建筑物及施工围堰为5级。其中西围堤基础采用"控制加载爆炸挤淤置换法"处理。

3　工程地质条件

经勘探和分析，堤基在勘探深度范围内共揭示三个大土层，其中一个土层又可细分为三个亚层。分布特征为：

(1)第一土层：

Ia淤泥质粉质黏土亚层，冲-海相沉积土，呈透镜体分布于堤段的西部，厚度3.0~5.5 m。土层含粉粒较多，含少量贝壳碎片及薄层粉砂，呈饱和-软塑状态。

Ib淤泥质黏土亚层，呈透镜体分布于堤段的东部，厚度1.0~5.0 m，含少量贝壳碎片，呈饱和-软塑状态，土质较Ia稍差。

Ic淤泥亚层，呈厚层分布于全区，最大厚度24 m，是堤的主要持力层。土质水平向及垂直向很均匀，含黏粒多，固结排水条件差，呈饱和-流塑状。

(2)第二土层：淤泥质黏土，最大厚度14.5 m，一般厚3.0~5.0 m，土质较Ic亚层好。

(3)第三土层：黏土-粉质黏土，揭露最大厚度17.4 m，未钻穿，土质很不均匀，砂黏相间，呈湿-稍湿，可塑-硬可塑状。

4　控制加载爆炸挤淤置换法的工作原理

海滩涂泥上机械堆置抛石体，在自重作用下下沉、渐趋平衡，然后在堆石体外缘淤泥的一定范围内埋设药包群，起爆后产生的爆炸力加快了泥、石作用，反复进行，最终达到了置换目的，即通过填筑、爆炸，在淤泥下形成稳定的海堤堤心石基础，简称爆填堤心石体。

5　爆炸置换处理软基施工

5.1　施工步骤

装药机就位→药孔定位→装药器就位到设计埋置标高→保护导爆索、装药→起吊移位→起爆网络联结及保护→安全起爆。

5.2　施工方法

工程场区淤泥层深厚，堤身设计采用了泥石部分置换的"悬浮式"方案，堤坝使用功能要求外侧防冲抗浪，内侧闭气防渗，堤身为较复杂的混合式结构。

西围堤爆炸处理软基采用控制加载爆炸挤淤置换法技术。在具体实施爆炸处理软基施工时，抛填采用"堤身先宽后窄，石料外大内细"的方法，爆炸采取"堤头爆炸(布药为堤头前方+两侧埋设药包)，两侧一次爆填，外侧爆夯"的工序施工。

5.3　布药工艺

采用 CAT320 挖掘机改造成直插式布药机布药(见图 1)。该布药工艺操作简单,行驶方便,药包位置和埋深均可调整。

5.4　施工步骤

(1)根据施工图放样,设立抛填标志。

(2)抛填。按施工组织设计确定的抛填宽度和高度进行抛填。

(3)当进尺达到设计值后,在堤头前面(布药为堤头前面和两侧泥中布药)埋药爆炸(见图 2)。

(4)爆后补抛并继续向前推进,达到设计进尺后,再次在泥中埋药爆炸,这样按"抛填—爆炸—抛填"循环进行,直至达到设计堤长(见图 3)。

(5)堤身向前延伸一段后,进行两侧爆炸处理,每次处理长度为 30 m(见图 4)。

(6)侧爆处理完成后,再进行外侧坡脚爆夯,以确保外侧平台的宽度、厚度和密实度,确保平台坡脚稳定。

图 1　岸上装药

图 2　布药机布药

图 3　堤头爆炸瞬间

图 4　堤身两侧爆炸瞬间

5.5　施工难点

本工程地质复杂，隐蔽性强，堆石体置换落底最深达 24 m，落底宽度为 21 m。而且上部土质硬，其硬土层厚度最大有 6 m，下部土质软，爆炸时必须挤开上部硬土层，方能使堆石体落到设计位置。部分堤段由于上部硬土层偏厚，连续数次出现当次爆炸后堤身下降不够明显的现象。通过沉降观测，慎重研究，采取缩短爆炸进尺，确保了堤身落底。

6　监理工程师主要控制点

通过工程监理实践，采用控制加载爆炸挤淤置换法技术，作为监理工程师应注意以下主要控制点和控制手段。

6.1　审查施工组织设计以及专项施工技术方案

对于拟采用的各项抛填和爆炸技术参数，宜选定适宜施工区域进行施工试验，明确试验目的和掌握工程主要特性。形成试验成果后，组织各方进行认证和评价，诸如开采和爆炸对周边环境与安全的影响；抛填石料的数量、级配和粒径能否满足加载爆炸的需要；选定的爆炸线药量和分布密度是否合理；成型断面和体积与技术标准的符合性。通过认证实施时，重点控制抛填和爆炸参数。

6.2　控制抛填参数

重点采用以体积平衡法为手段控制抛填参数。事先计算好拟抛填进尺石用量，检查和统计料场开采、装运的石料级配、粒径、石质和过磅的重量，现场测量、验收堤头加载高度和宽度及沉降速率，检查爆炸参数和炸药量，满足各项技术和安全指标后签发准爆证，保证百分之百的爆炸成功率。

6.3　采用沉降观测手段

重点采用各循环爆破进尺间关联性很强的沉降观测手段控制堤心石堤的落底情况。主要通过水准仪测量每次爆前爆后的沉降差，绘制沉降曲线图，分析和判明堤身落底的情况，以便指导下一步施工技术参数的选择和应用，从而能够避免施工中出现的一些未可预见因素对工程质量造成的影响。在这个环节中，监理工程师一经发现堤身沉降异常，应立即设为停止点，组织施工方、设计方调查、分析原因，通过调整抛填或爆炸参数直至施工正常。

6.4　进行施工试验

采用控制加载爆炸挤淤置换法技术，进行施工试验是保障工程达到设计技术要求的前提工作，而监理工程师必须掌握体积平衡法和沉降观测法，并以此为手段应用于项目工程监理过程始终，这既是采用控制加载爆炸挤淤置换法技术的工程性质所决定的，也是实现项目监理目标的关键所在。

7　监理质量控制方法

7.1　施工组织设计方案认证

监理重点审查施工组织设计方案，考虑到爆炸置换处理软基技术运用于围堤施工是项新工艺、新方法，施工过程中存在很多的不确定性，因此监理工程师要求施工单位要对爆炸置换处理软基技术进行专项技术设计，选取有代表性的堤段先行试验，通过检测，进而论证技术设计的各项参数和指标与工程功能设计要求的符合性，把不确定因素、参数偏差、技术要领在试验区内解决，然后确定方案，全面推进。试验过程中，重点解决了每次抛填进尺，堤头堆石高程、宽度，单孔布药量，线药量，药包埋深，布药线宽度、密度等8项主要参数，为堤心石体落底及落底有效宽度和断面结构尺寸提供了技术保证。

7.2　实行料场开采监理制

通过现场颗分试验和委托试验，按单元工程或分部工程进行抽检，满足设计要求抛填石料标准。对抛填石料质量主要控制以下几项指标：石质、强度、单体重量、级配、软化系数、泥沙含量、颗粒级配。

7.3　实行爆前爆后监理检查验收制

在施工单位施爆前监理工程师要通过测量和称量检查抛填方量，进尺，堤头堆石高程、宽度，单孔布药量，药包埋深，布药线宽度、密度，线药量等主要参数是否严格按照监理工程师批准的方案进行施工，起爆的时机是否准确选择了以涨潮覆盖淤泥包的最佳时机。在施爆后监理工程师及时到现场收集数据，绘成曲线，结合抛填体积及自沉情况，检查爆炸影响范围内的沉降情况，根据落底情况，检查、指导下一循环过程的参数运用。

7.4　爆破后进行检测

监理工程师采用了四种检测方法判断堤心石体的断面质量情况：一是事前采取体积平衡法；二是事中采用沉降观测方法；三是事后进行钻孔取芯；四是依据雷达物探(见图5)检测成形断面的完整情况判断质量。通过检测和对取得的资料进行分析。

图 5　爆后物探检测

7.5　质量评定与标准

当时我国还没有水利水电爆炸挤淤处理软基质量评定的规范、标准，为保证工程安全和稳定，先由业主、设计、监理及施工等单位有关专家组成质量评定小组，专门制定质量评定标准，同时在参照现行的一般水利水电工程和浙江省围垦局颁布、制定的质量评定标准的基础上制定了相应的验收方法和质量评定标准。制定了验收方法，严格控制断面尺寸负偏差，同时适当放宽断面尺寸正偏差，最后报工程主管部门省围垦局审批后执行。验收方法介绍如下。

7.5.1　爆填堤心石质量验收主要项目

(1)抛填、爆炸(夯)主要参数。

(2)置换范围和深度必须满足设计要求。

7.5.2　堤填心石质量验收一般检查项目

(1)抛填石料的规格和质量应符合设计与规范要求。

(2)密实性大小搭配合适，符合设计要求。

(3)表面形态稳定，不架空，无杂物，抗冲淘。

(4)抛填参数符合技术设计要求。

(5)爆炸参数符合技术设计要求。

7.5.3　实测项目

爆填(夯)后实测断面与设计断面允许偏差控制见表1。

表 1　爆填堤心石断面允许偏差控制

项　目	允许偏差	检测单元和数量	单元测点	检验方法
基底高程	设计置换深度的 −5% ~ +10%	每单元一个断面	1 ~ 2 m一个测点且不少于 10 个测点	钻探、物探
基底宽度	设计置换宽度的 −5% ~ +10%	每单元一个断面	允许基底高程范围内 2 个测点	钻探、物探
最大腰宽	设计置换宽度的 −5% ~ +10%	每单元一个断面	允许最大腰宽高程范围内 2 个测点	钻探、物探
最大腰宽高程	设计置换深度的 −5% ~ +10%	每单元一个断面	2 个测点	钻探、物探

2003 年 2 月工程完工后，经过两家检测单位(自检、复检)的物探检测和业主委托一家勘探单位的钻孔取芯检查，结合过程中监理方采用的体积平衡法和沉降观测控制，对爆填堤心石成形断面成果进行分析，最终认定评为优良。

8　结语

通过本工程的监理实践，我们认为"控制加载爆炸挤淤置换法"在条件允许的情况下，适宜软基工程处理。工程开始，很多技术工作者对于新技术、新工艺的采用持谨慎态度或反对意见，提出采用"控制加载爆炸挤淤置换法"技术工艺会提高工程造价，对生态环境产生负面效应，而且不利于安全生产和质量控制(如爆炸产生的冲击波、震动，石料用量大，不可预见因素多等)，但在有利于工程进度、防台度汛和缩短工期方面意见一致。所以工程施工组织设计东段围堤采用塑料排水插板技术工艺，西段围堤采用"控制加载爆炸挤淤置换法"技术，主要是考虑到东段毗邻东屏大桥和燕子山交通公路等周边环境有可能出现的不安全因素。

2004 年底，工程主体实施到合同后期，通过对表面形态的观察及测量，钻探、物探数据的分析，两类技术工艺运用成效的类比，表明工程西围堤施工速度快，目标进度提前。3 个月内连续观测沉降量小，60 d 趋于稳定，可进行上部结构施工，台风暴潮过后无险象，质量特性好，海涂淤泥利用率高，工程建设成本符合预期，适宜布置"龙口"，降低工程整体风险。所以，控制加载爆炸挤淤置换法技术在本工程的实施是成功的。

参考文献

[1]江礼茂.爆炸挤淤筑堤的填料问题[J]. 水运工程，1998(24).

[2]中华人民共和国交通部. JTJ/T 258—98 爆炸法处理水下地基和基础技术规程[S]. 北京：人民交通出版社，1999.

[3]金利军，江礼茂，庄峥嵘. 爆炸置换法处理围垦海堤软土地基技术的研究与推广报告[R].

[4]金利军，朱立澄. 洞头县北岙后二期围涂工程初步设计及施工图设计报告[R].

广东平堤水库坝基混凝土防渗墙施工质量控制

黄友富

(陕西大安工程建设监理有限责任公司 西安 710001)

摘 要：平堤水库拦河大坝整体坐落在可液化的第四纪冲洪积地层上。地层构造复杂，其中中粗砂、细砂、粉砂、淤泥和淤泥质黏土分布厚度不等。水库防渗设计地下采用混凝土防渗墙止水，地面以上坝体内采用沥青混凝土心墙止水。本文根据水下混凝土防渗墙施工过程中监理方严格按照规范的要求结合当地材料实际情况采取相应措施，总结出了一套适合该工程造孔及混凝土质量控制的方法。使混凝土防渗墙施工过程始终处于可控状态，确保了工程质量。检测资料显示施工质量满足设计和规范要求。为阳江核电站首台机组发电提供了可靠保障。

关键词：基础 防渗 混凝土防渗墙 施工监理 质量控制

1 工程概况

平堤水库枢纽工程是国家大型重点项目阳江核电站的配套工程，工程位于广东省阳江市阳东县东平镇响水河上。水库距南海东平镇码头 8 km，距阳东县城 48 km，水陆交通方便。

平堤水库工程是以向阳江核电站供水为主，兼顾向地方供水的中型二等水利工程，主要建筑物按 2 级设计。防洪标准按 100 年一遇洪水设计，2 000 年一遇洪水校核。总库容 2 569.3 万 m³。水库枢纽工程由沥青混凝土心墙堆石坝、导流输水洞、溢洪道等建筑物组成。沥青混凝土心墙堆石坝最大坝高 46.40 m，坝基防渗处理采用刚性混凝土防渗墙作为隔水层。墙体位于建基面高程▽7.6 m 以下，防渗墙体(墙顶以下 10 m 设钢筋笼)嵌入强风化岩 1.0 m，墙下做帷幕灌浆，建基面以上堆石坝坝体内防渗体为沥青混凝土心墙。

混凝土防渗墙主要设置在河床段及右岸风化土地层中，总长度 354 m，其中 0+077～0+089、0+385～0+431 段为素混凝土墙。防渗墙深 14 m，墙底宽 1.48 m，顶宽 1.0 m。防渗墙混凝土设计标号 C20，抗渗标号 W8，混凝土 8 600 m³，钢筋 300 t。

该工程项目由深圳市水利规划设计院设计，中国水电对外公司承建，陕西大安工程建设监理有限责任公司实施监理。

2 工程施工特点

2.1 坝基工程地质复杂

水库坝址区属丘陵河谷地貌，河谷呈 U 形断面，两岸为低山、丘陵，海拔百米左右；坡面冲沟发育，基岩风化与切割严重。谷地底宽近 200 m，地势开阔平缓，地面高程 8.7～11.0 m。大坝整体坐落在可液化的第四纪冲洪积地层上，其地层岩性和地质构造复杂，深厚松软的第四纪冲洪积层最深达 14.6 m，其中中粗砂、细砂、粉砂、淤泥和淤泥质黏土各层分布厚度不一，有大量球状花岗岩大孤石(直径 1.5～3 m)分布。若遭遇大孤石，槽孔易发生偏斜，需要经过几个台班纠偏，才能满足设计要求，造孔难度极大。

2.2　施工干扰大

坝址区场地狭小，混凝土防渗墙施工的同时坝基加固处理的振冲碎石桩施工也正在进行，由于不是一个承包商，为抢工期互不相让。混凝土防渗墙施工从低处逐个自中间向两岸延伸，岸坡相邻平台防渗墙墙体通过套接形成一道防渗屏幕。在防渗墙施工中，需要建造相应的辅助设施系统，包括制浆系统、回浆系统、排污系统等，均需要有足够的场地和合理的安排。否则，会造成一方停工或坝体填料污染。

2.3　工期紧

沥青混凝土心墙施工制约着整个工程的工期，而混凝土防渗墙的施工又制约着沥青混凝土心墙的工期。完成相当一部分混凝土防渗墙的施工后，才能进行墙下帷幕灌浆和防渗墙顶端的凿槽浇筑沥青混凝土心墙基座，然后方可进行沥青混凝土心墙施工。因此，防渗墙的施工是控制水库工程工期的关键环节。

2.4　工序多

混凝土防渗墙为矩形槽孔，分一期槽、二期槽施工。相邻两槽采用套接形式连接。每一个单元的防渗墙视为一个系统工程，包含多个工序，即建造施工平台、打先导孔钻进勘探、泥浆固壁、造孔、捞渣、下钢筋笼、墙体混凝土浇筑、墙帽拆除。

3　监理方法和措施

3.1　监理方法

监理部遵循"守法、诚信、公证、科学"的职业准则，采用以主动控制(事前、事中)为主，被动控制为辅，二者相结合的动态控制手段。工作中强调预见性、计划性、指导性和服务性，对防渗墙施工实施全方位、全过程的跟踪监理，把影响工程质量的因素消灭在萌芽状态。同时结合核电的监理接口管理程序，以"严格管理，热情服务"为宗旨，积极认真地开展监理工作。

3.2　监理措施

(1)防渗墙基岩面鉴定、入岩深度、测斜等由监理部指派专人鉴定。

(2)防渗墙槽孔垂直度、泥浆性能指标测试，槽底沉积厚度由现场监理检查控制。

(3)槽深、槽形组织业主、设计、施工联合验收。

(4)混凝土浇筑前检查。洗孔换浆三项指标、密度、黏度、含砂量以及接头刷洗、槽底沉渣厚度由监理旁站检查并记录，符合要求，签发开盘令。

(5)混凝土浇筑监理全程旁站，开盘前核对入浇混凝土配合比，开盘后测定坍落度，浇筑中每小时测定一次入槽混凝土顶面深度，以指导拔管长度，避免出现断墙现象。

4　工程质量控制

4.1　质量控制体系

鉴于平堤水库坝基防渗处理的重要性，依照有关的规范和技术标准要求，先后制定了设备、材料进场报验制度，开工报验申请制度，隐蔽工程检查验收制度，工序、单元工程质量申报、复验制度和质量检测与计量复检制度。同时，制定了防渗墙施工监理实施细则，及时发送到施工单位。

4.2 质量的事前控制和指导

为了积极有效地控制施工质量，监理部确定以工序质量管理为基础、单元工程质量控制为重点，要求对关键部位、关键工序、隐蔽工程进行旁站监理，全程跟踪，并在实际工作过程中始终坚持总监巡视、监理工程师及监理员旁站的工作制度，及时协调解决施工中遇到的问题，使工程质量始终处在有效的监控之下。

(1)依照监理实施细则，认真及时组织设计、施工单位，由设计单位进行技术交底，使参加防渗墙施工的全体技术人员和施工骨干对防渗处理有一个全面的认识，对施工队的操作人员进行培训，扎实提高全体施工人员的质量意识，要求熟练掌握造孔、泥浆固壁、测孔斜等关键工艺，提高施工质量。

2005年4月6日邀请广东省质监站质监员对施工单位、业主及监理等有关人员进行了质量管理培训，参加培训人数达80人次，为各阶段施工创造良好的条件。

(2)从设备、原材料进场报验入手，严格按照管理程序，杜绝无证上岗。定期对施工设备进行检验，凡不合格的设备、仪表不能投入使用。对进场的砂石料及时进行批量检测。

4.3 施工过程质量控制

4.3.1 施工平台与导向墙建造

施工平台与导向墙建造是保证成墙质量的基础，大坝建基面高程为▽7.6 m，正好是坝址区地下水位高程，由于施工条件限制，施工平台最高只能设置在 9.0 m，故导向槽建造成高 1.2 m、宽 0.80 m 的矩形断面，地下水位距导向墙墙顶高程满足不了规范要求的大于等于 2.0 m，为了实现在这种条件下的成槽施工，经监理部研究，先进行试验槽段施工，掌握施工参数。与业主选定了 17#、19#、21#、23#四个槽段，试验槽段施工过程中均出现过不同程度的坍塌，对出现坍塌的原因及时研究分析，制定预防措施：①提高泥浆密度；②加入适量火碱提高泥浆黏度，造孔时外加抛石块挤打，提高槽壁稳定性，经过努力，四个试验槽段终于实现成墙施工，随后召开专题会认真总结，为了实现大面积施工，除以上措施外，对槽段长度划分做了适当调整，凡含孤石较多，且存在淤泥的槽段，长度由 7.0 m 改为 4.0 m，缩短了成槽长度，以减少成槽时间。

4.3.2 造孔成槽

(1)槽段划分：结合地层岩性，尽量减少接头及有利于施工的原则，决定一期槽段长 7.0 m，二期槽段长 5.0 m。

(2)成槽：根据先导孔资料，成墙范围内多含孤石(直径 1.5～3 m)，故成槽方法采用"三钻两劈"法，成槽时先钻主孔，后劈打副孔，这种施工方法在不良地层中通过重锤冲击可以使槽壁两侧得到挤压，提高其稳定性。

(3)施工顺序：采用间隔分序法，即先一期槽段后二期槽段，施工过程中，由于地下水位高、孤石多、造孔时间长、泥浆漏失严重，易出现坍塌，故结合先导孔资料，对原确定的槽段长度做适时调整，即改大槽为小槽，小槽长度为 4.0 m。

(4)槽段连接：槽段连接是关系到防渗质量的关键环节，本工程槽段连接采用拔管法，即在一期槽浇筑混凝土前，ϕ800 mm 接头管置于槽孔两端，然后浇筑混凝土，待混凝土初凝后，用拔管机徐徐上提接头管，从而在一期槽段两端各形成一个圆形的光面孔，在二期槽段施工时再用冲击钻套打一次，使其至墙底，浇筑混凝土时使用钢丝刷上下反复提刷，以钢丝刷不带泥屑为止。

(5)混凝土生产与浇筑：混凝土生产在自动化拌和站进行，拌和站自动称量，由混凝土罐车运送至进料斗，然后由直导管压球法灌入槽内。一期槽导管下设一段 1.0 m 接头管，中间导管下设于槽底最深部位，且导管间距不大于 3.5 m；二期槽段两端导管安设也控制在 1.0 m，导管底口距槽底 2.0 ~ 2.5 m，浇筑前储斗储备足够混凝土(3.5 m³)，然后再准备一罐混凝土(2.0 m³)，同时打开料口以保证第一次开浇混凝土有足够压力将槽底淤积沉淀冲走，同时满足能把导管埋在距孔底 0.5 m 的要求。混凝土浇筑过程中，每 30 min 实测槽内混凝土面高程一次，以计算导管埋深，并保证混凝土顶面高差不大于 0.5 m。根据实测资料统计分析，混凝土流动性和扩散性良好，流态稳定，坍落度和扩散度满足规范要求，保证了入仓混凝土的质量和上升速度。

5　监理效果

5.1　混凝土质量

平堤水库坝基防渗墙分部工程，共划分为 59 个单元，取试件 123 组，试压块 369 块，强度保证率 P=99.9%，均方差 δ=3.15，离差系数 C_V=0.1，小于 0.15，均质性达到规范规定的优良标准(见表 1)。

表 1　防渗墙混凝土检测统计表

序号	项目	强度等级	试样组数	最大值(MPa)	最小值(MPa)	平均值(MPa)	标准差 δ(MPa)	离差系数 C_V	最小允许值(MPa)	备注
1	防渗墙混凝土	C20	123	39.1	24.4	31.4	3.15	0.1	18	自检
2	防渗墙混凝土	C20	25	38.6	24	29.8	3.97	0.1	18	抽检

抗渗取样 13 组，试验结果均大于设计要求 W8。

压水试验平均透水率为 0.51 Lu，接缝检测透水率为 1.77 Lu，符合设计和规范要求。

5.2　防渗墙单元工程质量

在施工单位自评基础上，监理部按照《水利水电工程质量等级评定标准》(SDJ 249—88)及《水利水电工程质量评定规程》(SL 176—1996)进行初验，在初验基础上由监理组织业主、设计、地质、施工、质监组成验收小组共同进行验收，防渗墙共划分为 59 个单元工程，经联合验收小组综合评定施工质量等级见表 2。

表 2　质量评定表

分部工程名称	单元工程数(个)	施工质量等级评定			
		合格数(个)	合格率(%)	优良单元工程数(个)	优良率(%)
防渗墙	59	59	100	56	95

业主又委托广东省水利科学研究院监测中心对防渗墙钻孔取芯，做压水试验，共布置钻孔 16 个，其中接缝检测 1 个，检测混凝土墙体芯柱最短长度 0.4 m，最长达到 2.0 m 以上。从岩心看，墙体未发现有夹泥现象，压水试验平均透水率为 0.51 Lu，接缝检测透水率为 1.77 Lu，符合设计和规范要求。

6 结语

平堤水库坝基混凝土防渗墙处于河床段深厚松软的第四纪冲洪积层中，且时有孤石深埋其中，同时地下水位很高，施工过程中采用一、二期槽，邻槽套接形式连接工艺，每一个单元的防渗墙视为一个系统工程，包含多个建造工序。施工过程中监理方严格按照规范要求，结合当地材料实际情况采取相应措施，探索总结出一套适合该工程造孔及混凝土质量控制的方法。使混凝土防渗墙施工过程始终处于可控状态，确保了工程质量。权威部门检测资料显示施工质量满足设计和规范要求，为阳江核电站首台机组发电提供了可靠保障。

浅谈总监理工程师做好工程
质量控制的认识和要点

孙孝恩

(吉林省东禹水利水电工程监理咨询有限公司 长春 130022)

摘 要：叙述总监理工程师实现质量目标的方法是控制，即控制工程实体的质量状况，控制承包单位工作质量行为，实现有效控制的工作要点。

关键词：总监理工程师 质量控制 要点

工程质量控制是项目施工阶段监理工作的主要内容之一，是进行"三大控制"的中心任务。建设项目的总监理工程师是项目监理组织的领导者和总协调人，对工程质量控制起着举足轻重的主导作用。什么是工程质量呢？工程质量是指"工程满足国家和行业相关标准及合同约定要求的程度，在安全、功能、适用、外观及环境保护等方面的特性总和。"而工程质量又有两个方面的含义：一是指工程产品的特征性能，即工程产品质量；二是指参与工程建设各方面的工作水平、组织管理即工作质量。所谓质量控制既是通过控制工作质量，从而保证工程的产品质量满足设计要求、合同标准，在产品形成的过程中，监督和控制合同各方的工作质量。主要是控制承包方的工作质量，进而实现合同规定的质量标准。而承包方的工作质量又反映到工序施工过程中的每一环节、每一因素，因此工程质量取决于施工过程的工序质量，是利用各种手段对每道工序的人、机械、材料、方法、环境等要素进行控制。总监理工程师工程质量控制的工作要点如下。

1 协助建设单位做好设计技术交底、图纸会审和设计变更工作

设计技术交底是设计部门技术人员向建设、施工、监理单位有关人员对拟建建筑物的设计意图、结构特点、重要部位、新材料、新工艺、新设备和施工中应注意的有关问题加以介绍，为其熟悉、掌握设计图纸，组织施工和实施监理创造条件。图纸会审是建设、施工、监理单位的技术人员，在初步熟悉图纸的基础上，对图纸中不清楚、不明确、错漏和专业之间出现矛盾的地方提出问题，由设计部门技术人员加以说明和明确。为了搞好图纸会审工作，总监理工程师首先应熟悉图纸，对审核出来的问题详细记录，专题研究认定后，在图纸会审中提出。图纸会审后，草拟图纸会审纪要，并附各专业明确的有关问题，由设计单位技术人员签字，加盖设计部门公章生效。施工中总监理工程师应根据施工进度进一步熟悉和掌握图纸，按图纸严格进行监理，发现问题及时纠正。由于气象、水文、地质等多种因素，一项工程从开工到竣工验收，经

常出现设计变更。设计变更通常采取变更设计图纸或下达设计变更通知单两种方式进行。因此，总监理工程师应熟悉和掌握设计变更情况，做好工程质量监控工作，防止漏控和失控。

2　要认真做好施工组织设计(方案)审查

施工组织设计是项目承包单位对项目施工所做的总体设想和全面计划安排，是施工进程的综合性文件。因此，项目的总监理工程师应十分重视对施工组织设计的审核。审核的主要内容是质量、进度、投资、劳动组织、技术装备、经济指标、安全生产、现场管理。其中重点审核的是施工工艺、技术方法及质量保证措施，如施工人员、施工机械配备、施工工艺是否合理、执行技术规范标准是否先进、质量保证体系是否健全、质量自控是否落实。对于这些事关工程质量的重要事项，总监理工程师应将其作为是否批准施工组织设计实施的首要评判内容。对那些未切实将质量目标放在首位、质量和技术管理措施无力、质量保证体系不落实的施工组织设计，应及时退回承包方要求重新编制或修改补充后重新报审，直至符合要求。

3　严格把好开工条件核查关

项目建设单位与承包单位之间的施工承包合同及与监理单位之间的委托监理合同签订后，工程参建各方进入临战状态。大量的工程建设实践证明：认真做好开工前的各项准备工作，对于项目建设的成功，尤其是对工程质量的保证是十分重要的。作为总监理工程师，应从施工准备阶段开始，认真负起牵头协调的责任，做好对建设单位、承包单位开工前准备工作情况的检查、督促和指导。为此，总监理工程师及时组织监理人员深入现场、了解建设单位及承包单位对开工前各项准备工作的落实情况。例如，对建设单位的施工许可申报是否已获批准；建设征地及拆迁是否已经完成；施工水源、电源、热源、道路等建设条件是否已经具备；建设资金是否到位；工程测量基准点(坐标点、高程点)是否已明确；承包单位的施工现场管理组织的组成情况；分包单位的资质情况；施工机械的配置种类、数量、能力及进场情况；施工人员的工种、数量、资格证件及进场情况；施工前期所用材料、设备进场及质量情况；施工现场总平面布置及临时设施搭建情况；施工工地测量定位放线准备情况。在对上述各项开工准备工作逐一检查、协调督促并已全部或基本落实的情况下，总监理工程师应及时向建设单位通报，并在征得建设单位同意后，签发"工程项目开工令"，批准工程全面正式开工。把好开工条件核查关，能有效地促进各项施工准备工作的进展，也为保证工程质量提供了有力的前提条件。

4　抓好进入施工现场各种建筑材料、构配件、设备的检查工作

总监理工程师应将这一工作贯穿于施工的全过程。凡是进场的各种建筑材料、构配件、设备等，都必须有出厂合格证、准用证和试验报告。对钢材目视无问题，经复试合格后方可使用。对水泥必须是经省市批准使用的厂家产品，经复试合格后准予使用。对混凝土、砂浆试块必须在专业监理取样见证人监督下取样制作，并在送试委托单上盖章

方可检测。对含泥量大的河石、砂子及面砂不得使用。对返锈的镀锌钢管、内壁毛刺严重的保护导线镀锌钢管、强度不足的塑料管不得使用。对混凝土构件外观检查不符合要求，均不得使用。对进场的各种设备除有合格证、准用证和使用说明书外，应严格检查，请专业队伍安装调试，经试运行确认无问题后，方可投入使用。

5 认真落实施工过程中的控制手段

　　总监理工程师要在施工过程中实现控制，而施工过程是由一系列相互联系与制约的作业活动所构成的。因此，保证作业活动的效果与质量是施工过程质量控制的基础。

5.1 总监理工程师检查承包单位自检与专检工作的控制

　　承包单位是施工质量的直接实施者和责任者，总监理工程师的质量控制是使承包单位建立起完善的质量自检体系并运转有效。

　　一是作业活动的作业者在作业结束后必须自检；二是不同工序交接、转换必须由相关人员交接检查；三是承包单位专职质检员的专检。

　　为实现上述三控制，承包单位必须有整套的制度及工作程序；具有相应的试验设备及检测仪器，配备数量满足需要的专职质检人员及试验检测人员。

5.2 总监理工程师在施工过程中的控制手段

　　质量检查与验收是对承包单位作业活动质量的复合与确认，总监理工程师指派专业监理工程师的检查决不能代替承包单位的自检，而且专业监理工程师的检查必须是在承包单位自检并确认合格的基础上进行的。专职质检员没检查或检查不合格不能报专业监理工程师，不符合上述规定的，总监理工程师一律拒绝进行签证。

5.3 总监理工程师对技术复核工作监控

　　凡涉及施工作业技术活动基准和依据的技术工作，都应该严格进行专人负责的复合性检查，以避免基准失误给整个工程质量带来难以补救的或全局性的危害。

5.4 总监理工程师对见证取样送检工作的监控

　　见证是指由项目监理部现场监督承包单位某工序全过程完成情况的活动。见证取样则是指对工程项目使用的材料、半成品、构配件的现场取样、工序活动效果的检查实施见证。

　　(1)工程项目施工开始前，总监理工程师督促承包单位尽快落实见证取样的送检和建立试验室。对于承包单位提出的试验室，总监理工程师进行实地考察。试验室用的试验器具要经过质量技术监督部门检验，有合格证书。试验项目满足工程需要。送检的材料、试件要求到国家专门的质量检测机构，试验室出具的报告对外具有法定效果。

　　(2)总监理工程师选定负责见证取样的专业监理工程师在质量监督机构备案。

　　(3)总监理工程师要求承包单位在对进场材料、试块、试件、钢筋接头等实施见证取样前要通知负责见证取样的专业监理工程师，在该专业监理工程师现场监督下，承包单位按相关规范的要求，完成材料、试块、试件等的取样过程。

　　(4)完成取样后，承包单位将送检样品装入木箱，由专业监理工程师加封；不能装入箱子的试件，如钢筋样品、钢筋接头，则贴上专用章，并由见证取样专业监理工程师签字。

(5)送检的材料和试件、指定的检测机构报告一式三份，分别由承包单位和项目监理机构保存，并作为归档材料，是工序产品质量评定的重要依据。

(6)见证取样的频率，国家或地方主管部门有规定的，执行相关规定；施工承包合同中如有明确规定的，执行施工承包合同的规定。见证取样的频率和数量包括在承包单位自检范围内，一般所占比例为30%。

(7)实行见证取样，决不代替承包单位对材料、构配件进场时必须进行的自检。自检频率和数量要按相关规范要求执行。

5.5 级配管理质量监控

建设工程中，均会涉及到材料的级配，如混凝土工程中，砂、石骨料本身的组分级配。混凝土拌制的配合比，由于不同原材料的级配，配合比拌制后的产品对最终工程质量有重要的影响，均应到指定的质量检测部门试验确定，因此总监理工程师要做好相关的质量控制工作。

(1)拌和原材料。试验确定使用的原材料除材料本身质量要符合规定要求外，材料本身的级配也必须符合相关规定，如粗骨料的粒径级配，细骨料的级配曲线要在规定的范围内。

(2)材料配合比的审查。根据试验确定配合比后，承包单位要严格执行。总监理工程师经审核确认其符合设计及相关规范的要求后，予以批准。对混凝土配合比审查，应重点审查水泥品种、水泥最大用量；粉煤灰掺入量、水灰比、坍落度、配置强度；使用的外加剂、砂的细度模数、粗骨料的最大粒径限制。

(3)总监理工程师现场作业的质量控制。①拌和设备状态及相关拌和料计量装置，称重衡器的检查；②投入使用的原材料(如水泥、砂、外加剂、水、粉煤灰、粗骨料)的现场检查，是否与批准的配合比一致；③经常检查现场作业实际配合比是否符合批准的配合比，作业条件发生变化是否及时进行了调整，例如混凝土工程中，雨后开盘生产的混凝土，砂的含水率发生了变化，对水灰比是否及时进行调整等；④对现场所做的调整应按技术复核的要求和程序执行；⑤现场实际投料拌制时，应做好看板管理。

6 认真做好工程监理档案资料的建立、健全、收集和整理工作

监理档案资料不仅是监理单位对工程实施工程质量监控的记录，也是工程交付使用中出现质量问题时查找原因、分清责任的依据之一。中华人民共和国水利行业标准《水利工程建设项目施工监理规范》(SL 288—2003)对施工阶段监理档案资料的内容、建立、健全方法和整理、归档等提出了具体要求。监理人员必须学习和贯彻执行。监理档案资料一般由四部分组成：一是建设单位提供的勘察设计文件、设计变更资料、基准点基准线等；二是监理公司为施工现场项目监理部提供的监理合同、监理公司资质证明、监理工作制度和有关要求等；三是施工单位提供的施工组织设计，开(复)工报告，施工进度计划，材料、构配件、设备、试块质量证明，分项、分部、隐蔽工程自检、自评和报验资料等。监理人员自身的监理规划、监理实施细则、监理日志、月报、总结、通知单、会议纪要和单位工程质量评估报告等。待工程竣工验收交付使用后，总监理工程师应及时整理成册，上交公司归档。

7　结语

优良的工程质量是建设各方共同努力，尤其是承包方直接施工的成果，当然也包含着监理工程师尤其是总监理工程师辛勤工作的业绩。就施工阶段而言，工程质量的优劣与总监理工程师的工作是密切相关的。实现工程质量的合格(或优良)是总监理工程师的主要工作目标之一，而高超的工程质量控制能力，来自总监理工程师努力的学习、不懈的实践、勤奋的工作，来自总监理工程师高深的业务素质、高尚的职业道德和丰富的工作经验。这些也正是国家、社会和公众对当代建设监理工程师，尤其是对项目总监理工程师的殷切期望和基本要求。

联合检查方式在质量控制中的应用

刘大群

(河北省水利水电勘测设计研究院 天津 300250)

摘 要：本文介绍了在施工监理质量控制工作中，采用联合检查方式，即组织业主方、设计、质量监督及施工单位等参建各方到施工现场对施工质量进行监督检查的情况及效果。

关键词：监理 质量控制 联合检查

众所周知，工程项目的质量是决定工程建设成败的关键，而水利工程质量的优劣对国计民生将产生巨大的影响。因此，在建设监理中，如何做好质量控制成为建设监理工作的重中之重。本文将重点阐述在小浪底水库中条山供水工程项目中，在质量控制监理工作中所采用的一些工作方法及取得的效果。

该工程位于山西省垣曲县，引水线路总长 13.26 km，主要建筑物为：取水首部工程、5 座桥式倒虹吸、集水井、蓄水池及 11.45 km 的输水隧洞。计划工期两年，工程投资 1.1 亿元，工程于 1998 年 5 月开工，2000 年 7 月竣工。该工程的特点是：工期短、工程量大、建筑物类型多、施工难度大、地质条件复杂、参建单位多。

1 联合检查

所谓联合检查就是监理组织业主方、设计、质量监督及施工单位，共同到施工现场对施工质量进行监督和检查。对各标段的施工工艺、操作方法、技术措施、施工管理等均针对不同的地质情况、地形地貌、设备材料等，在现场进行了认真研究和调整，出现问题及时纠正，使参建各方共同磋商达成共识，共同研究制定解决问题的措施。

1.1 隧洞开挖

隧洞工程是该工程的控制性工程，直接制约整个项目的质量、进度、投资及安全，因此监理部对隧洞已开工部位组织了联合检查。现场存在的主要问题：洞室成型差，超欠挖较严重，进度慢，出渣、排尘均存在不同程度的问题。

工序质量直接影响最终产品的质量，因此是质量控制的关键。上述问题的出现说明施工与已批复的施工组织设计有出入，存在打眼、爆破孔数量、爆破、药量等多项工序质量问题及施工人员素质参差不齐。参建各方达成共识后，拟定了解决方案，组织各施工单位的一线工人、技术人员从理论到实际操作进行了集中培训，并建立了详细的整改措施，由于得到了参建各方的重视和督促，短时间内就收到了较好的效果。

1.2 板涧河桥式倒虹吸

板涧河桥式倒虹吸，全长 393 m，最大高度 55 m，为 60 m 跨桥式倒虹吸。需在砂卵石地层完成钻孔灌注桩 22 根，桩基平均深度 20 m，桩径 1.5 m。桩基施工属于隐蔽工程，加之在砂卵石地层进行桩基造孔施工，难度大，1.5 m 的孔径进一步加大了施工难度。板涧河桥式倒虹吸是整座输水线路的控制性工程，而桩基施工为控制性工程的关键部位，因此为保障工程质量，监理部进行了全程跟踪，旁站监理。

5 号桩在混凝土灌注 2 m 时，导管堵塞发生堵管，尽管采取了措施，但时间大大超过了初凝时间，为保障桩基质量，及时在现场召开了联合检查质量会议。经过各方严肃认真的讨论，很快统一了思想认识，达成共识，经过了对桩基的物理测试，制定了切实可行的处理方案，并对造成此类问题的施工单位由此存在的问题进行了全面分析，为避免在今后的施工中出现此类问题，制定了新的整改措施，在整座桥的桩基施工中，再未出现此类事件。

实事说明，采用联合检查质量的方式，由于各参建单位共同参与，监督、制约的力度大，重视程度高，紧迫感强，达成共识快、决策快，落实问题速度快，内耗小，失误的几率小，尤其对于工程量大、要求时间短的工程效果显著。

2 材料及预制件的质量控制

工程项目是由各类材料、构配件等构成的实体，而各类材料的质量及质量的控制工作是否满足设计要求，监理工作是否到位，同样关系到工程项目的成败与否。因此，建设监理的质量控制应首先从源头抓起，各类材料就是质量控制的源头。

2.1 天然建筑材料的质量控制

2.1.1 料源产地质量控制

本工程砂、石天然建筑材料均由施工单位自行采购，因此对天然建筑材料的质量控制采用首先从源头控制，组织参建各方对骨料现场调查，现场取样试验，了解生产全过程，对储量、质量、运距、生产能力及生产过程中对质量的影响，进行实事求是的评估。对不符合设计要求的料场不允许购买。

2.1.2 进入施工现场天然建筑材料的质量控制

首先坚持材料进场报验监理及时检查制度，发现不合格粗、细骨料限时清场。为保证混凝土级配，砂石骨料堆放必须按级配堆放有序，以便于施工，便于管理，达到保证质量的目的。严格制定并坚持细骨料过筛、粗骨料清洗的制度。

由于监理部始终坚持了严格认真的质量检测，做到全过程跟踪监督及参建各方的支持，天然建筑材料的质量控制在全部工程的 13 个标段中，自始至终都能在保证质量的前提下，正常运行，直至工程竣工，在原材料使用上未出现任何质量问题。

2.2 钢材的质量控制

该工程各标段施工所需钢材进场量大，种类多，供货单位多。为保障质量，监理部制定了三条规定：第一，现场钢材的质量控制以进入施工现场事先及制定的重量为批次进行检验，如进入现场钢材重量不足批次重量，仍按一批次检测；第二，不仅对供货单位、钢种、牌号、出厂批号、规格、数量、型号和质量进行清理、确认和检查，而且每一批次材料均抽样到指定试验室进行相关指标的检测；第三，凡未达到设计要求的材料，限时清除出现场，并予以通报。

由于监理部始终严肃认真履行上述规定及参建各单位的重视和大力支持，该工程始终未出现不合格的钢材。

2.3　预制件的质量控制

取水首部工程，该部位由斜桥、斜坡道、泵车、绞车房、蓄水池组成，取水方式采用轨道提升式取水，需制作预应力混凝土 T 形预制梁数十座，每个预制梁的重量达 20 t。它的质量是关乎整个工程能否正常运行的关键，是中条山供水工程的重点工程的关键部位之一。

监理工作采用了严格的工序质量控制，从天然骨料质量、混凝土级配控制、混凝土搅拌、振捣、模扳支护、拆模、养护均按工序验收，全程旁站监理。因为看似简单，任何一环节出现问题都将决定预制件的最终质量。因此，多次组织进行质量的联合检查，既提高了各参建单位的重视程度，又能多发现问题，及时采取新的措施，为保证产品质量打下了坚实的基础，最终该部位工程全部达到设计要求。

3　结语

该工程自始至终坚持关键工程、关键部位出现质量问题，采用联合检查的组织形式，使参建各方共同磋商达成共识，共同研究制定解决问题的措施，执行起来往往形成共同关注、共同监督、共同努力、共同支持，不论多大的困难都成为无阻力工作，确确实实达到了事半功倍的效果。通过联合检查的形式，使参建各方对工程质量更加重视和严加控制，起到了将质量控制贯穿于建设项目的全过程。

参考文献

[1]张良成. 建设项目质量控制[M]. 北京：中国水利水电出版社，1999.

[2]中华人民共和国国家经济贸易委员会. DL/T 511—2000 水利水电工程施工监理规范[S]. 北京：中国电力出版社，2001.

余家堰水库塑性混凝土防渗心墙的质量控制

齐伟　吴剑

(九江市科翔水利工程监理有限公司　九江　332000)

摘　要：防渗墙作为大坝垂直防渗施工方案，在工程中应用的越来越普遍。由于成墙原理不一样，因此应根据工程的现状和地质情况，采用合理的成墙工艺和方便的检测方法，来保证施工质量。本文以彭泽县余家堰水库大坝防渗墙施工为实例，阐述监理控制施工质量的措施和过程。

关键词：防渗墙　质量　控制　措施

　　余家堰水库位于江西省九江市彭泽县芙蓉墩镇湖山村，坐落在长江芳湖流域余家堰河上游。大坝为黏土心墙坝。坝顶高程 47.62~48.12 m，最大坝高 28.50 m，坝顶宽 4 m，坝顶长 161 m。水库总库容 3 707 万 m^3，水库设计灌溉面积 0.23 万 hm^2，坝后水电站装机容量 2×400 kW，是一座以灌溉为主，兼有防洪、发电、养殖等综合效益的重点中型水库。

　　2004 年 9 月，江西省水利厅彭泽县余家堰水库大坝安全鉴定专家组评定此工程为三类坝。工程存在的主要问题是：大坝心墙顶高程不满足校核洪水标准且清基不彻底，坝基及坝壳土具中、强透水性，心墙土质杂乱，填筑质量不均匀，渗透系数 $>1 \times 10^{-6}$ cm/s，大坝总体防渗性能不能满足规范要求。

1　防渗方案的设计与实施

1.1　防渗方案的设计

　　九江市水利电力规划设计院承担了彭泽县余家堰水库除险加固工程的设计任务。设计采用塑性混凝土心墙加帷幕灌浆方案作为大坝防渗处理方案，大坝心墙设计采用液压抓斗成槽塑混凝土墙，墙厚 40 cm。材料配比为(重量比，kg/m^3)：水泥∶膨润土∶水∶砂∶碎石=150∶40∶230∶760∶910。墙体渗透系数 $\leqslant 1 \times 10^{-6}$ cm/s，抗压强度 $\geqslant 1$ MPa，混凝土弹性模量 $\leqslant 1.5$ GPa。成槽采用泥浆固壁，泥浆配比应根据试验确定，终孔后应进行清孔换浆，孔底淤积厚度 $\leqslant 10$ cm，其孔位允许偏差 $\leqslant 3$ cm，槽宽 $\geqslant 40$ cm，孔斜率 $\leqslant 0.4\%$，一期、二期槽孔搭接孔位中心偏差 $\leqslant 20$ cm，槽孔嵌入基岩的深度应 $\geqslant 50$ cm。

1.2　防渗方案的实施和工艺变更

　　(1)事前控制。在防渗墙实施中，为了确保工程质量，监理及时组织业主、设计和施工单位召开了设计交底会，明确了设计技术指标。召开工程专题讨论会，对施工设备、施工工艺和工程造价的可行性进行了研讨。采用液压抓斗成槽施工工艺，一是液压抓斗施工设备庞大，受进库道路和已建桥梁的限制，不能进场；二是按设计要求液压抓斗入基岩 50 cm，从水库大坝先导孔地质情况来看，施工工艺难以保证施工质量；三是冲击锥辅助造孔势必增加工程造价。宜春市锦江水库大坝防渗心墙使用反循环回转钻成槽施工工艺已有成熟的施工经验，经设计和建设单位同意，更改为反循环回转钻成槽施工工艺。

(2)施工工艺变更。采用反循环回转钻成槽施工工艺连续钻孔入岩，两序成槽。考虑到成槽时间长、易于坍孔，槽段选定为 2.4 m。一序为 6 孔，钻头直径 40 cm，二序为 5 孔，为了保证成墙厚度，钻头直径 48 cm，槽段连结处套孔施钻直径 48 cm。为了确保入岩槽宽，施钻时增加 22 cm 深度，以达到锥型钻头的最大宽度。混凝土防渗墙其他施工要求按《水电水利工程混凝土防渗墙施工规范》(DL/T 5199—2004)进行。本工程塑性混凝土防渗墙施工桩号为 0+000—0+142，共 59 个槽段，其中 0+000—0+013 桩号 6 个槽段为人工开挖立模；0+013—0+142 桩号 53 个槽段为反循环回转钻成槽。

2 防渗施工质量控制

2.1 材料控制

材料采用普通硅酸盐水泥 $P_0 32.5$、中砂、10~30 mm 碎石、膨润土、库水，试验配比(重量比，kg/m³)水泥：膨润土：水：砂：碎石=150：60：225：795：971，水灰比 1.5，坍落度 22 cm，抗压强度 2.8 MPa，渗透系数 3.91×10^{-8} cm/s，混凝土弹性模量 960 MPa。

严把材料关，要求工程所用原材料必须有出厂合格证或试验报告，证明其合格。对不符合质量的水泥、膨润土、砂和碎石，清除施工场地，不得使用。

2.2 工艺控制

机械设备：采用 GPS–15 型钻机、6PS 砂石泵、3PN 污水泵、250 L 混凝土搅拌机各 1 台，5 t 葫芦平台。

工艺流程：清理场地(施工平台)→浇筑导墙→架设机具→放样布槽段→制浆→钻孔(一序)→清孔→钻孔(二序)→清孔→质量检查→浇筑塑性混凝土→跳槽段施工槽段接头处钻孔→清孔→质量检查→浇筑塑性混凝土

在实施过程中，检查场地是否满足施工条件，导墙的轴线是否符合设计要求，槽段和孔位是否准确，且与划分一致；检查施工机械设备、技术人员是否到位，机具的安装位置是否准确；检查试验仪器和器具是否齐备。

2.3 施工过程质量控制

2.3.1 墙体材料的质量控制

墙体材料的性能主要检查 28 d 龄期的塑性混凝土抗压强度、抗渗性和弹性模量。抗压强度试件每个墙段 1 组；抗渗强度试件每 3 个墙段成型 1 组；弹性模量试件每 10 个墙段成型 1 组。

在实施过程中，施工单位做好自检工作，监理单位做好跟踪检测、平行检测工作。特别是控制好固壁泥浆的密度和拌和物等中间产品的质量。

2.3.2 防渗墙施工质量控制

为了控制好防渗墙施工质量，监理采用了旁站监理工作方法，对施工实施连续性的全过程检查、监督与管理。

钻孔成槽阶段。制定防渗墙钻机钻孔班报表，记录起止时间和间隔、钻具直径和长度、孔深和进尺、孔斜率，以及地层和孔内情况。制定单孔基岩顶面鉴定表，确认钻孔入基岩面的深度和高程。制定清孔质量检验记录表，确认孔内泥浆性能成果和孔底淤泥厚度验收成果。制定防渗墙终孔验收合格证表，验收造孔、清孔成果，使之满足设计要求。

混凝土浇筑成墙阶段。制定导管下设及开浇情况记录表，记录导管编号及长度、导管实际下设情况和开浇情况。制定混凝土浇筑导管拆卸记录表，记录孔内管长、拆管前埋入深度、拆卸时间和长度、拆管后导管总长和埋入深度。制定混凝土浇筑孔内混凝土面深度测量记录表，记录混凝土面平均上升速度。制定槽孔混凝土浇筑指示图及浇筑过程记录表，记录混凝土浇筑平均上升速度、拌和质量(混凝土配比、拌和时间、坍落度等)和混凝土试件(抗压、抗渗和弹性模量)试验成果满足设计要求。

在实施过程中，监理检查施工单位记录数据的真实性、完整性和准确性，做好质量过程控制。检查试验报告是否满足设计指标要求。每一槽段为一单元工程，施工单位填写单元工程质量评定表，监理工程师复核并审核工程质量等级。

2.3.3 监理质量控制和检测方法的改进

在督促施工单位做好施工质量过程控制"三检"制的同时，监理做好自身的监理工作。首先按施工图划分防渗墙槽段单元和编码，复核放样，对照设计值，标注各槽段的桩号、钻孔深度和高程。其次按施工规范和设计要求，明确施工质量控制的主要技术指标。再次做好防渗墙现场旁站记录，详细记录钻孔时间、入岩高程和深度；清孔时间、泥浆性能和孔底淤泥厚度；终孔时间、高程和深度、孔斜率；混凝土浇筑的原材料检验、浇筑时间、混凝土平均上升速度和导管埋深、浇筑高程、拌和质量和混凝土试件取样。

检测方法的改进。防渗墙的宽度和深度是防渗墙重要设计技术指标，为了了解整个槽孔成型情况，本工程根据槽段长度和宽度，采用角钢焊制而成长 240 cm、宽 40 cm 的矩形框架，两端采用可读数吊绳、中间为测绳，放入孔中，通过读数可检查成槽的深度、宽度和槽壁成型情况。当三绳读数一致时，说明钻孔深度一致，底部平整；当三绳读数不一致时，二次洗孔，确保了成墙施工质量。

2.3.4 防渗墙质量联合验收

按规范要求，通常采用开挖和钻孔取芯质量检查。本工程采用开挖检查联合验收，由九江市水利工程质量监督站、九江市水利电力规划设计院、彭泽县余家堰水库除险加固工程建设项目部、九江市科翔水利工程监理公司和九江市水利电力建筑公司组成了联合验收小组，对余家堰水库大坝防渗墙 0+013 桩号第 7# 槽段墙端头、0+029.8 桩号第 13# 槽段与第 14# 槽段接头、0+029.8—0+032.2 桩号第 14# 槽段进行了开挖验收。开挖基坑长 5.2 m、宽 2.5 m、深 5.3 m。验收结论：0+013 桩号墙端头现场测量最小厚度 40 cm；0+029.8 桩号接头良好，满足设计要求；0+029.8—0+032.2 桩号槽段墙面较平整，墙体没有夹层、断层，混凝土表面色泽均匀，满足设计要求；同时对 2#~ 6# 槽段人工开挖至基岩的槽段进行了验收，入岩深度满足设计要求。

2.3.5 防渗墙墙体试验成果统计

施工单位自检：抗压试件 59 组，抗压强度最大值 R_{max}=2.8 MPa，抗压强度最小值 R_{min}=1.6 MPa，平均值 R_n=2.4 MPa，离差系数 C_V=0.21，强度保证率 P=99.7%，满足规范要求。抗渗试件 30 组最大值 9.4×10^{-7} cm/s，最小值 2.3×10^{-7} cm/s，平均值 6.3×10^{-7} cm/s，满足设计要求($\leq 1 \times 10^{-6}$ cm/s)。弹性模量试件 6 组，弹性模量平均值 0.92 GPa，满足设计

要求(≤1.5 GPa)。

监理单位抽检：抗压试件 10 组，抗压强度最大值 R_{max}=2.4 MPa，抗压强度最小值 R_{min}=1.2 MPa，平均值 R_n=1.9 MPa，标准差 S_n=0.3，R_n−0.7S_n=1.69 MPa>1MPa，R_n−1.6 S_n=1.42 MPa>0.80 MPa，满足规范要求。抗渗试件 10 组，最大值 7.4×10^{-7} cm/s，最小值 6.2×10^{-7} cm/s，平均值 6.5×10^{-7} cm/s，满足设计要求(≤1×10^{-6}cm/s)。弹性模量试件 1 组，弹性模量 0.62 GPa，满足设计要求(≤1.5 GPa)。

3 经验总结

从成墙质量和试验成果方面看，采用反循环回转钻成槽工艺，进行塑性混凝土防渗墙施工是成功的，关键是能够入岩，从而保证了施工质量，满足了设计要求。从经济方面比较，反循环回转钻造塑性混凝土防渗墙单价 342 元/m^2，而液压抓斗造塑性混凝土防渗墙 400 元/m^2，节省了工程造价，但是采用反循环回转钻成槽，进度较慢，平均 30 m^2/d，从而延长了工期。只要合理安排好各工程项目之间的施工衔接，总工期是不会受到影响的。建议对入岩要求较高的塑性混凝土防渗墙，且工程投资和施工条件均受到限制的工程，可采用反循环回转钻成槽工艺。

洪一水电站引水隧洞施工质量和进度控制

罗少兴

(四川大桥水电咨询监理有限责任公司　成都　610072)

摘　要：本文主要论述监理工程师在现场对隧洞开挖、临时支护、永久喷锚支护、混凝土衬砌质量的控制，以及现场施工问题的处理和施工进度控制。

关键词：隧洞开挖　支护　衬砌　施工工期　施工监理

1　前言

　　洪一水电站引水隧洞位于四川省雅安市石棉县蟹螺乡境内的木拉湾和甘孜州九龙县洪坝乡的滨东境内的松林河次源洪坝河上，其中 CII 标无压引水隧洞长 1 638.7 m，开挖断面为城门洞型。城门洞型高 9.2～10.1 m，宽 5.2 m 的洞长 500 m，宽 6.5 m 的洞长 1 138 m，洞型断面呈瘦高型，给开挖和支护带来施工困难，圆拱部位半径为 3.65 m，隧洞设计坡降 0.5‰。隧洞埋深一般为 200～400 m，最大埋深 600 m，最小埋深 80 m。

　　引水隧洞围岩主要为薄层状结构，岩性为粉砂质板岩，主体岩层呈现强风化状态，人工基本可直接开挖，岩石局部挤压严重，遇水极易泥化，岩石以 V 类为主，IV 类围岩次之，少量 III 类围岩。整个洞内雨季渗水量特别大。

2　引水隧洞的开挖及支护质量控制

　　针对隧洞埋深浅、地下水丰富、地质条件差、开挖断面成瘦高型的特点，采用了不同开挖方法和不同支护型式。监理工程师对施工质量控制的重点是对开挖施工措施和支护方案审批、对爆破质量和支护质量控制，并要求承包商对正在开挖和临时支护洞段勤观察，将观察结果及时报监理工程师，以便及时对施工措施和支护方案进行修改。

2.1　隧洞的开挖质量控制

　　由于洞内主要以 V 类围岩为主，加上地下水丰富，要求施工方采取上下半洞开挖方法，爆破上采取短进尺、弱爆破、加密炮孔数、缩小间距的方法爆破开挖，对局部洞段顶拱采取只打孔(根据钻孔情况)不装药的方法控制超挖；地下水丰富洞段常发生炸药被水冲出的难题，监理工程师要求承包商采用"引、排、堵"的施工方案，即首先打排水孔将大量水排出，再采用木塞封堵炮孔并现场督促实施，从而使开挖质量得到保证，并将因地质因素造成的超挖控制在最小范围内。在上述施工工序中，凡未严格按设计要求进行的，监理工程师必须现场责令承包商达到要求为止，对多次不改者，发文通报批评。

2.2　临时支护质量控制

　　引水隧洞较长，地质复杂，地下水丰富，临时支护量大。监理工程师根据隧洞开挖揭示情况，因地制宜地批复和建议承包商采取支护措施，主要的临时支护手段有：①V类围岩采用型钢拱架间距 60～80 cm，间距为 1 m 自进式锚杆 6 m 锁脚，顶拱间距 30 cm 的 L=4 m，ϕ42 注浆小导管超前支护，挂网喷护；②IV类围岩采用挂网锚喷支护。

为确保 V 类围岩洞室超挖得到有效控制和防止冒顶，采取注浆小导管超前支护，注浆压力控制在 0.2～0.3 MPa；为稳定洞室，采取型钢拱架 I20 加 6 m 自进式锚杆，自进式锚杆可以防止卡钻，在注浆(压力为 0.2～0.3 MPa)后能固结周围岩石，型钢拱架之间用间距 1 m 的连接筋连接，使得整个型钢拱架形成整体，受力较好。监理工程师现场检查验收孔深、孔向，特别是对注浆小导管和自进式锚杆的注浆质量进行严格控制，监理工程师实行现场旁站监理，确保每根锚杆和注浆小导管质量符合要求，从而有效控制超挖。钢支撑质量控制，首先，要求承包商在室外将弧线段加工成型后运到洞内组装，减少现场接头数量，对接头点必须加固处理(因接头是钢支撑受力薄弱部位)；其次，钢支撑基础必须牢固，钢支撑应紧贴岩面，岩面与钢支撑缝隙可用金属物或挂板喷混凝土填充，增加受力点。钢支撑必须与锚杆连接以便形成一个整体。

在无地下水、岩体较破碎且受不利结构面组合的IV类围岩洞段，一般采用挂网锚喷支护。监理工程师首先控制锚杆施工质量，其次是喷护质量。喷护控制过程如下：①基础面清理、清洗。对松动石渣块体、岩面污染部位必须清理、清洗，直至符合要求。②挂网。网片应随岩面敷设，其间隙不小于 3 cm，网片要点焊在锚杆上，使网片稳固。③喷护质量控制。喷护材料应严格按配比要求配制，喷护厚度要达到要求，喷射 2～4 h 后，应洒水养护。喷混凝土表面要平整，不应出现夹层砂包、脱空、蜂窝、露筋现象。在结构接缝部位，喷层应有良好的搭接，不存在贯穿性裂缝。

对以上临时支护质量，凡施工方未经过验收私自进行下一步施工将进行返工处理，并给予经济罚款(如 K4+256—K4+253 段给予罚款 1 万元)。

临时锚喷与型钢拱架支护在开挖施工中收到很好的效果，保证了工程安全和施工进度。

2.3 变形段处理

由于受"5·12 地震"影响，及雨季渗水量(渗水达 100 m³/h)突然增大，洞内岩石本身的特性遇水极易泥化，K4+500—K4+410 段(开挖时顶拱基本无渗水，局部有滴状水出现，开挖时出现了大的超挖，顶拱局部达 4 m)在未永久衬砌的情况下，型钢拱架变形和边墙喷护混凝土出现了开裂，监理工程师及时组织设计、业主、施工方一起到现场查看后，召开专题会采取措施处理。

处理措施：①已变形的型钢拱架中间新增一榀型钢拱架 I20，用 5 m 长的自进式锚杆(ϕ32)，锚杆间距为 1.5 m 固定；新增型钢拱架与原型钢拱架及原型钢拱架之间在顶拱部位，外侧用 ϕ28@300 的连接筋连接，分布筋用 ϕ8@200，内侧用 ϕ28@600 的连接筋连接，分布筋用 ϕ8@400，用 C20 混凝土喷 30 cm 厚将两层钢筋网覆盖；新增型钢拱架与原型钢拱架及原型钢拱架之间在边墙部位，用 ϕ28 间距为 1 m 的连接筋连接，喷护 C20 混凝土 20 cm 厚。②渗水大的部位，集中打 5～10 m 深的排水孔，在喷护前用铁皮将水集中引出，使得喷护面无渗水。③在边墙喷护混凝土开裂处打锚筋束(D=100 mm，M20 砂浆，3ϕ22，L=9 m)，每间隔一排施工两根，间距为 2 m，用钢筋ϕ25 与型钢拱架连接固定。④在拱架喷护达一定强度后，向塌方空腔内回填 C20 混凝土，待混凝土浇筑 7 d

天后，对空腔采取回填灌浆，岩体采取固结灌浆。

通过上述处理后，该段未再变形，同时也为下半洞开挖创造了有利条件。

3　混凝土施工质量控制

实行全过程质量控制。混凝土单元工程共由 5 项工序组成，即基础面或施工缝处理工序，模板工序，钢筋工序，止水、伸缩缝和灌浆管安装工序，混凝土浇筑工序。在上述 5 个工序中，监理工程师以钢筋制安和混凝土浇筑工序为重点控制。为确保施工安全和质量，对部分洞段衬砌进行了特殊处理。

3.1　工序质量控制

(1)基础面或混凝土施工缝处理、止水、伸缩缝和灌浆管安装工序验收。在验收过程中基础面应无松动岩块，地表水和地下水应引排或封堵，岩面冲洗干净，无积水，无积渣杂物；混凝土表面无乳皮成毛面，表面冲洗干净，无积水，无渣杂物；软基面处理止水、伸缩缝和灌浆管安装必须符合要求。

(2)模板质量控制。隧洞工程采用的是钢模台车，钢模台车安装工序质量关系到建筑物形状、位置等指标能否满足设计要求，是保证引水隧洞外观质量的关键。在工序检查过程中，用全站仪检查台车的相对位置和绝对高度，将台车中心线偏差与隧洞轴线偏差控制在 5 mm 以内。台车钢模面必须清洗干净，并且打上脱模剂。

(3)因洞内边墙高度随桩号变化，桩号 K4+000 与 K5+638.7 边墙高相差 80 cm，台车的升降幅度有限。为了能利用钢模台车浇筑混凝土与保证边墙和底板结合处混凝土质量，采用组合钢模板浇筑小边墙来控制高度，从而保证了台车的正常、高效使用。

3.2　钢筋混凝土施工质量控制

钢筋混凝土施工质量的关键在于：①必须确保钢筋的型号、规模、间距、搭接长度、钢筋的焊接质量现场取样试验等符合设计和规范要求；②浇筑中必须按批准的配合比进行拌料，保证浇筑的连续性和振捣的密实；③隧洞封拱旁站督促浇满。外观质量刚开始时起边墙中间部位较差，出现麻面，局部漏振(K5+200—K5+328，K4+630—K4+660)。监理工程师分析原因，是施工人员无法到达该部位振动所致，及下料时石子集中，即要求承包商在台车上增开工作孔或增安附振器，外观质量得到改观。

4　引水隧洞施工进度控制

引水隧洞施工地质复杂，围岩差，地下水丰富，风、水、电、路、出渣、排水、排烟、混凝土浇筑各工序互相制约，施工难度大。3# 上游工作面(单工作面开挖 1.5 km 长)一直是制约洪—电站发电工期的关键线路。监理工程师在业主支持与设计、施工单位的积极配合下，在隧洞施工过程中，采取的主要进度控制措施有：

(1)由于承包商施工管理存在漏洞，监理工程师先后三次向施工单位发文要求增加作业人员和机械设备投入，加强内部管理和现场协调，督促承包商加快施工进度，取得良好效果。

(2)由于隧洞围岩差，大部分为 V 类围岩(1 000 m)，洞型为瘦高型，增加了开挖难度。为此，针对 V 类围岩采取上下半洞开挖，加快了施工进度和有效控制了超挖。

(3)洞内狭窄(衬砌后净空为 5.0 m),只能单车道行驶车辆,在上游开挖还剩 600 m 时,要求施工方在下游开始进行边顶拱混凝土浇筑,与上游开挖穿插进行(在上游开挖面支护时进行混凝土浇筑)。监理工程师发文要求施工方成立洞内协调领导小组,加大洞内混凝土浇筑和开挖的协调力度,从而加快了整个洞内的施工进度。

(4)洞内地下水丰富,岩石遇水后极易泥化,在洞内底板开挖完成后未进行混凝土浇筑时,采取将上游洞渣回填铺筑洞内道路(厚度为 30 ~ 80 cm),在边墙角位置留出排水沟,形成自然排水,路面再用碎石铺筑碾压,使得洞内交通得到改善,大大提高了出渣速度,也减少了出渣车辆的故障频率。

(5)洞内循环控制非常关键,3#洞上游 V 类围岩每次循环约 28 h,每茬炮进尺约 2.5 m,保证了月进尺 65 m。在循环控制上,监理工程师先后三次发文要求增加人员和设备的投入,特别是喷护和管棚、锚杆的钻工人员。掌子面的主要设备和人员如下:喷浆机 2 台,注浆机 2 台,手风钻 11 台,装载机和 0.5 m³ 挖掘机各 1 台,5 辆自卸汽车,喷护人员 8 名,钻工 14 名,焊工 5 名,立型钢拱架 5 名,充分利用台车提供的工作面。在管理上,要求上工序即将完成前下工序的作业人员必须做好准备且到达现场,各工序工人上下班一律由车辆接送,保证了各工序之间的有效衔接。

(6)在三岔口位置增设移动信号放大器,整个洞内与洞外通信畅通,使得各工序有效衔接和洞内一切信息第一时间掌握。

(7)尽量实施跟班监理,现场解决问题,随叫随到,做到不拖延,不推诿。

(8)加大对关键线路的进度控制,在满足质量的前提下,为承包商提供方便。

(9)加快图纸、设计通知的审查速度,提高审查质量,填写审查单落实责任,尽量减少返工,及时发送图纸,并定期组织设计、监理、施工方召开设计交底会议。

(10)加快施工措施的审查速度和提高审查质量(隧洞 V 类围岩的方案批复),充分与业主、设计和承包商有关人员进行讨论,并及时批复(变形段处理措施)。

(11)每月及时对承包商提交的结算进行公正的审核,并向业主申报,业主每月保证资金及时到位,有效地保证了进度的实施。

(12)建立信息收集与反馈系统,及时提出处理措施。

5 结语

洪一水电站已完成段的引水隧洞施工质量和进度控制较为成功,与业主、设计、承包商的配合分不开。施工中,监理工程师充分认识到引水隧洞是本工程发电的关键线路,加强对洞挖及支护质量的有效控制,在保证安全情况下,狠抓洞挖各工序的循环时间以促进洞挖施工进度。钢模台车进行隧洞边顶拱混凝土浇筑时,监理工程师要求并督促施工方做好洞挖及支护、边顶拱混凝土浇筑和组合钢模板浇筑的调度工作,在施工期间引水洞未发生任何安全事故,且施工质量和进度也得到了较好地控制,为工程按期完成打下了良好的基础。

锦屏一级水电站导流洞工程进度控制监理实践

况辉　胡治中

(长江水利委员会锦屏工程监理部　西昌　615000)

摘　要：锦屏一级水电站导流洞工程，断面尺寸大、地质条件复杂、工期短、施工强度高，标内不同工种交叉作业、相互干扰。监理机构采取了动态控制措施，对导流洞工程进度实施了有效的控制。经参建各方共同努力，顺利地实现了 2006 年 6 月 6 日和 11 月 22 日右、左岸导流洞破堰过流的合同目标，为 2006 年 12 月初实现大江截流奠定了基础。

关键词：导流洞　工程　进度控制　施工　监理

1　概述

1.1　工程概况

锦屏一级水电站工程施工采用"围堰断流、隧洞过流、全年挡水"的前期导流方式。施工期，导流洞工程分左、右岸各一条对称布置，洞身断面为城门洞形，全断面混凝土衬砌。

左、右岸导流洞由进口闸室、洞身段和出口段组成，洞身为 15.0 m × 19.0 m(宽 × 高)城门洞形断面。左、右岸导流洞洞身长度分别为 1 214.359 m 和 1 187.658 m，进、出口高程分别为 EL1 638.5 m 和 EL1 634.0 m。左、右岸导流洞进口边坡最大垂直开挖高度分别为 102.5 m 和 58.5 m，出口最大垂直开挖高度分别为 42.0 m 和 78.0 m。

导流洞工程具有过流期相对较长、流速高、运行条件复杂等特点，是锦屏一级水电站前期导流的重要水工建筑项目。左、右岸导流洞能否按期分流关系到雅砻江 2006 年年底大江截流的顺利实现，也是锦屏工程进度控制的关键项目。

1.2　监理工作概况

由于承担的监理项目多、范围广、投资规模高，长江水利委员会锦屏工程监理部采用矩阵组织结构模式，成立了纵向职能机构综合技术处和横向项目监理机构导流洞工程监理处，对工程进度等合同目标实行纵向策划、监控、协调和横向监督、反馈等双向控制运作机制。导流洞工程监理处分别设立了左、右岸导流洞工程监理站，承担现场施工监督和涉及工程进度、施工质量、施工安全与文明施工等合同目标的现场施工管理职责。

2　导流洞施工条件与制约施工进展的主要因素

2.1　导流洞工程施工条件

(1)地质条件复杂。导流洞施工区域出露地层岩性主要为中厚层条带状大理岩夹性状软弱、分布较连续的绿片岩夹层，且层间挤压错动带发育，为高地应力区。洞室开挖过程中，经常发生层状、片状剥落形式的岩爆。

(2)交通不便、场地狭窄。工程地处高山峡谷，施工区施工场地贫乏。施工期场内公路沿线地质灾害多发。

(3)工程项目多，施工干扰大。包括土石方明挖与洞挖、边坡与洞内锚喷支护、混凝土浇筑、水泥灌浆、金属结构安装等，标段内、标段间相互干扰因素众多。

(4)工期紧，施工强度高。由于施工准备不足，2004 年 11 月~2005 年 6 月，开挖进展滞后控制性施工进度计划约 3 个月，导致混凝土浇筑、水泥灌浆等后续施工强度进一步提高。

2.2　制约施工进展的主要因素

(1)砂石骨料及混凝土供应滞后约 3~4 个月。

(2)由于前期 1 885 m 高程以上边坡、缆机平台开挖下渣和场内道路施工干扰，导致在开挖高峰期部分运渣路段封闭。同时，为缓解右岸低线公路交通压力，对弃渣场进行调整，导致导流洞工程弃渣运距增加。

(3)地质条件变化，支护工程量大幅度增加。由于开挖后所揭示地质情况与设计图纸出入较大，左、右岸导流洞Ⅳ、Ⅴ类围岩相应增加，尤其左岸导流洞原Ⅳ、Ⅴ类围岩长度占开挖总长度的 11.7%，但实际揭露的Ⅳ、Ⅴ类围岩增加至总长度的 38.05%。

(4)在左岸导流洞弯弧段开挖中，因不良地质条件、地下水及高地应力的作用，局部围岩失稳，发生长 130 余 m、平均高度 40 余 m、最大高度 48 m 的特大规模塌方。

(5)由于地质条件的变化和特大规模塌方，引起导流洞工程设计变更，对进度控制提出了更高的要求。

3　监理进度控制程序与方法

3.1　进度控制体系与组织

监理部综合技术处承担着监理项目工程进度目标分解、进度控制风险源分析、预控措施研究、过程控制检查与监督、信息反馈与目标调整等项职责。为促使纵、横向两个指令源的统一及矩阵机构的顺利运作，监理部以综合技术处为轴心，设立了工程进度与信息管理等 4 个工作网，定期对工程进度进行分析和协调。导流洞工程监理处及各项目监理处均设有兼职的进度控制工程师以及兼职进度信息采集人员参加进度控制网络工作。

为规范施工进度管理，监理部依据合同文件和相关规程、规范制定了《锦屏一级水电站工程施工进度计划监理工作规程》(长锦监理[2005]019 号)，对承建单位施工进度计划的编制、申报、过程管理等提出要求。

3.2　进度控制的工作程序

(1)根据合同工期和调整的合同工期目标，督促承建单位编制和按期修订控制性工程进度计划与控制性网络进度计划，报经监理机构审批后，作为业主单位安排投资计划，物质、设备部门安排供应计划，设计单位安排设计供图计划，监理部安排监理人员工作计划和工程承建单位安排资源投入计划等的依据。

(2)监理过程中，根据控制性进度计划及分解工期目标计划，做好承建单位年、季、月施工进度计划的审批，以及随施工进展做好施工进度计划的动态跟踪和周施工进度的调整、完善。

(3)检查承建单位劳动组织和施工设施的完善，以及劳力、设备、机械、材料等资源投入与动力供应计划，为项目施工的持续、均衡进行提供基础条件。

(4)随施工进展，加强对关键路线与工程形象保证、重要施工项目逻辑关系及时差保证、工期计划调整的合理性评价和控制。

(5)随施工进展逐周对施工实施进度特别是关键路线项目和重要事件的进展进行控制，包括运用工程承建合同中规定的"指令赶工"等手段，努力促使施工进度计划和合同工期目标得到实现。

(6)加强和完善监理机构内部的施工进度管理和协调机制。

(7)针对施工条件的变化和工程进展，阶段性地向业主单位提出调整控制性进度计划的建议和分析报告。

3.3 进度控制成效技术评价

在施工进度管理中，建立施工进度控制成效评价技术指标体系，从以下 7 方面，对施工项目和施工时段进行控制成效评价：施工过程中的高峰年、季、月、周施工强度不均衡系数；施工设备的完好率、配置率、台时生产率和台时利用率；施工资源投入的保证率或到位率；施工进度计划和施工仓位计划的符合率；施工工序循环周期或循环时间的符合率；施工形象符合率；施工工程量指标完成率。

监理机构通过量化评价方法定期对施工进度控制成效进行评价，以及时发现问题、研究解决问题和促进工程施工按预定计划进展的对策。

3.4 进度控制的工作方法

(1)编制和建立用于工程进度控制和施工进展记录的各种图表，以对工程进度进行跟踪分析和评价。施工过程中，要求各监理站密切注意施工进度，控制关键路线项目和重要事件的进展。同时，随施工进展，逐周、逐月检查施工准备、施工条件和工程进度计划的实施情况，及时发现、协调和解决影响工程进展的外部条件和干扰因素，促进工程施工的有序进行。

(2)以书面指示、会议纪要和现场检查督促等多种形式督促承建单位依据工程承建合同文件规定的合同总工期目标和阶段性工期控制目标，合理安排施工进度、确保施工资源投入、做好施工准备、提高设备完好率和台时利用率，做到均衡施工、按章施工、文明施工，避免出现突击抢工、赶工局面，确保合同工期和阶段性工期控制目标按期实现。

(3)要求承建单位以报经批准的合同工程项目控制性施工总进度计划为依据，以确保合同工期和阶段性施工进度的实现为目标对施工进度计划进行优化、调整和完善，并按工程承建合同文件规定，随施工进展向监理机构报送年、季、月、周施工实施进度计划。

(4)督促承建单位按工程承建合同规定，于每周二监理例会上向监理处递交周施工进展报告。在当月 30 日前，向监理部递交当月施工进展报告。报告中要求对上周(月)施工进展情况进行说明、分析、评价，对下周(月)施工进度计划作出安排，对未完成的施工计划，要求采取赶工措施，努力抢回已延误的工期。

(5)发现进度计划与实施进度有较大偏差时，及时分析原因，进行纠偏和调整。对已发生施工进展延误的工程项目，按合同文件规定及时发出赶工指令，要求承建单位编制赶工措施计划报监理机构审批。同时，督促承建单位加大人力、物力和相关设备资源投入，强化组织管理，提高施工效率，快速推进工程进展，以加强对关键路线与工程形象保证。

3.5 施工过程进度控制

(1)2005 年 3~4 月，监理机构在右岸导流洞工程施工进度滞后 2 个月的情况下，先后两次约见承建单位召开进度专题座谈会，共同分析存在的问题和导致进度失控的原因，研究对策，制定措施，包括重新调整施工组织和施工计划，增加技术力量和施工资源投入，强化施工进度计划管理，努力抢回已拖延的施工进度。

(2)2005 年 5 月，监理机构向业主单位报送了《2005 年 1~4 月右岸导流洞工程施工进展情况分析报告》，指出施工资源配置不合理、施工组织乏力、管理体系和机构不健全是制约施工进度的主要原因。承建单位在监理机构的督促下调整了领导班子，施工管理力度明显加大，资源配置趋于合理，现场技术力量进一步增加，大型机械等支护设备的完好率和台时利用率有所提高，施工进展缓慢的被动局面得到扭转。

(3)2005 年 6 月，监理机构在审批承建单位报送的《左、右岸导流洞调整施工总进度计划及强度分析的报告》中，要求承建单位加大施工资源投入；加强施工设备管理与维护，提高设备完好率、台时利用率与生产效率；做好各施工环节的作业衔接，避免工作面闲置，确保施工均衡推进；提前做好大型机械设备和特殊工种作业人员的岗前培训，保证规范施工和作业质量；在总结、吸取前期经验教训的基础上，制定切实有效的赶工措施并付诸实施，确保调整后的进度计划按期实现。

(4)2005 年 10 月，为实现"奋战三个月、迎电站开工"目标和 2006 年 5 月 15 日导流洞过流目标，监理机构多次约见承建单位负责人，分析当前形势，研究赶工措施，并要求承建单位编制《左岸导流洞工程 5·15 目标赶工措施计划》，报监理机构审批。

(5)2005 年 11 月 18 日，监理机构发出了《督促强化现场管理，加大资源投入，确保"奋战三个月"进度目标实现的函》。并在对承建单位施工资源实际投入和施工强度进行检查、分析的基础上，结合工程进展现状，编写了《导流洞工程实现"5·15"过流目标进度分析报告》报业主单位。

(6)自 2005 年 10 月至 2006 年 3 月，左岸导流洞 K0+420—K0+550 弯弧段开挖中，由于围岩不利结构面的组合，加之地下水和高地应力的作用，从而在导流洞左、右边墙生产了由倾 NW 向的层面和倾 NE 向反倾结构面与 NW 陡倾角裂隙切割的楔形体滑移破坏，接连发生十多次特大规模塌方。由于规模巨大，其渣体达 55 000 m^3，塌方段处理成为制约左岸导流洞施工进展和总工期的关键。

为保证合同工期实现，监理机构实施了塌方段施工日检查进度制度和隔日召开一次塌方抢险工作组会。导流工程监理处设立专门的收发文件系统以加快抢险项目文件快速传递和及时处理。同时，协助承建单位进行进度分析，从人员组织、设备配置、管理水平、施工难点、作业重点、强度效率等方面，将进度分析与安全控制、质量控制、投资控制有机地结合起来，不断细化、优化、完善塌方段处理步骤和方案。

2006 年 6 月，监理部发出了《关于敦促加快左岸导流洞塌方段施工进度的通知》，要求尽快组织锚索施工专业队伍和锚索施工设备进场，安全、快速推进塌方段锚索支护施工进展。同时，在监理机构对《关于报送左岸导流洞 K0+426—K0+565 塌方处理情况及工期分析报告的函》的批复中，要求承建单位按照历次左岸导流洞抢险项目现场工作组中相关要求，结合塌方段实际地质、施工条件和施工进展，及时对塌方处理方案进行优化、动态调整和不断完善。要求承建单位精心组织，认真做好出渣、支护、灌浆、混凝土衬砌等平行、交叉作业的施工资源配备和协调工作，努力推进塌方段施工安全、有序、快速进展。

4 结语

左、右岸导流洞工程于 2004 年 11 月 25 日开工，合同工期目标为 2006 年 7 月 31 日具备过流条件，2006 年 9 月 30 日合同工程项目完工。

经过参建各方的共同努力，右岸导流洞工程通过过流前验收后，于 2006 年 6 月 6 日破堰过流，合同工程项目已于 9 月 20 日完工。提前实现了右岸导流洞过流的合同目标。

左岸导流洞在施工过程中，因地质原因发生特大规模塌方，为确保截流目标的实现，将左岸导流洞工期目标调整为 2006 年 11 月底破堰过水分流。在参建各方的密切配合和共同努力下完成了特大规模塌方处理，于 2006 年 11 月 20 日顺利完成导流洞工程项目。并于 2006 年 11 月 22 日破堰过水分流，为锦屏一级水电站实现 2006 年 12 月初大江截流奠定了基础。

参考文献

[1]况辉. 锦屏一级水电站左岸导流洞等大塌方处理[J]. 人民长江，2006(11)：26-31.

穿黄工程施工监理安全控制作用的发挥与思考

李鸿君

(小浪底工程咨询有限公司 郑州 450000)

摘 要：本文对穿黄工程施工监理安全控制中安全控制体系建立、安全措施审批、检查落实手段、应急预案演练、重大危险源动态管理、安全生产月活动、安全管理可追溯性、安全考核评比等安全管理特点和经验进行了总结，对安全控制中监理工作范围延伸、安全意识提高、安全知识技能普及、保证安全投入等的重要性及对策进行了思考分析，对做好监理安全控制工作有借鉴意义。

关键词：监理 安全控制 总结 思考

穿黄工程是南水北调中线干线上穿越黄河的关键性工程，由穿黄隧洞和南北岸连接渠道组成，总长度 19.3 km。穿黄隧洞为开挖直径 8.9 m、长 4.25 km 的两条平行盾构隧洞，南岸连接明渠为 4.63 km 的全挖方渠道，最大挖深超过 50 m，北岸连接明渠为 9.97 km 的土方填筑或半挖半填渠道，最大填筑高度为 9.7 m。

2005 年 9 月穿黄工程开工以来，小浪底工程咨询有限公司穿黄工程建设监理部(以下简称监理部)从细节入手，严格管理，充分发挥监理安全控制作用，与项目业主和施工单位一起不断改进，形成了穿黄工程相对完善的安全生产管理体系和程序，并保持其稳定运行，取得了较好的效果。穿黄工程开工三年多来没有发生安全事故，并连续两年被国调办授予南水北调工程建设文明工地称号。本文对穿黄工程施工中监理安全控制作用的发挥进行总结和思考，以期对类似项目安全管理有所借鉴。

1 结合穿黄工程特点构建监理安全控制体系和施工单位安全保证体系

穿黄工程由于技术难度高，地质条件复杂，施工战线长、标段多，涉及专业多，与地方交叉干扰多，再加上大型设备多、高空作业多、重大危险源多，所以安全风险较大，安全管理难度高。

1.1 建立适合穿黄工程的监理安全控制体系

监理部针对穿黄工程安全生产特点建立了适合穿黄工程的监理安全控制体系。

监理部安全生产控制体系由总监全面负责，分管现场的副总监具体组织实施，专职安全工程师和现场监理人员分工协作。根据穿黄工程地处黄河南北两岸的特点，在南北岸各设置一名专职安全工程师，对现场监理人员赋予安全监督检查及应急处理职责，通过专职安全工程师和现场监理人员的密切配合，实现施工监理的安全控制。

监理部制定了安全控制巡视检查制度、防汛值班制度、重大危险源动态管理制度、安全生产月考核评比制度、安全措施审查制度等一系列有针对性的安全管理制度。制定了安全控制监理实施细则，明确了安全责任目标，结合各部位安全生产特点，分别制定了安全控制要点，使监理安全控制工作有章可循。

监理部成立了安全生产考核小组，负责进行穿黄工程安全生产考核评比。

1.2 严格审查，督促施工单位建立完善的安全保证体系

施工单位是工程施工安全的最终保证者，只有施工单位保证体系健全、人员安全意识高、安全措施到位、工程施工安全才能真正得到保证。

因此，监理部非常重视对施工单位安全保证体系的审查，通过严格审查和修改完善，帮助施工单位建立起安全保证机构健全、人员配置合理、职责分工明确，制度完善，控制程序合理，各部门和各级人员之间职责衔接清楚，安全措施和应急预案有针对性、内容切实可行的安全保证体系，为安全生产打好基础。

2 严格审批和监督落实安全技术措施和安全应急预案

2.1 审批安全技术措施和安全应急预案，强调同时性、针对性和可操作性

在穿黄工程监理中，监理部始终坚持审批施工组织设计时必须同时审批安全技术措施，对关键部位或有重大安全风险的工程要求施工单位同时提交专项安全施工方案和安全事故应急预案，在审批时重点审查其针对性和可操作性，以及人员、物资等的落实情况，批复的措施必须达到针对性强、程序清楚、人员落实、材料物资足够、措施得当。达不到要求，坚决不予批准，工程不允许开始施工。

对李村北干渠渡槽大跨度拱形结构模板等重要结构模板和支撑的安全稳定，要求施工单位同时提交结构稳定验算，否则相应措施不予批复。对新蟒河倒虹吸等基坑开挖施工方案和安全措施则重点审查其降排水措施的可靠性和安全性。每年汛前组织各施工单位针对本标段当年汛期施工项目的具体情况制定防汛施工方案和超标洪水应急预案，经审批后实施。

2.2 狠抓安全措施的落实，确保安全生产

监理部通过安全工程师的巡视检查和现场监理的跟踪检查，组织应急演练，召开专题会议等方式监督施工单位安全保证体系有效运行和落实。主要措施和程序包括：

(1)现场检查并及时纠正。

(2)组织标段间相互学习、互查互帮。

(3)日常检查与定期检查考核相结合。

(4)专项检查与节假日检查相结合。

(5)严重安全问题发文通报整改。

(6)安全隐患严重或多次整改无效时，指令停工整改，直至合格和隐患消除再恢复施工。

(7)发生安全事故时，按程序向有关主管部门报告。

(8)必要时采用监理支付手段控制。

监理部先后组织施工单位开展了盾构始发、高空坠落、竖井逃生等安全事故应急预案现场演练，选择典型标段进行了防汛应急预案现场演练，组织了交通、消防事故应急演练等，通过演练达到掌握程序、发现问题、完善预案、确保安全的目的。在一个标段进行应急演练时组织其他标段有关人员参加观摩，互相学习和交流。

穿黄隧洞盾构始发和盾构机带压进仓等施工开工前，监理组织业主、设计、质监站

和施工单位一起召开开工条件审查会，对安全措施和应急预案现场各项准备工作逐一检查落实，确认满足要求后，才签发允许施工通知。

通过上述措施，监督施工单位狠抓安全措施的落实，发现安全隐患及时进行整改，把问题消灭在萌芽中。

3　抓住重点，实行动态管理，确保重大危险源安全

根据穿黄工程安全生产的特点，监理部组织各施工单位对本标段危险源进行分析，确定各标段重大危险源，制定针对性安全措施和应急预案。

对确定的重大危险源，要求各施工单位每日检查其安全生产情况，并做好记录，发现问题及时处理和报告，每月提交重大危险源动态管理报告，对重大危险源管理进行监测、分析和改进。监理安全工程师和现场监理人员进行跟踪监督，及时掌握情况，检查签认安全记录，及时处理现场安全问题，保证施工的安全顺利进行。

重大危险源发生变化时，及时组织对重大危险源项目及安全管理内容进行调整更新，并通知到管理的各个环节人员，做到所有危险源都始终处于监控和有效管理中。

4　严格过程管理，形成完备的安全管理资料，实现安全生产的可追溯性

监理部在做好安全控制现场工作的同时，督促各施工单位加强资料的规范管理，为工程留下可追溯的安全管理资料。主要包括：监理安全巡视检查记录，现场监理日记和监理日志，经监理签认的施工班报和日报，承包人防汛值班记录和监理防汛记录，重大危险源动态管理记录和月报，施工单位日常安全检查奖惩记录，监理日常检查考核记录，监理月度考核评比记录、考核通报，施工单位安全问题整改报告、监理复查意见，监理月报等。通过这些资料实现对安全生产过程的详细、完整记录，实现安全生产的可追溯性，为安全问题、合同问题的处理及工程验收打好基础。

5　以安全生产月活动为契机，不断提高施工单位安全管理意识和自觉性

监理部除督促施工单位做好日常安全生产管理外，还组织施工单位扎实搞好每年6月的安全生产月活动，不断提高施工单位安全管理意识和自觉性。

安全生产月活动之前，要求各施工单位结合当年本标段施工项目特点，制定有针对性的实施方案并经严格审批后实施。活动中，监理部严格督促检查，确保活动计划逐项落实，并组织考核评比。活动结束后督促施工单位提交活动总结。对活动组织好、解决问题多、实际效果好的单位在安全考核评比中进行加分鼓励。通过活动使安全隐患得到排查和处理，安全意识得到加强，安全管理水平得到提高，安全生产得到保障。

6　开展全工区安全生产考核评比活动，营造环境，促进安全生产管理水平整体提高

从穿黄工程开始，监理部就坚持在全工区开展安全施工检查考核评比活动，每周由专职安全工程师对各施工单位安全施工情况进行检查，对存在的问题在周例会上或发文要求改进。每月由监理部组织业主参加，对全工区施工安全进行检查和评比，将检查评

比结果发文通报各施工单位，指出问题和改进要求，并督促施工单位进行整改，然后再复查，直至满足要求。到目前，穿黄监理部共组织了 33 次安全大检查，从考核评比结果看，各单位考核分数呈逐步提高的趋势。

通过这些活动不但及时解决了施工中存在的各种安全问题，而且在各施工单位之间形成了你追我赶、争当第一的良好氛围，各施工单位主动横向比较、互相学习，有力地促进了穿黄工程安全施工管理水平的整体提高。

7　总结和体会

7.1　监理把安全控制工作范围适当延伸，帮助施工单位完善安全管理工作，是保证工程安全和实现监理自我保护的必然选择

穿黄工程安全生产之所以能取得成效，得益于其良好的建设环境，主要包括业主单位重视，对监理授权充分，并大力支持监理工作；施工单位也很配合，并基本能按要求进行安全施工；以及监理认真负责，措施得当；工作细致到位，并且监理安全控制范围有所延伸等。

虽然建设工程安全管理条例明确规定监理的安全责任是审查施工组织设计或施工方案中的安全措施，监督安全措施的落实情况，发现隐患及时处理，在施工单位拒不执行时向有关主管部门报告。但在实际中监理的安全责任往往被无限扩大。

因此笔者认为，在目前整个建筑市场不太规范，施工单位管理人员安全意识不强，操作人员安全技能不高的情况下，监理除了深刻理解并认真履行自己的安全职责外，若能把安全控制范围做适当延伸，帮助施工单位规范安全管理工作，弥补安全管理漏洞，使工程安全隐患及早被发现和排除，这样看似承担了部分额外的工作，却能起到防微杜渐，避免安全事故发生的效果。这也是目前建筑市场环境下不得已的措施，也可以说是监理实现自我保护的必然选择。

7.2　从细节入手，提高安全意识是安全生产的根本保障

只有施工单位安全意识提高了，措施落实了，安全生产才能落到实处。

安全生产的特点就是要细致，安全事故的发生往往起因于一些细节上的疏忽。因此，监理在工程安全管理中必须注重从基础工作开始，坚持抓好日常管理，注重细节，要不厌其烦，不放过任何可能的隐患。

穿黄工程正是通过坚持日常细致和不厌其烦的安全控制工作，使施工人员和监理人员的安全意识不断加强，安全生产自觉性不断提高，从而为穿黄工程安全生产提供了根本保障。

7.3　切实抓好安全教育培训和安全交底，解决现场施工人员安全知识和技能问题是保证安全生产的关键

施工单位大量使用农民工现象已是建筑业公开的秘密，这使得现场操作人员普遍存在安全知识缺乏、安全技能不高，甚至连自身安全保护意识都没有，而现场安全生产还要靠这些人来具体操作完成。因此，在安全管理中监理如何采取措施督促施工单位提高这些现场操作人员的安全意识和操作技能是保证安全生产的关键。穿黄工程通过督促施工单位进行安全培训、施工前安全交底、施工中持证上岗、规范操作、加强安全检查和

监督指导、施工后进行安全总结和考核评比等手段，普及安全生产知识，使操作人员安全意识不断加强，安全操作能力逐步提高，从而为安全生产打好基础，从根本上保证工程施工的安全进行。

7.4 从工程建设各个环节采取措施，保证安全投入是安全生产的基础

尽管穿黄工程在建设各方的共同努力下保证了安全生产，但在安全管理中也发现，穿黄工程的不同施工单位，其安全管理水平有很大差别，甚至同一单位在不同阶段其安全管理水平也有变化，主要原因除安全意识不同、重视程度不够外，关键还是投入不同。哪个单位投入相对较大，哪个阶段投入较大，其安全生产效果就好。因此要从根本上实现安全生产的自觉性和可靠性，还是要靠投入做保证。

要保证安全投入，笔者认为应从工程建设的各个环节采取措施。第一，工程招标时就应对安全生产提出明确要求，投标人在投标时就详细列出安全措施项目和报价，评标时安全措施可靠性和报价合理性作为一项重要评标依据，保证中标合同中已包含了合理的安全投入和措施。第二，在项目实施中，施工单位必须按投标措施和报价保证安全投入。第三，施工单位还应设置安全奖惩资金用于对安全生产奖优罚劣。第四，还可以鼓励业主单位在合同费用外设置安全生产专项资金，用于对各施工单位进行安全生产考核评比后的奖惩，以及对监理单位和业主单位安全生产成绩突出的人员和部门实施奖励，提高各方人员安全生产的主动性。另外，在国家概算审批、审计和稽查中，也应对这一部分合理资金支出予以认可和支持，从而使保证安全投入落到实处。

7.5 安全考核评比是促进安全生产管理水平提高的有效手段，如果配以合理奖惩，效果会更明显

尽管安全生产是施工单位的职责，但目前仅靠自觉有时还不够，应由激励和奖惩来推动，整体提高安全意识和管理水平是解决问题的关键，考核评比是有效的促进手段。如果配以合理奖惩，效果会更明显。

7.6 抓好重大危险源动态管理是确保安全生产的重中之重

抓住重大危险源的动态管理等于抓住了安全管理的重点，如果重大危险源不发生安全问题，则可基本上避免重特大事故发生。通过抓好重大危险源动态管理，也可对施工单位日常安全管理工作起到促进作用，带动安全管理水平整体提高。

安全监理 PDCA 循环管理在
黄河标准化堤防的应用

李振国[1] 何平安[1] 刘月军[2]

(1.河南黄河河务局 郑州 450003；2.河南立信工程咨询监理有限公司 郑州 450003)

摘 要：本文在充分阐明水利工程安全监理 PDCA 的基础上，明确了 PDCA 在实际工程中的应用模式及程序，并对 PDCA 循环在现实工程应用中所能产生的预期效果做了详细的阐述。

关键词：水利 PDCA 循环 安全管理

1 引言

目前我国正在进行大规模的基本建设。工程建设的巨大投资和从业人员规模使得安全事故所造成的后果异常严重、损失异常巨大。每年由于安全事故丧生的从业人员有数千人之多，直接经济损失逾百亿元。特别是近年来重大恶性事故频发，已引起我国政府和人民群众的普遍关注。

1.1 安全监理的开始

工程项目建设监理起源于 16 世纪前的欧洲。为适应社会主义市场经济发展，实现与国际惯例接轨，我国建设工程建设监理制度于 1988 年开始试点，5 年后逐步推广，1997 年《中华人民共和国建筑法》以法律制度的形式做出规定，国家推行建设工程监理制度，从而使建设工程监理在全国范围内进入全面推行阶段。

工程监理主要是在工程现场进行"三控制"即投资、进度和质量控制，"两管理"即合同管理和信息管理，"一协调"即协调相关合同的关系。2004 年 2 月 1 日，伴随着《建设工程安全生产管理条例》(国务院第 393 号令)的颁布实施，工程监理多了安全管理的责任。2006 年 10 月 16 日建设部印发《关于落实建设工程安全生产监理责任的若干意见》(建市[2006]248 号)的文件，对监理在施工期间的安全监理程序、任务及责任进一步予以明确。

1.2 全面质量管理的 PDCA 循环原理

全面质量管理(Total Quality Management，TQM)是已经得到普及的科学的质量管理方法。质量管理中的任何工作都可以分为计划、实施、检查、处理四个阶段。20 世纪 70 年代以来，国际标准化组织(ISO)也把全面质量管理的 PDCA 循环引用为 ISO9000 质量管理和质量保证体系列标准 ISO14000 环境管理体系系列标准中通用的管理模式，而且 PDCA 循环也是 OSHMS18000 职业安全卫生管理体系所采用的管理模式。

PDCA 循环又称为"戴明环"或"戴明循环"。PDCA 循环是能使任何一项活动有效进行的一种合乎逻辑的工作程序,特别是在质量管理中得到了最广泛的应用,P、D、C、A 四个字母所代表的意义如下。

P(plan)计划,包括方针和目标的确定以及活动计划的制定;D(do)实施,就是具体运作,实现计划中的内容;C(check)检查,就是要总结执行计划的结果,分清哪些对了,哪些错了,明确效果,找出问题;A(action)总结评估,对总结检查的结果进行处理,成功的经验加以肯定,并予以标准化,或制定作业指导书,便于以后工作时遵循;对于失败的教训也要总结,以免重现。对于没有解决的问题,应提给下一个 PDCA 循环中去解决。

戴明博士的 PDCA 理论是一种科学严谨的工作方法和工作程序,是一种经过各行业验证的科学管理工具。PDCA 循环不是停留在一个水平上的循环,不断解决问题的过程就是水平逐步上升的过程(见图 1)。

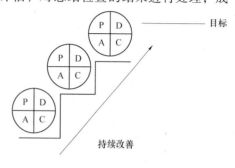

图 1 PDCA 循环

2 PDCA 循环的应用

黄河标准化堤防建设是国家重点水利建设项目,根据国务院的治黄部署,水利部决定从 2002 年起在河南省郑州花园口至开封兰考段实施集"防洪保障线、抢险交通线和生态景观线"三位一体标准化堤防建设。

黄河标准化堤防的安全管理,各参建单位做了大量工作。现场监理加强安全生产管理,加强督促承包单位贯彻执行"安全第一,预防为主"的方针,建立健全安全生产责任制和安全生产组织保证体系,确保安全管理制度的落实和专职安全管理人员的到位。本人结合河南黄河标准化堤防建设中利用船淤的方式进行挖河固堤工程施工安全监理,简要介绍 P(计划)、D(实施)、C(检查)、A(总结评估)管理循环工作方法和工作程序的应用。

2.1 计划阶段(P)

安全监理计划阶段的主要任务是要分析工程现状,找出存在问题的原因,分析产生安全问题的因素,寻找主要原因,制定解决问题的措施计划。总监理工程师统筹领导工程安全监理的运作,全面负责落实工程安全监理的计划。

2.1.1 分析现状,找出存在的问题

在施工准备阶段,监理机构首先组织全体监理人员熟悉项目的合同文件、并对设计图纸进行检查、复核、补充和必要的更正,其次根据黄河堤防战线长、条件艰苦的特点熟悉现场具体情况,全面掌握现场占用土地、房屋拆迁及通往现场的道路等情况,对可能存在的工程安全隐患、容易挖泥船取土人员上下船溺水发生安全事故、淤区围格堤决口、输沙管道安装砸人、施工用电、夜间施工等环节组织建设、设计、运行管理等参建单位有关人员进行风险评估,按导致发生事故可能性的大小,对问题、隐患按危害程度分为轻微、较重、严重三个级别。

2.1.2 分析产生问题的各种影响因素，并对各个因素进行分析

针对存在的施工现场问题，监理工程师根据现场的具体情况分析工程安全特点，从人(Man)、材料(Material)、机具(Machine)、方法(Method)、环境(Environment)即4M1E(以下简称4M1E)等五方面入手，分析不安全因素产生的原因，如人的技能水平的高低及思想麻痹、施工机具性能如何，是否带病作业、原材料合格证明材料是否齐全，抽检是否合格、施工方法是否合理及施工环境好坏的影响以及可能导致意外伤害事故的其他原因。特别剖析管理上的深层次原因，提高认识，以期从根本上解决问题。

2.1.3 找出影响目标控制的主要因素

监理工程师经过对施工现场实际情况、工程中 4M1E、施工单位报送的一系列材料的分析，找出并确定挖泥船采砂过程、输沙管道的安装及围格堤填筑质量是影响工程安全的主要因素，在工程实施阶段准备重点监控。

2.1.4 针对影响工程安全的主要因素，制定计划和措施

第一，审查施工单位在施工技术方案中是否针对影响工程安全的主要因素制定切实可行的方法，是否体现订什么计划(What)、达到的目标(必要性，Why)、在哪里实施这一措施或计划(Where)、由哪个单位、谁来施工(Who)、何时开始、何时完成(When)以及如何实施(How)等具体内容，亦即 5W1H。

第二，针对影响工程安全的主要因素和施工单位的施工方案，监理工程师编制安全监理实施细则，现场落实监理安全责任，制定监理安全教育、安全检查、安全事故调查和处理等安全管理制度，明确总监理工程师负安全监理总责及现场监理人员负安全管理具体职责；切实有效地指导监理机构人员实施现场安全监理操作，努力做到有的放矢；编写工程安全监理交底书并及时向施工单位进行安全交底，明确安全监理工作的要求和程序。

通过安全风险分析，各监理人员熟悉并掌握安全监理细则的工作要点，使监理在工地巡视中，既能照顾到面上的安全，又能抓住关键要害部位，重点要抓好专项安全施工方案的实施，特别是高危作业的关键工序跟班旁站等重要部位。在每次进入下一道工序前，检查施工单位的安全措施，人员、机械设备等是否齐全，是否已进入现场且无异常情况。

2.2 实施阶段(D)

施工现场安全情况瞬息万变，再好的方案也不可能绝对保证施工过程万无一失，因此按既定计划实施十分重要。监理机构安排专职人员具体负责落实日常工程安全监理工作，贯彻执行安全监理细则、计划和措施，实施安全监理的日常巡查工作，在实施质量控制的同时检查工程安全文明施工状况。

安全监理人员一是要督促施工单位按施工方案施工，做好安全的宣传，现场营造好的安全气氛，如现场设置工程名称及参建单位牌、安全生产纪律牌、防火防电牌、无安全事故日计数牌、主要人员及监督电话号码牌、施工总平面布置图、工程进度网络图等"五牌二图"；做好现场及周边环境安全防护措施、消防安全措施，在现场入口处、起重机械、临时用电设施等处设置安全警示标志；二是督促施工单位要求各施工班组结合自己的实际进行细化、量化，拿出更为具体的运行计划和措施；三是监督、见证施工单

位从控制产生安全事故的"三因素"(人、机、环境)着手,严格把好安全生产"七关"即教育关、措施关、交底关、防护关、文明关、验收关和检查关,并留下文字交底记录;四是监督施工单位按照施工组织设计中的安全技术措施和专项施工方案组织施工,及时制止违规施工作业;派监理人员在重要环节、关键部位、关键工序进行旁站监理,做好旁站记录。

2.3 检查阶段(C)

根据计划的要求,检查实施的结果,看是否达到预期控制的目标要求。工程安全监理实施的检查,即要把实际工作结果与预期目标进行分析对比,检查计划具体执行情况。这是 PDCA 管理循环中一个较为重要的阶段。

监理人员第一是检查施工单位制度建立及落实情况,以及是否按照监理批准的施工方案进行施工及工程建设标准强制性条文和安全措施的执行情况,督促施工单位检查各分包单位的安全生产规章制度的建立情况。

第二是检查施工单位安全自检情况,在工程实施过程中随时对施工单位自检人员进行抽检,及时掌握了安全情况,检查安全自检人员工作制度落实、工作质量及资料整理、存档情况。重点检查挖泥船工作时、围格堤填筑及巡查、临时用电设施等安全保证措施落实情况。

第三是严把进场原材料关。原材料是保证工程质量和生产安全的基础,在工程中起着至关重要的作用,故监理人员要把好进场材料关。①查阅厂家质量证明材料。②认真执行见证取样制度。③对结构安全有较大影响的材料可采取增加见证取样比例,送有资质的试验室对进场材料进行复检,尽量减少误用不合格材料的几率,增大水利建设工程安全的概率。

第四是使用的机械设备必须安全可靠,监理人员督促施工单位建立机械安全质量监控体系,对施工用泥浆泵、耙吸式或绞吸式挖泥船、推土机、挖掘机等机械择优选用,正确操作,定期检测,加强维护,适时更新,以便对报废的全过程进行综合管理。审核施工单位应急救援预案和安全防护措施费用使用计划。

第五是组织各参建单位进行安全生产定期安全检查、随时突击性抽查和专项检查。监理人员每半月组织有关参建单位进行一次安全检查,高峰期不定时随时抽查安全生产情况,遇汛期、节假日前后进行专项安全生产检查。

第六是监理人员认真、正确地填写监理日记中安全工作的内容;增加填报监理月报中有关安全类的专项内容。总监理工程师每周监督检查现场监理机构人员落实监理安全责任的工作,及时提出整改意见。

监理单位针对检查过程中发现的问题及时整改,进一步分析其原因。既要有阶段性的总结分析,又要进行动态管理。随时掌握计划的运行状况,及时发现问题,解决问题。检查最好能通过量化式检查得出定性结论。这一方法的最大优点就是在对每一个 PDCA 循环层进行横向比较时,能得到较为准确的评价,找准薄弱点和工作漏洞。

2.4 总结评估阶段(A)

(1)监理机构根据检查情况及时进行评估,总结经验,协调改进措施的落实。必要时召开有设计、施工、监理及甲方代表参加的现场协调会。

监理机构内部工作会议全面总结评估工程安全管理状况,对实施情况检查评估后,总监理工程师召集与安全有关的参建单位现场负责人对整个实施过程进行全面、系统地讨论、汇总和总结，并将有效的经验或措施用书面形式固定下来，依照既定的工作程序纳入有关的技术或管理标准之中。

(2)经过检查、评估发现工程安全隐患应及时指出。运用监理工程师通知单要求施工单位限期整改，并对整改过程进行监督、整改结果进行评估。必要时召开专题安全会议、工地会议等对下一步工作或新的工序中需要注意的安全方面问题，及早提醒，避免事故发生。对可能发生的安全事故，制定生产安全事故应急救援预案。

(3)提出这一循环尚未解决的问题，转入下一轮 PDCA 循环。分阶段总结评估工程安全监理经验教训，巩固已有成绩，处理差错，对计划解决而未解决的问题根据原因分清责任，把尚未解决或遗留问题转入下一个 PDCA 管理循环，并作为下一阶段循环的计划目标。

黄河标准化堤防建设过程中，监理人员在工程投资、进度、质量、安全、文明生产、合同管理及信息管理等方面，均把 PDCA 管理循环工作方法和工作程序运用到每个单位工程、分部工程、单元工程的每个环节，认真开展监理工作，注重工程质量与安全生产，加强工程文明建设。在各参建单位的共同努力下，其中有一个项目获得水利部文明建设工地称号，有五个项目获黄河水利委员会文明建设工程称号，两次获得中国水利工程优质(大禹)奖。

总之，PDCA 循环应用了科学的统计观念和处理方法。作为推动工作、发现问题和解决问题的有效工具，典型的模式被称为"4 个阶段"、"8 个步骤"，如图 2、图 3 所示。

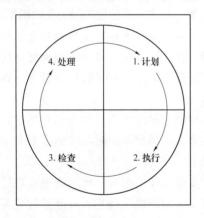

图 2　PDCA 循环(戴明循环)的 4 个阶段

图 3　PDCA 循环的 8 个步骤

3　几点说明

(1)发现安全问题，施工单位拒不整改或不按监理机构指令停止施工时，监理应及时向政府有关部门报告，制止危险因素的蔓延和扩大，把事故消灭在萌芽状态。为此，监理应与上级主管部门、政府安全生产管理部门建立畅通的联系机制，关键的问题是在必要时真正使用好这条沟通渠道。

(2)PDCA 管理循环的 8 个步骤中，要用到以统计技术为依据的质量管理常用"老七种工具"和"新七种工具",如排列图、控制图、因果图(亦称鱼刺图)、相关图、关联图和矩阵图等分析工具。

(3)有关安全施工措施费用的出处。2005 年 9 月建设部印发《建筑工程安全防护、文明施工措施费用及使用管理规定》(建办[2005]89 号)明确工程项目安全生产费用的提取以及如何使用。2006 年 12 月 8 日,财政部、国家安全生产监督管理总局联合印发《高危行业企业安全生产费用财务管理暂行办法》(财企[2006]478 号)规定水利水电工程安全费用可按建筑安装工程造价的 1.5%提取,并对安全生产费用的使用和管理进行了明确。

(4)加强与工程质量、安全相关的法律法规和规范,特别的建筑工程强制标准条文的学习,努力提高自身的专业技能和业务水平,了解和掌握施工安全知识、安全技能,甚至设备性能、操作规程,以及安全法规等。这样才能在施工安全监理工作中对施工作业危险点所采取的预防措施进行预控;才能有效根据工程的专业特点对施工单位加强安全监督管理,督促其健全自身施工安全生产保证体系,并切实搞好自控,真正达到对施工中人的不安全行为、物的不安全状态、作业环境的不安全因素和管理缺陷进行有针对性的控制。

4　结语

PDCA 循环是个大环套小环、一环扣一环的制约环。必须保证 PDCA 四个阶段是一个有机的整体,只有计划而不实施,等于没有计划;只实施不检查,难以知道计划实施的好坏优劣;只检查不总结,双方不相互反馈信息,管理质量也无法提高。每一个循环终了,就会使工作向前迈一个台阶。监理机构在抓好对重点环节、部位的安全监管,落实建设工程监理安全责任,实施工程安全监理的事前计划,事中实施和检查,事后总结评估的 PDCA 管理循环。

把质量管理中的 PDCA 循环工作方式运用于工程监理的安全管理中,可以解决安全工作中存在的问题,提高安全工作的质量水平,使安全工作水平上升到一个新的高度,从而达到节约成本、提高生产率、增强竞争力的目的。

泰安市东周水库安全监理实践

任海民

(泰安市水利勘测设计研究院　泰安　271000)

摘　要：安全监理是水利工程建设监理的重要组成部分，是对水利工程施工过程中安全生产状况所实施的监督管理。近年来，水利建设施工安全监理制度在水利工程建设中起到了积极作用，但也存在一些薄弱环节。本文通过东周水库除险加固工程监理实践，针对工程建设中的安全生产问题，分析了现场面临的主要问题，采取的解决措施及取得的效果，并结合现实提出了自己的几点体会，与同行商榷。

关键词：水利工程　安全监理　措施　效果　体会

1　工作背景

东周水库是汶河上游主要的拦蓄工程，是一座以防洪为主、兼顾灌溉、供水、养殖等综合利用的库容为 8 612.5 万 m³ 的重点中型水库，投资 7 330 万元。除险加固项目涉及砌石拆除、芯墙搅拌桩、抛石压重、砂壳振冲、帷幕灌浆、砂壳碾压、坝面砌石、土石方开挖回填和混凝土施工等分项工程。该工程没有施工总承包单位，与业主直接签订合同的施工单位有 6 个，分包单位很多，现场施工人员高峰时达 700 多人、车辆 200 余辆，交叉施工，特种作业很多；同时，由于水利工程自身的特点，其中的帷幕灌浆、爆破工程，施工难度大、要求高，现场安全监控的任务很重。针对此形势，该项目采用了现场安全控制以业主为主，监理机构全面介入，并侧重于从技术性、操作性环节把关。通过此种模式，建设各方认真履行职责，采取切实有效的措施，保证了工程现场的安全工作。

2　充分认识安全监理面临的主要问题

2.1　项目自身

该项目建设规模大、周期长、环节多、参与方多，受气候环境等外部因素影响大。工程施工为露天，施工环境和作业条件较差，受地形、地质、汛期影响大，不安全因素随着工程进度的变化而不断变化，规律差、隐患多，安全生产形势比较严峻。

2.2　施工单位自身

从以往监理的工程经验来看，施工单位往往存在以下不足：①安全生产责任制不到位，制度不健全、领导不重视、监督无力度、奖罚不分明、安全防护用品不检验、机械设备不及时检修保养；②安全教育不到位，教育过于形式化，造成操作人员安全知识缺乏，特别是现场一线作业人员安全意识薄弱，自我防护能力差；③安全操作规程不落实，违章指挥、违章作业、蛮干之事时有发生，存在侥幸心理；④安全防护设施不落实，施工单位挤扣安全费用，用于安全生产的资金过少，施工现场存在大量事故隐患未能及时排除，员工不能在安全的环境中作业。

2.3 监理单位自身

监理单位往往存在以下不足：①对安全监理认识不到位，不能很好履行相应职责。由于安全监理是个新兴事物，不少监理人员对此项业务的开展存在不理解及错误观念，在监理工作中安全监理工作视为额外工作，致使安全监理工作往往处于被动状态。②部分监理人员不注重法律、法规的学习，安全知识和经验不足，存在着对安全生产法规、各种安全操作规程不熟悉，缺少安全生产管理实际经验。③风险意识差。工程监理工作现场，安全隐患无处不在，随时都有可能酿成安全事故，面对这样的高风险认识不到位。

3 针对安全监理采取的主要措施

我们坚持"安全第一、预防为主"的方针，采取多种方式，通过多种途径，不断完善安全监控机制，强化参建各方的安全意识，提高安全施工和管理水平。监理部领导逢会必讲安全，监理工程师在每道工序施工前必检查安全，始终将安全工作作为工程建设的头等大事来抓。其具体做法如下。

3.1 健全安全监理机构

成立项目监理部安全生产管理小组，作为安全监理机构，以总监为组长，总监代表为副组长，指定专人为安全监督员，推行全员抓安全。要求各现场监理工程师在搞好本专业质量、进度、投资控制的同时，必须抓好相应范围内的安全监控工作，并及时反馈现场安全动态，消除各种不安全因素。同时，要求专职安全监理工程师，全面掌握现场安全状况，并针对施工不同阶段的特点，积极安排部署，加强预控和检查。如在进场初期，依据相关法律和规范，结合工程实际，配合业主出台了现场安全管理实施办法、临时用电管理规定等制度，重点关注高压线路架设、各施工单位交叉作业空间布置等；进入施工阶段后，重点关注吊装、灌浆、振冲、卸料碾压、砌石、焊接、无损探伤、临时用电、爆破作业等；转入竣工验收阶段后，则重点关注机械设备调配、消防管理、机电设备试车、闸门控制系统调试以及各施工单位离场前的利益合理划分等。

3.2 督促施工单位健全安全保证体系并切实搞好自控

监理部与业主联合成立了工程施工现场安全领导小组，定期检查各施工单位安保体系运作情况，要求其层层建立安全包保责任制，签订包保责任书，定期组织安全知识教育，安全管理人员必须配备到位，并切实履行职责，加强日常安全检查。同时，还邀请劳动执法执纪部门进场授课，增强参建单位各方安全管理的自觉性和主动性。

3.3 审查施工安全技术措施方案，搞好预控

监理机构在工程项目或专项施工开工前，要求施工单位上报安全技术措施或专项施工方案，由总监理工程师组织专业监理工程师审核，审核的重点是安全管理和保证体系的组织机构，包括项目经理、安全管理人员、特种作业人员配备的数量及安全资格培训持证上岗情况；安全生产责任制、安全管理规章制度、安全操作规程的制定情况；爆破作业、模板、脚手架工程、起重机械设备安拆、高空作业、交叉作业、防洪度汛等专项

方案是否符合规范要求；施工总布置是否合理，临时设施、施工场地、用电、道路、排污、排水、防火措施是否符合规范和文明施工要求。

3.4 加强季节性的安全防范工作

夏季督促施工单位注重防雷、防暑降温及防涝；秋冬季狠抓消防工作，强化火种管制。在各装置内划定禁火区，严格实行动火许可证制度。在日常性的现场保卫上，组织参建各方开展安全联防，基本杜绝了设备、材料，特别是精密仪器、仪表的流失。

3.5 加大检查力度，认真督促整改

注重将日常巡回检查与集中检查、现场检查与资料检查相结合，及时发现和处理各种安全隐患。对现场的各种问题，监理工程师都要求责任单位立即改正。如果执行不力或不及时，则在 24 h 内发出书面通知。对严重威胁生命、财产安全的隐患或苗头，则坚决行使安全否决权，下达停工令限期整改，不满足安全要求不准复工(工期不予延长)。每个月，监理部在汇总现场监理工程师反馈的信息后，召开一次安全例会，分析情况，提出要求，部署下月安全工作。每季度与业主联合组织一次安全、文明施工大检查(包括现场和资料)，对发现的问题发书面整改通知，并跟踪督办，逐项消号。年终进行总结评比，对实现安全工作目标的予以奖励，完不成的予以处罚。

3.6 严格和规范安全监理资料管理

安全监理资料是项目监理部在现场实施安全监理过程中形成的，是建设工程安全生产过程的真实和全面反映，也是安全监理工作质量和水平的直接反映，所以必须严格和规范安全监理资料的管理。安全监理资料必须真实、完整，能够反映出监理依法履行安全监理职责的全貌。监理人员在监理日记中应详细记录当天施工现场安全生产和安全监理工作情况以及发现、处理的安全隐患和问题，总监应及时审阅并签署意见。特别强调的是，对发现的安全隐患必须有跟踪整改情况记录，对例会、监理通知、安全检查报告所提到的安全问题，亦应有跟踪整改、封闭记录。监理月报应对当月安全施工、安全监理工作做出评述，报建设单位。安全监理过程所形成的文件、记录等资料要及时收集、分类、整理、汇总归档，这对预防安全事故的发生起到了一定的作用。

4 通过安全监理取得的主要成效

由于该项目业主充分授权，监理部与业主配合密切，措施扎实到位，施工单位也积极响应配合，政府水利施工安全执法监管部门也定期到工地进行检查指导，在工程现场形成了一种对安全齐抓共管的良好局面。自项目开工至竣工，该项目实现了安全零事故管理目标，即重大伤亡事故为零、重大责任事故为零、千人负伤率为零，有力地保证了施工的顺利进行，受到了有关各方的好评，并荣获了水利部水利系统"文明建设工地"称号。

5 安全监理的几点体会

(1)建设单位应适当增加监理费用，充分授权，将现场安全纳入监理范围，使监理机构有能力充实必要的安全专业人员，确保监理机构为业主提供从工程开工到出合格产品全过程的安全监理服务。从一定程度上说，建设单位对安全监理的重视程度，将对整个

工程的安全控制起到事半功倍的作用。

(2)目前高素质的水利施工安全监理人员比较匮乏,因此培养一批能胜任水利建设施工需要的安全监理人员是当务之急。安全监理人员必须了解和掌握关于施工安全的专业知识,学习相关的法规和技术规范,充分发挥在水利施工安全监理方面的预控作用。

(3)工程的安全起决定作用的是施工单位负责人的重视程度。施工单位负责人是否重视安全生产,对施工企业安全生产具有至关重要的意义。因此,监理工程师在安全监理中,应着重抓住施工单位负责人,让其承担起安全生产管理工作的主要职责。

参考文献

[1]黄寅浩. 水利水电工程建设安全监理工作实践与探讨[J]. 中国农村水利水电,2006(8):126-127.

[2]孙忠顺. 工程项目施工阶段安全监理工作初探[J]. 建设监理,2000(3):25.

浅析锦屏一级水电站工程施工安全与
文明施工监督管理

李小平[1]　陈芙蓉[1]　卢德军[2]

(1.长江水利委员会工程建设监理中心　武汉　430010；2.长江科学院　武汉　430010)

摘　要：施工安全与文明施工直接关系着现场施工作业人员的生命安危和财产安全，是保证工程质量、进度、投资的前提条件。在锦屏一级水电站施工过程中，长江水利委员会(以下简称长江委)锦屏工程监理部始终坚持"安全第一、预防为主"的方针。牢固树立"以人为本、教育为主、管理从严"的指导思想，不断完善施工安全监督网络，加强施工安全与文明施工的监督管理，加大对施工安全的预控和现场检查力度，督促承建单位落实各项防范措施，施工安全与文明施工得到了有效控制。目前，锦屏一级水电站工程建设已逐步形成了安全、文明、和谐的施工环境。

关键词：施工安全　文明施工　监督管理　锦屏一级水电站

1　概述

1.1　工程概况

锦屏一级水电站位于四川省凉山彝族自治州木里县和盐源县交界处的雅砻江大河湾干流河段上，距河口 358 km，是雅砻江干流下游河段的控制性水库梯级电站。

锦屏一级水电站由挡水、泄洪及消能、引水发电等建筑组成。水库正常蓄水位 1 880 m，库容 77.65 亿 m^3，调节库容 49.1 亿 m^3，属年调节水库。电站装机容量 3 600 MW(6×600 MW)，多年平均发电量 166.2 亿 kWh。枢纽建筑物主要由混凝土双曲拱坝(包括水垫塘和二道坝)、右岸泄洪洞、右岸引水发电系统及开关站等组成。挡水建筑物为混凝土双曲拱坝，最大坝高 305 m，坝肩人工边坡最大开挖高度达到 540 m，为世界已建和在建的最高拱坝。

1.2　施工安全形势

锦屏一级水电站是世界级规模的高拱坝水电站，工程地处高山峡谷地区，施工场地狭窄，坝址区岩石风化严重、地应力高、坝肩边坡高且左岸山体内存在深部裂缝，两岸山体雄厚陡峻，地质地貌、河流水文条件复杂，工程施工安全、文明施工形势严峻。

目前，长江水利委员会锦屏一级水电站工程监理部已展开了左右岸导流洞工程、两岸坝肩 EL1 885 m 以上边坡开挖工程、大坝工程、左岸基础处理工程等十几个项目的监理工作，工程项目点多面广、施工环境恶劣、施工条件复杂、施工强度高、工期紧，施工安全形势极其严峻。施工安全与文明施工是工程质量、进度等合同目标控制的基础，监理部十分重视安全与文明施工的监督管理，建立健全了安全与文明施工监督体系和监督机制，为促进各监理工程项目的有序进展提供了保障。

2 安全与文明施工监理工作方针及管理机制

2.1 监督工作目标

监理部依据工程建设监理合同、工程建设承建合同、相关法律法规，结合锦屏一级水电站工程的施工特点，通过分析研究，制定了安全与文明施工监督工作目标包括：防止和避免发生监理人员及所监理项目的施工人员发生人身伤亡事故；防止和避免所监理工程项目发生直接经济损失达10万元以上的机械设备、交通和火灾事故；防止和避免所监理工程项目发生重大环境污染事故、人员中毒事故和重大垮塌事故；防止和避免所监理工程项目发生重大的工程质量事故；防止和避免所监理工程项目发生性质恶劣、影响较大的安全责任事故，实现无重大安全责任事故和质量事故的"双零"目标。

2.2 工作方针与管理机制

在施工安全监督中，监理部确定了"安全第一、预防为主"的指导方针。在施工进度、施工质量、安全施工等合同目标关系的处理中，坚持"安全生产为基础，工程工期为重点，施工质量为保证，投资效益为目标"的工作方针。

监理部实行承建单位施工安全保证与监理机构检查监督相结合的管理机制，建立了"三个相结合"的施工安全监督工作制度，即"安全监督与施工监督相结合、安全预控与过程监督相结合、安全监理工程师巡查与现场监理人员检查相结合"。要求各监理机构和现场监理人员加强现场施工安全的预控、检查和监督，督促承建单位按章作业、文明施工，促进各项施工安全制度及安全保护措施的落实。

3 安全与文明施工监督体系

3.1 监督组织机构

长江委锦屏工程监理部实行矩阵组织管理模式。在纵向职能机构综合技术处，设立安全与文明施工监理组负责安全与文明施工监督工作的组织、指导、检查、监督、协调与信息反馈。以综合技术处为轴心，设立施工安全与文明施工监督控制与管理工作网，作为文明施工、安全施工目标的制定与策划，文明施工、安全施工预控对策研究，过程工作协调的审议机构，成员延伸至各监理处。形成了在总监和分管领导协调下，以安全文明施工监理组为网络中心，全体监理人员为网络节点的安全监督工作网络。

监理部实行施工安全与文明施工分级管理责任机制。为促使安全、文明施工监督各项工作的落实，根据工程建设监理合同文件规定，监理部建立了以总监、各项目处长、专职安全监理工程师负责的三级安全监督责任制度，将安全生产和施工安全监督成效作为各监理处(室)目标管理考核的重要内容，实行施工安全"一票否决"制。监理部强调每个监理人员都是安全监督员，要求各级监理机构加强对施工的每一个环节、工序的安全检查。

为了加强施工安全与文明施工的监理管理，2006年11月，监理部根据锦屏工程的特点及施工面临的安全形势，成立了地质与安全监测监理处，将工程地质、安全监测、施工安全密切相关的监理组与安全文明施工监理组组合在一起，形成了一个以安全技术为支撑、施工安全监督相结合的施工安全监督机构。

3.2　监督制度建设

监理部针对施工安全、工程进度、施工质量、环境保护、合同支付五项合同目标的管理特点，确立了"安全施工为基础，工程质量为中心，工期进度为重点，投资效益为目标"的28字方针，不断完善了包括施工安全的监理控制体系和规章。依据工程监理合同文件、工程承建合同文件相关规定，监理部制定了《监理工作规程》、《施工安全监督监理工作规程》、《监理人员安全岗位职责》、《安全责任管理办法》及相应项目的监理实施细则作为安全文明施工监督监理工作的指导性文件，明确了监理部安全与文明施工监督的工作程序、工作职责、工作内容和工作方法。并结合监理机构考核，把安全与文明施工监督工作与现场施工管理做到"同布置、同安排、同检查、同考核、同奖惩"。

3.3　安全与文明施工监督工作措施

施工安全与文明施工监督管理涉及到工程施工的各个环节和每一个部位，点多面广，监督管理难度大。为此，监理部针对锦屏工程施工的实际情况，制定了比较全面的工作措施。在工程施工过程中，实行"承建单位施工安全保证、监理机构检查监督"的双向管理机制，督促承建单位遵守国家颁布的有关安全规程，按合同规定设置与工程规模相适应的安全管理机构和配备专职安全人员，加强对施工作业安全管理，特别应加强对施工作业人员的岗前、班前安全培训和检查，制定并落实安全操作规程，配备安全生产设施和劳动保护用具，并经常对职工进行施工安全教育；对特殊的作业内容和作业环境，要求承建单位制定专门的安全技术措施，并严格审批、执行；重点加强对施工安全、文明施工和劳动保护工作执行情况的监督检查，指令施工人员纠正违规作业行为，对严重违反规定的违章作业行为及时发出违规警告，并跟踪检查落实情况；对检查发现的安全隐患，并可能因此导致安全事态进一步扩展或导致安全事故的作业行为发出暂时停止施工作业的指令；对安全隐患拖延整改或拒不执行监理机构指令的施工人员、施工班组责任人或施工作业班组提出撤离施工现场建议；做好安全相关法规的学习、宣传、教育工作，及时交流、总结和推广施工安全与文明施工的先进经验。

3.4　加强监理人员的施工安全教育

监理部在注重建立健全施工安全与文明施工监督体系的同时，注重做好监理人员的安全培训和教育。针对锦屏工程监理工作的特点，结合监理机构运作过程中可能存在的安全风险，监理部不断总结和完善监理机构的安全管理制度，促使安全管理体系的完善。监理部经常组织监理人员学习安全生产法律法规、规程规范，以提高监理人员对安全生产重要性的认识，增强安全监督责任感和贯彻执行安全生产法规的自觉性。

4　安全与文明施工监督管理

4.1　督促工程承建单位建立健全安全管理体系

工程承建单位建立健全安全管理体系是保障施工安全的基础。在督促承建单位健全完善安全机构和管理制度的同时，监理机构还加大了对承建单位安全文明施工监督员监管力度。依据工程建设合同，对承建单位安全文明施工监督员实行岗位合同资质认证。

承建单位对拟定安全文明施工监督员培训、考核后，报送监理机构进行资格认证，监理机构对报审人员的业务能力、责任能力及工作成效进行评定，并向通过资质认证的人员签发专职或兼职岗位牌证。承建单位安全文明施工监督员实行挂牌上岗，未取得合同资质认证的人员，不得在本监理范围内从事专职或兼职安全监督工作。

监理机构对通过合同资质认证的安全文明施工监督员实行过程考核和跟踪监督制度。对不能胜任本职工作、行为不端或玩忽职守的安全文明施工监督人员，按工程承建合同规定，将被撤销合同资质认证。

4.2　加强施工安全风险源辨识和施工安全措施的审批

监理部要求承建单位将施工安全保证措施和施工作业安全防护作为施工组织设计和单项工程施工措施计划的重要内容，报送监理机构审批。监理部对于承建单位报送的消防、防洪度汛、重大危险源评估、应急预案以及工程地质缺陷处理的安全措施，组织质量与安全管理组进行现场调研与核查，加强了审查力度。

正确认识施工安全风险并对重大危险源进行分析，及时采取预控措施，是降低工程施工安全风险，保证工程施工安全的一项重要内容。监理机构要求承建单位应根据工程项目的不同施工阶段，在工程项目开工前和施工过程中对施工潜在的重大危险源进行辨识，并根据辨识结果制定相应的应急预案。监理机构对承建单位报送的重大危险源、应急预案进行评估、审查，对施工中潜在重大危险源实施跟踪监控，并建立重大危险源登记制度，使危险源始终处于受控状态。

4.3　督促承建单位加强安全与文明施工设施维护

2007年9月，监理机构依据国家有关加强工程施工安全法律法规规定，以及合同文件对工程项目安全与文明施工设施维护的要求，为促使合同工程项目安全文明施工形象和施工水平的进一步提高，在业主授予的监理权限范围内，制定了《锦屏一级水电站工程安全与文明施工设施维护监理细则》。要求承建单位必须建立和完善安全与文明施工设施维护管理体系，其内容应包括：安全与文明施工设施维护队的组织机构、资源配置与岗位职责；安全与文明施工设施维护作业计划申报与管理制度；安全与文明施工设施维护作业质量管理制度；安全与文明施工设施维护作业队设备管理制度；安全与文明施工设施维护作业安全管理制度。依据经监理机构批准的维护措施计划和作业要求，对维护作业完成情况及维护质量进行检查和评价。月维护质量综合评价不合格，其相应安全与文明施工设施维护费不予计量支付并永久性扣除。用经济手段，促使承建单位履行安全与文明施工设施维护应尽的合同责任。

4.4　加强现场巡查与专项检查

监理机构实行"三个相结合"的安全文明施工监督机制，对施工安全与文明施工状态进行监督。工程施工过程中，监理机构主要采用日常现场巡查的手段，督促施工单位按章作业、安全生产、文明施工，落实各项施工安全防范措施。现场项目监理人员应对施工安全措施的执行情况进行经常性的检查。对于施工环境复杂、多层作业、高陡边坡开挖等施工，配置专职安全工程师进行安全检查和监督，并对日常安全施工巡查发现的问题、整改要求和整改结果做好文字记录，及时发现和处理存在的安全隐患，避免事故的发生。

监理机构在加强日常安全巡查的同时，注重对重点施工项目或部位的安全文明施工专项检查。针对工程施工的不同时期或阶段，以及施工过程中暴露的突出安全文明施工问题，组织了防汛物质储备及措施落实、高排架施工安全、火工材料及爆破安全管理、临建设施安全、施工用电安全、森林防火安全、消防安全、安全文明施工内业管理、劳务用工安全管理等专项检查。每次例行的或专项的联合检查，都坚持"事前有布置、事中有行动、事后有总结"，使各项督促检查都落在实处。

4.5　注重文明施工监督

文明施工不仅是施工形象的反映，也是施工安全和施工质量的保障。针对承建单位普遍存在忽视文明施工的现象，监理部加大了对文明施工的监管力度，除日常检查外，每周还加强了对文明施工的专项检查，重点检查施工材料堆放、施工垃圾清理、防尘降尘措施、施工道路状况等对施工环境影响较大的问题。在强化监管的同时，监理机构加大了对文明施工的宣传力度，组织各种形式的宣传和学习活动，使承建单位在主观上充分认识文明施工的重要性。在各方共同努力下，目前锦屏工程的文明施工面貌有了较大的改观，促进了工程的有序进展。

5　结语

2004 年 11 月长江委锦屏工程监理部进场以来，针对锦屏一级水电站工程地质条件复杂、施工难度大、安全文明施工形势严峻的施工特点，不断探求适合锦屏工程特点的安全文明施工监督管理方法和手段，形成了"三个相结合"的安全文明施工监督机制，并取得了明显的成效。在承建单位的共同努力下，所监理项目未发生重大安全责任事故，基本实现了制定的安全文明施工监督目标，施工前期安全文明施工的被动局面已逐步扭转，为主体工程的全面施工打下了良好的基础。

长江委锦屏工程监理部将本着"以人为本，强化管理"的理念，进一步探索和完善安全文明施工监督管理机制，提高安全文明施工监督管理水平，努力构建安全、文明、和谐的施工环境，实现监理项目"无安全责任事故、无质量责任事故"的"双零"目标。

参考文献

[1]杨浦生，王扬. 锦屏一级水电站施工安全监督监理工作规程[J]. 人民长江，2006，增刊.

[2]吕方泉. 建筑施工安全监理便携手册[M]. 北京：中国计划出版社，2007.

[3]中华人民共和国水利部. SL 398—2007 水利水电工程施工通用安全技术规程[S]. 北京：中国水利水电出版社，2007.

监理工程师在工程建设中对投资控制的探讨

于长生

(辽宁润中供水有限责任公司 本溪 117200)

摘 要: 在工程建设中,加强监理工程师对工程投资的控制与管理是十分重要的。特别是在市场经济条件下,监理工程师只有严格按照合同规定的权利、责任与义务,履行职责,公平、公正、科学、合理地处理工程建设中变更、索赔和风险,才能加快工程建设速度,保证工程质量,有效控制工程投资,提高投资效益,同时增强监理工程师在工程建设中的地位和信誉。为此,监理工程师在工作中树立良好的职业道德、正确处理工程建设中各方关系、灵活运用合同条款、按规定程序办事是工程建设的客观要求。只有这样,才能搞好工程建设中的投资控制与管理,充分发挥监理工程师的作用。

关键词: 投资 合同 变更 索赔 风险

投资控制是指对某一工程项目在实施过程中各个阶段所需要的全部资金总和的控制。监理工程师在工程建设中对投资的控制,是按照监理合同要求,对所承担的监理工程内容的工程投资进行控制。

1 良好的职业道德是监理工程师做好投资控制的重要前提

我国的市场经济发展的还不完善,社会上各种不良现象不可避免地渗透到监理行业中,监理不仅要具有相应的法律知识和专业知识、丰富的实践经验、资深的管理协调能力,更需要具有良好的职业道德,能够热爱本职工作、忠于职守、认真负责,在工程建设中对投资的控制具有高度的责任感,遵纪守法;按照国家的有关法律法规和合同,公平、公正、科学、合理地处理工程建设中出现的问题和争端,维护国家、业主和承包商的合法利益;实事求是,坚持正义、廉洁务实的工作作风;努力钻研业务,更新业务理论和专业技术,不断提高业务能力和水平,达到精益求精。只有这样,监理工程师在工程建设中才能端正工作态度,理论联系实际,把专业理论知识和专业技术知识运用到工程建设中去。良好的职业道德是监理在工程建设中做好投资控制的前提。

2 正确处理三方的关系是做好投资控制的客观要求

工程建设中的三方是由业主、监理工程师、承包商三方构成。如何处理好三方的关系,不仅关系到工程能否按期完成,工程质量能否保证,而且将直接影响到工程投资。所以在工程建设过程中,按照合同规定,业主、监理工程师、承包商之间是平等的三方,在工程建设中履行各自的权力、责任和义务,创造一个和谐的工程建设环境,正确处理好三方关系是工程建设中投资控制的客观要求。

2.1 处理好三方的权力、责任与义务之间关系

合同一般均规定了业主、监理工程师、承包商在工程建设中的权力、责任和义务。如 1999 年 FIDIC《施工合同条件》第 2 条、第 15 条对雇主，第 3 条等对工程师，第 4 条、第 9.1 款、第 14.8 款、第 16 条等对承包商的权力、责任与义务均有规定。不同的建设项目在采用通用条款的基础上，结合工程的实际情况，补充和修改通用条款中条款号相同的条款或需要时增加新的条款作为专用条款。专用条款中对三方的权力、责任与义务均有进一步的规定。在合同执行中，三方应在各自权力、责任和义务范围内平等履行合同，从而保证工程有序、和谐、顺利进行，投资也能得到有效的控制。不能一切业主说了算，随意指示承包商改变施工方案、工艺流程、材料的使用、施工环境和条件；监理工程师亦不应把承包商报批或业主提供的资料，同施工工艺流程中的一道工序一样转交给业主或承包商，推脱自己的责任；承包商应按照合同规定的权力、责任和义务，按照合同规定的程序报送各类资料，不能将工程建设中一切情况和资料越过监理工程师，直接报送业主。

2.2 处理好三方在工作中的程序关系

工程建设中包含许多具体工作，特别是隐蔽工程验收，分部分项工程验收资料，承包商人员、设备、材料的不同性质窝工、损失签证资料等，是监理工程师在工程建设中对投资控制的基础资料。按照合同规定或制定细则去进一步规范各项工作的程序，保证各类资料的完整、规范、真实、可靠。按照合同规定的程序验工计价、处理变更索赔和各种文件，只有这样处理好不同性质的工作程序，才能有利于工程建设中各项工作的开展，使各方有序的工作。

2.3 处理好三方的利益关系

合同是建立在公开、公正、平等、有偿的基础上的，当事人应当按照合同的约定全面履行自己的义务，当事人任何一方不得以任何方式给对方造成经济损失。当事人一方不履行合同义务或履行合同义务不符合合同约定的，应当承担继续履行、采取补救措施或者赔偿损失等违约责任，保证合同义务的履行。在处理三方的利益关系时，遵循的原则和依据是合同。只要按照合同规定办事，就一定能处理好三方的利益关系。

2.4 处理好不同承包商之间的关系

一个建设项目，在实施阶段，可能分成多个标段，形成了多个承包商，各个标段的工作内容不可避免的存在着相互联系，需要相互配合。合同中规定的条件，可能与工程的实际情况发生了矛盾，监理工程师需要协调各个承包商之间的关系，使工程得以顺利实施，有利减少争端的发生，降低工程投标。

3 合同条款与工程实际情况的有机结合是做好投资控制的基础

招标阶段的设计和招标文件中的规定，特别是技术条款、国家法律法规、社会和自然条件的规定，在工程建设中发生变化是不可避免的，由此发生工程变更或重大设计变更是正常的。这些情况的变化将引起合同资金的改变，需要把工程实际情况的每一变化引起的投资改变按照合同有关规定去处理。有的复杂变化很难从合同中找到相应的条款，需要灵活的运用合同中的商务条款、技术条款，结合工程的实际情况来处理，这是监理

工程师在工程建设中控制投资的关键，处理的方法直接影响工程投资，所以说合同条款与工程实际情况的有机结合是做好投资控制的基础。

3.1 正确运用专用条款和通用条款

按优先顺序，专用条款优先于通用条款。专用条款是根据工程具体情况、我国现行法律法规、工期和资金安排等情况，补充和修改通用条款中条款号相同的条款或当需要时增加的新条款，两者对照阅读。出现矛盾和不一致时，以专用条款为准。

3.2 正确运用商务条款和技术条款

商务条款和技术条款，两者之间是相互联系的。在工程建设中只有把两者之间紧密联系起来，才能够正确处理工程建设中出现的问题。商务条款包含专用条款、通用条款、协议书、各种保函、工程量清单、辅助材料和承包商资质信誉等。技术条款包含一般规定、进度计划、质量标准、技术规范、特殊技术要求、计量支付等。商务条款和技术条款不一致时，商务条款优先于技术条款。

3.3 正确理解工程量清单的工程量和施工图纸工程量的差异

工程量清单中工程量是用做投标报价的估算工程量，不作为最终结算的工程量；用于结算的工程量是承包商实际完成的，并按合同有关计量规定计量的工程量。在合同执行过程中，按照施工图纸或设计通知单，以承包商实际完成的，并按合同有关计量规定计量的工程量给予计量。技术条款中规定的计入工程量清单相应单价的费用，施工技术规范中规定的施工附加量，承包商为了施工需要增加的工程量和费用，应按照合同规定执行。工程量清单中的单价和合价均已包括了承包商为实施和完成合同工程所需的劳务、材料、机械、质量、安装、缺陷修复、管理、保险(工程险和第三者责任险除外)、税金等全部费用和要求获得的企业利润以及合同明示或暗示的应由承包商承担的义务、责任和风险所发生的一切费用。技术条款已规定的工作内容和项目虽然工程量报价清单中没有列项的或计量支付条款中没有说明次要工序的费用均包括在相应工程量单价或合价中，不能重复计量或计价。在计量时，应按照合同规定的计量原则计量，正确区分工程量清单工程量和施工图纸工程量的差异。

3.4 合同条款与工程实际情况有机结合

由于水利工程建设的复杂性，按照合同中某一特定条款去处理工程建设中发生的某一问题的案例是很少见的。工程建设中的变更或索赔等，需要把合同中的通用条款、专用条款、技术条款和工程变化的实际情况结合起来，灵活运用，公平、公正、合理地解决工程建设中计价、变更、索赔和风险，达到有效控制投资的目的。

4 严格按合同规定办事是投资控制的依据

水利工程合同大多数是按照《中华人民共和国招标投标法》及有关法律规定，通过招标投标、评标、合同谈判签订的，是各方在工程建设中应严格遵守的文件，受法律保护。

4.1 合同规定了测量和估价的具体方法

测量和估价是向承包商付款应做的基础工作，也是投资控制的最基本工作。测量和估价准确与否直接决定了向承包商付款和投资。一般合同中的通用条款、专用条款和技术条款对此均规定了详细的测量和估价方法。如1999年FIDIC《施工合同条件》第12

项测量和估价等。

4.2　合同规定了工程变更、调整和索赔的程序

水利工程实施阶段不同、设计深度不同，地质、水文、自然环境、国家政策存在着变化的因素。在工程建设中，做好工程变更、调整和索赔是合同管理核心，是投资控制的关键，不按合同规定的程序办理，想做好这一工作是很难的，也是不可能。一般合同对此均有规定。如 1999 年 FIDIC《施工合同条件》的第 13.3 款、第 13.6 款、第 13.7 款、第 13.8 款、第 20.1 款等条款。

4.3　合同规定了支付合同价格应具备的条件

支付工程量清单项目的工程款，变更、调整和索赔款、预付款最终付款等是有条件的。一是符合测量和估价方法所确定的工程数量和价格；二是按照工程变更、调整和索赔等程序确定的费用；三是满足技术条款规定的计量和支付要求，履行支付的手续。符合这些条件才能支付。如 1999 年 FIDIC《施工合同条件》第 14.2 款、第 14.3 款、第 14.6 款、第 14.7 款、第 14.9 款、第 14.13 款等条款。

4.4　合同规定了终止合同时处理要求

不论是由于不可抗力引起的终止还是违约等原因引起的终止都将引起费用的增加，导致制工程投资的增加。在合同执行过程中各方都不愿意看到这种情况，如果这种情况出现，一般合同均规定了终止合同处理要求。如 1999 年 FIDIC《施工合同条件》第 15 项由雇主的终止、第 16 项由承包商暂停和终止等条款。

4.5　合同规定了风险规避应采取的措施

水利工程建设时期，外部环境不稳定，不可抗力因素多，风险是存在的。工程招标投标签订合同前合同中明示和暗示的风险可以通过投标报价、施工措施方案或合同谈判等措施解决。工程实施过程中的风险处理就应按照合同规定风险产生的因素、风险的责任及应采取的措施来处理。如 1999 年 FIDIC《施工合同条件》第 17 项、第 19 项等条款。

4.6　合同规定了争端处理的原则

处理工程变更、调整和索赔、风险时，没有按照合同公平、公正、合理的原则去处理或者对合同条理理解等产生争端，为了维护自己的正当权益，如何处理合同中的争端，保证工程顺利进行，合同一般都规定了对争端处理的原则。不论是采用协商、调解、仲裁、诉讼，还是别的处理方式，均应按照合同规定的原则，在不同的处理方式下，按照具体有关规则去办理。如 1999 年 FIDIC《施工合同条件》第 20 项索赔、争端和诉讼等条款。

上述问题直接或间接反映出工程建设中需要承包商支付的费用和投资，监理工程师怎样做好投资控制，用什么来控制工程投资，只有严格按照合同办事才能做到，合同是监理工程师控制投资的依据。

5　加快工作速度是投资控制的根本体现

执行合同应有时间概念。合同每一项工作都有具体时间要求。施工计划、方案审批有时间要求，各种费用申请、支付也有时间要求。在合同规定的时间内完成各种费用申请、支付是各方应尽的责任，也是合同管理中按规定办、按程序办、做好投资控制的根

本体现。工程预付款、期中付款、变更和调整款、索赔款等，需要在合同规定的时间加快工作速度，使承包商尽快得到资金，减轻资金压力，保证工程建设顺利进行。特别是工程变更款、调整款、索赔款，更应该在合同规定的时间内办理。不能把众多的变更、索赔等久拖不报、不审、不批，这样会给变更、索赔等处理带来众多不利因素：一是由于长时间不报、不审、不批，使原始资料丢失、不全，处理变更、索赔的理由、依据不充分；二是各方相应人员变动，不了解实际情况；三是在前两个因素影响下，处理的费用可能与工程实际情况差距较大，增加了承包商资金风险。

6 建议

改革开放产生的建设监理制已成为工程建设管理中的一项重要制度。这项制度为提高工程建设质量和投资效益、缩短建设周期发挥了巨大的作用。但是，如何坚持和完善建设监理制，提高监理工程师工作的社会地位，使建设监理制度进一步走上科学化、规范化、制度化的轨道，发挥监理工程师在工程建设中对投资控制的作用，是各级主管部门和监理行业有关人员不断探索和研究的重要课题。

6.1 进一步规范监理工程师的行为

近年来，国家出台了一些有关建设监理的法律、法规，但有些问题不可能在法律、法规中规定的十分详细，因此需要制定一些全国统一、操作性强的监理行业行为规范、监理工程师执业道德准则等，规范监理工程师的行为。

6.2 提高监理工程师技术水平

面对新结构、新技术、新工艺、新材料和先进管理理论及方法的不断涌现，监理行业应有计划、有步骤地组织现有监理工程师参加不同形式和不同内容的岗位培训，学习先进的工程技术、监理和项目管理知识，不断提高业务能力。

6.3 增强监理工程师的合同观念

合同观念淡薄是业主、承包商、监理工程师普遍存在问题，不懂合同、不看合同、不学合同，大有人在。建议结合监理行业特点，制定合同管理条例，约束在工程建设中的合同管理行为。

6.4 摆正监理工程师的位置，创造和谐的建设环境

监理工程师应按照监理合同和工程建设合同规定的内容，履行其权利、责任和义务，应该做的事必须做，不应办的事不办，摆正自己的位置，做好与业主、承包商的沟通、协调工作，创造和谐的建设环境。

市场经济条件下的工程建设，需要监理行业，监理行业要在市场经济条件下规范、发展、壮大，为工程建设服务。要解决的问题众多，有待我们去探讨和研究。

参考文献

[1]张水波，何伯森. 新版合同条件导读与解释[M]. 1 版. 北京：中国建筑工业出版社，2003.

监理工程师在水电工程建设造价控制中的作用

张家华[1]　王俊杰[2]

(1.中国水利水电建设工程咨询西北公司　西安　710065;

2.北京城建六建设工程有限公司　北京　101500)

摘　要: 本文从目前国内水电市场上监理工程师所处的位置出发,通过实际工作过程中的经验和教训,以监理工程师的角度,对水电建设过程中施工阶段需要注意的 8 项问题进行分析,并以具体案例来说明监理工程师在工程建设造价控制中的巨大作用。

关键词: 水电工程建设　监理工程师　造价控制　施工阶段

伴随着中国水利水电大开发的进程,作为工程建设的重要参与者,监理行业在水利水电工程建设过程中扮演着越来越重要的角色,在水电工程的造价控制中,同样扮演着越来越重要的角色。监理工程师在水电工程的造价控制,主要体现在工程实施阶段由于监理工程师在现场的实际管理过程中发现的各种问题而节省工程造价。

1　设计阶段

设计阶段是水电工程建设的灵魂,如果能在设计阶段以经济效益为中心,则能在最大程度上节约投资,所以在设计阶段由业主委托成立设计监理工程师是很有必要的。但是就目前国内水电市场而言,设计监理并没有真正实施。因此,监理工程师在这方面的控制投资作用被大大削弱。

2　施工准备阶段

水电工程施工准备阶段的监理作用主要是:参与业主的招投标活动,协助业主对投标单位的资质、财务、报价进行审查,从而确定合理的中标人。确定一个合适的中标人,对业主单位来说,可以避免出现较多的索赔风险和最大程度上满足自己的工期要求,从而创造更多的效益。因此,这个阶段也是监理工程师对业主单位投资进行控制的一个重要阶段。

3　施工阶段

目前国内很多文章,都在倡导要完善合同条款,避免合同漏洞,但这只是个理想化的结果。一个投资几十亿的水电工程,不可能在工程未实施阶段就把所有的结果都用合同条款来规范清楚,只能在工程实施过程中来进行堵漏。在施工阶段,监理工程师可以通过技术方案审批、合同争议处理、单价审批、不可预估风险处理。

(1)技术方案审批:监理工程师对水电造价控制在施工阶段最重要的一点就在于技术

方案审批。根据合同约定，监理工程师需对施工上报的施工措施进行审批。监理工程师在审批时，要严格把握好合同中的边界条款，避免由于方案审批而留下索赔的空间。另外，在施工方案审批时，监理工程师应结合现场实际情况，提出合理化建议，提出优化设计方案。某水电站导流洞出口标段，原设计石方开挖方量 107.43 万 m³，涉及金额 2 402.61 万元，在施工方案审批过程中，监理工程师根据现场实际情况和工期要求，在审批施工措施时经过与设计沟通进行设计优化，将原 1# 导流洞出口设计开挖线向下游侧外移 20 m，2# 导流洞出口设计开挖线向下游侧外移 12.42 m。经过优化，导流洞出口边坡土石方开挖设计量为 51.88 万 m³，结算金额为 1 234.59 万元，节省投资 1 168.02 万元，具有极好的经济效益。

(2)合同争议处理：水电工程由于涉及面广，工期长，因此施工合同中就存在较多的死角和临界点。对于施工单位而言，合同的临界点和死角都是索赔的好材料，很大程度上是施工单位获得利润的最直接方式，施工单位会据此向监理工程师提出合同争议处理请求。对监理工程师来说，要充分理解合同，吃透合同，特别要注意合同的临界点，以合同为主，结合现场实际情况，对施工单位提出的争议请求进行处理。

在某水电站施工期间，由于施工强度高，标段划分较多，存在较多的交叉作业。由于相互之间爆破损坏的问题很多，如何处理这些炮损问题就成了监理工程师的一个难题。难度之一：炮损问题主要出现时段是前期施工，当时没有具体针对炮损的解决办法，所有炮损问题都作为遗留问题等到后面集中解决，等到处理时仅能根据当时留的部分原始资料进行处理；难度之二：业主买的第三者责任险仅针对业主已验收合格的产品，因此在施工过程中施工单位相互炮损的中间产品业主买的工程险是不予保险的；难度之三：在签订的施工合同中，虽然都有第三者责任险一项，但由于业主认为既然已购买了第三者责任险，那么保险公司就应该承担施工单位的炮损，业主不再承担施工单位的这笔费用。

在实际处理过程中，经过监理中心与业主、施工单位协调，由业主支付各施工单位的第三者责任险费用。鉴于业主本身已购买第三者责任险，施工单位的第三者责任险采取实报实销的方法进行处理，即发生多少炮损补偿多少第三者责任险的办法进行处理。

(3)单价审批：在水电工程中，由于现场情况复杂，在合同清单基础上，新增的单价项目较多，如何审批也是监理工程师控制项目投资的一个主要内容。各种施工工艺、各时段的人工、材料及材料转运方式、机械及机械运输方式都影响单价组成。

某电站在施工坝肩时，坝肩上有两个较大的危岩体，因此给施工单位造成极大的施工困难，业主下发委托书要求某施工单位进行施工，这两个危岩体处理难度在于：①1#、2# 危岩体实际开口线高程为 380 m，开挖最低线为 242 m，高差达 138 m，边坡陡峭，地势险要，EL290 以上大型开挖设备上不了工作面，只能用潜孔钻爆破后人工翻渣至 245 平台进行大规模出渣；②由于部分部位喷射混凝土上下高差大，一台喷射机的压力不能满足施工要求，施工单位用一台喷射机将混凝土输送至第二台喷射机，通过第二台喷射机将混凝土输送至工作面，这样造成了支护设备的效率降低；③实际施工中由于受地理环境的影响，进入施工现场的施工道路较难形成，为保证施工进度，施工单位开挖形成了一条机械、材料运输的小型施工通道。钻爆机械设备、边坡支护材料全部靠人工背运至工作面。

在这种情况下，监理工程师要对此委托项目的单价进行审批，难度极大。经过多次现场考察，最后形成以下意见：①根据 97 定额进行编制；②开挖单价分 290 以上和 290 以下两个单价，开挖单价和支护单价考虑降效系数问题；③所有材料根据现场实际测算和与现场材料搬运民工沟通结果测定每天的搬运量，结合施工单位与材料搬运单位签订的劳动协议，计算出每单位材料的二次搬运费用计入单价。在这个原则的基础上，监理工程师审核的结果得到业主及施工单位好评。

(4)不可预估风险处理：进入 2008 年以来，由于国内各种价格指数上涨，造成承包商在此之前签订的合同价格都已保不住成本价格，最明显的是民工工资上涨幅度太大，因此各承包商纷纷要求对人工工资进行调整。监理工程师认为，施工单位在签订合同时，应充分考虑存在的价格指数风险，在此之前的项目应严格执行合同。但对于 2008 年 1 月份以后的委托合同或者零星项目，应充分考虑目前人工、材料、机械市场相对各施工单位签订主合同时的涨价幅度，不能执行与各施工单位签订的主合同中约定的"委托项目或零星项目均按此合同标准执行"这一条款。

(5)业主承担甲供主材涨价风险：甲供主材由业主单位根据施工单位上报的物资计划进行购买，施工单位根据计划领取使用，业主根据合同约定材料价在每个结算周期扣回施工单位的材料款，因此存在着购买价格高于合同约定材料价格的风险。此风险需要监理工程师及时配合业主单位做好甲供物资的核销工作，要在每个环节都做好各自的物资核销工作才能予以降低。某电站施工期间，建造混凝土生产系统所用的水泥、钢筋都是业主免费提供给施工单位用的，而且没有监理工程师进行物资核销管理，待混凝土系统使用完毕后，发现单方混凝土的水泥含量有所偏高，业主单位即要求进行混凝土系统材料核销。混凝土系统已运行 5 年，要将 5 年的混凝土生产系统明细台账进行一一核销，同时加上原来建造混凝土系统未留下任何验收记录，因此这个工作的难度极大。

鉴于以上情况，监理工程师要求施工单位按照分月核销，分年进行统计的办法，将混凝土系统运行期间的甲供材料一一核销出来，同时要求施工单位将混凝土系统竣工工程量进行签证，根据竣工工程量估算出所用甲供材料量，这两个量对比其领用甲供材料量，发现施工单位的水泥量多领了 800T，具有较好的经济效益。因此，监理工程师要及时沟通业主，分阶段进行甲供材料核销，将业主的甲供材料涨价风险降至最低。

(6)隐蔽工程风险：隐蔽工程在水电工程中主要是指灌浆工程，由于复查难度较大，监理工程师在验收时要严格把关，严格审查施工单位自动记录仪经国家主管部门的率定成果，做好现场记录，必要时邀请业主、设计、施工单位四家联合验收，保证灌浆工程量的真实性，签证时严格按照灌浆工程计量规范进行。某电站施工期间，施工大坝右岸坝肩锚索时，由于地质缺陷，施工单位进行固结灌浆时灌浆量大大超过原投标含量，在签证竣工工程量时，业主以签证资料不齐和投标单价已含固结费用为依据，迟迟不签证竣工工程量。

在此种情况下，监理工程师组织业主单位、施工单位多次召开协调会，协商如何处理固结超灌量，监理中心在协商会上坚持按照监理工程师现场签订的每日灌浆成果进行计量，这个灌浆成果是由经过国家主管部门率定过的自动记录仪进行记录的，是值得信赖的。经过多次协商，最后达成一致意见：工程量按照监理工程师现场签订的每日灌浆成果进行计量，扣除投标书中的固结含量，即右岸坝肩固结灌浆超灌量。

(7)签证风险：水电工程所有的工程量是由工程师进行签证的，极个别工程师在签证时不严格把关，造成一些签证数据严重不符合事实。某电站施工期间，需填筑一个面积为 30 m³ 的操场，最终签证的填筑方量为 3 000 m³，平均填筑厚度为 100 m，预算书送达监理工程师合同部后，监理工程师合同部对此项目费用不予立项，并对施工单位和相关工程师采取了严厉的处罚措施。并规定：在以后所有的工程量签证中，采取两位工程师相互核量，确认单由两人联合签证的办法，有效避免了此类由于把关不严造成的风险。

(8)费用重复申报风险：水电工程由于工程规模大，可以立项的项目多，施工单位就有可能利用这点重复申报一个项目的费用，或者将一张签证单在多个项目中重复进行申报，如何防止这一点就成了监理工程师合同部的重要工作内容。就作者的工作经验而言，要防止这类费用重复申报风险，需要造价工程师做好各合同的合同明细台账，要做的尽量细致，细化到每一个项目的每一个费用组成，做到一个台账上能反映出该合同所发生的所有工程量，要求施工单位的费用预算书都编上序号，便于查询。同时要求现场监理工程师在签证工程量时，也要做好自己的签证单台账，每一份签证单都要留底，并编上序号，确保不会重复签证。在这样的管理办法下，能有效避免费用重复申报风险。

4　竣工阶段

工程竣工是一个项目最关键的时刻，是看该项目的投资有没有突破概算，衡量该项目的经济效果的时候，同时也是最复杂的时候。但在某些水电工程上，一个合同的竣工工程量仅仅是一张竣工工程量确认单。我们认为，这样的操作方法存在由于人为因素造成工程量错误的风险，或者有意更改工程量的风险。因此，在实际操作中，我们要求一个项目的竣工工程量要等于其前面所签证的所有工程量确认单的总和，这样能有效避免在工程量签证过程中的人为漏洞。

5　结语

综上所述，监理工程师作为水电工程的一个重要参与者，主要是站在工程管理者的角度对工程的质量、安全、进度、造价等方面进行控制，在管理的过程中，监理工程师有效的管理能对水电工程投资造成积极有效的影响。监理工程师确实在各个环节都能对投资进行控制，但是最主要和最直接的投资控制还是体现在施工阶段。

监理工作是一项需要技术、经济、法律、管理等多种知识和技能的综合性服务工作，它要求监理工程师必须具备良好的投资控制、合同管理和协调能力。监理工程师必须不断提高自身素质和专业水平，增强法律观念和合同管理意识，坚持认真负责的态度，保持公正廉洁的从业态度，严格监督和管理，为业主把好关，真正有效地做好项目的投资控制。

参考文献

[1]周宜红. 水利水电工程建设监理概论[M]. 武汉：武汉大学出版社，2000.

[2]杨晓林. 建设监理概论[M]. 北京：机械工业出版社，2007.

黄河沙坡头水利枢纽电站
混凝土工程合同管理与投资控制浅析

全宗国

(湖南水利水电工程监理承包总公司 长沙　410007)

摘　要：通过对沙坡头枢纽电站混凝土工程合同管理过程及效果的总结，提出在电站厂房招标文件编制过程中应注意的事项，对工程建设管理具有很好的借鉴作用。

关键词：混凝土　合同结算　对策

1　概述

　　沙坡头水利枢纽位于宁夏回族自治区中卫市境内的黄河干流上，工程区距中卫市城关 20 km，总库容 0.26 亿 m^3，装机容量 120.3 MW，总灌溉面积为 5.8 万 hm^2，多年平均发电量 6.06 亿 kWh。枢纽主体土建工程建设分南干渠首电站及泄洪闸(C2 标)、隔墩坝段、河床电站、北干渠首电站(C1 标)和土石副坝(C3 标)、砂石混凝土生产管理标(AC 标)。

　　枢纽主体工程于 2002 年 4 月开工，2004 年 3 月 26 日首台机组投产发电，2005 年 5 月底 6 台机组全部投产，2006 年底，整个枢纽工程竣工初步验收及档案、水保、环保、库区征地和移民等专项验收均结束，并通过竣工审计，工程建设管理工作进展迅速，其中主体工程合同结算特别是混凝土工程的结算，涉及混凝土浇筑项目 22 项、混凝土供应品种 242 项，但合同处理过程与方法思路清晰、效果良好，供需双方混凝土工程量偏差控制在 3% 之内，生产混凝土成本控制在需求方结算扣留款范围之内，混凝土工程投资得到有效控制。特此总结其中的经验教训，思考类似工程建设管理的注意事项。

2　合同混凝土工程清单的说明

　　沙坡头枢纽主体工程施工所需的混凝土由砂石混凝土生产管理标(AC 标)供应。

2.1　混凝土浇筑单位(C1 标)混凝土工程合同清单情况

　　在 C1 标合同中有以下 22 种混凝土配合比(见表 1)，且规定了每种混凝土的材料费，作为结算扣款的依据，温控问题没有单独列出，包含在相应合同工程量中。

2.2　砂石混凝土生产管理标段(AC 标)混凝土清单情况

　　根据施工实际情况，AC 标拌制的混凝土品种达 242 个，包括常态混凝土、预冷混凝土、预热混凝土，坍落度按 5~7 计算，其中不包括其他不同坍落度如 7~9、9~11 等的配合比，见表 2。

表 1　黄河沙坡头水利枢纽 C1 标合同混凝土工程量清单

9.1.3	现浇混凝土	单位
9.1.3.1	C25F150W6(三)	m³
9.1.3.2	C25F150W6(三)抗磨	m³
9.1.3.3	C25F100W6(三)	m³
9.1.3.4	C25F100W4(三)	m³
9.1.3.5	HF 高强耐磨粉煤灰混凝土 C40F100W6(二)	m³
9.1.3.6	C25F300W6(三)	m³
9.1.3.7	C20F200W4(三)	m³
9.1.3.8	C20F100W4(三)	m³
9.1.3.9	C20F100W4(三)抗硫酸盐混凝土	m³
9.1.3.10	C15F50W4(四)抗硫酸盐混凝土	m³
9.1.3.11	C25F100W4(二)二期	m³
9.1.3.12	宽槽混凝土	m³
9.1.3.13	C20(二)微膨胀	m³
9.1.3.14	C20(二)防水	m³
9.1.3.15	C30(二)	m³
9.1.3.16	C25(二)	m³
9.1.3.17	C20(二)	m³
9.1.3.18	C25(三)	m³
9.1.3.19	C15F100(四)	m³
9.1.3.20	C15 毛石混凝土	m³
9.1.3.21	垫层 C10(二)抗硫酸盐混凝土	m³
9.1.3.22	C25(一)二期混凝土	m³

表 2　AC 标合同混凝土工程量结算清单

项目编号	混凝土等级	级配	水泥品种	项目编号	混凝土等级	级配	水泥品种
一、常态混凝土				预冷混凝土			
1.1	C50	二	青普 42.5	2.1	C50	二	青普 42.5
1.2.1	HFC40F100W6	二	青普 42.5	2.2.1	HFC40F200W6	二	青普 42.5
1.2.2	HFC40F100W6	二	赛普 42.5	2.2.2	HFC40F200W6	二	赛普 42.5
1.3	C35	二	青普 42.5	2.3	C35	二	青普 42.5
1.4	C30F150W4	二	赛中热 525	2.4	C30F150W4	二	赛中热 525
1.5	C30	一	青普 42.5	2.5	C30	一	青普 42.5
1.6	C30	二	青普 42.5	2.6	C30	二	青普 42.5
1.7.1	C25F200W6	三	青普 42.5	2.7.1	C25F200W6	三	青普 42.5
1.7.2	C25F200W6	三	赛普 42.5	2.7.2	C25F200W6	三	赛普 42.5
1.8	C25	二	低热微膨胀	2.8	C25	二	低热微膨胀
1.9.1	C25F200W6	二	青普 42.5	2.9.1	C25F200W6	二	青普 42.5

续表 2

项目编号	混凝土等级	级配	水泥品种	项目编号	混凝土等级	级配	水泥品种
一、常态混凝土				预冷混凝土			
1.9.2	C25F200W6	二	赛普 42.5	2.9.2	C25F200W6	二	赛普 42.5
1.10.1	C25F300W6	三	青普 42.5	2.10.1	C25F300W6	三	青普 42.5
1.10.2	C25F300W6	三	赛普 42.5	2.10.2	C25F300W6	三	赛普 42.5
1.11	C25	二	青普 42.5	2.11	C25	二	青普 42.5
1.12	C25	三	青普 42.5	2.12	C25	三	青普 42.5
1.13.1	C20F100W4	四	永中热 525	2.13.1	C20F100W4	四	永中热 525
1.13.2	C20F100W4	四	赛中热 525	2.13.2	C20F100W4	四	赛中热 525
1.14	C20F100W4	三	永抗硫 525	2.14	C20F100W4	三	永抗硫 525
1.15	C20	二	青普 42.5	2.15	C20	二	青普 42.5
1.16	C20	三	青普 42.5	2.16	C20	三	青普 42.5
1.17.1	C20F200W4	三	青普 42.5	2.17.1	C20F200W4	三	青普 42.5
1.17.2	C20F200W4	三	赛普 42.5	2.17.2	C20F200W4	三	赛普 42.5
1.18	C15	三	永抗硫 525	2.18	C15	三	永抗硫 525
1.19.1	C15F100W4	二	青普 42.5	2.19.1	C15F100W4	二	青普 42.5
1.19.2	C15F100W4	二	赛普 42.5	2.19.2	C15F100W4	二	赛普 42.5
1.20.1	C15	四	赛普 42.5	2.20.1	C15	四	赛普 42.5
1.20.2	C15	四	青普 42.5	2.20.2	C15	四	青普 42.5
1.21	C20F50W4	四	赛抗硫 525	2.21	C20F50W4	四	赛抗硫 525
1.22	C15F100	四	青普 42.5	2.22	C15F100	四	青普 42.5
1.23	C20	二	永抗硫 525	2.23	C20	二	永抗硫 525
1.24　变更项目				变更项目			
1.24.1	HFC40F100W6	一	青普 42.5	2.24.1	C15 无砂		永抗硫 525
1.24.2	C20F100W4	三	永中热 525	2.24.2	C20 微膨胀	二	永抗硫 525
1.24.3	C15 无砂	一	永抗硫 525	2.24.3	C20F50W4	四	赛普 42.5
1.24.4	C20(不掺 SK)	二	永抗硫 525	2.24.4	C20F50W4	四	永抗硫 525
1.24.5	C20 微膨胀	二	永抗硫 525	2.24.5	C25F300W6	二	青普 42.5
1.24.6	C25 微膨胀	二	青普 42.5	2.24.6	C25F300W6	一	青普 42.5
1.24.7	C15(不掺 SK)	三	永抗硫 525	2.24.7	C40F100W6	二	青普 42.5
1.24.8	C25	二	赛普 42.5	2.24.8	C30(营盘水砂)	一	青普 42.5
1.24.9	C30F150W4	二	永中热 525	2.24.9	C20(营盘水砂)	二	永抗硫 525
1.24.10	C20	二	赛普 42.5	2.24.10	C20F100W4	三	永中热 525
1.24.11	C25F200W6	一	赛普 42.5	2.24.11	C30F150W4	二	永中热 525
1.24.12	C25F300W6	二	赛普 42.5	2.24.12	C30F150W4	一	永中热 525
1.24.13	C25F300W6	一	赛普 42.5	2.24.13	C20F100W4(营盘水砂)	三	永抗硫 525
1.24.14	C30	一	赛普 42.5	2.24.14	C40	一	青普 42.5
1.24.15	C20F100W4(营盘水砂)	三	永抗硫 525	2.24.15	C25	一	青普 42.5
1.24.16	C15(不掺 SK\营盘水砂)	三	永抗硫 525	2.24.16	C25F200W6		青普 42.5
1.24.17	C20(营盘水砂\不掺 SK)	二	永抗硫 525	2.24.17	C15(营盘水砂)	三	永抗硫 525
1.24.18	C25F200W6	四	赛普 42.5	2.24.18	C30W6	二	青普 42.5
1.24.19	C40F100W6	二	赛普 42.5	2.24.19	C35	一	青普 42.5

续表 2

项目编号	混凝土等级	级配	水泥品种	项目编号	混凝土等级	级配	水泥品种
1.24 变更项目				变更项目			
1.24.20	C30	二	赛普42.5	2.24.20	C25	二	永中热525
1.24.21	C25F300W6	二	青普42.5	2.24.21	C25F300W6	三	永中热525
1.24.22	C25F300W6	一	青普42.5	2.24.22	C30	一	永中热525
1.24.23	C25F200W6(营盘水砂)	二	赛普42.5	2.24.23	C15	四	永中热525
1.24.24	C25F200W6(营盘水砂)	三	赛普42.5	2.24.24	C20F200W4	三	永中热525
1.24.25	C25F300W6	三	青普42.5	2.24.25	C35	二	永中热525
1.24.26	C20F200W4	三	青普42.5	2.24.26	C35	一	永中热525
1.24.27	C30(营盘水砂)	一	赛普42.5	2.24.27	C40F100W6(膨胀)	二	青普42.5
1.24.28	C30(营盘水砂)	二	赛普42.5				
1.24.29	C25F300W6营盘水砂	二	青普42.5	2.25.1	C20F100W4	砂浆	永抗硫525
1.24.30	C30(营盘水砂)	一	青普42.5	2.25.2	C25F200W6	砂浆	青普42.5
1.24.31	C35	一	永中热525	2.25.3	C25F200W6	砂浆	赛普42.5
1.24.32	C30W6	二	青普42.5	2.25.4	C30F150W4	砂浆	永中热525
1.24.33	C25F300W6	三	永中热525	2.25.5	C20F200W4	砂浆	青普42.5
1.24.34	C30W6	二	永中热525	2.25.6	C20F100W4	砂浆	永中热525
1.24.35	C25	二	永中热525	2.25.7	C40F100W6	砂浆	青普42.5
1.24.36	C30	一	永中热525	2.25.8	C25F300W6	砂浆	青普42.5
1.24.37	C20F200W4	三	永中热525	2.25.9	C15	砂浆	青普42.5
1.24.38	C40	一	青普42.5	2.25.10	C15	砂浆	永抗硫525
1.24.39	C30	二	永中热525	2.25.11	C25	砂浆	青普42.5
1.24.40	C15	四	永中热525	2.25.12	C30	砂浆	青普42.5
1.24.41	C25F200W6	二	永中热525	2.25.13	C25F300W6	砂浆	永中热525
1.24.42	C35	二	永中热525	2.25.14	C20F200W4	砂浆	永中热525
1.24.43	C30F200W6	二	低热微膨胀	2.25.15	C15	砂浆	永中热525
1.24.44	C25	三	永中热525	常态混凝土			
1.24.45	C40	二	青普42.5	1.25.11	HFC40F100W6	砂浆	赛普42.5
1.24.46	C25F200W6	一	青普42.5	1.25.12	C25F300W6	砂浆	赛普42.5
1.24.47	C40F100W6	二	青普42.5	1.25.13	C30F150W4	砂浆	永中热525
1.24.48	C25	一	青普42.5	1.25.16	C40F100W6	砂浆	赛普42.5
1.25.1	C20F100W4	砂浆	永抗硫525	1.25.17	C25	砂浆	赛普42.5
1.25.2	C20F200W4	砂浆	青普42.5	1.25.18	C25F300W6	砂浆	青普42.5
1.25.3	HFC40F100w6	砂浆	青普42.5	1.25.19	C25	砂浆	青普42.5
1.25.4	C25F200W6	砂浆	青普42.5	1.25.20	C25F200W6(营盘水砂)	砂浆	青普42.5
1.25.5	C20F100W4	砂浆	永中热525	1.25.21	C25F300W6(营盘水砂)	砂浆	青普42.5
1.25.6	C20	砂浆	永抗硫525	1.25.22	C25F300W6	砂浆	永中热525
1.25.7	C25F200W6	砂浆	赛普42.5	1.25.23	C20F200W4	砂浆	永中热525
1.25.8	C20F200W4	砂浆	赛普42.5	1.25.24	C25F200W6	砂浆	永中热525
1.25.9	C20F100W4(营盘水砂)	砂浆	永抗硫525	1.25.25	C30	砂浆	青普42.5

续表 2

项目编号	混凝土等级	级配	水泥品种	项目编号	混凝土等级	级配	水泥品种
1.24 变更项目				变更项目			
1.25.10	C15(不掺 SK)(营盘水砂)	砂浆	永抗硫 525	1.25.26	C30F200W6	砂浆	低热微膨胀
预热混凝土							
3.1	C50	二	青普 42.5	24	变更项目		
3.2.1	HFC40F200W6	二	青普 42.5	3.24.1	HFC40F100W6(加聚炳纤维)	二	赛普 42.5
3.2.2	HFC40F200W6	二	赛普 42.5	3.24.2	C20(不掺 SK)	二	永抗硫 525
3.3	C35	二	青普 42.5	3.24.3	C25F200W6	四	赛普 42.5
3.4	C30F150W4	二	赛中热 525	3.24.4	C20F100W4	三	永中热 525
3.5	C30	一	青普 42.5	3.24.5	C20F100W4(不掺 SK)	三	永抗硫 525
3.6	C30	二	青普 42.5	3.24.6	C15 无砂		永抗硫 525
3.7.1	C25F200W6	三	青普 42.5	3.24.7	C15 不掺 SK	三	永抗硫 525
3.7.2	C25F200W6	三	赛普 42.5	3.24.8	C15F100	四	赛普 42.5
3.8	C25	二	低热微膨胀	3.24.9	C25 微膨胀	二	永抗硫 525
3.9.1	C25F200W6	二	青普 42.5	3.24.10	C25F200W6	一	赛普 42.5
3.9.2	C25F200W6	二	赛普 42.5	3.24.11	C25	一	青普 42.5
3.10.1	C25F300W6	三	青普 42.5	3.24.12	C30F200W6	二	微膨胀
3.10.2	C25F300W6	三	赛普 42.5	3.24.13	C40	一	青普 42.5
3.11	C25	二	青普 42.5	3.24.14	C40	二	青普 42.5
3.12	C25	三	青普 42.5	3.24.15	C40F100W6	二	青普 42.5
3.13.1	C20F100W4	四	永中热 525	3.24.16	C25F200W6	一	青普 42.5
3.13.2	C20F100W4	四	赛中热 525	3.25.1	C25F200W6	砂浆	赛普 42.5
3.14	C20F100W4	三	永抗硫 525	3.25.2	C25F200W6	砂浆	青普 42.5
3.15	C20	二	青普 42.5	3.25.3	C20F200W4	砂浆	赛普 42.5
3.16	C20	三	青普 42.5	3.25.4	C15	砂浆	赛普 42.5
3.17.1	C20F200W4	三	青普 42.5	3.25.5	HFC40F100W6	砂浆	赛普 42.5
3.17.2	C20F200W4	三	赛普 42.5	3.25.6	C20F100W4	砂浆	永中热 525
3.18	C15	三	永抗硫 525	3.25.7	C20F100W4	砂浆	永抗硫 525
3.19.1	C15F100W4	二	青普 42.5	3.25.8	C20(不掺 SK)	砂浆	永抗硫 525
3.19.2	C15F100W4	二	赛普 42.5	3.25.9	C20F100W4(不掺 SK)	砂浆	永抗硫 525
3.20.1	C15	四	赛普 42.5	3.25.10	C15(不掺 SK)	砂浆	永抗硫 525
3.20.2	C15	四	青普 42.5	3.25.11	C15	砂浆	永抗硫 525
3.21	C20F50W4	四	赛抗硫 525	3.25.12	C20	砂浆	永抗硫 525
3.22	C15F100	四	青普 42.5	3.25.13	C25F300W6	砂浆	赛普 42.5
3.23	C20	二	永抗硫 525	3.25.14	C15F100	砂浆	赛普 42.5
预热混凝土				3.25.15	C25F300W6	砂浆	青普 42.5
3.25.18	C30F200W6	砂浆	微膨胀	3.25.16	C20F200W4	砂浆	青普 42.5
3.25.19	C30	砂浆	青普 42.5	3.25.17	C25	砂浆	青普 42.5

3　混凝土工程供需双方合同结算存在的主要问题

沙坡头枢纽主体工程(C1、C2标)施工所需的混凝土由砂石混凝土生产管理标(AC标)供应，截止2004年9月30日，AC标累计生产供应商品混凝土39万 m³，其中供应C1标厂房混凝土约26万 m³。在合同混凝土工程施工及合同结算过程中存在以下几个主要问题。

3.1　C1标合同混凝土工程计价问题

在C1标合同提供的工程量清单中，共22种配合比的现浇混凝土；在实施过程中，设计提供给AC标拌制的混凝土配合比清单，根据实际情况作了大幅度调整，几乎全部更换了原C1标合同混凝土清单内容，且浇筑过程中需要的砂浆、不同坍落度的配比混凝土，合同如何处理，均未明确，对于C1标混凝土工程结算如何进行？

3.2　AC标供应的成品混凝土计量计价问题

在AC标合同中，只明确了原材料如水泥、粉煤灰、砂石料的材料价格和取费，并无相应的混凝土单价，对施工过程中不同坍落度及砂浆均无相应规定；混凝土工程量如何计算？是按出机口混凝土量还是按现场实际浇筑体形结构工程量计算？如何与浇筑单位的混凝土工程量相协调？业主要求供需双方的混凝土量偏差应控制在3%内。

3.3　AC标成品混凝土的计价与浇筑单位的合同关系问题

在混凝土生产与浇筑单位的合同中，如何统一两个合同的结算？如何控制AC标的混凝土拌制费？是否会超过浇筑单位合同相应扣除费？起初，有人提出，以拌制混凝土为基础，结算多少，在浇筑单位合同中扣除多少，引起很大的争议。因为对于混凝土浇筑单位，其混凝土工程量只能按结构体形计算，且扣除的单价合同中已经明确。

3.4　供需双方矛盾协调问题

在混凝土供需双方的合同实施过程中，还存在混凝土量的核算、混凝土品种不一致、混凝土拌和物的和易性问题、供应强度与浇筑强度问题、供应品种数量与强度关系等问题。

上述问题的出现，对合同管理工作者提出了新的课题，如何合理、公正地处理合同关系，成为监理工程师和合同管理工作者的首要难题。

4　对策

4.1　全面分析供需双方的合同，确立分别计量、分别计价的原则

根据混凝土供需双方的合同，坚持按合同办事，经过多次的会议协调和分析，明确各自执行双方的合同，针对上述问题，采取分别计量、分别计价，取消按混凝土拌制结果计量计价的做法。只有这样，在每月工程进度款支付过程中，避免因工程量及其费用不同的影响，保证混凝土工程施工和结算工作的顺利进行。

同时，对C1标的混凝土工程计量计价问题，不管设计提供的出机口混凝土配合比如何变化，明确混凝土浇筑"同部位同价"的原则保持不变，混凝土计量按设计结构体形尺寸计算，扣款费用按合同规定的相应拌制费进行核减。为此，全面分析C1标的招标文件，明确原合同不同品种混凝土的相应部位，并与实际的施工详图规定的混凝土配

合比相对照,建立了以下对应关系(见表 3),彻底解决 C1 标合同混凝土结算关系问题(以河床电站为例)。

表 3　混凝土品种分布对照表

部位	招标图纸		单价号	施工详图		备注
	分块	品种		分块名称	品种	
河床电站	A 区	C20F100W4(抗硫)	9.1.3.9	A1~A2	C25F200W6(三)	
		C25F150W6(三)	9.1.3.1	A3~A14	C25F200W6(三)	
		C25F300W6(三)	9.1.3.6	A15~A16	C25F300W6(三)	
	B	C25F100W6(三)	9.1.3.3	B2~B13	C25F200W6(三)	
	C	C25F150W6(抗磨)	9.1.3.2	C5~C10	C25F200W6(三)	
		C25F150W6(抗磨)	9.1.3.2	C11	C25F300W6(三)	
		C25F300W6(三)	9.1.3.6	C12~C15	C25F300W6(三)	

对于 AC 标混凝土的计量计价问题,按 AC 标的合同执行,工程量按实际配合比的出机口量进行计量,以拌和楼的计算机显示量进行控制;单价按配合比分别进行核算。

4.2　明确供应流程,合理调配混凝土供需矛盾

为确保混凝土生产和供应顺利进行,监理编制了混凝土调配操作流程,明确规定了混凝土需求、签发配合比、生产供应及计量检测等全过程的工作流程。

在混凝土施工高峰期,为确保混凝土浇筑强度和供应质量,对浇筑部位和混凝土配比品种做了严格规定,每班拌制的不同品种的混凝土不超过 3 种;混凝土坍落度按不同浇筑部位分别对待,并力求多供应三、四级配的混凝土,降低混凝土成本。

4.3　跟踪检测,严格处罚措施

为确保混凝土质量和数量,监理采取了多项措施,如拌和楼专人值班,监控计算机操作;设置标准仓,对比核对混凝土出机口和实体数量;对混凝土运输车进行过磅,核算混凝土出机口量和计算机显示数量。

为确保混凝土质量,想一切办法改善混凝土的和易性,严格签发混凝土配料单,严密监控混凝土配合比,控制拌和时间,对拌和时间不足或提供的混凝土质量不满足要求的,采取加倍处罚措施。

4.4　编制 AC 标混凝土拌制费核算辅助管理系统,建立混凝土工程合同计量计价台账

由于 AC 标合同签订时,设计尚未提供明确的混凝土配合比,只规定了混凝土原材料价格和取费标准,在施工过程中,不同品种的混凝土陆续增加并不断变化,造成合同结算工作的被动局面。为此,监理编制了一套完整的单价审核计算机辅助管理系统,并建立了混凝土合同结算台账,一方面加快工程结算进程,另一方面避免了混凝土品种遗漏、重复结算的不良后果。

5　结语

在沙坡头水利枢纽混凝土工程结算过程中,我们第一次遇到混凝土生产和浇筑环节脱离的现象,如何合理控制,做好监理合同管理工作,是机遇,也是挑战。通过工程实践,最后实现混凝土供需量的偏差控制在 3%之内,混凝土拌制费比浇筑费扣除的工程

款约低 100 万元，有效地控制了混凝土工程造价，成效显著。现在，回顾处理合同关系的过程，的确有许多值得深思的地方。

　　首先，在水利工程施工合同执行过程中，面对逐步利用商品混凝土的局面，如何合理、公正地处理合同关系，成为监理工程师和合同管理工作者的新课题。应该全面分析合同，进一步细化合同，即使混凝土生产和浇筑是同一个承包商，也应该对照合同文件，进一步细化合同工程量清单结构，熟悉合同条款，做到心中有数。

　　其次，通过合同执行和工程整体投资分析，也存在混凝土合同结算过程中重复取费和计税问题，增加了工程预算外的开支，对工程建设管理者在编制和审查招标文件工作提出了新的内容和要求。

浅谈工程项目施工阶段
投资控制方法与风险规避

熊洁　邹秋生　余贵东　熊启煜

(湖北腾升工程管理有限责任公司　武汉　430070)

摘　要：本文介绍了投资控制依据、投资控制目标、投资控制目的和投资控制方法及投资控制风险分析，重点论述了监理对投资控制风险规避的措施和监理投资控制效果检验。

关键词：投资控制　方法　风险分析　风险规避　措施　效果

工程项目投资控制是指以批准的可行性研究报告估算为依据，对建筑安装工程、设备及技术的活劳动和物化劳动以货币形式表现的工作量总和进行控制，其控制过程包括初步设计、招标设计、招标和施工合同、施工阶段投资控制等。控制标准一般是后一个过程的投资额度不能超过前一个过程的投资额度，使其计划投资在全过程处于受控状态。

施工阶段的投资控制是以批准的概算或工程项目施工合同价为依据进行控制。投资控制是集技术、经济、管理为一体的综合性的工作，施工阶段投资控制监理是控制实现批准的设计总概算或施工合同价的过程，工作重点是抓好造价管理，即控制好付款。因此，监理必须按照投资控制总目标和分解目标，根据施工单位完成的实物工作量计其造价控制投资，同时抓好工程变更和索赔处理工作。

1　投资控制目标

投资控制是监理对合同管理的主要任务，因此依据施工承包合同和有关部门审批的概算制定投资控制目标，按投资控制目标实施投资控制。

投资控制目标是在深入了解施工承包合同价款的计算方式，支付和结算办法及理解政府审批概算的基础上制定的，在监理规划中将投资控制总目标一般分解到单项工程，对单项工程投资实施有效控制，以实现总投资控制目标。工作实践证明是可行的，也是有效的。

2　投资控制目的

工程质量、工程进度和安全施工与投资控制密切相关。投资控制的目的就是在保证工程设计功能、安全、效益的前提下，使工程投资不超出施工合同约定的范围，并且保证每项支出都是根据施工合同约定和有关法律法规及规程规范的规定公正、合法、据实支付。

3　投资控制方法

目前国内项目施工承包合同形式有总价承包合同和单价承包合同两种，投资控制方法依据施工合同形式而异，并采取不同的方法分别对总价承包合同和单价承包合同实施投资控制，保护甲乙双方的合法利益，尽量使甲乙双方达到双赢的效果。

3.1　总价承包合同投资控制方法

监理工作遇到的总价承包合同一般是临时工程或工程量比较小、建设周期短，且无不确定因素时采用，其特点是总价包死，风险由甲乙双方分别承担。监理控制的主要工作是：核定施工单位完成实物工作量是否符合合同内工程量；施工单位支付申报是否符合合同约定；施工结算是否符合合同相关条款和有关法规及规程规范要求。

3.2　单价承包合同投资控制方法

单价承包合同投资控制应抓好两个方面的工作：一是工程计量；二是确定单价。目前的施工合同对于单价比较明晰，而对于工程量往往依附于招标书中的工程量清单，而工程量清单的工程量不确定因素诸多，且相当一部分招标书和合同书中无计量细则，给监理计量工作带来困难。因此，对单价承包合同的投资控制关键在于公正、合法、据实计量。为达到公正合理地计量，采取的主要措施有以下几方面。

3.2.1　按计量细则计量

(1)有合同约定的计量。工程项目有合同计量细则规定的，按合同计量细则规定进行计量。

(2)工程清单中缺少项目的计量所采取的应对措施。工程项目没有合同计量细则规定的，监理应按相关规程规范并参照施工合同工程量计量要求，拟定计量实施细则，经业主、承包商、监理共同研讨、修改计量实施细则所确定的原则、方法和形式后，监理依据所确定的计量实施细则进行计量。此举措避免或减少了工程计量的矛盾，在工程计量工作中取得了事半功倍的效果。

3.2.2　计量方法

工程计量通常采用测量和量测收方法、按图轮廓计算计量法、按设备供货清单计量法等。

测量和量测收方法主要用于土建工程中的挖填方工程计量、砌石及混凝土工程计量、基础处理工程计量等。

按图轮廓计算计量法主要用于计量无不确定因素的工程项目，如混凝土结构工程、金属结构工程等可按设计轮廓尺寸计算核定工程量。

按设备供货清单计量法主要用于机械设备和电气设备的计量，计量时注意核对设备供货清单与实物的一致性。

3.2.3　计量原则

工程计量应坚持质量否决权，凡质量不合格的不予计量，即工程施工达到质量标准并具有质量验收手续的工程才能计量。

3.2.4　计量形式

工程计量形式有承包商申报、监理核查确认；监理计量；监理、业主、承包商共同计量。

承包商申报、监理核查确认是工程计量的主要形式，即承包商按施工承包合同文件中的计量细则或按业主、承包商、监理三方共同确认的计量实施细则要求进行计量，报监理审核和确定。

监理计量一般是设计工程量和施工工程量差异很大时，并且业主和施工单位各持己见，共同要求监理计量，此时监理则根据监理记录和工程实际施工情况，提出监理计量意见，分别交业主和施工单位研究，并以此作为单位投资协调的依据，通过协调达成一致意见后，作为单项计量依据。

监理、业主、承包商共同计量的形式主要用于隐蔽工程和容易产生争议的工程项目，如开挖或填筑的原始地面线等。

4 投资控制风险分析和风险规避措施

4.1 投资控制风险分析

通过多年投资控制监理实践总结分析，认为投资控制风险源主要有：

(1)由于前期地质勘察深度不够，致使施工中发现不利于工程建设的工程地质和水文地质条件，导致必要的设计变更而影响工程投资；

(2)施工期发生由于不可抗拒的自然灾害，而导致工程投资的变化；

(3)由于业主或施工方的原因，导致工程款和工程延期的索赔而引起工程投资的变化；

(4)施工过程中，认定某种原因需要或发现设计漏项，而必须增加工程项目，引起工程投资的变化；

(5)由于监理自身原因导致投资控制风险，其风险源主要有工程量复核确认、工程预付款和进度款支付、索赔处理等。

4.2 投资控制风险规避措施

为规避投资控制风险，必须截断风险源，对由于自然灾害、勘察设计、业主、施工及其他原因需要而引起工程投资的变化，只能因势利导地减少投资控制风险，而由于监理自身原因可能导致投资控制的风险源应采取强有力的措施，防止和杜绝投资风险的发生。规避监理投资控制风险主要措施如下。

4.2.1 规避工程量复核确认风险的措施

工程量包括合同工程量、新增工程量、工程变更工程量、附加工程量等。

合同工程量确认前，监理应复核设计图纸工程量、核实合同约定工程量、审核施工单位申报的工程量。审核施工单位申报的工程量，重点审核测量和量测资料、工程量计算式和计算成果、工程质量证明文件等，将设计工程量、合同工程量、申报工程量列表比较分析，若三者一致，且工程质量合格，则可确认施工单位申报的工程量，若工程量不一致，应通过分析找出差异的原因，与相关各方商讨，对工程计量达成共识，且工程质量合格，则对工程量予以确认。

新增工程量确认前，监理必须按施工合同规定内容审核承包人提出的新增工程项目、实物量和单价费用要求，将审查意见向业主报告，征得业主的书面确认或按照已形成的有关协议确认工程计量。

工程变更和工程变更处理在实际施工过程中难于避免，其原因是由于施工条件和自然条件及地质条件的变化导致工程变更，最终导致工程费用的变化。为规避工程变更风险，监理必须坚持下述原则：①工程变更内容是原合同范围内的工程项目；②工程变更必须经业主、承包商工共同协商同意确定按原合同单价或一个新的合同单价或其他估价方式，确定共同认为合理的价格或费率；③工程变更后，项目的功能和性质与原工程项目相同；④工程变更有利于提高工程建设质量或加快施工进度或改善施工条件。监理确认工程变更工程量时，应按施工合同相关条款，从技术方面入手，严格计量审核工作，并按工程变更控制程序完善相关手续，报业主确认。

在施工过程中发生的各种附加工程量的认定，监理可采用不同的方式分别处理。如：因施工安全需要增加工程量(承包人安全支护除外)，监理首先从技术和施工安全方面分析增加工程量的必要性，按施工合同条款分析增加工程量应由何方承担，然后以联系单的形式，会同业主共同确认附加工程量。

4.2.2　工程预付款和进度款支付风险规避措施

工程预付款和进度款支付总的原则是按施工合同相关条款进行支付，由于施工情况的复杂性和施工单位的心理要求，往往会诱发监理对工程预付款和进度款支付控制的风险。为规避风险采取的主要措施：①建立工程投资控制台帐，防止工程预付款和进度款透支；②工程预付款支付签证前，必须查验施工合同履约保函到位情况，当履约保证金未到位时，对工程预付款支付不予签证；③工程进度款支付签证前，必须由计量监理工程师和造价监理工程师分别对施工单位呈报的工程计量和造价(含单价)进行复核，经总监理工程师审定，并按相关手续给予确认后，开具支付凭证；④开具支付凭证时，应注意将工程预付款按施工合同相关条款规定分期扣回。

4.2.3　索赔处理风险的规避措施

工程建设过程中，由于自然条件和人为因素的影响索赔时有发生，因此监理机构对施工单位索赔要求的审查和合理处理是投资控制的一个重要方面，处理不好将直接影响工程进度和工程安全及工程投资效益等。为规避对施工单位要求索赔处理风险，其主要措施有：①审查施工单位提出的包括索赔内容、索赔理由、合同依据、索赔费用及计算依据等索赔资料。应重点审查施工单位索赔的合法性与合理性，对下列情况拒绝接受索赔：竞标时低报价导致亏损，施工管理不力导致施工费用增加，质量不合格被指令返工或重建等所导致施工费用增加，因施工单位责任造成工程质量或安全事故等而导致施工费用增加，施工索赔事件发生未及时地采取有效补救措施来减轻损失而使索赔事态扩大造成的费用，违反国家法律法规行为引起的费用支出等；②调查索赔事实，即核实施工单位提出的索赔内容是否与客观事实相符并作好记录；③划清造成索赔的责任方，属施工方造成的拒绝接受索赔；④根据调查落实索赔事实，对索赔费用进行复核，提出索赔金额初步意见，并向业主通报；⑤将审查意见与施工方沟通，求同存异；⑥协调业主与施工方索赔处理意见，澄清误解，解除争议，达到双方满意的效果。实践证明：用此举措来规避索赔处理风险既省时、省力、省钱，又达到双方和睦相处，对在建工程继续实施或工程扫尾按时完成极其有利。

5　投资控制效果检验

投资控制效果不是监理说了算，而实际应得到两方面的检验和认同，一是工程完工结算的检验，二是工程审计的检验。

5.1　工程完工结算的检验

工程完工结算是业主与施工方在建设项目完工之后应收、应支项进行的清算，也是考核建设项目投资、分析投资效果的依据。由于对所监理项目做到按规定办理支付凭证，手续完备。因此，监理所审核签证的完工结算都能得到业主和施工方的认同。

5.2　工程审计的检验

凡使用国家和地方投资建设的项目都要经受国家审计署及地方审计部门对工程投资的审计，投资控制审计应视为属于第三方对工程建设投资控制效果的检验，其主要工作内容是：检验监理是否按真实、合法和有效合同开具支付凭证；检验监理审查确认的工程质量是否符合规程规范和满足设计要求；检验监理签批的支付凭证、工程价款结算与实际完成投资的真实性、合法性及工程造价控制的有效性。通过工程审计的检验证明：只要依法、依合同对工程造价进行审查和签批，就能充分发挥监理在投资控制工作中作用，规避投资控制风险。

黄河防洪工程建设监理风险管理初探

张涛[1]　孟冰[2]　王树林[3]

(1.河南河务局　郑州　450008；2.郑州河务局　郑州　450008；

3.开封河务局　开封　475000)

摘　要: 黄河的防洪问题历来受到国家的重视,项目的成败关系到黄河下游防洪的安全,对于保障黄河下游人民的生命财产安全,保护黄河下游广大地区经济的可持续发展,具有重大的现实意义。因此,如何将风险管理的理念、经验、方法引入黄河防洪工程建设管理过程中成为业主、承包商、监理单位等参建各方不能不思考的问题,本文就黄河防洪工程实施阶段监理风险管理进行了初步探讨。

关键词: 防洪工程　监理　风险　管理

风险管理是指根据工程实际,针对不同建设阶段,研究评价各风险因素,确定风险级别,建立预警系统,采取风险防范和控制措施,使建设项目通过风险控制措施的实施,减少环境或内部对项目的干扰,为项目实施创造安全的环境,保证竣工项目的效益稳定。

黄河防洪工程比一般的建筑工程具有更强的一次性、更大的投资额度、更长的建设周期以及受自然条件影响更大等特点,因此也隐藏着巨大的风险。所以,黄河防洪工程风险管理是非常必要的,必须对其实施科学的、先进的、全方位的管理。

1　黄河防洪工程风险管理的内容

一般风险管理的方法对黄河防洪工程建设中的监理工程师的风险管理同样适用,常规的风险管理方法结合黄河防洪工程的实际特点分为风险的识别、分析与评价和风险的控制三个过程。

1.1　风险的识别

风险的识别是指找出影响工程项目质量、进度、投资等目标顺利实现的主要风险,是风险管理的第一步,也是最重要的一步。这一阶段主要侧重于对风险的定性分析,根据风险分类,从风险产生的原因入手。风险识别采用的主要方法有专家调查法、幕景分析法、故障树分析法等。

1.2　风险的分析与评价

风险分析是指监理工程师在风险识别的基础上,对黄河防洪工程项目实施过程中存在的风险因素进行分析、确认,确定风险因素的可能影响程度,并客观地予以衡量,以便进一步对风险因素进行评价决策,正确选择工程风险的处理方法。

风险评价是在风险识别和风险估计的基础上,采取定性和定量相结合的方式,将识别出并经分类的风险进行排序，为有针对性、有重点地管理好风险提供科学依据。

1.3 风险的控制

风险控制是指监理工程师利用组织、合同、技术和经济措施，消灭或减少风险事件发生的各种可能性，或者减少风险事件发生时造成的损失。利用组织措施实现风险分散；利用合同措施实现风险转移；采用技术措施实现风险的回避和风险的控制；利用经济措施实现风险的自留和自保。

2 应用实例

黄河郑州段标准化堤防建设项目包括堤防帮宽、放淤固堤、险工改建、防护工程、堤防道路、其他工程、适生林、防汛路改建 8 大类 49 个标段，有 24 个施工单位在郑州河务局辖区内进行施工。本次建设工程长度为 43.332 km，占郑州河务局所辖堤防总长度的 59%，工程战线较长。总土方 1 917.44 万 m^3，总石方 19.78 万 m^3，计划总投资 4.93 亿元，工程量较大。

为了使工程在投资不突破的基础上按期完工，监理工程师从工程建设的初期开始，就对工程实施了风险管理。

2.1 监理风险识别

本项目利用专家调查法对工程建设中监理所面临的风险进行了调查、分析、总结并分类，见表 1。

表 1 监理风险分类

风险类别	典型风险事件
自然力风险	洪水、火灾、地震、雷电、台风、爆炸等
合同风险	合同漏洞、隐含索赔、风险分配等
成本风险	时间因素、可变费用、工程支付、索赔等
进度风险	进度计划、资金计划、人员素质、工程质量等
质量风险	施工工艺、原材料、质量标准等
竣工验收风险	阶段验收、单项工程验收、工程移交等
安全风险	工程安全、人身安全、财务安全等
其他风险	

2.2 监理风险评估

利用层次分析法对上述风险进行评估，并按各风险所占权重比例进行排列，如表 2 所示。

按照风险等级划分的标准，时间因素引起的成本风险、原材料引起的质量风险为Ⅰ级风险，应重点防范；不可抗力风险、工程质量引起的进度风险、索赔引起的成本风险等为Ⅱ级风险，需加以重视；其他风险为Ⅲ级风险，一般考虑即可。

表 2 监理风险评估

风险名称	风险影响因素	权重	风险
自然力风险	可抗自然力风险	0.028	0.066
	不可抗自然力风险	0.038	
合同风险	合同漏洞	0.04	0.128
	隐含索赔	0.046	
	风险分配	0.042	
成本风险	时间因素	0.104	0.255
	可变费用	0.051	
	工程支付	0.045	
	索赔	0.052	
进度风险	进度风险–进度计划	0.044	0.227
	进度风险–资金计划	0.132	
	进度风险–人员素质	0.005	
	进度风险–工程质量	0.046	
质量风险	质量风险–施工工艺	0.006	0.203
	质量风险–原材料	0.146	
	质量风险–质量标准	0.001	
竣工验收风险	竣工验收风险–阶段验收	0.032	0.076
	竣工验收风险–单项工程验收	0.038	
	竣工验收风险–工程移交	0.006	
安全风险	安全风险–工程安全	0.013	0.03
	安全风险–人身安全	0.014	
	安全风险–财务安全	0.003	
其他风险			

3 风险管理策略

在风险评估的基础上，该工程根据具体情况，采取了风险降低、风险分散、风险转移、风险自留等比较有效的措施，来处理各种风险，取得了比较满意的效果(见表3)。

从实践结果来看，该工程在投资概算内按期完工，并获得 2008 年中国水利工程优质(大禹)奖，项目管理是比较成功的。

结语：对黄河防洪工程风险实施风险管理后，监理工程师有必要对风险的控制效果作出客观评价，一方面有助于提高认识、分析、评价和处理工程风险的水平，另一方面有助于不断地总结经验教训，为下一次实施风险管理提供依据和经验。

表 3 监理风险控制措施

风险名称	风险影响因素	措施类型	具体方案
自然力风险	可抗力	风险减低、自留	做好勘测与调查工作
	不可抗力	风险减低、转移	签订合同、投保工程保险
合同风险	合同漏洞	风险减低、转移	监理工程师以业主与他签定的"监理合同"为基础，根据业主与承包商签定的"施工承包合同"中规定的监理工程师的权利以及合同条款中必然隐含的权力，在合同范围内对黄河防洪工程建设进行"监督、协调和服务"
	隐含索赔	风险减低、转移	
	风险分配	风险减低、分散、转移	
成本风险	时间因素	风险减低、分散、转移	严格按照合同规定支付工程进度款、预付款，扣除保留金、税金等各类扣款，办理竣工结算，及时处理由于现场条件变化、恶劣气候影响、意外风险、合同变更、施工索赔等引起的额外费用支出，从而做好资金的计划、管理、支付、控制工作，有效地控制黄河防洪工程的实际造价
	可变费用	风险减低、转移	
	工程支付	风险减低	
	索赔	风险减低	
进度风险	进度计划	风险减低、转移	充分利用合同条件所赋予的权力，建立健全工程的计划、组织、实施、控制体系，应用先进的管理手段，随时对施工进度实施进行检查、分析、监督、调整和控制，并根据合同的规定妥善、合理地处理施工过程中出现的工程变更、工程索赔和各类纠纷，确保工程进度按照合同要求进行
	资金计划	风险减低、转移	
	人员素质	风险减低、转移	
	工程质量	风险减低、转移	
质量风险	施工工艺	风险减低	对影响工程质量的主导因素，进行有效的控制、预防和消除质量缺陷，特别是对他认为有质量问题的各项工程进行抽样检验，最终对各项工程和整个工程进行质量确认
	原材料	风险减低、分散	
	质量标准	风险减低、自留	
竣工验收风险	阶段验收	风险减低	按照严格《水利水电建设工程验收规程》进行各阶段验收，确保工程质量
	单项工程验收	风险减低	
	工程移交	风险减低	
安全风险	工程安全	风险减低	设有安全工程师和安检人员
	人身安全	风险减低	
	财务安全	风险减低	
其他风险			

参考文献

[1]韦志立. 建设监理概论[M]. 北京：中国水利电力出版社，1996.

[2]夏红光. 建设工程项目合同与风险管理[M]. 北京：中国计划出版社，2007.

[3]王长锋，李建平，纪建悦. 现代项目管理概论[M]. 北京：机械工业出版社，2008.

[4]贾宝平. 水利工程建设项目业主风险管理方法与应用[J]. 水利与建筑工程学报，2008(9):121-123.

浅谈如何做好黄河水利工程项目信息管理

苏秋捧　崔秀娥　魏成云

(郑州黄河河务局　郑州　450008)

摘　要：在水利工程项目管理中，信息管理起着重要的作用。全面实行"三项制度"改革后，监理信息资料的管理是监理进行"三控制、两管理、一协调"中的重要内容之一，是工程建设过程的记录，与建设单位水利工程项目统计信息相辅相成。本文主要通过对监理信息资料的管理进行论述，提出如果做好信息资料管理，保证信息资料准确有用，为正确评价工程质量和领导决策提供依据。

关键词：水利工程　监理信息管理　统计信息管理

工程项目管理是工程项目实施全过程的管理，精髓在于控制，重点是对施工项目的进度、质量、成本、安全、现场的管理控制。在这个过程中，对信息的收集、加工整理、储存、传递与应用等一系列工作称为工程项目的信息管理。在水利工程项目管理中，信息资料的管理是项目管理中的重要环节，是施工单位、监理单位和项目法人三者的重要任务之一。现就水利工程施工阶段如何做好工程项目的信息管理进行讨论。

1　信息管理的重要性

项目信息是非常关键的资源。一切管理活动都离不开信息，一切有效地管理都离不开对信息的管理。

信息管理是指在整个管理过程中，人们收集、加工和输入、输出的信息的总称。在水利工程项目实施过程中，对工程信息的收集、加工整理、储存、传递与应用一系列工作就是对工程信息的管理。水利工程的信息管理，在工程施工阶段主要依靠监理来控制管理，监理工程师利用监理过程中收集的信息资料协调各种关系，促使项目管理目标的实现。

监理在工程建设阶段，可以概括为"三控制、两管理、一协调"。监理工程师对工程施工质量的控制，就是按合同赋予的权利，围绕影响施工质量的各种因素对工程项目的施工进行有效地监督和管理，这个过程由监理信息资料来体现。监理对工程项目最终的质量评估报告，是依据施工单位自检结果和监理抽检结果，并通过专业检测、试验单位提供的检测数据等信息资料的数据和文字记载得出的结论。因此，信息资料是工程建设过程的记录，是监理在工作中可查询的文字依据，是对工程评估验收的依据，它的重要性是显而易见的。

而水利工程项目法人的信息管理工作，作为反映工程项目施工、生产活动、完成计划、信息反馈的工具，在工程项目管理中同样发挥着巨大的作用，不仅反映生产指标，而且能够反映经济指标，是经济核算的基础。按照规定的统计制度，对工程信息进行分析，为准确及时把握水利投资的趋势、结构和效益，有效监控投资建设和投资的安全性，及时发现问题，改进管理措施，保证水利建设的顺利进行，提供了重要的基础数据支撑。

2 水利工程信息资料管理现状

2.1 信息资料的收集

水利工程实施"三项制度"后，项目法人负责项目设计、施工、验收的全过程，成立项目办公室，负责移民迁占赔偿、周边关系协调等现场管理工作。工程项目的进度、质量和投资由监理控制，项目法人对工程进展的情况、变更以及存在问题等情况的了解，主要由监理人员报送。信息的数据质量与监人员密不可分。

而监理对工程信息资料的收集就是将监理工作中发生的原始资料收集起来，是很全面、准确的。资料的整理是将收集到的原始数据、资料经过科学、系统地整理、归档，进行必要地统计分析，形成文字的资料，并根据监理工程师的需要及时提供。监理工程师就可依据这些资料迅速地做出判断，解决工程实施中的问题。

建立项目原始记录、台账，是项目信息管理的信息源建设的内容之一。项目办统计人员根据各施工单位兼职统计员(驻地监理)统计当天的工程进展情况数据，按时向上级项目法人报送进度。工程完工后，由监理负责审查整理工程施工过程中的所有资料，在项目法人验收前做到准确齐全。

数据传递的流程大致为：项目施工单位—驻地监理员/工程师—项目办—上级单位。

2.2 信息资料的质量控制

施工单位的统计员一般由现场施工技术员兼职，数据经过自检、复检和专检，监理认可后报项目办统计人员。

监理资料来源于现场，来源于监理旁站记录，来源于监理平行检查和抽检记录，这是由于监理是站在公正的第三方，比较客观，加上又有专门的资料员进行及时收集、整理，因此一旦有疑问，均可通过查阅监理资料找出依据，进而解决问题。

上一级统计人员按照下一级统计人员报送来的资料，参照施工进度计划和计划批复等情况，编制工程施工进度表和统计月报表。发现与计划有出入时，到工地或直接和监理人员联系，分析原因，确认后再上报。

3 当前黄河水利工程信息管理中存在的问题

项目法人进行项目管理，其管理层次为：政府(投资方)—项目法人—监理单位—施工单位。具体到工程项目的信息管理，不管是施工单位、监理单位，还是项目法人，都应该重视对工程信息资料的管理。虽然项目法人对工程负总责，是工程建设的核心，但对于工程项目的信息资料管理来说，监理单位是受建设单位委托，对工程建设实行监督管理，监理信息直接接触施工一线，所以信息数据来源可靠，项目法人对工程信息资料的来源是依靠监理的。在工程实施过程中，信息资料的数据收集和管理还存在一些问题，主要表现如下。

3.1 施工单位重施工轻统计

施工单位普遍存在着重施工轻统计的问题，一般均未配备专业统计人员，不注重工程施工的信息资料收集、整理和保存,未建立有效的数据质量控制体系和质量保障体系。竣工验收资料中常出现单项工程验收签证日期与实际施工日期不符,比如现场进行隐蔽工程验收后,没有立即填写隐蔽工程验收记录表,做好签证手续,而是数天后才办理签证,往往会出现隐蔽工程验收记录表内的验收日期与实际验收日期不符。这些资料表明是为了通过竣工验收而补办的施工资料。

3.2 信息资料的数据虚假

这是最常见的数据质量问题,也是危害最为严重的数据质量问题之一。在工程项目立项阶段按有关要求将项目的有关情况如实公开,如项目建设目的、意义、目标、可能的社会和环境影响、投资估算、移民政策、补偿补助标准、环境影响等内容。而在具体实施中,施工进度常受各种因素的影响,而监理单位本着为建设单位服务为主宗旨,报送进度的数据也就会不真实。

3.3 信息资料的数据有逻辑性错误

前后报送数据不合逻辑,各个数据、项目之间相互矛盾。这种情况多发生在有设计变更要求的项目上,主要表现在本期报送的数据较上期小或项目内容变更。监理人员对合同的管理往往会出现一些争议,如经业主同意补签的工程计量,往往承包单位报的量偏大而且提供的依据不足,变更批复后,批复内容和报请变更的内容不完全相符,而统计人员按进度早已将数据报送上级,如果再按变更批复调整数据就会出现本期报送数据小于上期数据的现象。

3.4 信息资料的数据不完整

数据不完整,就不可能反映施工项目的全貌,最终也就难以对施工项目进展情况做出正确的判断,甚至会得出错误的结论。如施工前期赔偿、临时工程、环境等内容漏报。施工前期赔偿由于项目办迫于当地群众的干扰不能按时完成,而临时工程、环境等内容只有根据监理日志或监理检测记录、监理通知、监理站记录等记载可以较准确地查出准确的数据。

3.5 信息数据资料互不相通

实际工作有时存在沟通不及时,比如施工合同、设计、施工图,监理工作中的来往通知、会议纪要等。特别是施工人员,各人手中的一些资料互不相通,使得监理员手中缺乏基础资料。因此,基础资料的缺乏增加了信息资料的动态管理的难度。

4 如何做好水利工程的信息资料管理

目前,水利基本建设的管理体制是实行项目法人责任制、招投标制,建设监理制,合同管理制。其中,项目法人单位和监理单位对工程建设的统一组织、协调、监督管理起关键作用,施工单位在工程完工时保证工程的技术资料规范和不欠缺,监理就能得到准确的基础信息资料。只要监理做好信息资料的管理,基本上就能满足建设单位项目管理的要求。

4.1 加强组织领导,完善高效的运行管理制度

加强组织领导,完善高效的运行管理制度,实行集中管理与分级分工负责制相结合,分清工作范围和责任,勤于检查督促和奖励,才能保证资料的连续、准确和完整。

另外，要对从事信息资料管理工作的人员进行定期考核，把信息资料的适时提供及资料的质量，作为考核的一项重要内容。

4.2 要做好工程施工过程中原始资料的收集和整理

原始资料是对建设活动的第一手核心记载，是对现场进行观测、计量取得的数据，是基础资料，施工原始资料也是日后施工单位质量责任的凭证，施工单位必须做好施工资料的管理。监理和项目办要强调施工资料的重要性，交代有关施工情况、报验工作的程序和要求，必要时在平时的工程例会上多次重申。特别在施工准备阶段一定要严格把关，监理工程师要坚持报验必须资料先行，各项施工资料必须真实、合格的原则。

为规范原始资料，应建立原始记录制度，原始记录项目指标应包括建设投入的人工、机械等。根据统计任务的要求，还要对这些原始资料在审核、纠正错误差的基础上进行科学地加工整理、分组汇总，使之系统化、条理化，并按一定的制成表格反映建设活动的数量特征。从收集、整理的原始资料来看，不但可评估该监理人员的工作水平，也可评价建设单位统计人员的工作质量。因此，在工程项目施工的全过程中，还必须重视对施工资料的检查和收集整理。

4.3 要加强信息沟通，建立信息资料库

信息数据质量的问题主要产生在信息资料的收集、整理阶段，任何一个信息疏漏或沟通不及时都会影响整个工程项目的进展。在信息资料的管理过程中，要加强信息沟通，建立信息资料库，以检查工程各环节执行情况。项目法人要向监理提供项目的施工合同文件、勘察设计文件、施工图纸、设计变更批复、工程定位及标高资料、地下障碍物资料等。监理工作时对施工单位的来往信函、会议纪要、监理工作通知、工程计量和工程款支付、工期的延期、费用索赔等工作要与项目法人及时沟通，包括对施工单位信息资料的要求。

信息管理不是单纯地罗列数据，如同点连成线，要有机结合，否则只是满纸涂鸦，毫无意义，也不是单纯的技巧和手段，数学技巧往往容易使人们对精确性和可靠性产生错误印象，一切要以科学分析为基础，建立资料信息库。通过建立合理的数据库体系，整合各类综合信息资料，实现各类基础数据资源的共享和充分利用，或使用信息管理系统、网站和网络服务器，进行项目重要信息的存储。

4.4 提高信息管理人员素质

实践证明，要做好信息资料的管理，还必须提高信息管理人员素质。这样，工程项目竣工后就能留下一份真实全面的历史资料，以备后人参阅。

5 结语

在水利工程项目的管理中，信息资料的管理是至关重要的，在项目实施过程中，参建各方都有责任做好信息资料的管理。信息资料是领导决策的依据，是评价工程质量的依据，也是项目管理水平的反映。因此，我们要注重工程建设中信息资料的收集和管理，充分发挥其作用，为水利事业的发展及各级领导决策提供丰富的水利工程建设信息和参考依据。这是所有水利工作者的责任，是全社会的责任，也是发展的要求。

参考文献

[1]韦志立. 建设监理概论[M]. 北京：水利电力出版社，1996.

[2]王卓甫. 建设项目信息管理[M]. 北京：水利电力出版社，1998.

[3]中国工程监理协会. GB50319—2000 建设工程监理规范[S]. 北京：中国建筑工业出版社，2001.

[4]钱正英，张光斗.中国可持续发展水资源研究综合报告及各专题报告[M].北京:中国水利水电出版社，2001.

浅谈水利工程监理工作中的档案管理

任萌萌

(山东省胶东地区引黄调水工程建设管理局　济南　250013)

摘　要：监理档案管理是水利工程监理的基本工作之一，具有一般档案管理的普通性，又具有自己的特点。本文根据国家的有关规定，就工程监理工作中监理档案的要求、内容、功能及其管理等问题提出自己的见解，完备的监理档案是竣工验收的重要条件。

关键词：监理档案　信息管理

水利工程建设监理有着自身明显的特点，完全不同于工程勘察、设计和建筑施工。即不以实物形式体现，它是在与业主签订监理委托合同、接受业主委托的前提下，在履约过程中，为保证建设项目达到预期的目标提供具有高技术含量的技术服务，是一种软服务。他的工作效果不能单独割裂出来，工作效益隐含在工程建设产品之中。因此，如何能够比较真实的反应监理工作、评价其工作，是业主和监理单位都非常关心的问题。监理档案能够如实反映监理工程师在水利工程建设项目管理中的作用、监理工作是否到位、监理工程师处理问题的方法是否公平合理等，从而作为衡量监理服务质量高低的标准之一，并在确定监理活动效果的同时，体现监理工作的价值。在建设水利工程监理项目管理评估中建设监理档案也是最重要的基础资料。此外，完整的监理档案可以作为工程质量评定、工程验收的重要依据。因此，档案的管理在监理工作中意义重大。

1　监理档案的要求

根据国家计委"建设项目(工程)竣工验收办法"和国家档案局的有关规定，建设项目(工程)档案应完整、准确、安全保管并有效利用。在这里"建设项目(工程)档案"指从建设项目(工程)的提出、立项、审批、勘察设计、施工、生产准备到竣工投产(使用)的全过程中形成的应归档保存的文件资料。归档的文件档案必须达到完整、准确、系统，保障生产(使用)、管理维护、改扩建的需要。

2　建设监理档案的内容

(1)合同文件类。其主要包括各种协议文件、招标投标文件、合同文件、土地征用、拆迁补偿文件等。

(2)设计文件类。其主要包括设计单位编制的可行性研究、初步设计、技术设计、施工详图等设计文件、图纸，以及设计变更通知单、工程竣工后的填平补齐的设计文件和图纸。

(3)施工文件类。其主要包括施工单位编制的施工组织设计、施工方案、施工计划、施工技术措施。

(4)业主指示类。其主要包括来自业主单位的指令、文件、信息，及上级机关、主管部门对工程技术性问题的规定、批示、决定、指示及审查意见等。

(5)施工管理及监理类。其主要包括：①工程开工令、停工令、反工令、工程大事记；②工程质量检查记录及检查报告、质量鉴定书、质量事故处理记录和报告；③工程质量等级评定材料(分部分项工程、单位工程质量等级评定)；④基础处理、基础工程施工记录、隐蔽工程记录；⑤大型设备安装记录及其质量检查评定材料；⑥现场监理日志、监理旬报、月报、季报、总结；⑦观测原始记录、分析报告及图纸资料；⑧各种验收文件(基础验收、隐蔽工程验收及阶段验收、竣工验收和交付使用文件等)。

(6)规程规范设备仪器类。其主要包括：①技术规程、规范、准则及说明文件；②概预算定额、施工定额、经济定额；③进口设备及重要的国产设备、仪器使用说明书、图纸、图片及随机文件；④设备订货清单、出厂检验合格证、装箱单、开箱记录、工程单和备品备件单、监理主场建造记录及报告；⑤设备仪器安装、调试、测试数据、性能鉴定和验收过程中的技术性、凭证性文件材料以及安装总结报告，仪器设备计量认证凭单；⑥设备仪器的运行维修记录、设备改进改装、质量事故报告及重大检修报告。

(7)其他。其主要包括：①围绕工程建设所形成的有关声像材料；②计算机及其外围辅助设备的随机系统软件目录、源程序、使用说明书以及使用过程中所形成的具有保存价值的文件材料、磁带、磁盘等介质；③有关永久性生活设施的文件材料；④其他有价值的技术文件材料。

3　建设监理档案的功能

(1)监理档案的知识储备功能。监理档案是在监理活动过程中直接形成的具有保存价值的文件材料，是监理活动的真实记录。建设监理单位是知识密集型的专业化、社会化的中介服务机构，具有高素质、高水平的工程技术管理人员，按照监理合同的约定，对工程实施监督管理，在这一管理活动中形成的经验、科技成果等原生信息都是通过监理档案来记载和储备的，因此监理档案具有知识储备功能。

(2)监理档案的依据凭证功能。工程监理工作的主要内容为："三控、一协调、两管理"。"三控"指投资控制、质量控制、进度控制，"一协调"指对建设工程中各种矛盾和问题的组织协调，"两管理"指合同管理、信息管理。监理工程师的主要职责包括：审定承包单位提交的开工报告、施工组织设计、技术方案、进度计划；调解建设单位与承包单位的合同争议；向业主提供索赔与争议事实的分析资料，提供监理方面的决定性意见，处理索赔；审批工程延期；审核签认分部工程和单位工程的质量检验评定资料；审查承包单位的竣工申请；组织质量检查；参与工程竣工验收；审查工程结算；核对完成工程量；确定变更工程和额外工程的价格；签发各类证书；签署付款凭证等。由以上各项职责可以看出，监理管理工作覆盖工程的各个阶段，在管理过程中产生的大量反映监理活动的监理档案是工程各主体分清责任、解决纠纷的依据，也是合理结算工程价款、评估工程质量的重要依据。

(3)完备的监理档案是竣工验收的重要条件。《建设工程质量管理条例》(国务院第

279 号令)第十六条规定"建设工程竣工验收应具备的条件中，必须有完整的技术档案和施工管理资料，必须有勘察、设计、施工、工程监理等单位分别签章的质量合格文件"；第十七条规定"建设单位应当严格按照国家有关档案管理的规定，及时收集、整理建设项目各环节的文件资料，建立、健全建设项目档案，并在建设工程竣工验收后及时向建设行政主管部门或者其他有关部门移交建设项目档案"；《建设工程质量管理条例》释义中指出建设项目档案一般包括以下文件材料：立项依据审批文件；项目审批文件；征地、勘察、测绘、设计、招投标、监理文件；施工技术文件、竣工验收文件及竣工图；监理文件。

4　档案的管理工作

(1)为加强对监理档案的管理，防止散失，有条件的工程，特别是大型工程的监理机构应配置专门的档案管理人员，建立专用的档案室。

(2)为使监理档案的管理有章可循，应建立档案管理的规章制度。

(3)为保证监理档案的完整性和系统性，要求监理人员平常就要注意监理档案的收集、整理、移交和管理，并不得违背监理合同中关于保守工程保密的规定。

(4)除有专人管理和制定管理办法外，总监理工程师要亲自督促检查。

(5)建立建设监理信息管理系统。应用计算机进行档案管理，提高工作质量和效率。

总之，档案的管理是监理活动的基础工作，其水平高低直接影响着监理服务工作的深度和质量，也反映了监理工程师自身的素质和能力。因此，做好水利工程监理工作中的档案管理是至关重要的。

参考文献

[1]李先炳. 浅谈建设监理档案资料的管理[J]. 建设监理，1998(5)：43-44.

[2]建设工程项目管理规范编委员会. 建设工程项目管理规范实施手册[M]. 北京：中国建筑工业出版社，1999.

浅议监理会议制度

解文海 赵文秀 李屹峰

(吉林省水利水电勘测设计研究院 长春 130021)

摘 要: 监理会议是项目监理部开展监理工作的一种重要手段,是体现项目监理部整体工作能力的平台,通过监理会议及时总结施工情况、对工程施工中出现的问题及时进行协调和处理,保证工程顺利施工。监理会议包括第一次工地会议、监理例会、监理专题会议及监理协调会议。

关键词: 第一次工地会议 监理 例会 协调

监理会议是项目监理部开展监理工作的一种重要手段,是监理机构的主要工作制度之一。监理会议包括第一次工地会议、监理例会、监理专题会议及监理协调会议。

1 第一次工地会议

第一次工地会议是监理合同项目参建各方相互认识、确定联络方式的会议,也是检查开工前各项准备工作是否就绪、明确监理程序的会议,为工程顺利开工、规范管理奠定基础。

1.1 做好会前的准备工作

信息收集、会前沟通是开好会议、达成共识的基础。在签定监理合同后,总监理工程师要在合同约定时间内及时进驻施工现场,收集、熟悉有关工程建设信息、资料,建立监理程序管理模式,确定会议议题并与现场业主代表协商、沟通,争取业主的认可与支持。

1.2 会议时间与主持

第一次工地会议应在合同项目开工令下达前召开。会议组织施工、设计、地质、监理、业主等参建各方现场负责人参加,由总监理工程师主持或由总监理工程师与发包人的负责人联合主持。

1.3 事前谋划、主动控制、有序监理

水利工程质量实行"法人负责、监理控制、施工保证、政府监督"的管理体系,工程建设的好坏是工程建设过程中各方面各环节工作质量的综合反映,是施工、设计、监理、业主等多方共同参与的施工、监督、管理结果的综合体现。因此,与会的参建各方要通过互通信息、沟通交流,各自定位、明确责任、凝聚共识、形成合力,为以后能够默契配合、相互支持打好基础,保证工程顺利实施。

现场监理是业主履行合同的代表,因此在第一次工地会议上业主代表要按合同约定宣布对监理人的授权,使监理人与被监理人都明确监理的权限范围,现场监理在授权的

范围内代表业主行使监督检查权利，以便做到不越权、不失职。

检查、布置开工前的各项准备工作是第一次工地会议的重要内容，这里包括介绍监理机构的准备工作和通报开工前应由发包人按合同约定提供的施工条件完成情况，重点要检查、布置开工前承包人的施工准备工作，周密安排、事前预控，为保证顺利开工做好充分准备。

介绍监理工作程序，明确具体工作细节，使各履约方了解监理工作程序，为能达到日后工作配合默契、有序监理奠定基础。

施工安全，环境保护是第一次工地会议的重要议题，开工前的安全布置、检查必须到位，安全、环保保障体系不完善、规章制度不健全、措施不得力，总监不能签发合同项目开工令。

2　监理例会

监理例会是项目建设过程中由总监主持、参建各方负责人参加、按一定程序定期(一般以周、旬、月)召开的会议，是参建各方沟通情况、交流信息的纽带，是对工程质量、进度、投资、安全、文明施工等各项活动管理的重要手段，是体现监理机构"守法、诚信、公正、科学"职业准则、赢得业主支持和施工单位认同的重要平台，可为监理工作的顺利开展创造条件。

2.1　监理例会的准备工作

要高质量、高效率地开好监理例会，会前就必须认真细致地做好准备工作。会议要做到有的放矢，抓住重点。应检查上次例会决议的落实情况，收集本次例会周期内工程项目质量、进度、投资控制，合同、信息、安全、文明施工管理的工作信息、数据。要根据本次例会周期内施工中出现的问题确定会议主题。同时要做好与业主及施工单位的会前沟通，要取得业主支持并达成共识，从而达到例会目的。

2.2　监理例会的方式

监理例会通常由总监主持，方式各异，笔者经多年监理工作实践认为会议按会前准备好的议题为主线，以总监发言为主、与会者讨论补充为辅、业主代表重点强调、会议小结为共识的会议方式利于集中思想、统一意见、减少重复，有效地控制会议进程，会议效果较好。

2.3　监理例会的主要议题

监理例会的内容涉及工程质量、进度、投资控制和商务合同、安全、环保、文明施工、信息档案资料管理等内容，每次例会要根据近期的施工情况，突出重点、抓主要矛盾，做到有的放矢，注重实效。一般应通报对上次例会存在问题的解决和纪要的执行情况，对近期的施工进度、质量进行分析和研究，重点指出当前存在的主要问题和整改措施，明确会后应完成的任务。

2.4　监理例会应注意的问题

监理例会应以解决当前施工中存在的主要问题为中心，要体现监理现场管理的力度和权威性。对涉及影响施工质量、安全、进度等较严重的问题，总监应严肃、认真地指出，并对相关单位和人员提出通报与批评。要认真分析、查找影响质量和进度滞后的原因，注重研究解决问题的办法，要落实到责任单位及责任人，并要做好会后的跟踪检查。会议中如有不同意见或矛盾应相互理解、换位思考、求同存异，重大争议问题应书面报送项目法人或组织专题会议解决。

3 监理专题、协调会议

监理专题、协调会议是了解工程情况、协调关系、解决问题和处理纠纷的一种重要途径。现场监理机构应在工程项目施工过程中根据需要及时组织召开监理专题、协调会议，研究解决施工中出现的施工安全、施工质量、施工方案、设计变更、施工进度、专项技术、争议协调等方面的专门问题。

3.1 协调工作应遵循的原则

(1)应在确保工程质量、保证施工安全条件下，促进施工进度；

(2)在寻求发包人投资效益的基础上，正确处理合同目标之间的矛盾；

(3)在维护发包人合同权益的同时，实事求是地维护承包人合法权益。

3.2 监理的协调职责

按照施工监理合同规定，"协调施工合同各方之间的关系"是监理人的义务和重要的服务内容之一，监理协调是现场监理人员履行合同约定的重要工作。这里的"协调施工合同各方之间的关系"不能狭义的理解为协调施工合同各方之间的矛盾、问题，因为影响工程项目建设顺利进行的因素是多方面的，有技术上的、管理上的，也有政策和理念上的，当技术和管理上的问题影响到工程施工安全、施工质量、施工进度、投资控制等有关合同约定时，就会影响到参建各方的利益关系，这些应是监理协调的重点。当出现重大技术问题及进行安全事故技术鉴定时，监理人应建议承包人请专家进行咨询、鉴定。现场监理在履行"监理协调"职责时，要以监理合同约定为依据，以业主满意为准则，以不损害承包人的合法利益为前提，在约定的授权范围内主持监理专题协调会议，协调各种关系，公平、公正、科学、合理地处理各种合同争议，及时消除工程建设过程中的各种障碍和矛盾，协调各方面的工作，促进参建各方的有机配合，保证工程建设的顺利进行。

4 会议纪要

每次监理会议后，要及时整理会议纪要。会议纪要的内容要全面、系统，要写清会议主题、时间、地点、主持人、参加单位及人员。会议纪要不要把每个人的发言进行简单的罗列，而要把会议的精神进行总结和归纳，要写清会议的议题、解决的方法、领导的指示和结论性意见以及会后工作的安排等，并将与会者的签名名单附后，作为日后执行会议精神的依据，也是重要的工程档案资料。

5 结语

在工程项目建设管理过程中，建设单位起主导作用，施工单位起中心保障作用，监理单位起监控和组织协调作用。监理的组织协调工作是通过监理会议的方式来完成，因此说监理会议是监理机构为业主服务、合同管理的一个重要手段，是体现项目监理部整体工作能力的平台，监理机构必须在合同约定职责的范围内组织好监理会议，通过监理会议及时总结施工情况、对工程施工中出现的问题及时进行协调和处理，保证工程顺利施工，为业主服好务。

参考文献

[1]中华人民共和国水利部.SL 288—2003 水利工程建设项目施工监理规范[S]. 北京：中国水利水电出版社，2004.

[2]娄鹏，刘景运. 水利工程施工监理实用手册[M]. 北京：中国水利水电出版社，2007：10-12.

监理投标的实践与体会

王和平

(小浪底工程咨询有限公司　郑州　450000)

摘　要：招标投标制已成为我国建设管理体制中的重要组成部分。建设管理单位(项目法人)选择建设监理单位，就是委托招标代理单位采取公开招标的方式进行，通过优胜劣汰选取合格的监理单位。监理单位在市场竞争中如何取得监理标，是关系到自身生存和发展的首要问题。笔者结合工作实践，谈谈监理单位在监理投标工作中的一些认识和体会。

关键词：信息网络　项目跟踪　公关艺术　投标文件

招标投标制已成为我国建设管理体制中的重要组成部分。建设管理单位(项目法人)选择建设监理单位，就是委托招标代理单位采取公开招标的方式进行，通过优胜劣汰选取合格的监理单位。监理单位在市场竞争中如何取得监理标，是关系到自身生存和发展的首要问题。笔者结合工作实践，谈谈监理单位在监理投标工作中的一些认识和体会。

1　建立信息网络

在当今信息时代，信息可以说是战略物资，是生产力和竞争力，是经济战争成败的关键性因素。一条信息挽救一个企业或是一条错误信息导致错误的决策已不再是天方夜谭。作为一个运筹帷幄的企业，建立功能强大，敏捷高效的信息网络是十分必要的。怎样建立自己的信息网络，首先在组织机构上，选择具有较高专业知识水平的精干人员组建信息管理中心；其次在手段上充分利用互联网信息量大、简洁高效的特点，广泛采集各类信息；再次在管理方式上运用计算机建立信息库，对采集的信息进行分类，科学管理。

监理单位应该收集的信息主要有以下几类。

1.1　政府决策信息

及时了解党和国家的重大方针政策，增强工作总体部署的前瞻性、指导性和针对性。例如，在 2008 年 10 月，党中央召开了十七届三中全会，全面分析了形势和任务特别是经济形势，把加强以农田水利为重点的农业基础设施建设作为解决"三农"问题的重大举措，明确提出了当前和今后一段时期水利建设的三项重要目标。党中央对水利工作的战略部署，为水利建设管理单位指明了发展方向。因此，监理单位在制定战略发展和管理规划中就有了更加明确的目标和方向。

1.2　立法信息

及时了解我国新颁布的法律法规、技术规范，尤其是关注实施法律法规对本单位经营管理活动的影响。我国目前正处于法制建立健全阶段，以人为本、促进和谐的法律法规不断出台；行业规范、技术规范也逐步与国际接轨，国家各行业主管部门每年都出台或修订新的行业、技术规范。对此，监理单位必须了解和掌握与自身生存和发展息息相关的法律法规；否则，在市场竞争中犹如盲人骑马，时刻处于被动与危险境地。

1.3　竞争对手的信息

古人云：知己知彼百战不殆。市场如战场，虽不见硝烟弥漫，但企业间输赢搏杀也在毫厘之间。因此，了解竞争对手的历史和现状，包括法人代表、干部配备、技术力量、主要设备和经济实力尤为重要。其实了解竞争对手的信息并不很难，主要是平时做到有心，通过公开发表的行业杂志、互联网、朋友间的沟通等，基本就能够得到相互的信息。此外，之所以成为竞争对手，主要是在投标竞争中经常聚头，这是了解对手经营策略、经济实力、技术水平的重要渠道。

1.4　标的物的信息

以黄河小浪底、长江三峡水利枢纽开工建设为标志，在水力资源蕴含丰富的西南地区，一座座水电站相继开工建设，给水利建设监理单位带来了无限发展机遇。搜集并掌握我国主要河流的流域规划是非常必要的，对拟建的水利枢纽或水电站的地理位置、工程规模、开发目标、交通设施、自然和人文环境等情况进行深入了解和把握，在投标时就能有备而来，胸有成竹；同时也能赢得建设管理单位的信任。

1.5　自身形象信息

自身形象信息的搜集一方面通过媒体、回访用户、发放顾客满意度调查表等方式获取客观性评价，及时发现自身的不足并有针对性地加以改进；另一方面也是最重要的，即以良好的业绩、先进的管理、丰富的人才和优质的服务全力打造自身形象。达到桃李不言，下自成蹊的最高境界。

2　实施项目跟踪

监理单位在占有大量信息的同时，要组织专家进行信息分析和筛选，在纷杂的信息中去伪存真、由表及里，把科技含量高、体现核心竞争力、具有发展潜力的项目作为主要目标，制定项目跟踪规划，分步实施。项目跟踪的重点是以下几点。

2.1　重点掌握项目审批进程

水利工程建设规模宏大，牵涉因素较多，且工作条件复杂、施工建造艰难，一旦审批失误后果严重，因此国家对水利工程建设审批非常严格。根据国家水利工程建设程序管理规定，我国的水利工程建设全面实行项目法人责任制、建设监理制和招标投标制三项制度的改革。水利工程建设包括项目建议书、可行性研究报告、初步设计、施工准备(包括招标设计)、建设实施、生产准备、竣工验收、后评价等阶段。这些阶段大体可分为三个部分，即工程开工建设前的规划、勘测、设计为主的前期阶段；工程开工建设以后至竣工投产的施工阶段；工程的后评价阶段。监理单位重点要掌握前期阶段各个环节进程，还要特别关注环境保护行政主管部门对项目是否批准。这些都是非常关键和重要的信息，不可掉以轻心。

2.2　全面了解项目法人

全面了解项目法人，包括政府关于项目法人组建文件，项目法人的基本情况、管理模式和主要业绩。项目法人一般分为两种：一种是承担过大中型水利工程的建设管理工作，具有专业齐全的人才队伍、较为丰富的管理经验和完善的管理制度。这类项目法人内部分工明确，讲究工作程序，注重依法办事。对待这类项目法人应讲究工作程序、追求工作细节、注重语言艺术。另一种是新组建的项目法人，虽然没有总体主持建设管理工作但其组成人员往往是从各个单位抽调而来，具有丰富的项目管理经验和较强的工作能力。对待这类项目法人应以尊重、沟通为先，在交流中求得项目法人的信任和支持，中标的几率就会大为增加。

2.3 深入把握项目技术特点

由于水电建设项目往往选择在深山峡谷中，项目所在地的地址条件、外部环境、交通状况等非常复杂，在项目设计中经常受到地质等条件的影响而采取很多非常规设计，从而形成了千人千面的技术特点。深入了解并掌握项目的技术特点和施工难点以及施工工期和节点工期，就能够在投标文件中做到有的放矢，一举中的。

3 把握公关艺术

公关作为一种行之有效的管理艺术，已经被广泛运用于各行各业的行政管理和经营管理之中，公关工作实质上是一个企业运用传播手段，使自己和公众相互了解，相互适应的管理艺术。其主要任务是在开放型、网络型、竞争型的社会活动中处理好企业上下左右、四面八方的公众关系，为企业的生存和发展创造一个良好的社会环境，从而达到内求团结，外求发展的目的。具体运用方式主要有以下几点。

3.1 运用物理手段，努力推销自我

所谓物理手段，主要是运用各种传播工具，包括内部刊物、宣传手册、报纸、电视等工具，扩大信息传播面。最好利用互联网建立自己单位的网站，使公众便捷了解自己的社会形象、主要业绩、技术力量、经济实力、服务质量等。

3.2 运用人际手段，树立本单位的亲和力

公关不仅不排斥运用人际关系，而且还提倡广交朋友，联络感情。监理单位要和建设管理单位建立良好的联系渠道，不仅注重与领导层的沟通，也要注重与工作层的沟通，在相互的交往中增加感情色彩，努力营造一种以诚相见、合作共赢的工作环境。

需要指出的是，运用人际手段要与庸俗的"关系网"区别开。公关中的人际手段是讲交情而不损公，用关系而不枉法，以诚信和业绩赢得建设管理单位对监理单位的信任。而庸俗关系则是对某个人或极少数人暗中拉拢、请客送礼，或重金行贿，买动对方，以达到其中标的目的。这既是法律所禁止的，也是为人所不齿的。而且一旦东窗事发，当事者双方都会声败名裂，并带来巨大的经济损失和信誉危机。

3.3 体现互惠互利的原则

在市场经济中，建设管理单位与监理单位实质上是一种以合同形式确立的、具有经济利益关系的共同体。建设管理单位希望找到一个重合同、守信誉，有足够的技术力量和较高管理水平的监理单位承担建设监理任务，以便对工程建设的质量、进度、投资实施有效地控制，从而得到一个优质工程；而监理单位则通过自己的监理活动获得监理报酬，同时也增加自己的监理业绩，提高企业知名度。两者是互惠互利的关系。因此，监

理单位就要让建设管理单位认识并相信自己完全有能力满足建设管理单位的要求并实现建设管理单位的目标。同时，也要使建设管理单位认识到，低价的直接结果可能就是低质，而最终受到伤害的只能是建设管理单位的利益。

4　编制高质量的投标文件

投标文件，反映了监理单位的实力与水平，是能否中标的关键。有些单位未能中标，其中主要原因就是投标文件编写的质量不高，不能达到评标委员会(小组)的要求。怎样才能编制出高质量的投标文件，一般应注意以下几点。

4.1　认真研读招标文件，把握工程建设中的重点和难点

外国承包商把合同文件比作"圣经"。古人也说过：书读百遍，其义自现。因此，逐行逐句研读招标文件，吃透其内涵是编好投标文件的基础。有些建设管理单位发售的招标文件比较简单，这就需要与平时积累的相关资料进行对照和佐证，以准确理解建设管理单位的真实意图。

4.2　重视监理大纲的编写

监理大纲是监理工作的纲领性文件。它包括了对工程难点的理解、节点的控制、提出的保证措施等。投标文件中其他资料，如监理资质、主要业绩、技术力量等是硬件；监理大纲体现的是监理服务的水平和质量是软件。而且监理大纲也是建设管理单位和评标专家重点审核的部分。因此，在监理大纲的编写中一定要做到找准难点、分析到位、见解独特、控制有力、措施得当。有的招标文件还要求拟任总监提交对项目的理解，这实质上是对拟任总监出的一张考卷，主要考核总监是否有丰富的监理经验、较高的组织领导水平和较强的协调解决问题的能力。所以，必须给予高度的重视。

4.3　全面展现本单位的综合实力

监理单位的综合实力表现在公司的资质、技术力量、主要业绩、设备仪器等方面。在投标文件中应该全面、准确、如实地反映，并附上相关的证明材料。尤其是对拟任总监、副总监以及主要专业工程师要实事求是地写出他们的工作简历、专业年限以及获取的资格证书。在人员配备上注重老中青的搭配，各种专业人才的齐全等。

4.4　投标文件的印制、包装规范化

投标文件的印制与包装，从一个侧面反映了该单位的管理水平。有些投标人对此不以为然，而差错恰恰就容易出在这些"小事"上，例如，标书中的错别字、外包装的整齐干净、密封章的位置等。没有装订条件的单位可以请专业公司装订包装(当然要注意保密)，切不可因小失大。

总之，投标工作是一项系统工程，需要平时点点滴滴的积累和总结，也需要方方面面的配合和支持，决非一蹴而就。

论监理评标权重在解决监理行业
恶性竞争中的重要作用

高曼[1]　王秋苹[2]

(1.天津市水利基建管理处　天津　300204；2.中国水利水电第二工程局　北京　100011)

摘　要： 本文通过对监理评标中技术评审权重与财务评审权重的变化对中标单位选择的影响的分析，根据现阶段监理工作的状况，针对如何解决监理企业之间的恶性竞争，提出了自己的几点意见。

关键词： 评标权重　解决　监理　行业　恶性竞争　作用

1　监理工作的现状

20多年来，水利建设监理工作从无到有，从起步到发展，取得了可喜的成就，在监理规模、监理法规建设与完善、人才培养、监理服务水平等方面取得了明显的进步。然而，近几年来随着水利工程建设监理制的推行，监理企业暴露出的问题也越来越多，管理的不规范、随意压价的恶性竞争、职业道德的匮乏、产权的不明晰、人才储备的严重不足、建设单位等社会各界对监理单位的信任度不足，造成了监理企业发展的方向性、规范性不是很强，同时造成了监理市场的混乱。监理单位的发展受到严重的制约，很难发展壮大。

由于监理行业的进入门槛相对不是很高，国家相关法律法规在市场准入监管方面不是很健全和完善，所以造成了现阶段许多实力不足的小监理企业大量涌入。这些企业没有完善的组织构架，管理混乱，人才匮乏，在接到监理任务后，便聘请一些没有实际监理工作经验的人员，甚至于临时雇佣新近毕业的学生进行监理实际工作，工资等相关费用相对较低，所以整体运营费用和单位成本也较低。由此，这些监理企业便可以以比市场平均价格和国家规定的监理取费标准更低的标准比例取费。然而这样低的取费根本无法维持一家严格意义上的监理企业的所有费用，于是监理服务的实际质量必然有所降低。而各个监理企业便在这种压价—降低服务质量—降低服务质量—压价的恶性竞争中循环不止，各个监理企业的生存空间被一次一次的压缩，整个行业的发展与规范化、标准化的要求背道而驰，这与企业希望发展壮大的愿望也渐行渐远。

2　监理评标中技术评审权重与财务评审权重的变化对中标单位选择的影响

监理投标书的形式，一般以投标单位准备如何实施委托监理任务的建议书的方式编报。评审时应划分成技术建议书评审和财务建议书评审两大部分。这两部分在评审记分时可以分别考虑也可以同时综合考虑，采用哪种方法要根据委托监理工作的项目特点和工作范围要求的内容等因素来决定。技术建议书评审主要分为监理企业的经验、拟完成委托监理任务的计划方案和人员配备方案三个主要方面；财务建议书评审主要评价报价的合理性。如果两大部分同时记分，技术评审权重为 70% ~ 90%，财务评审权重为 10% ~ 30%。其中技术评审所考虑的三方面在技术评审总分中所占的权重分配一般为：监理经验占 10% ~ 20%，工作计划占 25% ~ 40%，人员配备占 40% ~ 60%。

评标委员会依据评审重点内容和权重及评分原则，对技术建议书和财务建议书分别评审打分，而且在技术建议书评定之后再对财务建议书进行打分。如果技术建议书评审后某个标书的得分低于及格标准分，则不再对其财务建议书进行评价。根据最终得分的高低，排出各标书的优劣次序，最终确定中标单位。

2.1　技术建议书评分举例

某项目评标的内容分为公司经验、实施方案、人员配备三大部分，分值权重分配比例依次为 10%、40% 和 50%。各大部分又分别归为几类，各类内不仅有权重，而且列出具体取分的分项内容，各项以百分制打分。四位评委分别打分后，对 A、B 两家公司的评分结果列于表 1 中。从比较结果看，B 标书较优。

2.2　财务建议书评分举例

如果将报价也作为选定中标单位的条件，投标书的优劣应以技术建议书得分合计值进行比较。由于建设单位进行监理招标时，一般都不预先编制带有价格的标底，因此通常采用的方法是，首先规定技术建议书和财务建议书的评分权重，然后各投标书报价计算的报价折算分乘以权重后算出财务建议书的评分，再与技术建议书得分相加后评出各标书的优劣次序。计算报价折算分通常采用的方法如下：

$$各标书的报价折算分 = \frac{最低报价}{各家报价} \times 100\%$$

表 1　技术建议书评审记分

评价因素	权重(%)	A 公司			B 公司		
		评委打分	平均得分	加权得分	评委打分	平均得分	加权得分
1.公司经验	10						
(1)一般经验	4	90，80，90，80	85	3.40	80，75，75，75	76.25	3.05
(2)特殊技术经验	6	80，70，75，85	77.5	4.65	90，90，85，85	87.5	5.25
2.实施方案	40						
(1)组织机构	6	95，90，85，90	90	5.40	80，80，75，85	80	4.80
(2)工作计划	6	70，75，80，75	75	4.50	90，90，85，85	87.5	5.25
(3)三控制手段	14	80，85，75，75	78.75	11.03	90，90，85，85	87.5	12.25
(4)计算机软件水平	6	80，85，90，90	86.25	5.18	80，75，70，70	76.25	4.58
(5)方案的创造性	8	60，50，50，55	53.75	4.30	80，85，85，75	81.25	6.50
3.人员配备	50						
(1)总监人选	16	85，80，80，75	80	12.80	70，75，75，70	72.5	11.60
(2)其他人员资质	10	80，85，75，75	78.75	7.88	80，80，85，80	81.25	8.13
(3)专业满足程度	8	100，95，100，95	97.5	7.80	95，90，95，90	92.5	7.40
(4)人员数量	8	95，90，90，90	91.25	7.30	90，85，90，85	87.5	7.00
(5)人员计划	8	80，85，80，80	81.25	6.50	90，85，80，85	85	6.80
合　计	100			80.74			82.61

表2中示出对5家投标人的技术建议书评分和各标书报价折算分。按照招标文件中的规定,若技术建议书评分的权重占90%,价格的评分权重占10%,在表3的计算中可以看出,A公司的分数最高;如果规定技术建议书评分权重占70%,价格的评分权重占30%,依据表4的计算结果,B公司分数最高。

表2　计入加权字数前的评分

投标公司	A	B	C	D	E
技术评审分	92	90	83	76	68
报价(万元)	15	12	10.5	11	16.5
报价折算分	70.00	87.50	100	95.45	63.64

表3　价格权重为10%的评定分

项目	权数	投标公司				
		A	B	C	D	E
技术得分	90%	82.80	81.00	74.70	68.40	61.20
报价得分	10%	7.00	8.75	10.00	9.55	6.36
最终得分		89.80	89.75	84.70	77.95	67.56

表4　价格权重为30%的评定分

投标公司	权数	投标公司				
		A	B	C	D	E
技术得分	70%	64.40	63.00	58.10	53.20	47.60
报价得分	30%	21.00	26.25	30.00	28.64	19.09
最终得分		85.40	89.25	88.10	81.84	66.69

通过以上的分析可以看出,只要调整技术评审权重与财务评审权重,就能改变中标单位。

3　监理企业之间如何避免恶性竞争

通过上面的分析可以看出,在监理评标中技术评审的权重远高于财务评审的权重,但是如果财务权重由10%提高到30%,那么中标单位选择就会发生变化。目前,监理招标投标的现状是投标报价低就会中标。这充分说明在建设单位的心中投标报价权重高于技术权重。这也是监理行业恶性竞争的最主要原因之一。

作者认为,监理制度起作用的前提,是建设单位与监理单位双方建立起相互信任的关系。现阶段监理行业存在很多的不足造成了建设单位对监理的不信任,实行监理制是法律法规的要求,迫于无奈,建设单位于是选择投标报价最低的监理单位作为应付法规的方法。其实,对于建设单位而言,监理是自己花钱请来的帮助自己管理工程的专家,如果花钱请来的监理能够在工程建设中充分发挥其作用,能够帮助自己避免许多不必要的开销，那么多花些资金在监理费上，又有何妨？所以对于现在的监理而言，加强自身建设是重中之重，也是监理单位避免恶性竞争最强有力的武器。

3.1 监理单位首先应该加快监理人才的培养，建立良好的用人、留人环境

现阶段监理行业的从业人员基本上都是半路"出家"，绝大部分都是从施工、设计的富余或离退人员中过来的，有的甚至是一些没有任何实际社会经验的学生。对监理行业专业知识的匮乏势必造成监理服务质量低下，由此而产生的便是社会对监理行业的整体认同不是很高。而现阶段，各个监理企业又都没有将人才的培养作为公司的发展战略予以考虑，加之行业内优秀监理人才的大量外流，对监理行业的发展可谓雪上加霜。

监理企业要想高速发展，加快监理人才的培养和储备便显得至关重要与迫在眉睫。一是要加大力度将监理人员的培养列入社会再教育的大系统中，为监理行业培养、输送更多优秀的专业监理人才；二是企业在人才培养方面要投入更多的支持和关注，真正将企业人才的培养列入企业发展的长远战略规划上来。

在做好人才培养的前提下，更要为优秀的监理人才创造一个好的用人、留人环境，首先是要切实提高监理人员的福利待遇，为他们提供一份有相当竞争力的薪酬，只有这样我们才能吸引优秀的人才进入监理行业，这是一个基本的大前提；其次就是要在第一个大前提下为优秀的监理人才创造一个良好的个人发展的舞台，为他们个人的自我实现提供机会和舞台，真正做好用人、留人工作。只有这样，监理行业的人才培养和储备才能够走上良性发展之路，监理行业也才能走上良性发展之路。

3.2 进行业务范围的扩大以及行业内的资源整合

现阶段，由于监理企业的业务范围相对比较狭窄，造成了利润来源相对单一，抵御市场风险的能力明显较弱。监理企业要迅速发展壮大，进行业务范围的扩大则是必由之路，而业务范围的扩大主要是对现阶段的监理业务进行上下游的业务延伸。现阶段，我们很多监理企业所经营的业务范围都局限在设计监理或者施工监理阶段，决策监理这一块基本无企业涉足，更谈不上全面的项目管理了。这种业务范围的狭窄，在一定程度上是符合了专业化发展的要求，但是这种"专业化"势必造成其利润来源过于狭窄和单一，受市场和行业的影响相对较大，抵御市场风险的能力也就显得严重不足。加之我国现阶段监理企业真正做到专业化的很少，这就像一个体弱多病的孩子孤独的面对市场的风浪，危乎！而解决这种局面，首先是进行上下游的业务延伸，全面的介入决策、设计、施工以及全面项目管理各个监理阶段，发展全阶段的监理服务业务。这样不仅扩大了企业利润来源，抵御市场风险的能力将会极大的加强，而且人才的引入渠道也会相对的扩大，人才的知识结构和构成比例也会因此而得到加强与完善，对企业的人才储备大有益处，对企业的长远发展也大有好处。

在进行业务扩大延伸的同时，进行必要的行业内资源整合对监理企业的迅速壮大至关重要。行业内较大的监理公司通过兼并、收购、合并等方法使企业规模迅速壮大，进行必要的资源整合，产生规模效应，对企业的做大做强也有很大的帮助。

只有一个企业足够大和足够强了，它才能够有足够的力量抵御市场的风险。

3.3 规范监理市场和建立行业诚信机制

要把监理行业引入良性发展的轨道，国家相关主管部门必须首先规范监理市场(虽然

从某种意义上说，这也需要整个建筑市场的规范)。国家各主管部门在监理资质审批上应该抬高准入门槛，严格把关，防止小米加步枪式的监理企业的产生。在整个建筑市场上，严格执行相关审核审批制度，对整个建筑市场进行宏观调控，规范建筑市场。

同时在规范监理市场的前提下，努力利用行业协会建立行业诚信机制，一是建立监理企业的诚信机制，在法律的框架内对企业进行诚信积累和诚信档案建设，为整个行业提供一个诚信的竞争环境；二是在建立企业诚信机制的同时建立监理行业个人的诚信机制，减少和杜绝不良分子对监理行业的损害。只有建立了良好的行业诚信机制，我们才能为行业的发展节约更多的边界成本，更可以为监理行业的发展提供一个良性的行业循环系统，从而避免恶性竞争。

参考文献

[1]王新华. 建设监理概论[M]. 北京：中国水利水电出版社，1999.

[2]祁宁春，乌云娜. 工程建设监理概论[M]. 北京：水利电力出版社，1995.

[3]高天燕. 关于当前水利工程监理工作的几点体会[J]. 水利建设与管理，2002，122(4)：29-30.

中小型病险水库除险加固工程建设监理
的实践与方法

李红斌

(新疆水利水电工程建设监理中心　乌鲁木齐　830000)

摘　要：近年来，党中央、国务院高度重视病险水库除险加固工作，提出了力争用 3 年时间完成全国重点中小型病险水库除险加固工程任务，时间紧，责任大，作为工程建设监理方，如何保质保量完成任务，笔者提出了自己的思路和方法。

关键词：水库　除险　加固　监理

近年来，党中央、国务院高度重视病险水库除险加固工作，提出了力争用 3 年时间完成全国重点中小型水库除险加固工程任务，新疆有 149 座中小型水库纳入 3 年建设任务，时间紧，责任大，作为工程建设监理方，如何保质保量完成任务，积极探索中小型水库除险加固工作建设监理的思路和方法十分有必要。

1　中小型水库除险加固工程建设存在的困难和问题

1.1　前期工作薄弱

前期工作薄弱主要是指初步设计存在的问题，表现为前期工作深度不够。一些地方对前期工作投入少，不做地质勘探等必要的基础工作，为了尽快上项目争取中央投资，前期工作的时间太短。导致前期工作深度不够。设计变更多且比较随意，不履行有关程序。设计深度不够，随意变更，漏项或技术方案不合理等现象大量存在，这样的设计质量，必然难以保证工程建设的安全和质量，造成国家资金的浪费。

1.2　项目法人组建不规范

病险水库除险加固工程大部分是由市、县水利局或水库管理单位组织实施的，其中部分项目特别是小型水库，项目法人组建不规范，职责不明确，单位技术力量薄弱，人员素质不高。甚至有的项目已经实施，还没有组建项目法人。项目法人是项目实施的责任主体，是项目实施的前提。

1.3　招投标不规范

项目分标过多过小，施工资质挂靠借用，转包、违法违规分包现象依然存在。

1.4　建设资金配套到位不理想

中小型水库除险加固工程建设项目一般由国家启动，国家、省、市等多方投资。国家资金到位后，配套资金往往不能及时足额到位，造成了施工计划的多变性和不确定性，对工程建设进度影响较大，给建设监理的合同管理带来了困难。

1.5 监理工程师的责任和权利不对称

随着我国建设市场"三制"改革的发展，监理作为稳定建设市场重要的一方，其责任越来越大，地位和作用也越来越为人们所接受。可是，在监理责任增大的同时，监理工程师相应的权利却不到位。比如，监理过程中按合同条款的签证控制权、经济索赔权等还不能完全到位，监理人员仅被业主作为质量监督人员，使监理工程师综合控制能力下降，在一定程度上影响了监理的权威性，使监理工程师处于被动的地位。同时，监理费用不高也影响监理的积极性。

2 开展中小型水库除险加固工程建设监理的方法

监理工作的重点是招标管理和合同管理，监督项目法人、施工单位、设计单位履行合同，围绕"三控制、两管理、一协调"开展工作。中小型水库除险加固工程时间紧，任务重，应掌握注重监理工作的措施和方法。

(1)针对前期工作深度可能不够的情况，监理尽早介入熟悉图纸，做好预控工作。项目监理部要求各专业监理工程师认真、仔细审核设计图纸，严格按设计文件，按设计、施工及验收规范把关。充分发挥监理工程师的技术水平和事前预防、事先指导的能力，将所发现的有关施工图设计中的问题和疑点，以监理工作联系单的形式交业主，然后会同业主，组织施工单位参加设计技术交底，并及时反馈给设计单位进行论证和变更。防止在施工过程中出现设计问题，而影响工程进度、造成投资浪费。并且同时协助项目法人进行施工合同谈判，提前将可能在施工中出现的问题在合同中体现。

(2)针对项目法人经验不足、力量薄弱的问题，监理方积极协助项目法人在开工前制定出针对工程的项目管理制度、奖惩办法等工程建设制度，并互相学习探讨相关设计文件、验收标准、建设程序，尽最大的可能帮助项目法人完成项目管理，这可以相互了解，联络感情，增加亲和力，是至关重要。

(3)工程开工后，项目监理部首先审查施工单位的技术资质、人员配置情况、技术工种必须有相应资格证方可上岗，审查施工单位的施工现场质量管理是否有相应的施工技术标准，健全的质量管理体系、施工质量检验制度和综合施工质量水平评定考核制度，并督促施工单位落实到位。针对工程的特点和施工合同中签订的质量等级、工期要求、施工单位的资质等情况，确定监理的目标和标准，确保监理的内容和各自职责、权利，制定出现场监理的工作制度、工作程序、规划、细则，做到工程监理工作规范化、程序化。

(4)坚持任何工程材料、构配件、设备要"先检后用"。首先要求施工单位在人员配备、组织管理、检测程序、方法、手段等各个环节上加强管理，并编制质量检验标准，明确对工程材料的质量要求和技术标准。监理工程师严格按施工合同审查施工单位进场使用的各种工程材料、构配件、设备是否符合施工合同和招标文件对其品牌、型号、规格等的要求，同时必须有质量证明书、合格证、检验证等有效证件方可使用(进口材料、设备还必须出具海关检验检疫证件)。并根据有关规范要求需要见证取样送检(复试)的有关工程材料，如钢材、水泥、砌块、防水材料等严格按见证取样的程序样送检，复试合格后方可使用。未经检验的工程材料不允许用于工程，质量达不到要求的材料，及时要求施工单位清场(监理工程师做好工程材料不合格退场记录)。对需要施工现场见证取样的半成品的质量按半成品的质量检查作为监理工作的重点，采用目测与检测相结合。首先从外观上对轴线位移、弯折角度等进行检查，然后随机抽取焊接试件进行试验，合格后方可进行验收。对于工程使用最普遍、工程量较大的混凝土工程中的材料，则要求施工单位保证水泥、砂、石、水、外加剂等均满足质量要求，按混凝土的配合比试验报告，校核各种计量表具、量具是否准确、安全，浇筑的施工方案和施工程序是否可行等。如哪一道工序不符合规范、标准要求，立即通知施工单位质检人员组织整改，进行管理。

(5)在每一道工序施工前，监理工程师应要求施工单位组织召开由施工单位技术负责人、施工员、质检员及施工班组长的质量技术交底会议，加强质量管理意识，明确在施工过程中，每道工序必须执行"三检制"，即施工班组自检、质检员验收、施工单位专职质量(技术)负责人验收合格并签字。然后经监理工程师验收、签字认定，方可进入下道工序的施工，否则监理工程师应拒绝验收。另外，监理工程师在施工现场采用巡视、平行检查、跟班旁站，随机抽查的方法，实施事前控制，保证工程质量。

(6)加强现场安全文明施工预控管理，杜绝事故隐患。总监理工程师在审查施工组织设计中，应当根据该工程的特点审查相应的安全技术措施。对于专业性较强的施工项目，如基坑支护与降水工程，土方和石方开挖工程，模板工程，起重吊装工程，脚手架工程，拆除、爆破工程，围堰工程，其他危险性较大的工程，施工单位应当在施工组织设计中编制安全技术措施和施工现场临时用电方案，对以上达到一定规模的危险性较大的工程应当编制专项施工方案，并附具安全验算结果，经施工单位技术负责人签字以及总监理工程师核签后实施，由专职安全生产管理人员进行现场监督。对以上所列工程中涉及高边坡、深基坑、地下暗挖工程、高大模板工程的专项施工方案，施工单位还应当组织专家进行论证、审查。爆破、起重吊装、深基础、高支模作业和高层脚手架(包括整体提升架)，垂直运输设备(塔吊、升降机等)的拆、装，建筑物(或构筑物)拆除以及结构复杂、危险性大的施工项目，应当编制专项安全施工组织设计，有图纸、计算书和单项安全技术措施。经施工单位技术负责人、总监理工程师签字后实施。为了确保生产安全，履行好安全生产的监理职责，要求专业监理工程师在日常监理中，把安全生产做为一项监理内容，监理日志应有相应记录。发现安全隐患，应发监理通知，并要求施工单位签收，以备检查。

3　注重施工过程的动态控制，工程质量事中严格检查

3.1　注重施工过程管理，实施跟踪旁站监理

在一些重要部位和关键工序或有特殊工艺要求部位的施工过程，如混凝土浇筑、土方碾压、电气及管路等，项目监理部应安排相关专业监理人员按制定的旁站方案实施全天候的旁站监理，主动控制、严格检查，确保施工过程质量符合要求。如每次浇筑混凝土时，监理工程师应亲自在施工现场测定混凝土坍落度、含气量是否稳定；试块抽取、制作是否符合要求，甚至还要亲自取样；监督后料台上料的计量、工人的操作是否符合标准。发现质量问题，及时通知施工单位整改，消灭质量隐患。

3.2　坚持现场巡视、检查，自己动手测量，用实际数据说话

监理工程师应做到"五勤"：即"腿勤"，坚持现场巡视，掌握施工过程情况；"眼勤"，要多看设计文件，熟悉重要部位；"手勤"，监理日记要详记，处理问题有记录；

"嘴勤"，质量隐患应通知，关键工序要交底；"脑勤"，出主意、想措施、解难题。

监理工程师坚持施工现场巡视、平行检测，利用自备的测量设备、仪器，自己动手实地测量施工单位报验的有关数据，根据自测的结果和数据来检查和判断工程质量，以所测数据来评定质量情况。如轴线、标高有误差，轴线、标高低多少还是高多少，钢筋绑扎少了几根等，监理工程师应避免使用"可能"、不多"、"或者"、"也许"等模糊字样。通过这些措施，可以树立自己的威信。

4　严格隐蔽工程、分项分部工程质量验收，对质量问题决不放松

监理工程师在工作方式上要求做到"严"(严格按设计、施工及验收规范、图集要求施工)、"准"(处理问题要果断、准确)、"细"(工作要细心)、"实"(要实事求是、客观公正)。每一项隐蔽工程、分项分部工程完成后，首先要求施工单位自检合格，即要求施工单位进行"三检制"，实行对工序交接检查，避免不同工序、工种交接时，将质量问题和隐患带入下一道工序中。

对不合格工程，要求立即整改，同时对施工过程中出现的一些质量问题，监理工程师及时以书面形式(监理工程师通知单、监理工作联系单、会议纪要等)通知施工单位予以整改，待施工单位处理或返工完后，要再进行复检，严格检查把关，保证质量直至符合要求，方可验收。

5　强调监理工作时效性，提高效率，确保工作落实到位

监理部按照《水利工程建设监理规范》，对工程中存在的有关问题，迅速发出监理联系单、监理工程师通知单、工程暂停令等，施工单位报来的资料，监理工程师应及时进行验收、签字。每次召开的监理工作例会(为防止施工单位参加会议时准备不充分，可将内容制定给施工单位，以便于会议前监理部与业主就有关问题事先沟通，使得各方对会议有准备，解决问题快，会议效率高)应迅速形成会议纪要并在次日上午前及时发放给业主、施工单位等与会各方。每月工程情况形成监理月报(应附本月工程照片)，并在下月 5 日前发送业主，使业主对工程情况及时全面掌握，有利于工程决策、有利于项目监理部做好预控工作。项目监理部注重监理工作的时效性，能够体现监理部高效率的办事风格，能有力促进监理工作落实到位，能获得业主、施工单位等的好评。

病险水库除险加固工程，时间紧，责任大，作为工程建设监理，只有严格按《水利工程建设监理规范》克服重重困难，与参建各方一起，团结协作，尽职尽责方能较好的完成监理工作。

参考文献

[1]中华人民共和国水利部. SL 288—2003 水利工程建设项目施工监理规范[S]. 北京:中国水利水电出版社，2003.

小型病险水库除险加固工程监理的几点认识

黄强　刘乐

(九江市科翔水利工程监理有限公司　九江　332000)

摘　要：目前各地正大力开展小型病险水库除险加固工程建设，本人在进行工程建设监理工作中，发现目前小型病险水库工程监理工作存在着一些问题，在此提出供大家参考、交流。

关键词：水利工程　建设　监理

我国开展工程建设监理自 1988 年起步，至今已有 20 年。在建立具有中国特色的监理制度方面取得了很大的成就，我国建设监理制度得以顺利推行，但在目前小型水库工程监理工作中还存在着不少问题，主要表现在以下几个方面。

1　对建设监理的认识问题

当前，无论是建设单位、施工单位还是监理企业内部都普遍对监理工作的认识存在一些误区，主要表现在以下几个方面。

1.1　对监理地位和角色的认识问题

(1)监理单位应该是建筑市场中一个独立的第三方，监理人员应该以独立、客观、公正、科学的态度和方法去处理在工程建设过程中所发生的各类问题，不得依附和偏袒任何一方。但监理单位是建设单位花钱委托聘请的，监理人员应该完全按照建设单位的意愿和要求去开展工作。这显然与国家和建设部有关法律、法规及通知精神相违背。

(2)部分施工单位认为监理人员的主要职责就是检查施工现场的工程质量，而对施工单位的其他工作和事情则无权干涉。然而，按照现行的法规和条例规定，监理人员有选择工程分包人的认可权，有对工程建设有关事项包括工程规模、设计标准、规划设计、生产工艺设计和使用功能要求向委托人的建议权，有对施工组织设计、施工方案、开工审批的权力，有对施工测量成果、工程材料构配件和设备审查的权力等相关权力。

(3)有人认为，监理就是传统意义上的"监工"，应该整天呆在现场，把主要精力放在按照规范和设计图纸保证具体的施工操作质量上。而事实上，旁站监督和检查只是施工监理工作中的一种重要方法和手段，而不是监理的全部工作。监理的工作内容应包括"三控制、两管理、一协调"，即质量、投资、进度三大目标控制，合同和信息管理，参建各单位间的关系协调。

1.2　对监理责任的认识问题

部分建设单位认为，只要是委托了监理的工程，就不应该出问题，工程一旦出问题，就将责任归咎于监理人员。事实上，工程质量是施工单位保证的，而监理单位对工程质量只能起控制作用。这么说，并不是开脱监理的责任。因为影响工程建设的潜在干扰因素很多，而这些因素并不是监理工程师所能完全驾驭和控制的。监理工程师只能力争最大限度地减少或尽量避免这些干扰因素对建设目标的影响。但监理人员应对自身在工程建设过程中由于失职或未尽职的过错行为承担不作为责任，监理单位应对建设单位负责。也就是说监理工程师如果发生失职或未尽职的过错行为，才需要承担相应责任。

2 监理范围和授权问题

(1)只授予施工阶段质量控制权的工程，监理人员控制质量的难度就要高于实施全面监理的工程。这是因为建设单位未授予监理投资控制权，承包商拿工程款不需经过监理批准，不管工程质量优劣都一样能拿到钱，导致监理人员也不能很有效地对工程质量进行监控。倘若建设单位授予监理投资控制权，只对检验合格的工程签发付款通知书，监理工作就不会那么吃力，监理人员就可以运用经济手段来约束施工单位的行为，从而更有效地保证工程质量。

(2)实施局部监理的工程，进度控制往往不能落到实处。而工程进度加快，就意味着建设单位投入的资金周转就能加快，投资成本就能降低，从而提高投资效益。没有实施全面监理的工程，其进度往往是失控的，因而也就影响了业主的投资效益。

(3)实施局部监理的工程，往往会降低监理人员多提投资控制合理化建议的积极性。

全方位、全过程的建设监理，应该是从项目的可行性研究、设计、施工直至项目交付使用的整个过程。然而从我国现阶段的建设监理工作状况来看，监理工作还仅仅局限于施工阶段，一方面是现阶段建设单位对监理工作尤其是设计监理工作的重要性没有足够的认识；另一方面，监理人员的业务素质和专业水平也制约着设计监理的全面推行。目前，从事监理工作的人员大多是搞施工出身，对设计工作较生疏，不能胜任设计监理工作。另外，从目前国家有关建设监理的相关法规、规定来看，也主要是针对施工阶段的，对设计阶段的监理工作则无明确的监理规范，使设计监理工作无章可循。设计工作是工程项目建设过程中一个极为重要的阶段。设计质量的高低，不仅决定着项目的使用功能和结构安全，同时也决定着项目投资效益的高低。而众多建设单位认为，搞设计有专门的设计院，没必要花钱委托监理。事实上，在很多情况下，设计结果不一定会十分完美，有些工程采用不同的设计方案，就会产生完全不同的经济效果，而监理则可以从某种程度上弥补这些不足。

3 监理费的收取问题

目前监理收费也是制约工程监理工作良性发展的一个重要因素。我国监理企业的监理收费实际收入严重低于国家标准。一方面，有些建设单位把监理费支出看成是一项经济负担，将监理费一压再压，使监理工作处于被动地位，严重影响监理工作的正常开展；另一方面，同行自相减价，有些监理公司由于成本小、费用少，在承接监理项目时自行压低监理费，以低价优势承揽工程；再一方面，目前国家建设行政主管部门和物价部门对监理费的收取未形成强有力的监督制约机制，而是任其竞相压价。

4　监理人员素质问题

　　有监理工程师证书的不上岗，现场监理人员大多只有监理员证书。在我国通过考试并注册上岗的监理人员只占一半左右，有一部分在设计院工作，有一部分在局机关工作，他们中大部分人在监理企业注册挂名，而未从事实际监理工作，也就是说，通过考试的人员实际并未从事监理工作，而实际从事监理工作的人并未通过考试，有些甚至未通过培训就上岗，企业注册监理的工程师与实际工作人员脱钩。

　　监理队伍中存在以上问题的主要原因一是由于真正符合监理从业要求的监理人员比较少，监理人才的培养远不能满足实际需求；二是监理企业所聘用的人员大多数是退休人员，有可能做完一个工程监理就不做了；三是目前我国监理人员的待遇偏低，不能吸引高素质的人才和年轻人加入到这个行业中来；四是考试制度的影响，使会干的不一定能考上，能考上的不一定会干。

5　设计时间短，前期勘测设计深度不够

　　我们地区只有江西省水利规划设计院具有乙级水利勘查设计资质，在 1~2 个月之内完成几十座水库测量、地勘、安全鉴定等任务，时间紧、任务重，必然导致部分工程前期勘查设计深度、精度不够。到施工阶段，由于设计深度不够，可能会出现设计方案变更，这将引起施工方案的调整和机械设备配置的变化；也可能会出现施工测量与前期测量成果相差较大，引起工程量大幅增加，致使工程的有些项目无资金建设。

　　就以上几个问题，笔者认为：

　　(1)正确处理建设单位、监理单位、施工单位的相互关系。建设单位、监理单位、施工单位三方是合同双方平等互利的关系，业主与监理之间是通过工程建设监理合同建立起来的一种委托与被委托的关系，双方都要在合同约定的范围内行使各自的权力和履行各自的义务。监理接受业主的委托对项目的实施进行监理，但监理不是业主在项目上的利益代表，监理必须依据工程建设监理合同，设计文件，有关规范、规定及相关法律对项目实施独立、科学、公正的监理，业主有权要求更换不称职的监理人员或解除监理合同，但不得干预和影响监理人员的正常工作，不得随意变更监理人员的指令。监理人员接受业主的委托，对项目的实施进行监督与管理，要对业主负责，监理的一切活动必须以监理合同和工程承包合同为依据，以实现三个控制为目的，以自己的名义独立进行，在业主与承包商之间要做到不偏不倚、独立、客观、公正。

　　(2)要正确认识工程质量与工程建设各方的关系。一项工程项目的实施，要经过地质勘探、测量、设计、施工等多道程序，每一道程序都与工程建设质量有着密不可分的关系。把工程建设质量简单归结到设计、施工或监理任何一方的说法或结论都是片面的、不完整的。当一项工程立项以后，要从工程的勘探、测量、设计阶段抓起，直到工程建成投入使用、正常运行为止。在整个过程中，任何一个环节的疏忽，都可能造成工程质量的缺陷，甚至工程质量事故。因此，当工程出现质量事故后，要根据工程建设资料，认真分析产生事故的原因，找出责任方，以便追究其责任。

　　(3)规范监理单位监理费。监理单位的监理收费实际收入应按国家标准执行。一者上

级水管部门在批复工程概算时将监理费按国家收费标准单列，避免挪用监理费；二者规范监理市场，对恶意竞争的监理单位或者个人进行查处。

(4)加大培训力度，严格培训措施，规范监理市场。要想提高监理队伍的整体素质，一是从长远入手，今后在大专院校开设监理专业，培养一批精专业、懂法律、会管理、能协调的高素质监理人才；二是加大监管力度，严把监理人员上岗关，未经培训或培训不合格的坚决不允许上岗；三是提高并监督企业落实监理人员的待遇；四是要注重现有监理人员的再培训工作，抓好监理全员培训，加强总监、专业监理工程师和监理员经常性的专门培训。

总之，我国的工程建设监理是一个正处在发展阶段的产业，它需要政府有关部门在政策、制度、措施上予以扶持，也需要社会各界的广泛理解与支持，这样才能充分发挥它在工程建设中"三控制、两管理、一协调"的作用，才能实现国家在基本建设中大力推行工程建设监理制度的初衷。

完善小型病险水库
除险加固施工监理工作之我见

余昭里　　刘星

(九江市科翔水利工程监理有限公司　九江　332000)

摘　要：小型病险水库除险加固工程由于诸多主、客观原因，使其监理工作难以开展，作者根据近几年来从事小型病险水库除险加固工程监理工作的经验，从其与大中型水利枢纽工程的区别出发，谈谈对其监理工作粗浅的想法，并根据小型病险水库工程建设监理工作的特点，提出应该做好的几项工作。

关键词：小型水库　除险加固　监理工作

为了便于工程建设由国家控管向市场运作调控转换，更好地保证工程按质、按量、按时完成，我国引进了建设工程监理机制，即由第三方协助参与工程项目，公正、公平协调业主、承包人在工程准备、施工阶段的意见和分歧。在欧美一些国家，由于市场机制已成熟，大部分工程为封闭招投标形式，竞争相当激烈，一旦业主(第一方)与承包人(第二方)发生纠纷，便要由第三方来公正裁决，因此国外监理权限相当大，工程责任也随之增大。我国招投标虽然没有国外成熟，但也会向这个方向不断发展完善，使之法制化、规范化、程序化和专业化。在这适应期间，由于新老机制的碰撞，人们思想观念不能一时转变，这个过程会遇到不少困难。特别是对小型水库除险加固工程监理来说，不仅工程地理位置偏远，而且工程规模小、投资少，开展监理工作十分困难。

九江市小型水库1 045座，其中小(1)型水库184座，小(2)型水库861座。根据水利部水库安全鉴定标准和省大坝安全中心核定，我市进入江西省病险水库除险加固规划内的病险小型水库有510座。其中重点小(1)型50座，一般小(1)型70座，小(2)型390座。至2008年，完成了105座水库除险加固设计施工，除小(2)型由于工程投资少没有实行监理外，其余水库全部实行了监理制。今年九江市列入国家专项规划的81座病险水库有67座小(1)型病险水库除险加固任务必须在2年内完成，下面就对这些小型水库监理工作谈谈自己粗浅的想法。

1　小型水库除险加固工程与大中型水利枢纽工程的区别

1.1　投资渠道不同

小(1)型水库除险加固工程一般为省、市、县三级投资，省投资部分为主体工程，市、县为配套投资，县级配套投资往往不能及时足额到位。小(2)型水库除险加固工程通常为县级政府筹资、所在乡村集资，且投资少，无法实行监理。而大中型枢纽工程一般由国家投资，省市配套。

1.2　业主机构规格不同

中小型水库除险加固工程通常是市、县级水利部门成立建设工程项目部，大型水利枢纽工程通常是省级水利部门成立建设工程指挥部。

1.3　设计单位及施工单位水平参差不齐

由于小型水库除险任务重、数量多、时间紧，设计单位及施工单位资质一般较低，相应的技术水平也较低，往往造成设计深度不够，施工图提供不及时，施工设计与工程实际差距大，设计变更多，施工单位无自检能力等情况很普遍。

1.4　有监理资格的人员难落实到位

对大中型水利枢纽工程而言，小型水库监理人员往往无监理工程师资格，同时按专业配备监理员也较为困难。"麻雀虽小，五脏俱全"，所以要求项目监理工程师的身体素质、业务能力、吃苦耐劳程度都很高，而小型水库由于经费限制，有监理资格的高素质监理工程师难落实到位。

1.5　对监理机制重视不够

虽说项目法人、建设单位、设计单位和施工单位对监理机制有所了解，但执行起来不如大中型水利枢纽工程重视的情况十分普遍，且行政干预影响较大，使得监理工作难以开展。

2.　小型水库除险加固工程监理工作难开展的原因

2.1　任务重、数量多、时间紧、监理单位少，使监理工作难以正常开展

九江市进入江西省病险水库除险加固规划内的 510 座病险小型水库。从 2004 年开始，要求在 2008 年前完成的有 495 座，平均每年约 100 座，其中小(1)型水库 105 座，平均每年有 20 多座。目前江西省有水利工程监理公司 14 家，其中甲级 5 家、乙级 3 家、丙级 6 家。九江市地区监理单位只有一家，且全国都普遍开展了水库除险加固工作，任务、时间都有明确要求，给当地小型水库除险加固工程监理工作的开展，带来了非常大的人力资源压力。

2.2　业主对监理机制认识不足，工作上支持不够

由于我国在很长的一段时期内实行的是计划经济体制，传统的工程建设管理通常是由业主一家说了算，使得早期的工程建设管理工作很难走上规范化的轨道。目前，对国家投资为主的大中型水利枢纽工程"三制"(项目法人责任制、项目监理制、招投标制)都坚持得比较好，而对国家补助为主的小型水利工程特别是小型水库除险加固工程，县以下基层单位则认为投资小，工程量少，请监理人员会增加成本，认为是"多此一举"，有的仅仅把监理当作是检查质量的工具使用，即使被授予了"三控制"的权力，在实际监理工作操作中也要领会业主的"意图"，看其脸色行事，常常受到他们的左右，给监理工作顺利开展带来很大的影响。

2.3　施工队伍素质不高，对监理工作缺乏认识和了解

由于小型水库除险加固施工的单位资质较低，部分施工单位把监理看成是质检员，在质量检查方面依赖监理，某一单元工程施工完成后，未进行自检自查，就叫监理去验

收，施工单位自身的质量体系未能有效地运行。我国水利行业规范中明确规定，工程承包中不允许存在转包和二次分包，但在目前某些工程建设的实际操作中却没有严格遵守这一规定，可以说还是比较普遍。很多工程建设不用当地村民，根本无法施工，造成工程管理混乱，极易发生工程事故。另外，承包商在中标后，没有及时按照承包合同中的承诺，设立工程项目部并配备相关人员。有的为了节约生产成本没有或减少投入本应投入的生产设备，这些也是导致承包商对工程建设生产的管理混乱，许多施工方案根本无法实施，从而成为严重影响工程建设正常开展的重要因素。有的施工单位自身素质不高，在施工过程中不予以应有的配合，不同程度地增加了监理工作的难度。承包商的上述行为，使得监理工作难以正常开展、工程建设不能走上正常的轨道。

2.4 工程建设中不规范行为时有发生，使监理无法正常履行合同

在一些小型水库除险加固工程建设中，不能按照工程建设规范要求实施，仍然存在边设计边施工，业主、设计、施工单位有隶属关系，"肥水不外流"造成工程建设职责不清，责任不明，管理混乱，使得监理形同虚设，监理工作无法正常开展，监理合同不能得到认真履行。

3 根据小型水库工程建设监理工作特点认真做好几项工作

3.1 加大监理培训规模，聘请当地水利技术人员开展监理工作

就近就地骋用水利技术人员、水库管理人员、已退二线及退休的水利技术人员培训上岗。这些监理人员不仅对工程建设十分了解，而且他们大多数为本地人，大大降低了监理成本。

3.2 认真落实综合配套资金，保障监理工作顺利开展

小型水库工程建设一般由省、市、县三方面出资，但县级综合配套资金往往不能保证到位，使工程建设难按原设计施工，监理对工程质量难以保证。希望上级行政主管部门督促当地政府认真落实综合配套资金，保障监理工作顺利开展。

3.3 加大动态监督力度，保障项目施工顺利进行

水利部门质量监督站必须加强动态监督，检查业主管理是否符合规范程序，检查施工单位是否按照投标文件中安排的人员(执证上岗)和机械设备(数量、型号)到位，检查工程建设监理是否按照"廉洁、公正、守法、诚信"的职业准则进行工作。监理工程师的公正必须建立在廉洁守法基础之上，经常听取业主和承建单位对监理工程师反映的情况，对违反监理工作制度和监理人员行为规范，有失职和不良行为并对监理工作造成不良影响的人员，必须及时处理。杜绝不合格的施工单位进入施工现场，真正发挥招投标制的作用，真正做到投标单位主要工作人员与具体施工人员保持一致。加强对合同资金有效的控制，切实防止国家投入资金的各种转移，防止工程质量受到影响，保障项目施工顺利进行。

3.4 协助业主，做好设计图纸复核工作

小型水库除险加固工程设计工作任务重、时间紧，因此有些工程设计很不规范，差错较多。如不认真审图，将会给工程带来许多后患。根据近几年对小型水库工程建设监理的认识体会，设计中存在的问题，最常见的是设计图纸未经过专业技术人员、总工程

师等的认真审查和会审，往往是凭工作经验或照抄其他地方的设计图纸，结果造成设计方案由于地质条件的不同无法施工。对于重大设计变更的，要报上级水行政主管部门审批。

例如，某水库工程原设计采用射水造墙对坝体和坝基进行垂直防渗，受大坝地质条件限制，监理人员经过与设计人员协商，经九江市水利局组织专家审查同意设计变更，根据实际大坝地质条件，将原设计采用射水造墙对坝体和坝基进行垂直防渗变更为采用高喷(摆喷)对坝体和坝基进行垂直防渗，在施工前及时改正过来，使得水库除险加固主体工程建设施工顺利进行。

3.5　审核承包单位上报的施工组织设计

按照水利工程建设程序，在工程开工前，承包单位应提交施工组织设计并申请开工。监理工程师必须协助施工单位做好施工组织设计，健全施工单位质量保证体系和质量保证措施。施工组织设计主要内容包括安排施工机械、人员组成、施工顺序、进度计划。施工组织设计上报后并填写开工申请，由项目监理部审查批准后，下达开工令，工程进入施工阶段。

3.6　认真履行监理规范，做好质量检测工作

认真按照监理规范要求，指导安排施工单位的工程原材料、中间产品和工程施工过程中的质量自检(检测报告单)；安排监理单位的样品抽检(质量报告单、产品合格证)。检验成果必须是由技术监督部门批准的有水利质量检测资质的试验室出具，判定在施工过程中工程的内在质量是否能满足国家规范的要求。

总之，小型水库除险加固工程监理既有体制不健全、不完善的原因，也有业主不重视、资金不到位等诸多问题，解决和克服这些问题，需要监理企业自身的重视、执业人员的努力，也需要主管部门的协调、管理和支持，更需要全行业共同创造和谐的监理氛围。

参考文献

[1]中华人民共和国水利部. SL 288—2003 水利工程建设项目施工监理规范[S]. 北京：中国水利水电出版社，2003.

[2]傅琼华，王纯. 江西省病险水库除险加固规划[J]. 水利发展研究，2004(6).

病险水库除险加固中的工期控制

何阵营　朱自正

(河南省陆浑水库管理局　洛阳　471003)

摘　要：病险水库除险加固工程是目前水利建设的一项重要任务，在建设管理工期控制过程中，与新建项目相比具有更多的特点，影响因素更多，工期控制难度相对更大。本文通过对陆浑水库除险加固工期控制特点的分析和对陆浑水库除险加固工程工期控制过程的研究，总结提出了病险水库除险加固工程工期控制的措施。对当前和今后的病险水库除险加固工程工期控制起到一定的借鉴作用。

关键词：水库　除险加固　工期控制

1　概述

我国现有的水库工程多数是在 20 世纪 50~60 年代修建的，由于缺乏经验，工程在"边勘测、边设计、边施工"中进行，许多工程防洪标准低，工程质量差，再加上工程管理工作跟不上，造成大部分水库工程存在不同程度的病险问题。水库的病险问题受到党中央和国务院的高度重视。1998 年大水以后，国家进一步加大了病险水库除险加固的投资力度。目前，病险水库的除险加固工程项目建设，已成为我国水利工程建设管理的一项重大任务。然而，与一般新建的水库建设项目相比，水库的除险加固项目建设管理更复杂、难度更大，存在着较大的独特性，特别是在工期控制中，受到的制约因素更多，表现出来的特点更突出。本文通过对陆浑水库除险加固工程工期控制过程的总结，提出了水库除险加固工程项目工期控制的特点和控制工期的有效途径。

陆浑水库位于黄河流域伊河中游的河南省嵩县境内，控制流域面积 3 492 km²，总库容为 13.2 亿 m³，是一座以防洪为主，结合灌溉、发电、供水和水产养殖等综合利用的大(I)型水库枢纽工程。工程建成于 1965 年 8 月，是典型的"三边"工程，存在着诸多安全隐患。2002 年 5 月被水利部大坝安全中心核定为三类坝。主要建筑物大坝、泄洪洞、溢洪道、输水洞、灌溉洞均存在不同程度的病险问题。2003 年 6 月水利部批准对陆浑水库进行除险加固。

陆浑水库除险加固工程的主要项目有：大坝坝身和西坝头加固、泄洪洞洞壁衬砌加固、溢洪道闸墩拆建及加固、灌溉洞洞身加固及尾水渠护砌、输水洞洞身加固及出口消力池拆建、机电和金属结构设备进行更新改造等。总投资 9 810 万元，总工期 3 年。工程于 2003 年 12 月开工，于 2006 年 12 月完成。

2　建设项目工期控制的特点

2.1　新建水库工程项目工期控制的一般特点

在建设项目管理过程中，新建水库工程项目工期控制的主要特点是预先考虑影响工期的因素，制定工期控制计划，在建设过程中按计划控制。影响工期的因素主要有客观因素和主观因素。客观因素包括天气气候因素、施工环境因素、建筑材料资源因素、设备供应因素以及资金因素等；主观因素包括制定工期计划的合理性因素、工期控制的合理性因素、施工队伍和人员的素质因素等。这些因素或个别或共同作用对建设项目的整个工期产生影响。由于这些因素具有一般性，能够预见到，因此在制定施工组织设计时能够充分考虑。另外，监理控制工期的主要依据是施工单位所报的施工进度计划，有时不再单独制定新的控制计划。

2.2　水库除险加固工程项目工期控制的特点

水库除险加固工程的工期除了具有上述一般建设工程项目工期控制的特点外，就其影响因素而言，影响的因素更多，有些甚至是决定的因素，因此其具有更多的特点。主要影响因素有：①受兴利调度因素的影响，水库的主要职能就是兴利，水库除险加固不可能不考虑水库的兴利。②受到水库防洪因素的影响，水库在汛期起着防洪的作用，主要建筑物的加固将受到影响。③受到水库建筑物运用情况的影响，水库建筑物在使用过程中不能加固，因此工期控制受到限制。④受到管理单位维护保养检查因素的影响，在水库的管理工程中，为了保持各建筑物和设备的协调运用，需要定期对建筑物进行保养和维护。⑤施工专业多，牵涉到水工、机电、电器等多个专业，存在交叉施工的问题。⑥施工场地受到限制，场地布置空间有限，影响机械和工程材料的周转。这些影响因素是水库除险加固工程项目所特有的。由于这些因素的影响，在工程实施过程中，不仅给建管单位管理增加了难度，也给监理控制增加了难度。因此，在管理和监理过程中，必须考虑这些因素的影响，制定总体的工期控制计划。

3　工期控制的措施

3.1　制定合理的工期控制计划

3.1.1　制定合理的施工工期计划

陆浑水库除险加固工程项目多，施工和设备标共划分了 14 个标段；施工单位多，参加施工和设备制造的单位达九家。为了做到"建设、运行、防汛"三不误，从一开始，陆浑水库除险加固工程就要求施工单位注重科学、合理安排工期，进行详细的施工组织设计，制定科学合理的工期计划。同时考虑现场的实际情况和水库运用各方面影响工期的因素，尽可能制定出能分能合的工期组合计划。

3.1.2　制定详细的调度运用计划

陆浑水库是一个多元效益的水库，其兴利运用包括灌溉、发电、城市工业供水、养殖等。由于当地气候和天气变化的不确定性，每年的灌溉时间和灌溉周期均有不同。为了达到科学合理地安排建设工期，建设单位和管理单位充分协商，一起制定兴利调度运用计划。在灌溉方面，根据中长期天气预报制定年调度计划，估计出灌溉预计时间和周期，为施工安排工期提供可能的时间空间。在发电方面，尽量运用灌溉洞和输水洞分别使用，在运用的时间间隙分别施工，减少发电运用对施工的干扰。

3.1.3　制定详细的度汛计划

陆浑水库是以防洪为主的大型水利枢纽工程，担负着水库下游以及黄河下游的防洪任务。为了保证工程顺利进行，不耽误陆浑水库的防汛，建管单位根据管理单位水库防汛任务的要求，共同制定了水库的调度方案和详细的防洪计划。经河南省水利厅批复，同意按施工期的水库调度方案执行。正常情况下，水库在较低的控制水位下运行。当遇到非常运用洪水时，按照黄河防总和河南省防总的要求运行。同时考虑在建建筑物的运用，库水位超过 20 年一遇洪水位时，灌溉洞提前参加泄洪，泄洪洞和输水洞全开泄洪。库水位仍然上涨，接近围堰堰顶时，拆除溢洪道围堰，溢洪道施工停止，参与泄洪。

3.1.4　制定总的工期控制计划

按照陆浑水库除险加固工程的建设要求工期为三年。在这三年里，要想把整个工程完成是有一定难度的。考虑到上述所有的影响因素，建管单位和监理单位一道在综合考虑各方面情况，充分协商的基础上，制定出了一套完整的总体建设控制计划，并绘制总工期控制计划图，为工程按时完工提供了保证。

3.2　工期控制计划的实施和调整

3.2.1　施工工期控制计划的实施

在工期控制计划的实施过程中，受施工因素和自然因素的影响，实际情况和计划条件均有较大的出入，因此需要对控制计划进行适时调整。调整的原则是：①保证防洪工作的需要；②保证兴利方面的需要；③保证施工单位的利益；④不损害建设管理单位的利益。为了更好地解决各方面的冲突，经常采用协商开会的方式研究最佳的解决方案。这样保证了控制计划的有效实施。

3.2.2　根据兴利调度的要求调整工期控制计划

陆浑水库的几个兴利项目中，目前城市供水、养殖和其他兴利项目对除险加固工程的影响不大，影响除险加固工程的兴利项目主要是灌溉和发电。按照正常年份，陆浑灌区一年灌溉大约 4 次，每次灌溉周期大约 25~30 d，间隔最长 3 个月，最短 1 个月。发电结合灌溉，若有多余水量可单独发电，若来水量大时，灌溉洞、输水洞要连续使用发电。因此，在灌溉洞、输水洞的加固中，为了避开兴利运用期，尽量把工期安排在灌溉间隔期。在一个间隔期安排不下的情况下，就分项目安排分期施工。因此，在实际施工过程中就出现了灌溉洞和输水洞施工工期分两期进行的情况。

3.2.3　根据防洪要求调整工期控制计划

陆浑水库是以防洪为主的大型水库，其防洪任务十分繁重。在汛期，水库水位不能超过汛限水位；担负有泄洪任务的建筑物必须满足泄洪的要求。水库的防洪与施工矛盾最大，溢洪道和泄洪洞加固均是除险加固工程的重要项目，项目多，工期长。为此，一方面在计划中考虑溢洪道和泄洪洞分期施工，灌溉洞和输水洞根据防洪具体情况相继施工；另一方面采取了灵活的工期调整对策，在施工中及时调整计划工期。如：在计划中确定溢洪道跨两个汛期完成，在实际实施时，为了在第二个汛期到来时满足汛期的防汛要求，调整为在第一个汛期结束后提前施工，在第二个汛期主汛到来之前完成。

3.2.4　根据机电设备维护需要调整工期控制计划

机电设备维护和运用是水库管理的正常工作，在加固过程中有时会发生相互冲突。为此，采用协商的办法，和管理单位一起协商对策。由于这一部分影响较小，根据管理单位的需要，采取临时调整施工工期的办法，或由管理单位根据施工情况相继进行。

4 结论

通过对以上陆浑水库除险加固工程工期影响因素和工期控制措施的分析和研究，可知：①水库的除险加固工程与新建的水库工程相比，具有更多的特殊性。②在建设过程中，除了要考虑影响施工的因素外，还要考虑管理运用、防洪等方面的因素。③运用合理科学的工期控制计划，配合兴利调度和防洪调度计划，是按期完成工程建设的必要措施。④灵活调整工期控制计划是完成工程的必要保证。

陆浑水库除险加固工程经过三年的建设，于 2006 年 6 月初验，2006 年 12 月终验。工程在保证质量和投资不增加的情况下，实现了建设、运行、防洪三不误的目标，得到了省水利厅和省有关部门的肯定，工程一次通过验收，于 2008 年 4 月被河南省水利厅评选为"河南省水利优质工程"。

参考文献

[1]孙觅博，王延清，严实. 河南省陆浑水库除险加固工程施工期安全度汛措施[J].河南水利，2005(12).

[2]牛运光. 病险水库加固实例[M]. 北京：中国水利水电出版社，2002.

[3]中华人民共和国水利部. SL288—2003 水利水电工程项目施工监理规范[S]. 北京：中国水利水电出版社，2003.

星火水库除险加固工程监理工作实践

吴国君

(黑龙江省水利工程建设监理公司　哈尔滨　150040)

摘　要：本文从监理前期准备和监理工作的实施过程及监理工作成就几方面，分别介绍了星火水库除险加固工程施工监理工作实施的全过程，并通过工程质量等级评定结果，阐述了星火水库除险加固工程取得的良好效果与工程精心监理的因果关系，以及星火水库除险加固监理工作经验的推广价值。

关键词：星火水库　除险加固　监理　实践

1　工程概况

海伦市星火水库位于松花江支流呼兰河一级支流通肯河左岸，坝址在海伦镇北 30 km 的海北镇新伦村。星火水库是一座以防洪、除涝、灌溉为主，兼顾养鱼等综合利用的中型引水式平原水库，同时担负着为燎原水库供水的重要任务。水库为围堤筑坝，控制流域面积 65 km²。水库水源主要靠通肯河引洪补库，拦河坝以上通肯河流域面积为 1 084 km²。水库枢纽工程由土坝、泄洪闸、灌溉闸、拦河溢流坝和进水闸工程组成。

星火水库除险加固工程总投资 3 202.98 万元，其中中央预算内专项资金 1 600 万元，总工程量为 32.18 万 m³，其中土方 28.31 万 m³，砂石方 2.39 万 m³，混凝土 1.48 万 m³。星火水库于 2003 年 4 月开工建设，经过 2 年施工，完成拦河溢流坝、泄洪闸、灌溉闸、进水闸和坝基处理、6 400 m 坝段加高培厚、1 625 m 坝段混凝土板护坡等工程项目全部完工，2005 年通过省水利厅验收。

2　监理前期准备

2.1　监理组织机构及人员配备

监理部由中标单位按照监理招标文件要求成立，组成了以总监理工程师全面负责，副总监理工程师协助，并具体负责现场管理工作的直线职能式组织结构，并对监理人员进行分工，配备了 3 名专业监理工程师和监理员，以"三控制、两管理、一协调"方式开展工作。

2.2　制定监理规划

在总监的主持下，按有关要求监理部认真编写了《星火水库除险加固工程监理规划和监理实施细则》。为便于质量控制，工程师进行现场质量管理和控制，还分别编制了操作性较强的土坝填筑工程、钢筋混凝土工程、金属结构制安等质量控制实施细则。

2.3 完善监理工作制度

针对工程的特点，监理部制定了设计交底及图纸会审制度，施工组织设计及施工方案审批制度，设备、材料、半成品质量检验制度，隐蔽工程质量验收制度，设计变更处理制度，工地例会、现场协调会及会议纪要签发制度，施工备忘录签发制度，紧急情况处理制度，工程款支付签审制度和监理人员行为准则，监理会议制度，监理工作日志制度，监理月报制度，监理档案制度等监理部内部管理规章制度等，规范监理工作行为。

3 监理工作的实施

3.1 工程进度的控制

星火水库除险加固工程工期紧、任务重，监理部要求施工单位严格履行施工合同，自始至终绷紧工期这根弦，精心组织、精心安排，确保工程如期完工。

第一，为避免工程施工的盲目性和无序性，监理部要求施工单位按照施工招标文件对工程总工期的要求，在编报总进度计划时，①采用网络计划技术，按照网络图编制原则进行编制；②合理安排好分部、单元工程施工顺序和施工流水作业；③遵循紧前不紧后，留有余地的原则。监理部在审查批准总进度计划的基础上同时审查月和每个单元工程施工进度计划，对照月、单元施工进度计划，分析工程进度状况，用以指导下阶段施工进度计划安排。

第二，为确保本工程合同工期目标的实现和主体工程关键线路上的每个节点工期目标的实现或提前实现，监理部根据施工单位编制的总进度计划，将合同工期按关键线路分解为若干个节点工期，从开工起就抓住关键线路上的每个节点工期，尽量使其如期实现或提前实现。同时，反复强调要强化关键线路意识，一切工作安排要以主线上工程施工为主，其他分部工程平行、交叉施工。

第三，合同总工期分解到每个单元工程的阶段工期相对较紧，监理部要求施工单位经常修正总进度计划，调整原计划投入的施工人员和机械设备，确保各节点工期目标的实现。及时记录、定期检查进度计划的执行情况，分析进度计划偏差原因，并采取相应对策纠正偏差。

3.2 工程质量控制

在质量管理方面，监理部采取了坚持预防为主，注重事前控制，防患于未然，认真审查施工方案等措施，力争把各种质量问题消除在萌芽状态；同时加强事中控制，对关键部位坚持旁站监理，发现问题及时处理；最后做好事后总结，不断提高施工质量。

3.2.1 坚持监理原则，建立质量控制体系

监理部内部建立了总监和副总监、专业监理工程师、监理员三级质量控制体系；施工单位建立了项目经理领导下的质量领导小组，明确各部门及各级人员在质量方面的具体任务、责任和权力。形成了项目经理部、施工作业队、作业班组三级质量检验体系和单位工程、分部工程、单元工程施工质量责任人体系，做到质量工作有人管、人人有专责、事事有标准、工作有检查。为确保工程质量，强化监理工作程序，严格规范化、程序化操作，监理部对施工单位提交的施工组织设计和混凝土工程、金属结构制作及安装等主要分部工程施工方案认真进行审查，提出监理审查意见。在现场监理工作中，监理

部提出了三个方面的具体要求：一是规定了一系列的监理程序和岗位操作要求，定岗定人定责。监理人员立足现场第一线，主动进行巡查、抽检、旁站，及时验收，发现问题及时纠正，混凝土原材料、混凝土试块强度、混凝土拌和物性能、模板工程、钢筋工程、混凝土浇筑等监理抽检率均达到10%以上；二是严格要求施工单位按监理程序规范化运作；三是严格工序报验制度，各检查、验收均在施工单位"三检"合格的基础上实施，不自检、不申报，不进行验收。同时，一切以数据说话，不搞模糊概念，不降低工程质量标准。

3.2.2 钢筋混凝土工程质量控制

钢筋混凝土质量是工程控制的主要任务，为确保混凝土工程施工质量，监理部加强现场施工管理，采取积极、有效的监控措施，开展混凝土工程的模板、钢筋、混凝土浇筑等工序施工质量和混凝土外观质量控制工作。

第一，每次混凝土浇筑时，成立混凝土浇筑领导小组，项目经理或副经理负责现场指挥、协调、解决浇筑过程中出现的问题，项目经理部技术人员轮班负责贯彻执行混凝土浇筑方案。

第二，把好主要原材料质量控制关。先由监理部和施工单位共同对工程所用的水泥、砂石、碎石、钢材等主要原材料的货源及供货单位进行考察，了解材料供货商的生产规模及供货能力、质量保证措施及材料性能指标、质量稳定及认证的有关情况等。在考察后施工单位向监理工程师申报，并提供样品，经监理工程师外观检查合格后，共同取样送试验单位检验，检验合格后方同意订货。在水泥、钢材入库前，监理部首先检查该批水泥、钢材是否有合格证和出厂检验报告等质量合格证明；砂、碎石等材料进场后，由施工单位填写材料进场报验单，监理部专业监理工程师与施工单位试验人员按照有关试验方法标准要求，共同取样送试验单位检验，待材料抽检合格，监理工程师审查批准后方可用于本工程混凝土生产。

第三，混凝土配合比质量控制。在施工过程中，我们根据28 d混凝土强度及砂、石材料的含水率变化及时调整施工配合比，从而保证使用材料和试验材料的一致，减少差异。每次混凝土浇筑时，监理工程师还旁站监督检查混凝土原材料计量是否准确，混凝土拌和时间是否达到《水闸施工规范》的规定值。

第四，模板工序质量控制。钢模板在重新使用安装前，要求将模板整平，表面清理干净，特别是表面浮锈、浮浆要清除干净，以防浮锈、浮浆附着在混凝土表面影响混凝土外观质量。为确保模板接缝严密，不漏浆，在所有模板接缝处内侧粘贴透明胶带纸。在施工单位模板工序自检合格的基础上，监理工程师重点复查模板内部尺寸、相邻模板表面高差、表面局部不平度和直立面垂直度，相邻模板接缝是否严密和错位，模板支撑的强度、刚度和稳定性是否满足要求等。所有模板的强度、刚度、表面光洁平整度及模板尺寸制作误差等均要控制在允许偏差范围内。

第五，钢筋工序质量控制。钢筋工序质量控制包括钢筋加工和安装质量控制，主要抓住以下几个环节：①钢筋使用前，表面必须洁净无损伤，无油漆污染和铁锈需清除干净，带有颗粒状或片状老锈的钢筋严禁使用。②检查钢筋加工尺寸是否符合施工图纸要求，检查加工后的钢筋允许偏差及弯钩弯折加工偏差是否符合规范要求。③检查钢筋焊接和绑扎长度是否符合规范要求，焊缝是否饱满，无气泡、夹渣等。④检查钢筋安装的位置、间距、保护层厚度及各部位钢筋尺寸、规格是否按施工图纸要求施工。⑤在混凝土浇筑前，检查钢筋上溅有的泥土等是否用水冲刷干净。

第六，混凝土浇筑工序质量控制。①配合比中水灰比、最小水泥用量应符合施工规范要求。②控制混凝土浇筑层允许最大厚度为插入式振捣器头长度的1.25倍以内，上下相邻两层同时浇筑时，前后距离不宜小于 1.5 m，振捣器移动间距应不大于有效半径的1.5倍，垂直插入下层混凝土深度≥5 cm，振捣器头至模板的距离应约等于其有效半径的1/2。③工作桥浇筑时，保持每孔工作桥梁混凝土面同步上升，保证大梁支撑的平衡性，并密切注意模板支撑稳固情况。另外，在浇筑过程中，控制仓面的进料速度，防止进料过快，侧压力较大而使模板产生变形。④严格执行工序交接检查和混凝土浇筑申请审批制度。上道工序未经监理工程师检查验收合格，不允许进入下道工序施工。混凝土浇筑前，钢筋、模板等工序未经监理工程师检查验收合格，未提出浇筑申请单并经总监或副总监审查批准，不允许进行混凝土浇筑施工。否则，不予质量评定和计量支付。⑤做好混凝土见证取样工作。为保证试块能代表混凝土的质量和取样的真实性，在拌和机熟料出口处随机抽取混凝土熟料制作混凝土试块，监理人员旁站见证。

3.3 严格计量与支付控制

本工程实行固定单价合同。首先是严格控制投资，监理工程师每月审核施工单位报验的合格工程量和付款申请，做到不合格工程不支付、有缺陷部位缺陷未修补合格不支付。同时，认真审核工程计量，特别是额外工程量的审核。做到已完合格工程及时计量支付，不合格工程不支付，未完工程量不超前支付。其次是严格控制工程变更，并科学分析变更对工程效益和投资的影响，做到任何变更必须通过设计单位和业主的批准后才可实施。最后严格按合同办事，随时注意避免或减少索赔事件的发生，如果一旦发生索赔事件，一方面采取措施防止事件的继续发生，将损失降低到最低程度；另一方面充分收集证据，以便公正合理地处理索赔，维护甲乙双方的利益。

3.4 规范合同与信息管理

监理部把合同管理作为实现"三大控制"目标的手段，要求全体监理人员认真学习并熟悉合同条款，坚持以合同办事，独立、公正地处理好各方关系。施工过程中，监理人员严格执行监理细则规定的监理工作流程，认真做好信息管理工作。建设、施工、监理、设计等单位的文件往来、指令、批复、通知等按规定程序传递。对工地会议、专业技术交底会议、专业协调会议、验收会议等作好记录，形成纪要并分发各有关单位。还要求监理工程师认真填写监理日志，并及时整编档案资料，做到信息管理规范化。

3.5 积极组织协调

监理部积极帮助施工单位协调施工中的有关矛盾，处理施工中遇到的困难，总结和研讨施工中的有关技术问题，及时召集相关单位召开专业技术交底会议和工地协调会议，及时与设计部门取得联系，解决图纸中的有关问题和设计变更。

3.6 坚持安全生产

监理部始终把安全生产放在第一位，督促施工单位建立健全安全生产网络，落实安全生产责任制，做到警钟常鸣，常抓不懈；二是，落实专职安全员巡视制度，要求施工单位选派有经验的专职安全员现场巡视，对安全实行一票否决制；三是广泛深入地开展安全生产宣传、教育，提高施工人员的安全意识；四是，审查并落实安全生产和文明施工的措施，要求树立安全警告牌、悬挂安全网，高空作业配戴安全带、进入施工场地配戴安全帽、落实安全用电、防火、防盗、环保措施等；五是，在工地会议上，强调安全工作，组织学习上级有关安全生产规范和文件，要求人人重视安全，并不定期组织安全检查。

4　监理工作成就

经过监理部的精心工作，星火水库除险加固工程 5 个单位工程，4 个为优良， 26 个分部工程全部合格，其中 21 个优良，优良率 80.8%；335 个单元工程全部合格，其中 208 个优良，优良率为 62.1%。在监理实践中，我们严格按国家规范、强制性行业标准和设计图纸规范监理程序、坚持监理原则，不但取得了较好的监理效果，而且为水利工程的监理工作积累了宝贵经验。

湖北长江堤防加固工程监理实践

陈真林

(湖北华傲水利水电工程咨询中心　武汉　430070)

摘　要: 湖北华傲水利水电工程咨询中心抓住国家投巨资加固长江堤防的历史机遇，通过建立和完善监理制度，加强监理人员培训，规范监理行为等措施，保证了监理工作质量，取得了良好的监理工作效果，赢得了各级领导和专家的高度评价和赞誉。

关键词: 长江　堤防　工程监理　质量控制

"98 洪水"后，国家投巨资加固长江堤防，湖北省长江堤防加固工程建设掀起史无前例的新高潮。湖北华傲水利水电工程咨询中心抓住这个难得的历史机遇，承接了湖北省长江堤防加固工程 7 个项目的监理业务，工程总投资达 70 多亿元，堤防长度近 900 km，占湖北省堤防加固工程总长的 60% 以上。10 年来，我们认真履行监理合同职责，通过建立和完善监理制度，加强监理人员培训等措施，强化内部管理，规范工作行为，保证了监理工作质量，取得了良好的监理工作效果，赢得了各级领导和专家的高度评价和赞誉。

1　抓岗前培训，重提高

至 2000 年年底湖北省共有监理工程师 670 人，但大部分监理工程师都是在职的设计、科研、施工人员，能参与监理工作的监理工程师不到 200 人。针对这一实际情况，我单位采取了一系列的培训措施。

1.1　积极组织人员参加水利工程建设监理培训

为了适应工程建设监理制的发展，在不影响现场监理工作的前提下，我单位安排监理人员参加湖北省水利厅组织举办的水利工程建设监理培训和水利部组织的工程建设标准强制性条文宣贯培训、监理工程师考试培训、总监理工程师培训等培训班学习。

1.2　主动承办湖北省水利工程建设监理岗前培训班

为了进一步提高监理人员业务素质，在省水利厅的支持下，我单位主动承办了 2001～2003 年共三个年度的监理人员岗前培训班。培训内容包括《工程建设标准强制性条文》、《水利工程建设监理规定》、《建设工程质量管理条例》、《建设工程监理规范》等内容，通过举办培训班，增强了监理人员的法制意识和责任感，为规范监理工作行为打下了良好的基础。

1.3　及时组织专项工程建设监理岗前培训活动

在湖北省长江堤防堤顶路面工程即将开工之际，我单位审时度势，提前安排人员参加公路部门的培训学习，研究公路工程质量评定标准和评定表格。2003 年 1 月，在湖北省河道堤防建设管理局的大力支持下，我单位举办了湖北省堤顶路面工程监理工作培训班，邀请相关专家授课。通过公路工程培训学习，使监理人员了解了公路工程质量评定与水利工程质量评定的区别，熟悉了公路工程质量检测方法与要求，掌握了公路工程质量评定方法。

通过以上培训措施，壮大了我单位的监理队伍，提高了监理人员的工作能力和水平，增强了我单位和监理人员的责任感和法律意识，为顺利完成长江提防加固建设工程监理任务提供了技术保证。

2　抓技能竞赛，重学习

由于我国监理工作起步较晚，因此监理工作存在监理水平不高、监理人员自身专业技能不足等现象，我单位围绕"尽快提高监理工作水平，完善监理工作程序，规范监理工作行为，树立良好监理服务工作形象"这一主题，采取"事前学、事中学、事后学"这一科学的学习方法，以提高监理人员技能竞赛作为具体措施，最终要求监理人员做到"写做的，做写的，写做了的"。

2.1　组织编写监理规划、监理细则竞赛活动

监理规划和监理细则是监理人员开展监理工作的指导性文件，属于事前控制范畴，其编写质量很大程度上决定监理工作的成败与否。对此，我单位组织监理人员进行编写监理规划、监理细则竞赛活动，落实"写做的"，就是要将做的工作计划、要求写出来，以达到"事前学"的目的。

2.2　组织监理人员考试

在监理工作过程中，要求监理人员加强学习(即"事中学")是我单位的一贯要求，其学习内容包括我单位质量体系文件、管理制度和工程合同文件、技术条款、法律法规、规程规范等，为检验学习效果，我单位采取集中考试的方法，对于考试不合格者，则采取辞退、待岗学习、强制培训等措施，其目的是提高监理人员工作技能。

2.3　组织编写典型监理工作报告竞赛活动

我单位质量体系文件规定，工程完工后，监理人员必须在 20 d 内完成监理报告的编写和档案资料的整理。因此，在工程煞尾阶段，我单位组织各现场监理机构进行编写监理工作报告竞赛，并集中对监理报告进行审查，对典型项目的监理报告汇编成册，作为内部存档学习资料，做到"事后学"。

通过以上措施，促使监理人员加强学习，强化监理人员的知识更新，从而不断提高监理人员的技术和管理水平。

3　抓管理制度，重规范

3.1　制定制度

通过几年监理工作的摸索和经验积累，我单位已逐步建立了一套完整的管理制度，主要包括图纸会审制度，技术交底制度，施工组织设计审核制度，设备、材料和半成品质量检验制度，重要隐蔽工程、分部(分项)工程质量验收制度，关键工序质量控制制度，单位工程、单项工程中间验收制度，设计变更处理制度，工地例会、现场协调及会议纪要签发制度，施工备忘录签发制度，紧急情况处理制度，工程款支付签审制度，工程索

赔签审制度，档案管理制度，监理工作日志制度，监理月报制度，安全管理工作制度等监理工作制度。

3.2 落实制度

我单位将以上制度汇编成册，要求监理人员加强学习，并要求各现场监理机构将以上制度制牌上墙，布置在现场监理机构办公室内；同时，我们将制度落实情况作为一项重要检查内容，由我单位工程技术部负责督促检查落实。

3.3 采取处罚措施

除制定以上制度外，我单位还针对制度内容制定了职员工作管理办法和处罚措施，对于违反制度的采取责令整改、待岗学习、年终评比扣分等方式进行处罚。

4 抓监理工作质量检验，重落实

在监理工作中，由于现场监理工作时间长、外界影响因素多、工程建设情况复杂，加上个别监理工程师自身素质不高等原因，经常发生监理工作不到位、不按监理工作程序办事等问题。针对这一情况，我单位采取的对策是抓监理工作质量检验，并落实检验发现的问题。

4.1 首次检查

俗话说"万事开头难"，我单位对开工准备工作非常重视，规定在新项目开工1个月内对现场监理机构监理工作进行首次检查，检查的内容包括监理办公室是否按要求布置，监理规划、细则编写是否符合要求，开工审查是否严格，首批进场材料是否检测，项目划分是否报批，工地首次会议、设计交底会议是否签发会议纪要等。这种做法是从源头上把关，督促监理人员严格按规程规范要求的监理工作程序开展监理工作。

4.2 季度监理工作质量检查

根据我单位质量体系文件要求，质量保证部必须每季度组织对各现场监理机构监理工作进行一次检查，检查内容包括现场质量控制是否符合规范及设计要求，是否及时对单元工程质量等级进行复核评定，工程款支付签证是否符合合同要求，对工程进度滞后是否采取措施，对工程资料是否及时进行归档等。对于检查发现的问题，在按质量体系文件要求严肃处理的同时，还将检查出来的问题向项目法人通报。

4.3 制定纠正和预防措施

在工作检验结束后，我单位质量保证部对检验发现的问题分门别类的进行汇总分析，并制定纠正和预防措施，保证监理工作更具成效。主要措施有：限期整改，组织验证，监理机构内部组织学习，对于共性问题，我单位组织集中培训学习，以提高监理工作质量。

5 抓经验交流，重总结

虽然监理规范规定的监理工作程序、监理工作方法是统一的，但是由于工程项目的实际情况、现场组织管理制度、工作环境和监理工作范围不同，现场监理机构采取的具体方法和思路是不一样的。针对这一情况，我单位组织监理人员进行经验交流，相互借鉴，加强工作总结，不断提高监理工作水平。

5.1　组织相互学习

在湖北省长江堤防加固工程监理工作中，我单位每年都要举办 1~2 期经验交流会议，以现场监理机构为单位组织经验交流材料，各现场监理机构相互传授好经验、好方法、好措施。年终对现场监理机构监理工作进行综合评比，除进行奖励先进现场监理机构外，还组织监理人员到先进现场监理机构进行参观学习，以达到相互学习的目的。通过经验交流和相互学习，我单位汇编出《湖北省长江干堤加固工程建设监理资料整理归档实施细则》、《监理规划》范本、常见专业工程的《监理实施细则》、土方填筑、砌体等 21 个专业工程《质量控制要点》、《监理报告编写应注意的几个问题》、《验收准备工作应注意的几个问题》、《工程监理和施工档案整理应注意的几个问题》等实用性学习材料，这些材料都是在现行法律法规和规程规范的基础上结合工程实际进行的归纳总结，具有很好的实用性，从实质上提高了监理人员的业务水平。

5.2　合理调配监理人员

由于监理人员业务和管理能力参次不齐，因此在监理过程中，我们有意识地调配监理人员，将工作能力强的监理人员调至检查发现出现问题多的现场监理机构，传授好的工作经验，以达到共同提高的目的。

6　结语

经过多年的努力，我们基本完成湖北省长江堤防加固工程监理工作，阳新长江干堤、咸宁长江干堤、荆江大堤、黄广大堤、黄冈长江干堤、仙桃东荆河堤等 6 个项目通过了竣工验收，监理的堤防加固工程经过多个汛期的考验，尤其是在抵御类似于 98 洪水的 2002 年洪水期间，没有发生一处险情，充分证明了我单位监理的工程质量全部达到设计指标。

大型灌区渠系工程建设监理的实践与探讨

杨平富　张华

(荆门江海土木工程咨询有限责任公司　荆门　448156)

摘　要：自 1996 年大型灌区续建配套与节水改造项目开展以来，监理工作逐步进入了"正规化、规范化"的轨道。本文笔者通过监理工作实践，总结了灌区渠系工程监理存在的困难和问题，探讨了开展渠系工程监理的方法和技巧，并结合灌区渠系工程的特点，提出了对监理工作的意见和建议。

关键词：大型灌区　渠系工程　项目监理　实践探索

长期以来，灌区工程一般由当地政府组织相应的协调指挥部门负责，以群众投劳的方式建设。随着社会经济的发展，特别是 1996 年以来，国家计划委员会、水利部启动了大型灌区续建配套节水改造项目，灌区工程建设标准不断提高，工程建设难度越来越大，技术含量也越来越高，按旧的模式进行建议已不能保证工程质量和工期，也不利于控制工程造价。因此，近年来，大型灌区建设逐步推进了"三制"，特别是将监理机制引入灌区渠系工程建设中，取得了良好的效果，提高了灌区工程的建设管理水平。

1　灌区渠系工程建设监理存在的困难和问题

1.1　建设资金到位不理想

大型灌区渠系工程建设项目一般由国家启动，国家、省、市等多方投资，有的项目甚至还包括群众投工投劳等多种形式。国家资金到位后，配套资金往往不能及时足额到位，造成了施工计划的多变性和不确定性，对工程建设进度影响较大，给建设监理的合同管理带来了困难。

1.2　监理单位介入过迟，造成工程招标和合同管理脱节

灌区渠系工程建设项目在完成施工招标后，再选定监理单位，然后派监理人员进场，监理工程师在对工程情况和合同文件完全陌生的情况下仓促上阵进行合同管理，造成了工程招标和合同管理严重脱节，制约了监理工程师作用的发挥。

1.3　监理工程师的责任和权利不对称

随着我国建设市场"三制"改革的发展，监理作为稳定建设市场重要的一方，其责任越来越大，地位和作用也越来越为人们所接受。可是，在监理责任增大的同时，监理工程师相应的权利却不到位。比如：监理过程中按合同条款应赋予监理工程师对进度款的签证控制权、经济索赔权等还不能完全到位，更有甚者，监理人员仅被业主作为质量监督人员，使监理工程师综合控制能力下降，在一定程度上影响了监理的权威性，使监理工程师处于被动的地位。

1.4　监理费用低，监理投入大，影响了监理单位的积极性

　　按国际惯例，监理单位的利润一般高于社会平均利润，而目前的灌区项目监理收费标准确实偏低，与监理单位承担的责任不相适应，影响了监理事业的发展。灌区渠系工程不同于水利枢纽工程，它点多面广线长，工程造价低。由于监理经费的限制，投入的监理人员往往不能满足旁站监理的需要，当然按专业配置监理人员就更加困难。因此，灌区渠系工程建设对监理工程师的业务素质、身体条件、吃苦耐劳精神和综合协调能力的要求都较高。而实际上监理单位面对客观条件差、地处偏僻、条件艰苦、监理费用低、成本损耗大的灌区渠系工程建设项目积极性不高，这在一定程度上影响了灌区渠系工程的监理质量。

2　开展灌区渠系工程建设监理的方法与技巧

　　监理工作其重点就是招标管理和合同管理，监督项目法人、施工单位、设计单位履行合同，围绕"三控制、两管理、一协调"开展工作。虽然监理工作的方法和措施有很多，但根据大型灌区渠系工程点多线长、监理条件差的特点，还是有一些方法和技巧的。

2.1　严格监理程序

　　监理工程师一定要在监理工作中严格监理程序，这是提高监理权威、使监理工作走向规范化的重要手段。比如在渠道全断面衬砌施工管理工作中，可把自开挖回填开始至完成混凝土现场浇筑过程分为若干道工序，每一道工序完成并自检合格后，要求承包商均须向监理工程师进行任务申请报验，监理工程师签发了质量认可书后，方可进行下一道工序施工。这一程序要求承包商必须严格执行，否则监理工程师可对工程质量评定和工程款的计量支付不予签字认可。

2.2　落实施工单位的质量保证体系

　　监理工程师应把质量控制工作建立在承包商的质量保证体系持续有效运转的基础上。针对渠系工程施工单位装备较差、管理不规范、人员素质不一等特点，一个有经验的监理工程师应当在监理工作开展之初，就把这一基础打牢，并在监理过程中通过随机抽查的方式予以验证，如果这一点做好了，监理的质量控制必得到事半功倍的效果。

2.3　正确对待监理与施工单位的关系

　　监理单位与施工单位的监理与被监理的关系是工程建设中最为活跃的关系，处理的好坏将直接影响到灌区建设工作的正常开展，在监理工作过程中，监理工程师应注意到以下几方面。

2.3.1　内强素质，强化服务意识

　　监理工程师应该加强业务学习，在合同管理中应具有超前意识和全局观念，将各种隐患尽量消灭于萌芽状态，这样就可以大大减少在施工过程中由于出现问题难以处理所产生的各种矛盾。监理工程师的工作要灵活机动，应能理解并接受其提出的合理的施工变通方案，并在自己职责范围内尽可能地出主意想办法，帮助他们解决一些施工问题，从而使双方建立一种相互信任的"合作"而不是对立的关系。

2.3.2　坚持原则，讲究工作方法

　　监理工程师对合同条款和技术标准不仅要非常熟悉，而且要严格执行，不得含糊，

更不能对施工单位随便承诺。但是，在不违背原则的前提下，可以求大同存小异，采取灵活的工作方法，对具体问题按公正、科学、实事求是的原则灵活处理。

2.3.3　严格合同，维护业主、施工单位权益

灌区渠系工程监理中，监理工程师应保持公正性，在处理合同事宜时，不能一味地偏袒业主，应该站在独立、公正、科学的立场上，努力寻求"双赢"之策，在不损害业主利益的前提下，保护施工单位合法权益。

2.4　定期召开监理例会和监理专题会议

监理单位应定期主持召开由参建各方负责人参加的监理例会，会上应通报工程进展情况，检查上次监理例会中有关决定的执行情况，分析当前存在的问题，提出问题的解决方案或建议，明确今后应当完成的任务。监理专题会议监理单位应根据需要及时召开，专题会议主要研究施工中出现的问题及施工质量、施工方案、施工进度、工程变更、索赔、争议等方面的专门问题。通过监理例会和监理专题会议，监理单位可以贯彻监理意图，把协调工作做得更好，使工程进展得更顺利。

2.5　慎重对待工程质量问题

当工程质量出现问题时，监理工程师首先要保持头脑冷静，不可动辄下"停工令"，或者是命令承包商"返工"，应当会同承包商的项目经理及其质检人员现场察看，尽量先使其质检人员自己认识到存在问题原因以及对工程整体的影响程度，然后采取一个适当的办法来补救。当然，对待质量问题，应务必慎重，监理工程师在取得标准的数据后，应及时向业主汇报，该返工的必须返工，必要时可建议业主更换承包商。

3　思考与建议

3.1　着力提高监理人员素质

目前，监理人员大多来自工程设计、施工和从事工程管理工作的技术人员，上岗前进行了"三控制、两管理、一协调"等方面的短期培训。但是，实践证明，一个好的监理工程师，特别是总监理工程师应当具备经济、技术、管理、法律等多方面的知识和经验，敬业爱岗并应具有良好的职业道德。进一步提高监理人员多方面的素质，还应定期对项目监理机构的监理服务质量进行检查，促进整个监理机构监理水平的提高，从而确保在灌区渠系工程建设监理工作中取得满意的监理效果。

3.2　充分发挥监理作用

"监理"从其概念上讲，包括两方面内容：一个是"监"，即监督，具有约束的作用；另一个是"理"，即调理、理顺各方面的关系，具有协调的作用，二者并重，不可偏颇。大型灌区渠系工程建设项目体现了党和政府对国计民生的关心，与普遍老百姓的切身利益有着密切的关系。这就要求监理工程师在监理实践中要充分考虑到国情，不能仅仅注重于"监督"，更要拿出充分的精力，放在利益双方的协调、理顺上，使双方的风险降到最低限度，从而使监理的作用得到充分的发挥。

3.3　处理好监理单位的"责、权、利"

监理作为一种高智能的、综合性的技术服务，不仅要对工程质量、工期、投资进行严格控制，还要对信息、合同进行管理，包括承包商的一些管理工作都需要监理工程师

加以督促、指导。同时，监理还要拿出相当的精力协调业主与承包商之间、承包商与承包商之间、监理本身与承包商之间的多种关系。可以说监理责任重大，直接影响到项目的成败。作为业主，应重视监理权利的发挥，应该按照合同条款，充分给监理放权，赋予监理工程师签证控制权、合同变更权、决定工期和经济索赔权等，努力树立监理的权威。在利益方面，由于灌区渠系工程项目的环境与条件，确实感到监理酬金偏低，建议国家有关部门应该研究灌区工程监理特点，提高灌区渠系工程监理酬金标准。

3.4　监理单位应早期介入

灌区渠系工程建设中监理在招标阶段提前介入将使监理工程师充分了解和掌握建设项目的情况，尽力避免把早期能澄清的问题延至合同管理期内。同时，早期介入能使监理工程师早做准备，吃透设计意图，预先研究问题，早作对策，提前预见，使监理工作处于主动地位。

参考文献

[1]中华人民共和国水利部. SL 288—2003　水利工程建设项目施工监理规范[S]. 北京：中国水利水电出版社，2003.

[2]刘新英，吕跃. 浅议如何做好水利工程建设监理工作[J]. 水利建设与管理，2002(5)：46.

如何做好农村饮水安全工程的监理工作

夏清泉　孔祥娟　郑志强

(吉林省东禹水利水电工程监理咨询有限公司　　长春　130022)

摘　要：农村饮水安全工程是一项情系农村广大群众的德政工程、民心工程。　项目特点是面广、点多、分散；投资大、任务重、工期短；项目区群众由于健康意识淡薄和落后的卫生习惯，对饮用安全水的关注程度不够。面对准公益性的工程监理，如何做好施工过程中的监理服务工作，监理部始终坚持以实现项目目标为核心，以"四控两管一协调"为重点，以提供良好服务、实现良性运行、保障农民群众的饮水安全为目标，使工程建设朝着有利于效益发挥、有利于水资源的合理利用、有利于加快农村水利事业步伐的方向发展。在工程建设过程中，怎样把好事办好，好事办实，监理起着不可替代的作用。

关键词：农村饮水安全工程　施工　监理　工作

1　建立与工程项目相适应的监理组织

1.1　建立监理机构

为适应农村饮水安全工程监理工作的需要，根据长岭县农村饮水安全工程委托监理合同规定的服务内容、服务期限、工程类别、规模、技术复杂程度、工程环境等因素，设立的是职能型监理组织模式，在总监理工程师负责下，设合同、技术、地质、水工、机电安装及文档信息6个专业组。这种结构形式的选择，考虑的是有利于项目合同管理、有利于目标的控制、有利于决策指挥、有利于信息沟通、有利于专业技术的发挥，是按专业化的要求来设置的监理机构。

1.2　健全各项规章制度

农村饮水安全工程项目有其自己的工作流程和程序，监理部根据项目的特点，建立的规章制度包括:技术交底、监理巡视及旁站、原材料检验及见证取样检验、关键及重要隐蔽部位验收签证、设计变更处理、文件收发、结算支付、会议、安全管理、工程验收等各项规章制度。

为了保证工程顺利进行，使监理工作有可操作性，根据有关文件及工程建设实际情况，制定《监理规划》。同时，为了规范监理工作制定了《监理部的职责与权限》、《总监及监理工程师职责》等制度，使各监理工程师责、权明确，有章可循。由于施工地点分散，为了及时掌握各项工程的施工情况，监理部还制定了每旬监理例会制。

1.3　选派专业监理人员

根据监理工作的任务，选择相应的各层次人员。除应考虑监理人员个人素质外，还应考虑总体的合理性和协调性，同时为了提高工作效率也要考虑每个人所承担的工作是其所熟悉和擅长的。该项目总体的技术含量不高，但涉及到水利工程监理各个专业，专业的基础理论是监理人员最基本的技能要求，专业配套才能保证在监理过程中抓重点、抓方法、抓效果。尤其水源井工程是项目重要关键工程，水文、地质施工条件多变，只有懂专业的监理人员才能在情况多变时及时决断、灵活应变，才能抓住战机，避免失误，从根本上解决和处理问题。如果不懂专业技术，就很难在重大技术方案、施工方案的决策上进行决断，更难以按照工程项目的工艺方法、施工逻辑开展监理工作和鉴别工程施工技术方案。

2　加强施工过程中的监理工作

在监理过程中，本着"四控制，两管理，一协调"的原则，对工程进行有效的控制。

2.1　工程质量控制

监理工程师在施工阶段的质量控制是一项最经常、最繁重的工作。对施工工序严格做到事前审批、事中监督、事后检验。监督承包人建立健全工程质量保证体系。

2.1.1　质量控制措施

(1)事前控制措施。事前控制措施主要包括：建立健全工程质量监理控制体系，认真编写监理实施细则，并通过组织学习，使每一个监理人员熟悉所从事的监理工作；坚持施工方案报审、进场材料与设备报验及开工条件审批等制度。

(2)质量过程控制的主要措施。质量过程控制是工程质量控制最基本的、最直接的、最重要的环节。监理部采取的质量过程控制的主要措施包括：跟踪检查作业人员、材料与工程设备、施工设备、施工工艺和施工环境等是否符合要求；通过检查、检测等方式，检验工序、单元工程、隐蔽工程质量，抽测外观工程质量。严格控制工程质量签证；组织工程质量经验总结与问题分析，批准经论证的工程质量处理方案。

(3)事后控制。工程质量的事后控制是鉴定验收工程质量是否达到设计要求，提交工程实体成果和技术资料成果的重要环节，也是通过对工程质量存在的问题进行分析、处理，使质量改进提高的重要阶段。因此，监理部不仅重视工程验收和监理工作，还要求承包人对存在的工程质量缺陷全面登记，及时加以分析。实行工程质量检验、考核与评比制度。

2.1.2　勤于现场检查，坚持工地巡视和旁站相结合

农村饮水安全工程不但规模小、范围大，且分散、点多，为了有效控制施工质量，提高工作效率，监理主要以巡视为主，对施工现场实行巡回检查，重点部位和重要环节进行旁站式监理。及时发现和处理施工过程中的质量问题，将质量事故消灭在萌芽状态。做到小事就地解决，一般问题当天解决，重大问题一周内解决，避免因问题拖延而影响施工质量和进度。针对工程量大、工期短的特点，监理部对施工单位及时下发进场通知，采取早动手多上设备，在保证质量前提下加快工程进度，按期完工。

2.1.3　建立健全项目监督检查机制，抓好四个环节

监理部建立健全项目监督检查机制，严格执行《机井技术规范》(SL 256—2000)和《建设工程监理规范》(GB 50319—2000)，层层落实技术责任，如使用管材、除氟设备等主要材料设备必须是集中招标采购的；水源井施工必须是通过公开招标，由具备相应

技术资质等级的有经验的打井队伍施工；施工过程中受益群众跟班监督；每周召开监理例会，邀请工程包片领导、施工队长、钻机机长和现场技术人员参加，检查上次例会议定事项的落实情况、进度计划完成情况、质量状况及存在问题等。同时抓好四个环节，即水源井封井止水环节、供水管道防冻环节、管道试水环节及水质化验环节。每处水源井必须采用膨润土封井，封井高度超过 10 m；管道沟开挖深度必须超过最大冻土深度，防止冬季管道冻坏；管网严格安装程序，保证管线焊接质量，不漏水、不减压，实现安全供水；水源井建成后，县疾控中心人员到现场取水样经化验合格后才能饮用，确保农户吃上合格水。

2.1.4　制定单元工程施工质量评定表

农村饮水安全单元工程施工质量评定表没有统一的格式和标准，项目开工前监理部根据施工技术要求和有关的资料，制定了水源井工程、水泵和变频安装工程、管网铺设工程、井房工程等单元工程施工质量评定表，经参建单位讨论认可，报质量监督部门审批后使用，并在全省农村饮水安全工程中推广。

2.2　工程进度控制

2.2.1　严格按施工组织设计施工，确保计划工期

开工前，监理部详细审查了施工单位的施工组织设计，根据各工程实际情况，提出修改意见。施工组织设计确定后，严格按施工组织设计施工，预防延误工期。并及时掌握施工单位近期施工安排，人员及施工设备运行情况。与施工单位共同分析工期拖延原因，督促采取有效措施，调整施工计划，保证施工进度。

2.2.2　积极为业主和施工单位出主意，想办法

为提高工作效率，缩短工期，规范操作，完善资料，监理积极为建设单位和施工单位出主意、想办法。同时，对于施工中出现的问题，不拖不靠，力争在最短的时间内解决，取得了明显效果，使工程能够顺利进行。

2.2.3　同设计代表密切配合，合理优化设计

由于是典型设计，设计深度和实际出入较大，监理部邀请设计代表参加每旬的监理例会，把施工过程中发现的设计问题及时反馈给设计代表，共同确定和调整设计方案，从而有效加快了施工进度，保证了施工质量，使工程设计更加合理。

2.3　工程投资控制

根据合同款项，本着客观真实反映施工实际进度的原则，要求施工单位根据现场评定记录，每月 25 日填报工程计量报验单和工程价款支付申请书，经项目监理工程师审核，总监理工程师审定后，呈报建设单位，做为工程进度拨款的依据。对于质量不合格的工程，监理工程师不予签证认可，直至整改合格后方可签证拨款。

2.4　工程安全控制

2.4.1　施工准备阶段的安全监理

工程开工前，承建单位向监理单位上报以下有关安全生产的文件：安全生产保证体系、安全管理组织机构及安全专业人员配备、安全生产管理制度、安全检查制度、安全生产责任制、实施性安全施工组织设计、安全度汛措施、安全操作规程、主要施工机械设备等技术性能及安全条件、特种作业人员资质证明。

2.4.2　施工阶段的安全监理

施工过程中，承建单位应贯彻执行"安全第一，预防为主"的方针，全面落实各项安全管理制度、安全生产责任制、安全生产技术措施及安全防护措施，认真执行各项安全技术操作规程，确保人员、机械设备及工程安全。认真执行安全检查制度，加强现场监督与检查，对检查中发现的问题，按照"三不放过"的原则制定整改措施，限期整改和验收。监理人员对施工现场及各工序安全情况进行跟踪监督、检查，发现违章作业及安全隐患要求施工单位及时进行整改。

2.5　合同管理

水利工程建设的主要内容是进行建设工程合同管理，监理人员的工作就是以合同管理为基础，按照合同控制工程建设的投资、工期和质量，合同管理工作贯彻监理工作始终。

在合同管理过程中，实行以人为本的管理，使之行为规范化、管理制度化。在监理权限范围内对施工单位进行了全部施工过程中的监督和管理。

2.6　信息管理

项目档案既是建设项目的历史记录，是项目投产后运行、维修、管理工作的重要依据，是水利工作的重要组成部分，是维护水利工作历史真实面貌的一项重要工作。信息管理人员是项目档案的管理者，对各种信息如合同文件、各种报表、施工现场原始记录等文件分门别类，整理归档，妥善保管，并要求各参建单位谁产生(发出的)文件谁负责归档。在加强文字、图表等纪录采集整理的同时，充分利用计算机处理技术加强信息工作的管理，使监理工作留下痕迹。

2.7　组织协调

项目建设过程中涉及到各方的利益，协调的实质是在公平和诚心的前提下，以法律、法规和合同为准绳，以合同事实为依据，维护建设各方的利益。协调是手段，控制是目的。

3　加强管理理念，注重监理实效

3.1　加强管理理念、树立监理形象

监理工作是一项高智能的服务，同时监理又处在一个项目实施的特殊地位。项目建设的单一性以及每一个业主的不同性，这就使得项目管理具有特殊性。每一个项目的监理都会有自己的管理模式。管理理念蕴藏在管理模式之中。监理工作需要一定的权威。权威的形成与管理理念有关。需要监理人员通过自己的言行来建立，先做人，后做事。在以往的农村饮水工程中，个别项目没有严格执行"四控两管一协调"，出现的质量、进度问题屡见不鲜，如水源井因含沙量过高使用不到一年就作废了，一年工程因资金控制不利拖延好几年也交不了工，影响效益的发挥。该项工程开始施工时，承包商对监理工作不配合、不支持，甚至排斥，通过施工过程中监理帮承包人解决技术难题，如确定合理钻进深度和含水层花管深度，选择合理的滤料级配等多项合理建议，转变了承包商对监理的看法，由反感到信任，在遇到问题时主动找监理解决，使工程质量、工期得到了保证，不但树立了监理形象，监理作用也得到了发挥。

3.2　项目实施效果

农村饮水安全工程实施后，加强农村基础设施建设，统筹城乡发展，促进社会和谐。

对改变农村面貌，加快全面建设小康步伐有着促进作用，成效显著。

3.2.1 目标效果

长岭县农村饮水安全工程，通过监理与建设各方密切配合，共同努力，按期完成了300眼水源井的施工任务，并进行了全部配套；完成计划投资1.27亿元；新增供水能力达到计划目标，解决了19.1万人的饮水安全问题；水源保证率97%以上，91%的水源井水质卫生状况达到生活饮用水标准；氟超标的24眼浅井做了变更处理，上除氟设备24台；5处水源达不到水量要求采用反渗透设备进行了分散供水。整个工程实现了规划目标。

3.2.2 项目效益

(1)减轻劳务，减少疾病，提高生活质量。实施农村饮水安全工程建设，最直接受益的就是农民，他们不用到几千米以外去拉水，从而极大地解放了劳动力，农民外出打工或经商，增加收入，提高生活质量。农村实现自来水化，使农民的生产、生活条件得到了明显改善，减少疾病，提高健康水平。由于水源问题的解决，受益村屯人心稳定、安居乐业。

(2)促进农村经济发展。实施农村饮水安全工程建设，解除农民的后顾之忧，不仅使农民从繁重的挑水劳动中解脱出来，而且有利促进了农村经济全面发展。有了水源做保证增加了当地的抗旱能力，做到了一井多用，多种经营，除满足养殖户的需要外，还可为春季"坐水种"提供水源，增加了抗旱促春耕的能力，群众可以充分利用方便的水源条件，发展庭院经济，种植大棚蔬菜，增加收入，促进农村经济发展。

(3)促进农村水利建设规范化。农村饮水安全工程建设监理过程中，突出了项目管理，严格执行建设程序，项目规范，使工程建设有章所依、有条文可循。在工程建设期间广泛接受群众监督，强化统一管理，使工程良性运行，长久发挥效益，为今后农村水利工作的开展，农田水利工程的建设起到了样板作用，提供了可借鉴的好经验。

4 农村饮水安全工程监理工作应注意的事项

监理在工作中应结合农村饮水安全工程项目实施的具体情况，开展监理工作，针对项目的特点和业主的授权进行监理。监理工作的开展，受制于许多因素，在目前建设市场不尽规范的情况下，监理机构要实现监理目标应注意以下事项。

4.1 合同的授权

监理工作的开展基于业主的委托和授权，是受项目法人的委托开展的项目建设管理。这种方式决定了项目法人与监理单位的关系是委托与被委托，授权与被授权的合同关系。这种委托和授权的方式说明，在工程施工监理过程中，监理单位的权力主要是由作为建设项目管理主体和项目法人通过监理委托合同授予的。监理必须根据合同在授权范围内发布有关指令，签认所监理项目的有关文件。例如：农村饮水安全工程项目实施过程中，合同变更管理和水利基本建设工程的变更程序有很大差异，中间环节省略了很多，只要承包人提出申请项目法人审批就可以。由于项目的特殊性和合同授权不同，可能会影响到监理人员工作的积极性和才能的发挥。

4.2 深入现场，求真务实

农村饮水工程面广量大、小型分散，再加上受地质条件和群众对饮水工程认识水平的限制，各乡镇农村饮水安全工作千差万别，地层千变万化，水源条件、工程规模、供水方式、工作方法、实施步骤等各有特点。建设监理过程中,监理人员只有深入现场、求真务实、努力工作,才能了解工程情况,才能全面真实记录和掌握当地饮水安全工作的第一手资料;才能同建设各方密切协作,加强相互沟通,把情况摸清、问题找准、原因查明,把工程建好。

4.3 坚持原则性,掌握灵活性

4.3.1 坚持原则性和灵活性的有机结合

水源井设计深度都是典型设计,施工过程中原则上按设计井深控制,但要根据地质情况灵活掌握,当水质和水的流量满足了设计要求,而未达到设计井深遇到了不透水地层的情况下,就没有必要继续施工,继续钻进势必造成人、财、物和时间的浪费。视地层变化而控制孔深,是不失原则的灵活。

再如水泵和供水调控器安装,设计典型井机电设备安装都是一样的,但实际供水工作中,屯的大小差异很大,大屯 200 多户,小屯不足 30 户,大屯设计的水泵和变频功率满足不了实际用水要求,小屯使用耗电量大,增加了用户的负担,为此监理根据工程实际需要,建议对水泵、变频进行变更。既满足了用户要求又节省了资金。

4.3.2 在为业主提供正直服务的同时维护建设合同乙方的合法权益

监理工作受业主委托,应忠实地为业主服务。在给业主提建议时不但要告诉业主干什么,而且还要告诉业主怎么干和帮助业主干。长岭县农村饮水安全工程,水源井工程施工是由来自不同省和县的六个单位,外地承包商对当地的地质情况不了解,为方便施工,监理部针对本地区的不同地质情况,根据地质资料编制《水文地质概况》和《水源井施工技术要点》的小册子,印发给施工单位,并建议业主在全面施工前在不同地区、根据不同地质情况打水源井探孔,不但方便施工还节约资金。同时,依据监理法规和监理工程师工作准则,公正地维护建设合同各方的合法权益。例如:水源井设计滤水管是 16 m,施工中为满足取水需要,实际使用 40 m,在增加滤水管的同时,增加了滤料的使用量,监理根据实际发生量履行签证程序进行结算。在工程实施过程中,既合理开发地下水,又维护承包人的合法权益。

4.3.3 依据合同约定,正确使用权限

监理人员在提供服务的同时,进行合同管理,作好监理工作。监理人员决不能把自己凌驾于管理者之上,忘记了为业主提供服务的本质,同时要避免没有原则地执行业主的指令,忘记了自己独立、公正的第三方角色。

4.4 监理机构的内部建设与管理

监理机构对项目来讲是一个临时机构,监理人员是项目管理的专业人员,一个项目的成功实施离不开专业化的管理,要组建一个切合实际和能够良性运作的监理机构,必须靠制度,监理机构的内部建设与管理就是监理机构制度的建立和执行。监理制度应有工作纪律、考勤制度、工资福利制度、业绩考核制度、工作报告制度等。

参考文献

[1] 中华人民共和国电力行业标准. DL / T 5111—2000 水电水利工程施工监理规范[S]. 北京:中国电力出版社, 2001.

[2] 中华人民共和国建设部. GB 50319 —2000建设工程监理规范[S]. 北京:中国建筑工业出版社, 2001.

定西市安定区小流域坝系建设施工监理实践与成效

师明洲[1]　秦向阳[2]　张海强[1]

(1.黄河水利委员会天水水土保持科学试验站　天水　741000;

2.西安黄河工程监理有限公司　西安　710043)

摘　要: 安定区在小流域坝系工程建设中,严格按有关规定实行了项目监理制,从而保证了项目按年度计划、技术规范和工程设计进行施工。监理机构按照施工承包合同和监理合同的要求,采取旁站监理与巡视监理相结合的方式对各单位工程施工进行了监督、检查,对施工进度、质量、投资、合同、信息、安全、环境等进行了有效控制和管理,已完工工程达到了技术规范、标准和设计要求,取得了良好效果。

关键词: 小流域　坝系建设　监理　成效

甘肃省定西市安定区(原定西县)是黄河流域水土保持重点治理区,淤地坝建设始于1986年,先后建成骨干坝58座,中、小型淤地坝38座,从2001年起骨干坝实行施工监理制度和中央投资报账制,在单项工程施工技术、施工组织管理、运行管理等方面探索出了一套比较适合当地情况的经验与做法。称钩河、李家河两条小流域坝系工程于2003年、2007年先后开工建设,西安黄河工程监理公司甘肃第一项目监理部按照施工承包合同和监理合同有关条款约定,不但有效控制了工程施工进度、质量和投资,同时解决了施工中出现的部分设计、施工技术问题,为工程建设提供了效果较好的技术服务。

1　安定区坝系工程概况

1.1　自然概况

安定区两条坝系小流域属黄土丘陵沟壑区第五副区,是祖历河水系二级支流,海拔为1 957~2 511 m,年降雨量380~500 mm,地层岩性上部为第四纪黄土、下部为红土,地貌类型为黄土丘陵梁峁、坡地、河谷阶地,土壤主要为黑垆土和黄绵土,土壤侵蚀以水力侵蚀为主,兼有重力侵蚀、冻融侵蚀,年均模数5 600~6 600 t/(km²·a),封冻时间为当年12月~次年3月,年平均气温6.5 ℃,平均冻土深1.0 m。

1.2　坝系工程计划任务与进度

2003~2007年下达的安定区两条小流域坝系工程建设计划任务为淤地坝84座,其中称钩河坝系完工骨干坝15座、中型淤地坝22座、小型淤地坝32座,李家河坝系完工骨干坝8座、中型淤地坝4座、小型淤地坝3座;已完工69座,其中称钩河坝系完工骨干坝14座、中型淤地坝19座、小型淤地坝27座,李家河坝系完工骨干坝3座、中型淤地坝 4 座、小型淤地坝 2 座；其他工程正在施工。

2 淤地坝施工监理

2.1 施工准备阶段监理

2.1.1 监理实施细则编制

根据工程可行性报告、监理规划和监理合同有关要求，由监理工程师编制坝系工程施工监理实施细则，经总监理工程师审批后付诸实施。

2.1.2 审阅资料

审阅工程设计文件(工程可行性报告、单位工程(单坝)初步设计)及其图纸，了解坝系工程所在地自然、社会、经济状况，特别是水土流失和水土保持现状；熟悉工程规模、位置、布局及主要单位工程及分部工程的种类；全面掌握坝系工程、单位工程及其分部工程的位置与特性指标，对于设计中不尽合理处由建设单位组织研究确定是否对原设计采取补救措施或进行设计变更。

2.1.3 施工组织设计审查

督促承建单位编制施工组织设计(方案)、施工进度计划，并审查其进度安排是否满足合同进度规定的开竣工日期，是否与其工作计划协调，计划的安排是否满足连续性、均衡性的要求，施工单位的人员、材料、设备供应计划是否能保证进度的实现，拟投入的人员、劳力、机械数量和质量是否能满足工程施工需要，技术、进度、质量、安全保障体系是否建立健全。

2.1.4 开工条件审查

现场查看原地形，核对工程位置是否与设计相符；检查施工道路是否畅通，施工及生活用电、用水是否有保证且安全可靠；督促承建单位将拟在工程中使用的水泥、钢筋、砂子、石子、块石等原材料送至质量检验部门进行检验，并将检验结果上报监理部审查，检查钢筋混凝土预应力涵管材质证明；抽查复核施工放线结果，检查是否测设了工程基准点；检查施工组织设计所安排的施工人员、工程机械是否全部到位，测量、质检仪器设备是否达到要求；在施工条件满足要求的基础上由总监理工程师签发工程开工令；召开第一次工地会议，明确工程监理工作的程序、内容和方法，对工程施工中应注意的有关事项重点强调，做到事前控制。

2.2 施工阶段监理

根据坝系工程施工点多、单位工程分散、进度不同步、施工单位能力差异较大的特点，依据技术规范、标准及工程设计文件，按照监理规划与细则确定的工程目标控制流程，采取旁站监理与巡视监理相结合的方式，以保证施工质量为重点，严格控制工程进度与投资，按规范要求管理施工资料信息、安全生产、环境保护，协调解决施工中出现的各种矛盾，严密监管工程转包和分包行为。

2.2.1 工程目标控制

严格执行施工质量"三检制"，各单元、分部工程(或隐蔽工程)完工后必须经现场验收合格后方可进行下一道工序施工，并按监理实施细则确定的见证点和待检点进行验收确认。清基、削坡及结合槽开挖，坝高 15 m 以下工程一次完成并验收，坝高 15 m 以上工程分两次完成并验收；对涵管安装、卧管浇筑、结合槽回填等关键部位与工序实行旁站监理，对结合槽、卧管和涵管基槽开挖，现场测量断面尺寸，保证混凝土及浇筑、涵管及安装、结合槽回填质量。对坝体填筑采取巡视监理的方法，检查填筑质量；碾压施工现场检查土料质量、挖探坑测量铺土厚度、测定干容重与含水量，水坠施工现场测试水坠速度、测定泥浆浓度(土水体积比)或疏干后的干容重与含水量。对于符合施工质量标准和设计要求的工序、单元工程予以确认，允许进行下一道工序施工；对于不符合标准和设计的工序、单元工程，签发工程现场指示单或整改通知单，要求施工单位进行返工，并对返工结果进行现场复查，做到事中控制。

随时跟踪检查现场施工进度，监督承建单位按批准的进度计划施工，对于延误工期的工程，要求承建单位采取积极的补救措施，及时加以调整；定期对各单位工程施工进度进行现场测量核实，对于验收合格的工程进行工程量计量，作为中央投资报帐的依据，并按报账制要求审查报账申请，严格控制工程投资。

2.2.2 合同与信息管理

督促、检查承建单位严格执行工程承包合同内容。要求承建单位必须完成承包合同确定的所有全部施工任务，并达到规范及设计要求的质量标准；严密监控施工人员变动，严防工程被转包；严格管理单元工程的分包，分包单位的资质、人员、设备等必须符合有关规定的要求，分包合同的内容、工程量、价格及金额必须符合工程设计，分包合同经过审查批准后，分包单位方可进场施工。

在工程实施过程中积极主动地收集整理各种有关项目的批复、设计、计划文件及监理工作的第一手资料，按单位工程单独建立资料档案。做好监理日记，如实记录各种具体情况，收集各种信息资料，如各种验收原始记录、验收签证、对承建单位所做的重要指示、各种会议情况、有关工程的各种报告等。查阅施工日记是否认真、翔实、规范，资料管理是否完整规范；同时督促承建单位固定人员搜集各种与施工有关的情况和资料。

2.2.3 组织协调、安全管理和环境保护

工程施工过程中始终注意维护国家利益、建设单位的合法利益及建设各方的合法权益。经常询问承建单位有无需要向建设单位反映的情况，保持沟通渠道的畅通，避免矛盾的产生；及时掌握承建单位与当地乡镇、村组、群众的关系状况，如各种纠纷和劳动争议、用地协议是否真实合理等，如有任何矛盾立即进行沟通并协调解决。

督促承建单位加强现场组织管理，提高项目施工管理水平，确保安全施工。检查安全管理制度和措施是否落实、安全管理人员是否到位、有无安全隐患等，把发生安全责任事故消灭在萌芽状态；同时督促承建单位组织施工人员认真学习《安全生产法》、《工程建设安全生产管理条例》等法律法规，提高施工人员的安全意识。汛前检查汛期工程施工安全渡汛准备工作，要求施工单位加强汛期施工安全管理，制定防洪度汛预案；对已完工工程进行检修，并开启卧管放水孔；对于在建工程必须调整施工进度计划，汛前应将坝体填筑至防汛坝高或抢修防洪渡汛断面，完成卧管末端消力池浇筑、涵管安装、陡槽末端消力池砌筑。保证汛期施工人员、机械设备和工程施工安全。

淤地坝工程是主要的水土保持措施，尽量减小施工期间造成新的水土流失是承建单位的应尽义务。定西地区气候干燥、植被稀疏，施工期间监督承建单位采取生态环境保

护措施，如尽量减小施工扰动范围，减少对原有植被的破坏，取土场无高陡边坡、取土后采取造林种草措施恢复植被或平整造田，清基熟化土尽量加以利用(如在取土场平整造田时改良土壤)等。

2.3　工程初步验收

淤地坝工程完工后，在承建单位自验合格的基础上，由建设单位、监理单位、设计单位、质监和建管部门组成初步验收组，实地测量土坝坝坡比和坝高、陡槽、卧管等工程外形尺寸，全面检查分部工程质量、施工日记及质检记录、竣工报告等，对于符合规范、标准和设计要求的工程签发工程初验单；对工程存在的质量缺陷或问题要求承建单位限期整改或处理。

3　坝系工程监理成效

在省、市上级业务部门的大力支持下，经过监理人员的努力，两条坝系工程监理较为顺利，已步入制度化、程序化、规范化轨道，建设单位、承建单位对监理工作的认识有了根本性转变，监理单位在坝系工程建设中的监督、协调、技术服务作用得到了充分体现，取得了良好效果，主要表现在以下方面。

3.1　省、市业务部门和建设单位认识到位，项目管理水平得到了提高，给予监理工作有力支持

甘肃省水保局、定西市水保局领导在日常检查时经常强调工程监理的重要性，要求严格执行工程建设监理制，查问监理人员工作中的各种困难和问题，并予以及时协调解决。安定区水利水保局领导对监理工作非常重视，认为推行工程监理制是国家制度的要求，必须无条件执行；责成有关部门全力配合监理单位的工作，对承建单位不按监理程序办事、不听监理人员指示、刁难监理人员及拒不执行整改意见等行为，除进行强制执行外给予严厉惩罚；同时按监理合同中的有关约定在办公条件、交通工具等方面进行全力支持。

3.2　承建单位的程序、质量意识逐渐增强，减小了监理难度

通过建设单位组织监理工程师对承建单位施工人员的学习培训和施工现场的监督、检查和具体指导，承建单位项目经理及现场施工人员对施工组织设计、工程开工、施工放线、施工工序及工艺、工程外形尺寸控制水平验收程序等方面有了较大提高；承建单位办事程序逐渐规范化、质量意识明显增强，工程质量终身负责制深入每个施工人员的心里，能主动配合监理单位的工作，自觉检查施工中出现的质量问题，并按照工程现场指示或整改通知要求整改施工中存在的质量问题；同时承建单位内部建立了施工质量责任追究制度、施工质量抽查制度，各施工点配备了水准仪、干容重测定仪、铺土厚度测杆等监测设备，质检员全过程跟班监督，逐环节检查、逐单元工程验收；对在质检中发现的问题推行"三不放过"的原则，即事故原因不明不放过、处理措施不落实不放过、不接受经验教训不放过，确保了施工质量全面达标，工程质量得到了有效保障。

3.3　逐渐增强了承建单位的安全、环境保护意识，提高了组织管理水平，降低了施工风险和工程成本

通过监理工程师现场检查施工组织管理状况和安全保障措施落实情况，大部分施工现场井然有序。现场张贴了安全宣传标语、设置了安全警示牌、水坠坝施工区装设

防护栏、施工人员配备了安全帽等，制定防汛预案并落实防汛人员和物资，及时消除各种安全隐患；施工严格按划定的施工范围进行，尽量减少不必要的扰动和对植被的破坏，对取土场按规范要求进行整理并进行绿化、造田；现场组织管理灵活高效，降低了施工成本。

黄土高原淤地坝建设中存在
的问题与建议

邱宇宝　沈鸿涛　漫湘存

(西安黄河工程监理有限公司第四分公司　庆阳　745000)

摘　要：在黄土高原淤地坝建设中存在一些不容忽视的问题，如淤地坝工程投入不足、前期工作不细致、施工企业资质不规范、工程施工质量差、进度慢、运行管理不规范等。为了解决存在的这些问题，要进一步科学规划，作好项目储备，制定相关的政策法规，增加淤地坝国家投资比例，完善招投标体系，积极探索机制创新和科技创新，树立淤地坝建设典型，促进淤地坝建设健康有序的发展。

关键词：黄土高原　淤地坝　建设　问题　建议

2003 年，水利部将淤地坝建设列为"三大亮点"工程之后，黄土高原地区抢抓机遇，进一步加强组织领导，强化工程管理，积极总结和探索淤地坝建设管理的成功经验，在前期工作、项目招标投标、工程施工、工程监理、产权制度改革、落实建设资金等方面出台了一系列管理办法和规定，为淤地坝健康有序快速发展奠定了坚实的基础，使黄土高原地区淤地坝建设呈现出前所未有的发展势头。但也存在一些不容忽视的问题，影响了工程建设的健康发展。笔者从事多年的工程监督管理工作，根据工作实践谈几点意见。

1　淤地坝工程建设中存在的问题

1.1　淤地坝工程投入不足　严重影响淤地坝建设

近年来，国家安排的淤地坝建设资金尽管大幅度增加，但相对黄土高原地区来说，由于地方财力有限，匹配资金不到位，加之油料价格、材料价格及人工费大幅度上涨，仅靠国家投资那一部分资金进行淤地坝工程建设，资金严重不足，直接影响淤地坝工程建设。

1.2　淤地坝工程前期工作不细致　给工程建设带来较大困难

最近，淤地坝工程较多，前期的可行性研究及工程设计由各县水保部门完成，由于县一级水保部门没有规划设计资质，技术人员少，技术力量薄弱，无力承担这些工作任务。为了节省经费，他们不愿聘请有资质的单位来做可研和设计，只能通过交纳一定数量的管理费而挂靠有规划设计资质的单位，加之工作时间紧，任务重，工程现场勘查工作不到位，东抄西搬，作出来的可行性研究报告及工程设计与实际地形、地质条件不符，工程设计中问题很多，有的工程设计在现场无法施工，给工程施工、监理和验收工作带来较大困难，甚至直接影响工程质量。

1.3 施工企业资质不够规范

在一些地区能够满足淤地坝施工资质要求的施工企业仅有 3 ~ 4 家，由于近年来水利工程相对较多，而淤地坝单坝工程对这些企业而言，资金少，利润薄，施工环境差，很难吸引这些施工企业来投标施工。而愿意承揽淤地坝工程施工的一般是自然人或不具备施工资质的小企业法人，由于没有施工资质，就只能通过交纳一定数量的管理费而挂靠有施工资质的水利施工企业。所以中标的施工企业中，大部分不具备淤地坝工程的施工资质(主要指骨干坝)。

在招投标过程中，有些施工企业或自然人为了中标，甚至采取同时借用几个有资质企业的营业执照、资质证书等参与投标，搞一标多投，垄断工程投标市场，或者与其他投标企业私下达成协议，互相陪标，以达到垄断工程投标市场的目的。

由于淤地坝工程建设本身投资较低，加之施工企业还要用去一定数量的资金交纳"管理费"，使得资金不足的问题更加突出，而施工企业又不愿赔钱施工，所以在施工中不择手段，偷工减料，不可能按照工程设计和施工规范进行施工，致使工程质量难以保证，给工程监理也带来较大困难。

1.4 工程招标投标在评标方式上尚需健全和完善

目前淤地坝工程采用的招标方式是公开招标，但由于工程投资少，外地企业由于路途遥远，管理不方便等原因，不愿前来投标，报名的一般都是本地企业，而本地有施工资质的水利企业有限，加之人情因素等原因，优先选择施工力量雄厚、信誉度高的企业只是一句空话。评标方式主要是专家评估法，即由评标专家根据自己的知识和经验，结合招标项目的具体情况进行评标。但这种方法也存在着问题，专家对中标者缺乏了解，只能根据中标企业的表面进行评估，这种方法定性与定量结合不够，主观有余，客观不足。同时，在实际工作中，评标指标又多采用企业平均报价法，难以控制招投标工作中出现的陪标问题。另外由于管理不规范，招投标过程中可能出现行政干预，"人情工程"、"关系工程"现象时有出现。行政力量对招投标市场的过分干预，使招投标活动难以实现公平竞争，使得对中标施工企业管理难度加大，致使工程质量无法得到有效控制。

1.5 部分施工企业负责人不具备最基本的施工素质

一些挂靠施工企业资质的工队，自己没有技术力量，投标时使用有施工资质的企业资质和个人资质(项目经理、技术员、质检员、安全员等)，施工过程中有资质的管理人员不参与施工，所以部分施工负责人没有项目经理上岗证，其他管理人员更没有资质，使这个施工企业不具备起码的施工素质，致使施工组织管理无序，施工工序混乱，施工安全措施不到位，施工质量无法保证。

2 淤地坝工程建设的建议

为了加强淤地坝工程建设和管理，确保工程施工质量，提高投资效果，提出以下几点建议。

2.1 科学规划 突出重点

淤地坝建设要在总体规划的指导下，本着科学规划，合理布局，注重效益的原则稳步推进。在坚持以多沙粗沙区为重点，兼顾其他水土流失区淤地坝建设。要以小流域坝系为单元，骨干坝为骨架，大、中、小型淤地坝相结合，蓄水、拦泥、生产、防洪兼顾，逐步形成布局合理、排淤结合，效益稳定的淤地坝坝系，达到改善生态环境、发展生产、减少泥沙的目的。并与小流域综合治理、退耕还林、农业综合开发等项目紧密结合，互为补充，形成完整的小流域综合防护体系。

2.2 认真抓好前期工作 搞好项目储备

作好前期工作是搞好淤地坝建设的重要基础和保障，要高度重视淤地坝项目储备工作，要落实机构，充实队伍，保证经费，把项目储备工作做深做细。按照分层次、分阶段、分步骤的原则，筛选、论证、储备一批投资效益好、示范作用强的重点项目，同时在项目审查时，有关主管部门应抽调业务精通、技术水平高、实践经验丰富、责任心强的专家学者，对项目进行认真、细致的审查把关，确保项目前期工作的科学性、合理性和可操作性，以满足大规模建设淤地坝的需要，确保淤地坝建设健康有序地顺利推进。

2.3 加强组织领导 制定政策法规 规范淤地坝建设

黄土高原地区淤地坝建设涉及范围广，技术要求高，投资渠道多，协调任务重。在规划设计，招标投标，施工组织，建设管理，运行管护等方面都可能遇到一些新情况，出现一些新问题。各地应从推进西部大开发战略，改善生态环境，保障黄河防汛安全的战略高度，充分认识搞好淤地坝建设的重大意义，必须在结合本地实际，深入调查研究的基础上，研究解决存在的问题，制定并完善淤地坝建设与管理的相关规章制度，加强组织领导，搞好协调配合，实行行业管理，制定政策法规，加强技术指导，严格基建程序，建立管护机制，从制度上保障工程建设和管理有序进行。确保淤地坝建设持续、健康、规范的发展。

2.4 增加淤地坝国家投资比例 建立水土保持工程施工市场准入制度

为了真正使施工技术力量雄厚的企业愿意进入淤地坝工程建设领域，保证淤地坝工程的施工质量，应增加淤地坝特别是骨干坝的国家投资比例，使正规工程施工企业进入淤地坝建设行列。应取消那些不利于外地企业参与投标的与市场经济不相符的限制条件，建立水土保持工程施工市场准入审查制度。加强施工企业的培训和管理，提高企业整体素质，增加正规企业施工队伍，在多家施工企业参与的情况下，真正体现淤地坝工程投标的公平竞争。

2.5 进一步完善招投标监管体系 严格依法招标

应完善现有招投标监管体系，严格招投标程序，加强对招投标工作的监管。包括：规范招标公告和招标程序；严格实行市场准入和动态监管；真正建立对施工企业的信誉评价制度；规范专家评标行为，确保评标公正合理；完善社会监管制度，及时查处违法违规行为。在实际工作中应做到以下几个方面：认真履行审批和上报备案程序，严格资格审查，排除行政干预，杜绝那些纯粹挂靠施工企业资质的企业和个人参加招投标，注重实际能力和企业信誉的考核，在招标过程中剔除那些道德品质差、施工管理混乱、安全意识淡薄、施工质量差、不服从管理的企业。招标单位应按规定编写规范的招标文件和施工合同，为淤地坝工程招投标和施工管理创造良好条件。

2.6 强化淤地坝项目施工管理工作

淤地坝作为以国家投资为主的基本建设项目，为加强和规范工程建设管理，积极推行项目法人负责制、工程招投标制、建设监理制和合同制等"四制"，在工程设计、施工、监理等环节上严格管理。管理部门要积极配合监理机构和质量监督部门作好工程建设的质量管理，充分发挥工程施工过程中监理机构的作用，提高工程管理的技术含量，确保工程的施工质量。

2.7 在淤地坝建设和管理中要积极探索机制创新和科技创新

2.7.1 继续深化淤地坝产权制度改革

在淤地坝建设和管理中，要按照"谁投资、谁建设、谁管护、谁受益"的原则，继续推行承包、拍卖、租赁、股份合作等多种形式，以存量换增量，以资产换资金，滚动发展，永续利用。要充分调动广大群众的积极性，鼓励和吸引全社会力量积极投入淤地坝建设，形成"以坝养坝、以坝护坝"的良性发展格局。通过改革，进一步理顺投资主体、责任主体和利益主体的关系，努力改变建管分离、用管脱节的状况。

2.7.2 健全完善配套措施，建立多渠道淤地坝建设机制

工程建设部门应结合实际，通过深化体制改革，把政府推动和市场导向结合起来，建立淤地坝工程建设管理的市场运行和滚动发展机制，积极创造良好的投资环境，建立多渠道的淤地坝建设筹融资机制，吸引更多的社会力量参与淤地坝建设和管理。要制定相应的配套政策，依法保护淤地坝所有者、经营者的财产权和经营权，维护其合法权益。要积极培育淤地坝流转市场，发展淤地坝资产评估机构，促进淤地坝使用权合理流转，调动经营者投资开发的积极性。

2.7.3 加大科技创新 充分发挥科技支撑作用

要加强淤地坝建设的基础性研究，加强技术交流与合作，引进和运用先进技术和管理经验，有条件的可采用水坠筑坝，利用波纹管和水工织物排水等适用技术和新材料的应用，提高淤地坝建设的科技水平。

2.8 树立典型 扩大示范带动作用

要认真总结各地多年积累丰富的淤地坝建设经验，在不同类型区，树立一批淤地坝建设典型，广泛宣传，大力推动，充分发挥辐射带动作用。同时要注意发现和培育新时期的新典型，特别要培育科技含量高、综合效益好的典型，用典型引路，用典型推动淤地坝建设步伐。

浅谈水土保持淤地坝工程监理质量控制

赵克荣　雷升文　张继光

(甘肃省水土保持工程咨询监理公司　兰州　730000)

摘　要：通过淤地坝工程的监理实践，提出了淤地坝监理质量控制的内容和方法，在质量控制中必须抓住事先控制(预控)、事中控制、事后终控三个重要环节，把握重点环节和关键部位，做好预控和全过程的动态控制，并总结了监理工作的实践经验和体会。

关键词：水土保持　淤地坝工程　质量控制

1　淤地坝工程监理质量控制的内容和方法

1.1　开工前的质量控制

开工前的质量控制叫事先控制或预控，其内容主要包括制定质量控制措施、审查技术文件、审核工程量、参与工程招投标、检查施工准备情况等。

1.1.1　制定质量控制措施

工程开工前，应全面了解工程建设情况，分析研究工程特点、施工条件和影响工程质量的主要因素，找出工程质量控制的重要环节、关键部位、管理要点和控制流程，制定切实可行的质量控制措施，编制符合实际的监理规划和监理实施细则，以此指导监理工作的实施。

1.1.2　审查技术文件

监理人员在开工前应根据有关技术规范和质量标准对设计文本和施工图纸等技术文件进行详细审查，逐图纸与实地核对，对发现的问题和优化建议应及时提交建设单位，经建设单位同意后督促设计单位尽快修改完善，签发设计文件，会同设计单位进行设计交底。

监理审查的主要内容包括：①坝址位置是否正确；②与相邻淤地坝是否存在淹没问题；③坝址地形图是否与实际地形相符；④主要建筑物的布设位置是否合理；⑤上坝土料、砂石料、水等建筑材料的分布、运距、性质和储量是否满足施工要求。

1.1.3　审核工程量

淤地坝的工程量是设计、招投标、工程施工、资金控制等阶段的重要指标，因此在开工前，监理人员必须对工程量进行认真核算，计算方法和计算结果必须与建设单位、设计单位协商一致。

1.1.4　参与工程招投标

招标阶段的质量控制是工程监理的一个重要环节，招标工作成功与否直接关系到工程建设的各个方面，为此监理人员必须参与工程招投标的一系列活动，为施工阶段的质量控制奠定基础。

招标阶段监理质量控制的主要内容包括：①协助建设单位编制招标文件，控制招标文件的编制质量；②明确对施工质量的要求和质量保证措施；③对施工单位的质量控制方法、手段、人员和机械投入以及类似工程的经历与能力进行调查，协助建设单位选择一支优秀的施工队伍；④促使建设单位与施工单位签订施工合同，并对施工合同条款进行审核，力求合同条款公平合理，避免疏忽和错误给施工造成不良后果。

1.1.5 检查施工准备情况

施工准备工作应检查以下内容：①检查现场机构的质量管理体系、质量保证体系、技术管理体系是否符合施工要求；②管理、施工、质检、安全等技术人员的资质是否符合有关规定；③人员、机械、设备、材料等施工资源的投入是否满足工程质量要求；④土地、农路的淹没损失以及土地征占用、房屋搬迁、树木砍伐等事宜是否处理妥当；⑤安全施工责任、防汛抢险责任以及"三通一平"工作是否落实。

1.2 施工过程的质量控制

施工过程的质量控制叫事中控制或事中检查，是质量控制的关键，主要包括施工放线、基础处理、坝体填筑、放水工程等重要环节，而且每一道环节都要进行质量检验。

1.2.1 工程项目划分

为保证工程质量，应统一质量检验及评定方法，根据《水土保持工程质量评定规程》(SL 336—2006)，可将淤地坝作为一个单位工程，按功能相对独立的原则划分为地基开挖与处理、坝体填筑、坝体与坝坡排水防护、溢洪道工程、放水工程五个分部工程，监理人员以单元工程为基础、以工序控制为重点，进行全过程跟踪监督。

1.2.2 施工放线检查

施工放线应检查坝轴线、坝体轮廓、卧管、卧管消力池、涵管、涵管消力池、明渠、溢洪道等主要建筑物的放线情况，包括水平位置、纵向位置、轴线位置、高程、开挖断面、坡度、坡向等布设是否正确。

1.2.3 基础处理质量控制

淤地坝的基础处理包括坝体清基、坝肩两岸削坡、结合槽开挖、放水建筑物地基等。基础工程的每个环节都非常重要，处理不好会出现不均匀沉陷、渗漏、坝体滑坡甚至垮坝等事故。监理人员必须高度重视，应对照设计检查以下内容：①坝体铺底宽度是否与设计一致；②坝基及岸坡清理是否将树木、草皮、树根、乱石及各种杂物全部清除；③坝基及岸坡基础处理是否将淤泥、腐殖土、残积物、滑坡体以及水井、洞穴、泉眼、坟墓等按设计要求进行处理；④结合槽及建筑物基础开挖断面尺寸、坡度、水平位置、高程是否达到设计要求，建筑物基础是否按设计要求进行处理。

1.2.4 坝体填筑质量控制

坝体填筑的控制指标主要是填筑厚度和干容重。对于碾压式土坝要求每层铺土厚度不超过 25 cm，干容重不低于 1.55 t/m³；对于水坠式土坝应根据土壤黏粒含量按照规范合理确定填筑厚度，干容重不低于 1.50 t/m³。在坝体填筑过程中，监理人员应重点检查以下内容：①铺土前是否对压实表土刨毛、洒水，是否沿坝轴线方向分层铺土，厚度是否均匀，土块直径是否小于 5 cm；②碾压机械行走方向是否平行于坝轴线，相临作业面的碾迹是否搭接，碾迹重叠是否为 10～15 cm，对靠近岸坡、沟槽结构边角的填土是否采用人工或机械夯实；③在施工的不同阶段，根据控制桩是否用经纬仪测定坝轴线位置，控制边坡。

1.2.5　放水工程质量控制

1.2.5.1　工程原材料质量控制

工程原材料主要包括水泥、砂石料、钢筋、预制管等，应检查有无生产厂家的出厂质量说明书或质量检验合格证，包括厂名、品种、规格、数量、出厂批号、力学指标、出厂日期、抗压强度、安定性等主要指标内容。监理人员若对上述有不明白或是与实物不符，应对其质量进行必要的检测。达不到设计标准的不能使用。

1.2.5.2　混凝土工程质量控制

浇筑前，应检查建筑物的断面尺寸、钢筋绑扎及保护层是否符合设计要求，同时还应检查模板支撑和钢筋网的固定程度，以防浇筑过程中移位或漏浆；浇筑期间，要求混凝土的配合比必须采用配料箱和磅秤测定，每班不得少于两次，并注意振捣密实，同时对混凝土标号进行必要检测和记录；浇筑后，拆模板应保持一定时间，具体视跨度、气温等而定，表面应用草帘覆盖，定时洒水养护，时间通常为 5～7 d。

1.2.5.3　涵管安装质量控制

安装前应对预制管、止水橡胶圈、石棉绒、沥青麻、水泥、砂浆配合比进行检查；安装过程中要求承接管头处理牢固，橡胶止水圈安装到位，石棉水泥封口、截水环尺寸符合设计要求；安装后进行压水检验。管壁周围填土应采用小木夯或石夯分层夯实，填土超过管顶 1 m 后，方可采用机械压实。

1.2.5.4　浆砌石质量控制

首先应检查砌筑形状、尺寸、砂浆配合比、坍落度是否符合设计要求；其次检查垫层的级配、厚度、压实质量是否符合设计要求；再次检查砌筑方法和砌筑质量，对缝口不紧、底部空虚、凸心凹肚、重缝、翘门悬石、蜂窝及轮廓走样等现象应及时纠正，必要时要求返工。

1.2.5.5　反滤体质量控制

反滤体铺设前要求必须进行基础清理。铺设时应检查其粒度、层厚、断面尺寸、施工方法、接头及防护措施等是否符合设计要求。每层用料颗粒粒径，应不超过邻层较小颗粒的 4～5 倍。

1.2.6　工程质量检验

在各项工程施工过程中，如果发现存在问题，监理人员应及时签发"现场指示"，限期整改。每一个单元工程施工完毕，经施工单位自检合格后要报请监理单位验收，监理人员在接到施工单位的报验申请后应及时按相应的质量验收标准和方法，对所完工的工程质量进行检查验收。对抽检不合格的单元工程，要求施工单位根据有关技术规范及监理人员意见对该工程进行整改，待工程整改合格后方可进入下道工序施工。

1.3　工程总体质量控制

工程验收也叫事后控制和终控，是控制单元、分部、单位工程质量的重要环节，是质量控制的关键工作。工程竣工后，施工单位必须准备验收材料，包括工程施工总结、财务决算、竣工报告、质量检验报告等资料，并组织技术力量进行自验，发现与设计有出入的地方应及时纠正。施工单位自验合格后，监理人员应及时组织建设单位、施工单位的相关技术人员进行初验，对不符合设计和规范要求的，给予限期整改或返工处理，并形成初验材料，为终验做好准备。

2 淤地坝监理工作的几点体会

2.1 要有良好的职业道德

良好的职业道德和服务意识是监理工作的基础。监理工作以"廉洁、守法、公正、诚信"为职业准则，以"公平、独立、自主"为工作原则，依据有关法律法规、规范规程和质量标准进行监理工作。既要严格监理，又要热情服务，采取监、帮结合的方式，通过自己的热情服务，让施工单位感觉到监理工作不是在挑毛病、找茬子，而是确确实实在为工程质量着想，督促和完善自身的质保体系，加强自身的施工管理，从而取得施工单位的支持与信服。同时，监理人员还必须具备良好的职业道德，坚持实事求是、公正处理问题，不能损害工程建设任何方的利益，做到遵纪守法、公正廉洁、尽职尽责，热情为工程建设服务。只有这样才能树立起监理的威信，使监理工作保持顺畅和取得应有的成效。

2.2 要有较强的业务技术

淤地坝工程建设监理具有较强的专业性和实践性，监理人员的业务水平和技能是做好监理工作的关键。因此，要求监理人员具有较高的专业理论知识和实践工作能力，同时还要具备一定的政策法规和组织管理水平。要有高度的责任心和主人翁意识，能吃苦耐劳，不断总结经验，取人之长，补己之短，保持较高的知识水准，才能胜任监理工作。

2.3 要能见果知因，具有可预见性

工程监理工作的主要任务是保证工程质量和安全，控制工程进度和投资，维护合同各方的利益，但工程质量和安全事故往往是没有明显预兆的，一些违规行为多是在隐蔽状态下进行的，有时还会给监理人员以假象。因此，如果监理人员不谨慎，事先没有预见性和洞察问题的能力，没有及时采取措施和制止，都会引发质量事故，这就要求监理人员能够透过现象看本质，不仅要在宏观上进行监理预控，还要在微观上注意每个细微环节，对于可能出现的问题，预先指出并消灭在事故发生之前，做到防患于未然，这样才能真正、有效地发挥监督管理的作用。

2.4 要有一定的管理和协调能力

监理人员要协调好合同各方的关系，经常与建设单位沟通并深入施工现场及时发现问题，准确掌握工程施工的第一手资料。依据相应的法律法规、规程规范标准及工程建设各方签订的具有法律效力的合同或协议，坚持实事求是、平等协商、公正合理的原则，维护合同各方利益，融洽各方关系，充分调动建设各方的积极性，以利于工程建设的顺畅进行。

2.5 要能把握重点环节，做好预控和动态控制

监理的预控体现在监理规划、细则的编制，施工单位各类保证体系的健全和落实，施工组织设计和专项施工方案的审批，重要及关键部位的技术交底等。因此，工程开始

前要对工程监理工作做出详细计划，选择和确定工程监理的重要环节和各环节的重点工作，主要抓事先指导、事中检查、事后验收三个环节，做好提前预控，从预控角度主动发现问题，对重点部位、关键工序进行动态控制，运用成熟经验进行分析和研究，要有分析和解决问题的能力，以动态思维不断进行质量、工期、投资的趋势分析，使工程建设的质量、进度、投资始终处于控制之中。在动态控制中要积极主动，坚持做到"四勤"，即脑勤、腿勤、手勤、口勤。要勤思考、勤检查、勤了解，对产生的疑问要勤问勤记，做到工作主动，避免失误。在工作方式和深度上要做到严、准、细、实，严即严格按施工规范要求施工，严格检查把关；准即处理问题要果断、准确，要以数据为依据；细即工作中要细心，处理事情要细致；实即遇到质量问题要做实质性处理，不能找理由推脱，要为建设单位、施工单位解决实质性的技术难题。

参考文献

[1] 国家质量技术监督局，中华人民共和国建设部，中国工程监理协会. GB 50319—2000 建设工程监理规范[S]. 北京：中国建筑工业出版社，2001.

[2] 王煜，白平良，杨明. 淤地坝工程监理初探[J]. 中国水利，2003(9).

试述淤地坝施工监理质量控制的
程序及指标体系

邱宇宝 李典 杜守君

(西安黄河工程监理有限公司第四分公司 庆阳 745000)

摘 要:文章主要阐述了淤地坝工程施工监理质量控制的一般程序,即从工程开工审查、施工放线、坝体碾压、泄(放)水建筑物基础及混凝土浇筑、土坝竣工、反滤体、取土场及排洪渠、工程材料(构配件)等一系列验收环节提出了相应的定性和定量的验收指标体系,全方位进行淤地坝施工监理的质量控制。

关键词:淤地坝 施工监理 质量控制 程序 指标体系

1 引言

淤地坝建设实行监理制是我国目前淤地坝工程建设管理体制的三大改革之一,是适应社会主义市场经济体制和与国际惯例接轨的必然结果。建设监理制作为进一步贯彻落实"法人负责、企业保证、监理控制、政府监督"质量体系的重要一环,所起的作用是相当重要的。

笔者在甘肃省庆阳市从事淤地坝建设监理工作8年,在此根据工作实践以骨干坝为例谈谈淤地坝施工监理质量控制的一般程序和各个监理验收环节的指标体系。

2 淤地坝施工监理质量控制的一般程序

淤地坝施工监理质量控制的一般程序是:①工程开工审查和施工放线;②清基、削坡及结合槽(齿墙基础)验收;③齿墙混凝土验收;④土坝施工质量随机抽查;⑤涵管基础验收;⑥涵管安装试水验收;⑦明渠、陡坡及尾水消力池基础验收;⑧明渠、陡坡及尾水消力池混凝土验收;⑨卧管及消力池基础验收;⑩卧管及消力池混凝土验收;⑪土坝竣工验收;⑫反滤体验收;⑬取土场及排洪渠验收;⑭工程材料(构配件)报验。在质量控制的各个监理验收环节都提出了定性或定量的验收指标体系。

2.1 工程开工审查和施工放线

2.1.1 工程开工审查

工程开工审查包括资质审查和开工前准备情况审查两个方面。①资质审查:由于骨干坝均经过建设单位招投标确定施工单位,监理工程师主要审查施工单位是否与建设单位签订了工程施工合同;施工单位是否启用印件;是否组建项目部,项目部成员组成如何;项目部成员一般由项目经理、安全员、质检员、技术员及材料员组成,项目部成员是否均经过有关部门培训取得上岗资质,项目部成员是否在现场工作。②开工前准备情况审查:施工单位是否根据工程实际情况编写了切实可行的施工组织设计(方案),其中的安全保证措施、质量保证体系是否健全;是否进行施工技术交底;主要施工设备、仪器及资料是否到位;场地平整、交通及临时设施准备是否到位。

2.1.2　施工放线

工程开工前,由建设、设计、监理和施工单位共同到拟建淤地坝工程现场,由设计单位向监理工程师移交工程控制桩,监理工程师根据工程施工需要布设必要的高程控制点,并提交给施工单位使用。施工单位配备专门的测量人员按照工程设计要求确定施工测量方法,监理工程师监督施工单位严格控制施工测量控制网点的原始基准点和基准线。

2.2　清基、削坡及结合槽(齿墙基础)验收的指标体系

施工单位完成清基、削坡及结合槽(齿墙基础)开挖工作,监理工程师现场验收指标有:施工单位是否清除了沟道坝址范围内的淤泥、石块、树(草)根等,清基深度,清基后沟底宽度,坝体铺土宽度,左右岸削坡高程,削坡坡比,削坡平均厚度,心墙基础开挖高程,心墙基础宽度、深度,主副结合槽开挖高程,主副结合槽口宽、底宽、深度,完成土方量和石方量等。

2.3　齿墙混凝土验收的指标体系

施工单位完成齿墙混凝土浇筑后,监理工程师现场验收指标有:钢筋混凝土心墙放线是否符合工程设计要求,钢筋混凝土心墙左右岸高程,中部高程,心墙底宽、顶宽,混凝土浇筑振捣是否密实,是否有漏筋、蜂窝、麻面等现象,完成混凝土方量等。

2.4　土坝施工质量随机抽查监理的指标体系

在土坝施工过程中,监理工程师随机抽查指标有:坝体土壤含水量、铺土厚度、压实干容重、岸坡削坡情况及结合槽开挖尺寸,同时检查坝轴线是否偏移,坝顶是否平整、坝顶宽度是否符合工程设计要求。另外,检查施工单位安全措施是否到位、是否存在安全隐患。

2.5　涵管基础验收的指标体系

施工单位完成涵管基础开挖后,监理工程师现场验收指标有:涵管基础放线是否符合工程设计要求,涵管基础进水口高程,出水口高程,涵管基础长度、宽度,涵管基础比降,截水环基础共几道,坝轴线以上几道,截水环基础深度、宽度、长度,涵管基础整体是否在原状土上,基础是否平直坚实,完成开挖土方量等。

2.6　涵管安装试水验收的指标体系

施工单位完成涵管安装后,涵管充满水需 24 h,监理工程师现场验收指标有:涵管进水口高程,出水口高程,涵管安装长度,涵管管径,涵管比降,涵管基础混凝土垫层厚度、长度、宽度,截水环共几道,坝轴线以上几道,截水环高度、宽度、长度,混凝土浇筑振捣是否密实,是否有漏筋、蜂窝、麻面等,涵管接口及管身是否发现渗漏水现象,完成混凝土方量等。

2.7　明渠、陡坡及尾水消力池基础验收的指标体系

施工单位完成明渠、陡坡及尾水消力池基础开挖后,监理工程师现场验收指标有:明渠陡坡及消力池基础放线是否符合工程设计要求,明渠基础长度、宽度、深度,陡坡

基础长度、宽度、深度，消力池基础长度、宽度、深度，明渠基础进水口高程，明渠基础出水口(或陡坡基础进水口)高程，陡坡基础出水口高程，消力池基础底高程，消力池基础沿高程，明渠比降，陡坡坡比，陡坡齿墙基础几道，齿墙基础深度、口宽、底宽、长度，明渠、陡坡及消力池基础整体是否在原状土上，基础是否平直坚实，完成开挖土方量等。

2.8 明渠、陡坡及尾水消力池混凝土验收的指标体系

施工单位完成明渠、陡坡及尾水消力池混凝土浇筑后，监理工程师现场验收指标有：明渠长度、口宽、底宽、深度，明渠混凝土底板厚度，侧墙厚度，陡坡长度、口宽、底宽、深度，陡坡混凝土底板厚度，侧墙厚度，消力池长度、宽度、深度，消力池混凝土底板厚度，侧墙厚度，明渠进水口高程，明渠出水口(或陡坡进水口)高程，陡坡出水口高程，消力池底高程、消力池侧墙顶高程，尾水渠底高程，明渠比降，陡坡坡比，完成混凝土方量等。

2.9 卧管及消力池基础验收的指标体系

施工单位完成卧管及消力池基础开挖后，监理工程师现场验收指标有：卧管及消力池基础放线是否符合工程设计要求，卧管基础长度、宽度、深度，卧管基础顶端高程，卧管基础底端高程，卧管基础坡比，齿墙基础共几道，齿墙基础口宽、底宽、深度、长度，消力池基础长度、宽度、深度，消力池基础底高程，消力池基础沿高程，卧管及消力池基础整体是否在原状土上，基础是否平直坚实，完成开挖土方量等。

2.10 卧管及消力池混凝土验收的指标体系

施工单位完成卧管及消力池混凝土浇筑后，监理工程师现场验收指标有：卧管共多少台，台长、台宽、台高、每台多少孔，放水孔孔径，卧管底板混凝土厚度，侧墙厚度，盖板厚度，消力池长度、宽度、深度，消力池底板混凝土厚度，消力池侧墙混凝土厚度，消力池盖板混凝土长度、宽度、厚度，卧管最高放水孔高程，卧管通气孔顶高程、消力池盖板高程，完成混凝土方量等。

2.11 土坝竣工验收的指标体系

施工单位完成土坝工程后，监理工程师现场验收指标有：坝高、坝顶宽度、坝顶长度、迎水坡马道在坝高多少米处、迎水坡马道以上坡比、马道宽度、迎水坡马道以下坡比、背水坡马道在坝高多少米处、背水坡马道以上坡比、马道宽度、背水坡马道以下坡比、坝坡(迎水坡、背水坡)是否种草，该工程完成土方量、石方量、混凝土方量等。

2.12 反滤体验收的指标体系

施工单位完成反滤体工程后，监理工程师现场验收指标有：反滤体底高程，反滤体顶高程，反滤体高度，反滤体顶宽、顶长、底宽、底长，反滤体厚度，反滤体坡比，完成块石方量，砾石方量，粗砂方量，反滤体与岸坡结合是否符合工程设计要求。

2.13 取土场及排洪渠验收的指标体系

施工单位完成取土场整治后，监理工程师现场验收指标有：取土场削坡是否稳定，不得有塌方和滑坡的现象发生，取土场是否平整，是否有边埂，边埂的高度、顶宽，能否拦蓄地表径流，取土场是否绿化(适时造林、种草)，不得存在新的水土流失现象；

施工单位完成排洪渠混凝土浇筑后，监理工程师现场验收指标有：排洪渠布设是否

合理，排洪渠口宽、底宽、深度、底板厚度、侧墙厚度，排洪渠混凝土质量是否符合工程设计要求。

2.14 工程材料(构配件)进场报验的指标体系

工程材料(构配件)进场后，监理工程师现场验收指标有：①钢筋混凝土涵管。涵管共多少米，共多少节，规格、产地、是否有产品质量合格证、购置发票等。②钢筋。钢筋数量、规格、产地、是否有产品质量证明书、购置发票等。③水泥。水泥数量、规格、产地、是否有 28 d 水泥试验报告单、合格证、购置发票等。④块石、卵石、中砂、粗砂。块石数量、规格、产地；卵石数量、规格、产地；中砂数量、规格、产地；粗砂数量、规格、产地。以上工程材料(构配件)是否符合工程设计要求等。

3 结语

淤地坝工程施工监理质量控制程序除以上内容外，由于受工程地质、水文地质、水文气象等施工环境诸多因素的影响，在施工中不可避免地存在一些特殊情况，这就要求监理工程师应具有丰富的施工管理经验，及时发现新情况，提出新方案，研究解决新问题，针对不同工程出现的特殊情况提出合理可行的施工处理方案，以确保淤地坝工程施工的质量和进度。

参考文献

[1]秦向阳，王存荣，邓吉华. 黄土高原水土保持生态工程建设监理[M]. 银川：宁夏人民出版社，2006.

[2]黄河上中游管理局. 淤地坝监理[M]. 北京：中国计划出版社，2004.

水土保持工程建设施工阶段质量控制

勇丽波　王平　石长金

(黑龙江省黑土地水土保持生态建设监理有限公司　宾县　150400)

摘　要：水土保持工程监理是最近几年国家将水土保持纳入基本建设程序管理后实施的一项工程管理制度。结合东北黑土区水土保持试点工程施工监理实践和多年来的工程建设与管理经验，分析了水平梯田、坡式梯田、改垄与地埂植物带和沟道工程施工中经常出现的质量问题，提出了相应的质量控制对策。

关键词：水土保持　工程建设　监理　质量控制

水土保持工程建设质量及其效益的有效发挥，关系着资源环境改善、粮食生产发展与社会主义新农村建设和和谐社会建设，是一个受到普遍重视和广泛关心的重大问题。质量控制是对工程施工阶段采取的质量监控措施，通过监理的质量控制使被控制对象在施工过程中达到设计所要求的质量标准。

1　水土保持工程施工中主要存在的质量问题

1.1　坡面工程的质量问题

1.1.1　水平梯田

梯田是改变坡耕地农业生产条件，控制水土流失，建设基本农田，实现农业可持续发展的一项重要措施。修筑梯田是黑龙江省坡面治理的重点和难点任务，施工以人工修筑为主，工序较多，土方量大，往往使梯田的田面宽度、平整度、梯田埂规格不符合设计要求，如表土保留不够、回填不均；未采取深翻、增肥改土或田埂利用措施。其主要原因是施工人员技术水平较低，现场管理、指导不到位，质量不达标，这部分梯田往往不能发挥其应有的保持水土、增产增收作用，从而影响了农民对梯田作用的认识和修建梯田的积极性。

1.1.2　坡式梯田工程建设

坡式梯田又称过渡梯田，在 3°～7° 坡耕地上修筑得较多。在黑土区坡耕地面积大、坡度较缓、水土保持工程投入低、施工季节短的条件下，可大面积控制水土流失，提高治理速度，降低工程投入，且有一定的增产作用而在水土流失治理中被广泛采用。施工质量问题主要有：田埂尺寸小，埂间距过大，田面坡度没有降到设计要求标准，无法实现由坡式梯田向水平梯田的正常过渡。

1.1.3　改垄和地埂植物带

改垄一般在 <3° 的缓坡耕地进行，修地埂种植物防冲带一般在 3°～5° 坡耕地进行。改垄、修地埂施工质量达不到要求，主要的问题是基线位置选择不当、测量不准，埂间

距过大、埂断面尺寸不达标；垄底不等高、倾头垄面积过多，埂未经夯实、未种植固埂植物或虽种植固埂植物但密度和盖度低，在大雨或暴雨出现时易发生漫垄毁埂冲沟现象。

1.2　沟道工程的质量问题

　　侵蚀沟防治工程施工中存在的主要问题：施工没严格按设计要求操作，如清基挖槽不达标，填土未夯实，对建成的工程措施维修不及时，封禁管护不严格，这样的工程极易发生毁损后果。

2　监理对工程的质量控制

　　水土保持工程产品的优劣是规划、设计、施工等工作质量的综合反映。施工的工程质量是监理监控的重点。水土保持工程施工受自然条件影响较大，具有如下特点：季节性强，施工期间可有效利用的时间短；工程分布点多面广，措施类型多样；多处工程同时开工，常常组织上千人集中力量进行施工。要保证工程的质量，监理人员必须做好施工前的准备工作：一是编制规范可行的监理规划和监理实施细则；二是做好初步设计及其典型设计图和单项工程设计图审核；三是协助业主招标确定有施工经验的水土保持专业施工队；四是组织施工技术与管理人员培训，进行技术交底；五是对施工所用原材料的质量进行检验；六是对施工组织设计和开工申请及其开工准备情况进行审查，对影响工程质量的因素采取相应的措施，保证按时正常开工。在工程施工过程中采取旁站与巡回式检查、试验与检验、指令式与抽样检验控制和组织、技术、经济及合同的措施与方法，重点做好以下工程质量控制。

2.1　梯田工程质量控制

　　修造梯田是治理坡耕地水土流失的一项长远大计，结合多年的梯田建设管理经验，在施工过程中监理工程师不但要检测和见证工程放线、田面宽度、田面平整度和田埂规格达标，而且要采取旁站或巡视形式监控以下关键工序质量：保留足量表土；深翻切土部位，增施有机肥和田埂利用等，对不符合设计质量要求的必须限期整改或返工重新实施。

2.2　坡式梯田的质量控制

　　总结多年的坡式梯田施工监理经验，在坡式梯田修建过程中，应该注重监控以下关键技术环节：一是同修水平梯田一样，应保留足量表土，深翻切土部位；二是检测和见证坡式梯田的工程放线、田埂间距和田埂规格达到设计要求标准，以利于尽早过渡形成水平梯田；三是地形复杂的地块修后应能排出地表积水或增设田间排水工程措施，防止汇水凹地降水径流过大时毁埂和形成侵蚀沟。

2.3　改垄和地埂植物带质量控制

　　综合黑土区试点工程和各地多年水土保持坡耕地治理施工经验，改垄的技术关键在于改垄前的现场踏勘测量，选择有代表性的地段进行基线测量，将整个地块改为等高垄。当地块面积较大、地形较为复杂时，改垄后经常会出现垄向坡度未达标准的倾头垄，在降雨量较大的情况下，常发生顺垄径流、汇水凹地漫垄径流甚至形成侵蚀沟。遇到此种情况时，地块较大的应采取适当分割划小地块，以利于改为等高垄；局部汇水线保留草地给水出路或增设排水工程设施，同时农地采取垄向区田措施。改垄的监理控制是检测和见证基线测量，保证按基线确定的方向起垄，最终将整个地块改为等高垄。培修地埂要按照设计标准重点检测工程放线和地埂断面规格、间距及夯实情况。如遇到汇水线或洼兜时，要适当加高地埂，踩拍地埂，防止大水毁埂成沟或预留缺口，增加排水工程设施。地埂修成后要及早栽种经济灌木和草本植物，加强维修管护。

2.4 沟壑治理施工质量控制

在施工监理中必须严格按治沟工程设计的标准和工序进行，对治沟骨干工程关键工序如塘坝、谷坊、跌水的清基挖槽、混凝土、浆砌石施工段、隐蔽工程覆盖前必须进行旁站式监理。塘坝重点对其中的轴线确定、清基、土坝坝体均匀压实性、土体干容重、坝肩两端山坡结合紧密性、坝体内泄水洞、溢洪道、泄洪洞等混凝土和石方建筑物材料质量、胶合材料(水泥、白灰沙浆等)性能、原料配比、砌石牢固整齐性等进行控制，同时严格执行隐蔽工程必须有监理人员在场才能进行下一步工序的规定，且留有照片，以备验收之用。治沟土方工程、削坡整地、造林种草采取巡视式监控。修柳跌水、谷坊时，木桩要求采用新采伐的柳木桩且应大头埋入土里，柳条须根据施工用量随用随割，工程建成后适量埋土保湿，确保来年成活；造林、种草、封禁措施要检查工程所用材料(种子、苗木、钢筋、水泥等)的质检和检疫报告达标，并进行质量抽检；对整地规格、营造技术和灌水进行抽样检测，做到不达设计质量要求的必须限期整改。采用其他形式进行监理的沟壑治理工程，经检测，主要内容若不达标，及时下发监理通知单给施工单位，令其限期达标。

质量是工程的生命。为了确保工程质量，监理人员要严格监理、热情服务、秉公办事、廉洁自律。首先要求施工单位将完成的治理措施落实到设计图斑上，并到现场进行对位检查；其次对照设计和有关规范要求严格检查已完成措施的施工质量，对达不到要求的工程该返工的返工，该核减的核减，确保各项工程都能按设计及计划顺利实施。监理工程师只有抓住了质量控制这个重要环节，才能真正发挥监理的作用，切实加快水土保持生态工程建设的步伐。

参考文献

[1]国家技术监督局. GB/T16543.1～16453.6—1996. 水土保持综合治理技术规范[S].北京：中国标准出版社，2005.

[2]石长金，温是，何成全.侵蚀沟系统分类与综合开发治理模型研究[J].农业系统科学与综合研究，1995，11(3)：193-197.

[3]姜德文. 生态工程建设监理[M]. 北京：中国标准出版社，2002.

[4]朱延海，贾洪纪，姜蕴华.坡耕地水土保持工程建设中的问题与技术对策[J].黑龙江水利科技，2006(2)：159-160.